FUNDAMENTALS AND ALGORITHMS

王健宗 李泽远 何安珣 王伟／著

联邦学习

原理与算法

人 民 邮 电 出 版 社

北 京

图书在版编目（CIP）数据

联邦学习 ：原理与算法 / 王健宗等著. -- 北京 ：
人民邮电出版社，2021.11
ISBN 978-7-115-57532-6

Ⅰ. ①联… Ⅱ. ①王… Ⅲ. ①机器学习 Ⅳ.
①TP181

中国版本图书馆CIP数据核字(2021)第212233号

内容提要

数据孤岛问题已经成为制约人工智能发展的主要阻碍。在此背景下，联邦学习(Federated Learning)作为一种新兴的机器学习技术范式，凭借其突出的隐私保护能力，展示出在诸多业务场景中的应用价值。

本书从联邦学习的基础知识出发，深入浅出地介绍了中央服务器优化和联邦机器学习的算法体系，详细阐述了联邦学习中涉及的加密通信模块的相关知识，以定性和定量的双视角建立了联邦学习服务质量的评估维度、理论体系，还延伸介绍了提升联邦学习服务质量的方法，并对联邦学习的研究趋势进行了深入探讨与分析，可以对设计和选择算法提供工具式的参考和帮助。

本书是高校、科研院所和业界相关学者研究联邦学习技术的理想读本，也适合大数据、人工智能行业的从业者和感兴趣的读者参考。

◆ 著　　　王健宗　李泽远　何安珣　王　伟
责任编辑　贺瑞君
责任印制　李　东　周昇亮

◆ 人民邮电出版社出版发行　北京市丰台区成寿寺路 11 号
邮编　100164　电子邮件　315@ptpress.com.cn
网址　https://www.ptpress.com.cn
天津市豪迈印务有限公司印刷

◆ 开本：787×1092　1/16
印张：18.5　　2021 年 11 月第 1 版
字数：404 千字　　2021 年 11 月天津第 1 次印刷

定价：128.00 元

读者服务热线：(010)81055552　印装质量热线：(010)81055316
反盗版热线：(010)81055315
广告经营许可证：京东市监广登字 20170147 号

序言1

数字化经济的时代已经到来，数据已成为信息流通、价值传递的基础性生产要素，而如何在跨机构、跨行业，甚至跨境交易和流通的场景中实现数据保护与隐私安全，一直是社会各界亟待解决的问题。值得庆幸的是，联邦学习作为一种融合性、密态下的分布式机器学习范式应运而生，并在近些年受到产业界、学术界以及投资领域的广泛关注。

联邦学习能够在不同用户间搭建起数据合作的“桥梁”，面对市场合规监管提供一种行之有效的解决方案，尤其在金融、医疗等对数据安全有极高要求的强监管行业中表现出色。于是，业界开始着眼于相关行业标准的制定和完善，致力于规范联邦学习技术、提升市场接受度。同时，我和广大同人也欣喜地看到，互联网“大厂”、金融科技公司以及众多初创公司纷纷进入隐私计算的赛道，共同布局和推动联邦学习生态，这让人们对在保障数据安全的前提下进行人工智能产业的商业化落地满怀希望。

当然，联邦学习的“底座”还是技术本身，越来越多的企业、高校正对联邦学习展开持续且深入的研究，努力突破现存的技术瓶颈，例如使用同态加密下的密文计算开销过大、数据非独立同分布的异质性、联邦模型的效果差异等。而本书的面世恰逢其时，不同于其他以科普或实战为主要特色的联邦学习类著作，本书从理论层面对联邦学习技术的各个组成部分进行了系统的总结，并基于不同的应用场景给出了丰富的案例。

本书首先以联邦学习的诞生引入，从概念、类别，到发展历程、应用场景，带领读者遍历联邦学习的基础知识，然后对联邦学习涉及的各类算法、安全技术、服务质量评估等进行详尽的介绍和分析。这一点十分关键，对有意“下沉”到理论层面刨根问底的读者大有裨益，值得向广大联邦学习研究者、同行力荐。

本书由扎根在联邦学习技术研究与商业化落地一线的王健宗博士及其团队编著，它的出现将推动业界对于联邦学习原理与算法的研究，相信本书的出版会为联邦学习理论的发展以及相关技术落地起到正向的推动作用。

罗　训

天津理工大学教授

天津市“一带一路”国际联合实验室主任

中国计算机学会理事、杰出会员

序言2

谷歌（Google）母公司Alphabet首席执行官桑达尔·皮查伊（Sundar Pichai）在接受某次采访时曾说："人工智能是人类正在从事的最具深远意义的事情之一，它比火或电更加意义深远。"人工智能的影响之深远，甚至超越人们的想象力。不过，现阶段的人工智能更多依赖于大量可用的标记数据，由大数据驱动发展。

随着我国对数据安全的立法保护与市场监管趋严，以及人们对个人隐私安全的重视程度不断提高，数据隐私保护已经成为世界性的趋势，同时大多数行业出于监管和竞争力的考虑，对数据共享慎之又慎，导致了严重的数据孤岛问题。

联邦学习作为一项新兴的隐私计算技术，为"人工智能的最后一公里"打开了大门，一经问世便迅速成为学术界、工业界的宠儿，受到诸多行业的重视和应用，可以说是时下最火热的数据安全类技术之一。

如果说大数据是人工智能应用发展的基石、原油，那么联邦学习就是推动其发展的动力源泉。要实现不同机构间的数据共享，不仅需要多方提供优质的数据源来开展公平合作，还需要确保数据安全可用，有效防止隐私泄露。当然，对数据贡献者的激励也是联邦学习生态的考虑范畴。

联邦学习为我们提供了一种新思路，通过技术手段保证各方的数据无须对外输出即可实现价值传递，它将是连接机构间多向合作的纽带。

目前，业内关于联邦学习的图书较少，而本书的问世为读者开启了一个全新、透彻的"联邦学习世界"。本书涉及原理与算法的底层知识，涵盖对行业与前沿的深入洞察，围绕联邦学习内容展开了全面而详实的介绍，鞭辟入里，非常值得一读。

王健宗博士是最早研究联邦学习的行业专家之一，也是"联邦智能"的首倡者。他和他的团队一直从事联邦智能隐私计算的技术研发和平台搭建工作。本书的许多思考也来源于他与他的团队丰富的技术与行业经验，因此本书也是读者朋友们深入学习联邦学习技术的不二之选。

向小佳

光大科技有限公司副总经理

（曾任中国科学院计算技术研究所副研究员）

前言

随着人工智能（Artificial Intelligence，AI）的业务体量不断增加、赋能水平不断提升，它在人类社会中的重要性日益凸显。近年来，统计机器学习、深度学习等人工智能技术在各个领域得到迅猛发展，拥有着广阔的应用场景和极高的商业价值。不过，当前人工智能的发展面临着一个重大挑战，即如何在数据流通过程中有效保护隐私安全。

首先，数据隐私是必须关注的方面。出于相关法律法规的要求，数据收集的难度大大提升，使得人工智能传统的数据处理模式受到了限制。例如，随着欧盟《通用数据保护条例》（General Data Protection Regulation，GDPR）的颁布，用户成为个人资料的绝对拥有者，如果用户不同意，任何机构或组织都无权使用用户隐私数据。同时，我国在数据隐私保护方面的法律法规也日益完善，如《中华人民共和国民法典》明确规定信息处理者不得泄露或者篡改其收集、存储的个人信息；2020年5月，《全国人民代表大会常务委员会工作报告》就提出要制定《个人信息保护法》和《数据安全法》；2021年6月，我国正式公布了《中华人民共和国数据安全法》，自2021年9月1日起施行；同年8月，公布了《中华人民共和国个人信息保护法》，并将于2021年11月1日起正式施行。这些法律法规进一步强调了加强个人信息保护的必要性，在不同程度上对大数据的安全、合规应用提出了新的要求，同时也表明数据安全和个人信息保护已经成为国家与公民共同的迫切需求。

其次，数据流通也是一个亟待解决的问题，因为数据无法互通，不同组织形成了各自孤立的数据壁垒，限制了可用于训练的数据量。而在人工智能领域，训练人工智能应用模型所需要的数据量都是非常庞大的，用于训练的数据越多，模型质量越好，训练的效果就越接近理想状态。例如，最早的 AlphaGo 使用了 16 万套人类国际象棋数据，可以击败入门级的专业棋手；后来的 AlphaGo Zero 使用了 286 亿套人类和机器生成的国际象棋数据，可以轻松击败职业棋手；最近 OpenAI 的 GPT－3 用 1750 亿个参数和 45TB 的数据训练完成了一个强大的语言模型。此外，在一些专业程度较高的领域（如医疗行业），数据标注需要有经验的人员完成，这可能会导致有效数据的稀缺，不利于业界发展。因此，不同组织之间如何在安全合规的前提下打破数据孤岛、实现数据流通，是人工智能持续发展的又一挑战。

联邦学习（Federated Learning，FL）是一个新兴的机器学习（Machine Learning，ML）、深度学习范式，旨在确保数据隐私安全的前提下解决数据孤岛问题。它是指多个参与方（又称客户端，如移动端、PC、摄像头、IoT 设备等）与一个或多个中央服务器协调，在分布式的环境中完成机器学习、深度学习任务。联邦学习最早由谷歌在 2016 年提出，用于在确保数据存储于本地设备的基础上预测用户在数万台安卓（Android）设备中的文本输入。首先，每个设备会下载一个通用的全局模型以用于本地训练；其次，对属于不同移动设备的本地数据进行多次边端更新，并以加密方式将相关参数信息上传到云端；然后，在云端对聚合的本地模型参数进行加权平均，并将更新后的全局模型参数分配给设备；最后，重复上述步骤，直到模型达到一定的预期性能或迭代轮数。联邦学习的出现将解决分散设备数据隐私与数据共享之间的矛盾。

由于具有不会将数据暴露给第三方中央服务器的隐私保护特性，联邦学习适用于对数据隐私保护敏感的应用程序或系统，可以从最早的边缘设备扩展并涵盖到社会的各应用场景中，如金融、医疗健康、交通出行、药物研发、智慧城市等场景，这些场景由于法律法规监管、知识产权约束而无法集中收集数据。

另外，随着《中共中央　国务院关于构建更加完善的要素市场化配置体制机制的意见》的颁布，我国首次将数据作为一种新型生产要素写入文件中，与土地、劳动力、资本、技术等传统生产要素并列。国内需要加快培育数据要素市场，推进政府数据开放共享，加强企业数据合作共赢，共同提升社会数据的资源价值。这也在加强数据资源流通和安全保护中为联邦学习技术提供了技术发展的原动力。

本书从联邦学习的基础出发，深入浅出地介绍和论述关于中央服务器优化和联邦机器学习的算法体系，并对联邦学习中涉及的加密通信模块进行详细阐述。同时，为了更好地评价联邦学习的应用价值，本书以定性和定量的双视角建立了联邦学习服务质量的理论体系，以及延伸介绍了服务质量的提升方法。另外，联邦学习的生态构建与激励机制密不可分。对此，本书从经济论证和商业模式的角度对联邦激励进行了详细论述，以建立起公平、公正的评估体系，吸引业界更多用户参与到联邦生态中来。目前，关于联邦学习的大多数讨论针对的是有监督学习任务，即假定联邦学习中所有数据都存在标签，而现实中许多联邦数据可能是未标记或弱标记的。因此，联邦学习的相关任务仍有较大的探索和研究空间，例如如何使用联邦学习执行一些无监督的学习任务（如探索性数据分析），如何使用联邦学习运行一些更复杂的任务（如强化学习）等等。所以，本书还对联邦学习的研究趋势进行了深入探讨与分析，如果针对这些问题的探索取得阶段性进展，人工智能应用又将会向前迈出坚实的一步。

目 录

第 1 章 绪论

随着以国家提出的“数字新基建、数据新要素、在线新经济”为方向的新一轮数字经济浪潮全面来临，我国人工智能发展逐步由探索期向成长期过渡，而相关技术及产业也逐步进入重要的转型阶段。在此背景下，数据生产要素作为人工智能技术迭代和演进的“原油”，是促进行业发展的价值所在。然而，数据赋能的过程总是存在隐私泄露的风险，这将对隐私安全保护技术、大数据合规应用等方面提出更高的要求。本章从人工智能的发展历程出发，引出当前面临的数据隐私保护问题，并进一步介绍在隐私保护趋势下，联邦学习这一新兴技术范式的诞生与应用。

1.1 人工智能的发展

人工智能的浪潮正在席卷全球，这也使得人们对人工智能的认知程度日益提升。无论是 IT 行业革新，还是传统产业转型，人工智能的蓬勃发展都将充当有力推手，并为行业赋能和发展提供坚实基础。为了帮助读者更好地理解人工智能的发展及现状，并逐步过渡到联邦学习技术范式，本节简要介绍人工智能的由来和机器学习中的数据问题。

1.1.1 人工智能的定义

人工智能正在革新许多行业，它模拟和扩充人类工作的方式，代替人类执行复杂的工作流程。人工智能的目标是将智能编程到机器中，从经验中不断学习，并通过对环境变化的感知来模拟人类的决策和推理。

人工智能可以分为弱人工智能和强人工智能。弱人工智能即现在所有 AI 可以达到的程度，它仅能执行一项或多项特定的任务，对该任务以外的其他事项基本无能为力。例如，AlphaGo 被设计出来专门下围棋，但是如果将它用于其他棋种，哪怕是下象棋它也无能为力。比起“智能”，弱人工智能更多地依靠统计学原理和基本的推理知识，寻找高维空间中输入与输出之间的联系。相较于弱人工智能，强人工智能被认为拥有“意识”，它可以模拟人类的智能化行为，并具有学习与应用知识以解决问题的能力，它可以在给定的条件下像人类一样思考、理解与行动。一般来说，强人工智能被认为是难以实现的。而目前人们所提及的人工智能，一般指的是弱人工智能，且在很大程度上专指机器学习、深度学习等。

1.1.2 人工智能的发展历史及现状

20 世纪 40 年代至 50 年代，来自各个领域（数学、心理学、工程学、经济学和政治科学等）的少数科学家开始讨论创建人造大脑的可能性，这成为人工智能领域研究的开端。1950 年，艾伦·麦席森·图灵（Alan Mathison Turing）发表了一篇具有里程碑意义的论文，其中提出了著名的图灵测试：如果一台机器可以进行与人的对话，并且相较于人与人之间的对话没有区别，那么可以说该机器在“思考”。图灵测试被认为是检验机器是否具有智能的方法。1956 年，达特茅斯会议提出进行人工智能方面的研究，并使用“人工智能”作为这一领域的名称，因此人们也广泛认为，这次会议标志着人工智能的诞生。

20 世纪 50 年代至 70 年代，人工智能出现了许多探索性的研究方向和成果。例如，搜索推理算法就是一种早期人工智能程序普遍使用的基础算法。为了实现某个目标（如赢得游戏或证明定理），该算法通过演绎一步步地朝着目标前进，就像在迷宫中搜索一样，一旦到达死胡同就“回头”。沃伦·麦卡洛克（Warren McCulloch）和沃尔特·皮茨（Walter Pitts）深入研究了大脑如何使用被称为神经元的相互连接的基本细胞，并由此提出了麦卡洛克-皮茨模型[1]，即 MCP 模型，该模型为人工神经网络的发展作出了重要贡献。然而，在 20 世纪 70 年代，人工智能的发展遇到了瓶颈，针对人工智能的研究出现了严重限制，而这些限制在当时是无法被克服的。

第一，当时计算机的能力是有限的，只能完成非常简单的任务，没有足够的内存或处理速度来解决任何真正有价值的问题，比如现在 AlphaGo 能完成的下棋任务在当时的情况下是不可能的。第二，理查德·卡普（Richard Karp）通过定理证明，许多问题可能只能在输入规模的指数时间内解决[2]。也就是说，除非问题的输入规模很小，否则要找到这些问题的最佳解决方案，需要花费大量的计算时间。第三，视觉或自然语言等许多重要的人工智能应用程序倚赖大量的数据信息，而在 20 世纪 70 年代没有人可以建立如此庞大的数据库，也没人知道一个程序如何学习这么多的信息。因此，人工智能领域进入了第一个“寒冬”。

从20世纪80年代开始，人工智能的发展出现转机。1982年，物理学家约翰·霍普菲尔德（John Hopfield）证明了某种形式的神经网络（通常称为霍普菲尔德网）可以以全新的方式学习和处理信息[3]。大约在同一时间，杰弗里·辛顿（Geoffrey Hinton）和大卫·鲁姆哈特（David Rumelhart）普及了一种训练神经网络的方法，称为反向传播[4]。这两个发现重启了神经网络的相关研究。朱迪亚·珀尔（Judea Pearl）于1988年将概率和决策理论引入了人工智能[5]。贝叶斯网络、隐马尔可夫模型、信息理论、随机建模和经典优化成为了人工智能使用的新工具。同时，诸如神经网络和进化算法之类的“计算智能”范式也开启了精确的数学描述。

在21世纪的前几十年中，更容易获取、访问和存储的大量数据，高性能计算机，先进的机器学习和深度学习技术的出现和广泛应用，推动着人工智能逐步进入黄金发展期。

1.1.3 机器学习与数据

机器学习作为实现人工智能的重要技术方法得到了越来越广泛的应用，它是从聚合后的大数据中学习数据特征并形成模型，进而完成回归、分类等任务。但在实际应用中，数据通常无法进行有效聚合，存在严重的“数据孤岛”问题。本小节介绍机器学习的定义与分类，讨论机器学习中的数据问题。

1. 定义与分类

机器学习算法[6]是根据经验自动学习和提升的计算机算法，它被视为人工智能的子集。机器学习算法会基于样本数据（又称训练数据）建立数学模型，以便后续进行推断或预测。

在20世纪90年代，机器学习作为一个单独的领域开始蓬勃发展，该领域的目标从实现人工智能转变为解决实际问题。同时，相对于当时所提及的人工智能，它将焦点转移到基于统计和概率论的方法和模型上。

一般来说，机器学习方法根据系统输入信号是否具有反馈分为3大类。

（1）有监督学习。这种学习方法向计算机提供示例输入及其期望的输出（通常被称为标签），目标是学习将输入映射到输出的一般规则。

（2）无监督学习。这种学习方法没有为学习算法提供标签，仅靠学习算法即可寻找输入中的关系。无监督学习本身可以是目标（如发现数据中的隐藏模式），也可以是达到目的的手段（特征学习）。此外，无监督学习中的一个重要技术——自监督学习（Self -

Supervised Learning，SSL）也发展迅猛，区别于传统的无监督学习方法，主要是希望能够学习到一种通用的特征表达，用于下游任务。其主要的方式就是通过自己监督自己，例如把一段话里面的几个单词去掉，通过上下文去预测缺失的单词，或者将图片的一些部分去掉，依赖其周围的信息去预测缺失的部分。

（3）强化学习。计算机程序与动态环境进行交互，在特定环境中，计算机为了达到特定的目标（如驾驶车辆或与对手玩游戏），持续执行动作与环境交互，并从环境中获得奖励，就是强化学习。强化学习的优化目标是将奖励最大化。

2. 机器学习中的数据

机器学习基于概率论和统计学的理论，其模型将使用数据和算法不断地进行迭代改进，而模型的性能与数据的关系非常密切。第一，数据量是很重要的，这也是机器学习往往与大数据一词相联系的原因，我们需要“足够”的数据来捕获输入和输出变量之间的关系。图 1－1[7] 展示了不同类型算法的性能与训练数据量的关系，可以看到的是，在模型训练的过程中，性能提升通常与数据量级呈正相关。第二，为了使这些模型有效运行，需要有高质量的数据。例如，为了进行模型训练，需要对原始数据进行去重、降噪、打标签等预处理操作。与建立模型所需的训练工作相比，这项工作同样艰巨。

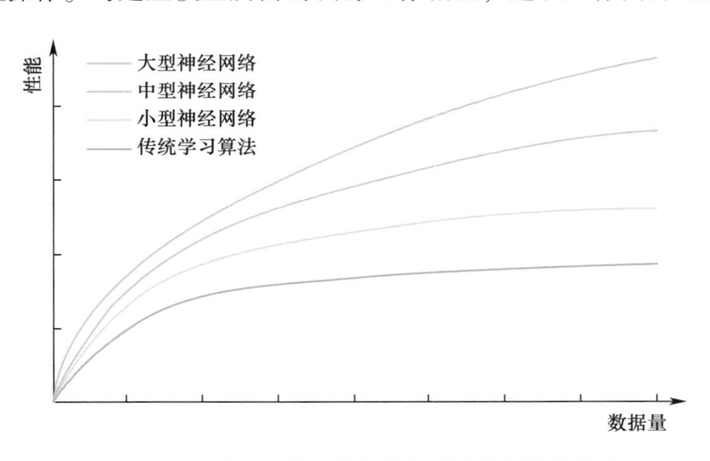

图 1－1　不同类型算法的性能与训练数据量的关系

1.2　隐私保护浮出水面

数据作为人工智能技术发展的“原料”，其重要价值不言而喻，但由它引发的一系列关于数据安全和隐私保护的担忧，让人们对数据安全问题变得愈发重视，如何在应用过程中保护用户数据隐私、防止信息泄露已经成为新的挑战。本节介绍隐私保护问题，以及常见的隐私攻击方式与保护技术。

1.2.1 隐私保护问题

基于云计算、大数据、人工智能新技术的多种应用（如智能音箱、可穿戴设备、AR/VR 眼镜和无人驾驶汽车）可以提供一系列服务，这些设备会收集有关个人特定状况的隐私信息，并依据这些信息执行智能算法、发出命令。

令人不安的是，绝大多数的消费用户无法掌握他们的哪些信息被收集了，以及被谁收集了。他们正面临着一个深刻的矛盾，是享受智能设备的便捷，还是坚持日常活动中对隐私的严格控制。美国“棱镜门”、脸书（Facebook）用户数据泄露等层出不穷的互联网隐私泄露事件更加剧了用户对使用人工智能时隐私保护问题的担忧。

现在，隐私保护愈发受到国内外的重视和关注，许多政府、行业协会和非政府组织都参与了数字隐私保护的讨论。美国提出的消费者隐私权利法案，建立在公平信息实践原则（Fair Information Practice Principles，FIPPs）的基础上[8]，解决了私营部门实体应该如何处理个人数据的问题。该法案对公司收集和保留的个人数据进行合理限制，消费者有权对公司从他们那里收集的数据，以及他们如何使用这些数据行使控制权。类似的，欧盟针对可穿戴设备的隐私保护建议强调，隐私政策应具体说明收集什么数据，以及如何收集、存储、使用、保护和披露数据。2017 年 6 月起施行的《中华人民共和国网络安全法》第 42 条指出，“网络运营者不得泄露、篡改、毁损其收集的个人信息；未经被收集者同意，不得向他人提供个人信息”。2018 年 3 月，欧盟的 GDPR 正式生效，该条例对企业处理用户数据的行为提出了明确要求，企业在用户不知情时进行数据收集、共享与分析已被视为一种违法行为。

在这样的背景之下，对于机器学习而言，隐私问题主要表现在以下两个方面。

（1）因数据收集和数据分享导致的隐私泄露。第一，不可靠的数据收集者可能在未经人们许可的情况下擅自收集个人信息、非法进行数据共享和交易等。第二，拥有敏感数据的机构和企业为了构建性能更好的模型而相互交换数据，而这样的方式本身就存在隐私泄露的风险，违背了相关法律法规和市场监管的要求。

（2）模型在训练、推理过程中因受外部恶意攻击导致的间接隐私泄露。恶意的数据窃取者通过与模型进行交互等多种方式会逆向推理出未知训练数据中的个体敏感属性，即隐私保护的相关攻击。

1.2.2 隐私保护的攻击

在与隐私相关的攻击中，对手的目标是获取非预期共享的有关知识，例如关于训练数据的知识或关于模型的信息，更有甚者可以提取到有关数据属性的信息。隐私保护的攻击可以分为 4 种类型：成员推理攻击、重构攻击、属性推理攻击和模型提取攻击。

1. 成员推理攻击

成员推理攻击会试图推测输入样本 x 是否在模型训练的数据集之中，这是最流行的攻击方式之一。有监督的机器学习模型、生成模型，如生成式对抗网络（Generative Adversarial Network，GAN）和变分自编码器（Variational Auto-Encoder，VAE）容易受到该攻击[9]。在某些场景下，成员推理攻击可能造成严重的后果，例如对于由艾滋病患者数据构建的诊断模型，若某人的医疗数据被推断是该模型的训练数据，便意味着此人可能患有艾滋病。

2. 重构攻击

重构攻击试图重新创建一个或多个训练样本及标签，这些重建可以是针对部分数据的，也可以是针对全部的。一般来说，重构攻击是利用给定的输出标签和某些特征的部分知识，使用属性推断或模型反演等方式，试图恢复敏感特征或整个数据样本。

另外，虽然不是针对机器学习模型，“重构攻击”一词也被用于描述利用公开可访问数据推断目标用户敏感属性的攻击。例如，攻击方查询了所有学号对应同学的身高和，之后又查询了除了学号 1 同学以外所有同学的身高和，两次公开数据相减就得到了学号 1 同学的身高隐私数据。

3. 属性推理攻击

获取与学习任务不相关的数据集本身的统计属性信息，并试图凭此恢复敏感特征的行为，称为属性推理攻击。属性推理攻击的一个例子是，当性别不是某患者数据集的编码属性或标签时，提取该数据集中男女比例的信息。在某些情况下，这些信息的泄露可能涉及隐私，同时这些属性还可能暴露更多关于训练数据的信息，从而可能导致对手使用这些信息创建类似的模型。

4. 模型提取攻击

模型提取攻击是一种黑盒攻击，攻击对手方试图提取信息，并有可能完全重建模型或创建一个非常类似于原模型的替代模型[10]。创建替代模型的依据是输入一些与测试集数据分布相关的学习任务，又或者其输入点不一定与学习任务相关。前者被称为任务精度提取，而后者被称为保真度提取。在前一种情况下，对手感兴趣的是创建一个替代对象，这个替代对象能同样或更好地学习与目标模型相同的任务；在后一种情况下，对手的目标是创建一个尽可能忠实地还原模型的决策边界的替代品。

模型提取攻击可以作为进行其他类型攻击的铺垫，如对抗性攻击或隶属关系推断攻击。在这两种情况下，都假定对手希望尽可能高效完成攻击任务，即使用尽可能少的查询。因此，创建一个与被攻击模型具有相同或更高复杂度的替代模型是必要的。

除了创建替代模型，还有一些攻击专注于从目标模型中恢复信息，如恢复目标函数中的超参数，或关于各种神经网络结构属性的信息，如函数激活类型、优化算法、层数等。

1.2.3 常见的隐私保护技术

有大量的研究致力于在不暴露敏感数据的情况下改进学习模型，而常见的针对机器学习的隐私保护技术主要可以分为两大类：第一类是若干基于密码学的方式，常用的有安全多方计算（Secure Multi-party Computation，SMC）、同态加密（Homomorphic Encryption，HE）等；第二类则对原始数据制造扰动，即向数据中添加随机的噪声，使输出结果与真实结果具有一定程度的偏差，如差分隐私机制。

1. 安全多方计算

安全多方计算起源于姚期智院士在1982年提出的百万富翁问题[11]，其目的是解决一组不可信用户之间协同计算时保护隐私的问题。安全多方计算需要确保输入、计算的独立性与准确性，即不会将输入值泄露给参与计算的其他成员，独立、准确地完成计算。

然而，直接在神经网络训练中使用安全多方计算具有一定的困难。例如，如果使用基于混淆电路的安全多方计算技术，在训练过程中计算Sigmoid或Softmax等非线性激活函数的代价较大。此外，混淆电路适用于两方或者三方安全计算，不容易扩展到有更多用户的协作环境。因此，研究人员致力于探讨如何在机器学习模型训练中使用安全多方计算。例如，有研究提出了一个用于隐私保护训练的双服务器模型，用户将他们的数据分割成两个独立的副本，并将它们发送到两台不同的服务器，两台服务器使用安全的双方计算（2PC）来训练神经网络和其他机器学习模型。因此，在训练过程中，两台服务器都无法查看用户的完整数据。

2. 同态加密

同态加密是一种对数据进行加密的方法，并可以在不解密数据的情况下对其执行某些操作，执行的结果解密之后与原始数据执行同样操作的结果相同，这是因为同态加密机制在计算时保留了一些原始的消息空间结构。

在协作场景的机器学习训练中应用同态加密时，每个用户首先使用系统公钥加密自己的本地数据，然后将密文上传到服务器。服务器用密文执行与学习过程相关的大部分操作，并将加密的结果返回给用户。在这个过程中，服务器不知道用户的数据，用户也不知道服务器的模型。

3. 差分隐私

差分隐私最初由 C. Dwork 提出，该方法将随机噪声注入由原始敏感数据计算的统计结果中，当替换或删除原始数据集中的单个记录时，并不会影响输出结果的概率分布，这一定程度上避免了攻击者通过捕捉输出差异进而推测个体记录的敏感属性值。形式上，差分隐私的定义[12]如下：

定义　对任意的数据集 D_1 和 D_2，D_1、$D_2 \subseteq D$，即 D_1、D_2 是非单个元素的子集，给定随机算法 f：$D \to R$ 和任意的输出结果 $S \subseteq R$，若不等式

$$\max\left[\ln\frac{\Pr[f(D_1)]\in S}{\Pr[f(D_2)]\in S}\right]\leqslant\varepsilon \tag{1-1}$$

成立，即通过特定构造数据集执行随机算法得到无法区分这两个数据集的结果，则称算法 f 满足 ε 差分隐私。

差分隐私机制将算法的隐私损失控制在一个有限的范围内，ε 越小，则算法的隐私保护效果越好。常用的差分隐私算法有拉普拉斯机制、指数机制和高斯机制。

1.3　联邦学习的诞生

联邦学习是新引入的一项机器学习、深度学习技术，它简单地尝试回答这个问题：我们是否可以在不需要将数据传输到中心位置的情况下训练模型？

联邦学习框架允许使用各种算法从数据中学习以获得经验，同时重点聚焦分布式节点间的训练协作，这是通过标准机器学习算法无法完全实现的。联邦学习已被应用于各种场景，如金融、医疗、物联网、交通和机器人等。不过，尽管联邦学习有着巨大的潜力，但是它在一些技术组成部分，如平台系统、硬件环境以及其他关于数据隐私和数据访问方面的问题还没有得到完全的解决和广泛的共识。本节介绍联邦学习的提出、范式和应用。

1.3.1　联邦学习的提出

谷歌在 2016 年提出联邦学习概念。区别于要求训练数据中心化的传统机器学习方法，联邦学习通过多个手机等移动设备的协作与交互进行模型训练，同时将所有训练数据保

留在设备上，从而将机器学习的能力与将数据存储在云中的需求分离。

本质上，由谷歌提出的联邦学习是一种加密的分布式机器学习技术，它允许参与者建立一个联合训练模型，但参与者均在本地维护其底层数据而不将原始数据进行共享。之后，联邦学习的概念被扩展为所有保护隐私的多方协作机器学习技术，它不仅可以处理基于样本的水平分区数据，还可以处理基于特征的垂直分区数据。在后者的场景，联邦学习可以使跨组织的企业纳入联邦框架。例如，拥有客户购买力数据的银行可以与拥有产品特征数据的电子商务平台合作开发产品推荐系统，从而智能地构建多个实体、多个数据源、不同特征维度的联合模型，这使得多方企业能够在保护数据隐私的前提下，共同实现跨平台、跨区域的价值创造。

1.3.2 联邦学习的范式

1. 定义

联邦学习是一种机器学习框架，其中多个参与方在中央服务器或服务提供商的协调下协作解决机器学习问题。每个参与方的原始数据都存储在本地，它不是直接交换或转移原始数据，而是将多个参与方的训练结果聚合并进行迭代更新，用于实现学习目标。多个数据拥有方 F_i（$i=1,2,\cdots,N$）的目的是将各自的数据 D_i 联合，共同训练机器学习模型。传统做法是把数据整合到一方形成全局数据集$D=\{D_i,i=1,2,\cdots,N\}$，并利用 D 训练生成模型 M_{sum}。然而，该方案因违背数据隐私保护条例而难以实施。为了解决这一问题，联邦学习思想的定义如下：

定义　联邦学习是指使得这些数据拥有方 F_i 在不用给出己方数据 D_i 的情况下也可进行模型训练并得到全局模型 M_{fed}的计算过程，并能够保证模型 M_{fed}的效果 V_{fed}与传统模型 M_{sum}的效果 V_{sum}间的差距足够小，即

$$|V_{\text{fed}}-V_{\text{sum}}|<\delta \tag{1-2}$$

其中，δ 为设定的小正量值。

基于此定义可以总结出，联邦学习框架的基本实现思想是：数据拥有方之间在不共享原始数据的前提下，基于加密机制进行参数交换和共享，并依赖弱中心化服务器维护一个全局共有的机器学习模型，其中多个数据拥有方被称为参与方，而全局模型维护方被称为服务器。

2. 生命周期

如图 1-2 所示，联邦学习的生命周期可以被划分为多个连续的通信轮，在这些轮次之间不断地迭代，并在全局模型达到预期的精度时停止。

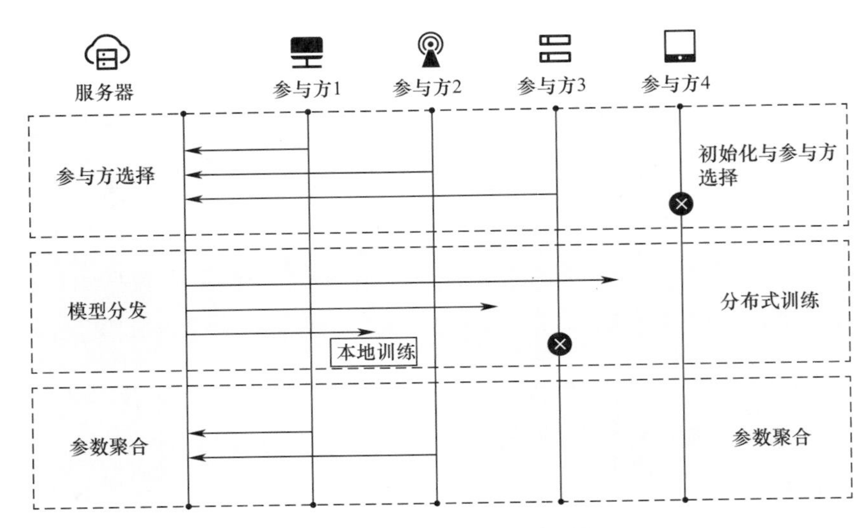

图 1-2 联邦学习的生命周期

服务器首先生成一个通用模型，然后每轮执行以下步骤。

（1）服务器选择参与方的一个子集进行本轮训练，选择设备的典型条件是设备本身可靠、当前设备空闲以及网络连接良好。

（2）选定的参与方从服务器下载当前的模型参数/权重，并使用这些权重初始化本地联邦学习模型。

（3）每个被选择的参与方使用其本地的培训数据对全局模型进行训练和优化。在典型和最常用的技术中，参与方运行随机梯度下降（Stochastic Gradient Descent，SGD）算法来计算更新。在通信带宽受限的情况下，计算一个梯度并将其发送回服务器是不够的，为了更好地进行模型更新和降低通信成本，参与方在一个通信轮次中处理多个训练轮数（Epoch）的梯度下降与更新迭代，并整合、发送回服务器。

（4）训练完成后，参与方将优化后的参数发送给服务器。由于连接不良、计算资源有限、训练数据量大等原因，部分参与方可能会在训练或参数传输阶段退出。因此，服务器会计算失败参与方的百分比，并继续处理接收到的更新数量，如果及时报告的客户数量不够，则放弃当前活动轮。

（5）服务器收集所有参与方的更新，根据参与方数据集的大小对其进行加权聚合（通常使用 FedAvg），并由此产生一个新的全局模型。该全局模型会在下一次迭代中得到更好的增强。

3. 核心问题

联邦学习的核心问题有昂贵的通信费用、系统异构性、统计异质性、隐私问题和激励问题。

（1）昂贵的通信费用。在联邦网络中，通信是一个关键的瓶颈。由于发送原始数据存在隐私问题，每个设备上生成的数据必须保持在本地。不过，实际的联邦网络可能包含大量设备，例如数百万部智能手机，由于带宽、能量等资源有限，网络中的通信可能比本地计算慢很多个数量级。因此，为了使一个模型适用于联邦网络中的设备生成数据，开发通信效率高的方法变得至关重要。例如，在训练过程中迭代地发送小消息或模型更新，而不是通过网络发送整个更新集合。为了在这样的环境下进一步减少通信，需要考虑两个关键因素：第一，减少通信轮的总数；第二，压缩每轮传输的消息的大小。

（2）系统异构性。联邦网络中每个设备的存储、计算和通信能力可能会因硬件（CPU、内存等）、网络连接（4G、5G 和 WiFi 等）和功率（电池级别等）的不同而有所差异。此外，每个设备上的网络情况和与系统相关的限制通常导致只有一小部分设备同时处于活动状态，如一个拥有数百万个设备的网络中只有数百个活动设备。并且，出于网络连通性或能量限制的原因，活动设备在迭代过程中退出也很常见。这些系统特征极大地增加了缓解通信延迟和容错的难度。因此，开发出来的联邦学习方法必须满足低参与度、兼容异构硬件、足够的健壮性，以及容忍在通信网络中删除设备。

（3）统计异质性。设备在整个联邦网络中频繁地以高度不一致的方式生成和收集数据，例如，移动电话用户在进行下一个单词预测任务时使用不同的语言。此外，跨设备的数据点数量可能会有很大差异，这种数据生成范式违反了分布式优化中经常使用的独立同分布（Independently Identically Distribution，IID）假设，并可能增加问题建模、理论分析和解决方案等经验评估方面的复杂性。在这方面，领先的联邦学习方法和元学习之间也有密切的联系，多任务和元学习透视图都支持个性化或特定于设备的建模，这通常是处理数据的统计异质性以实现个性化的有效方法。

（4）隐私问题。隐私通常是联邦学习应用的主要关注点。联邦学习通过共享模型更新信息（如梯度信息）而不是原始数据，向保护在每个设备上生成的数据迈出了一步。然而，在整个训练过程中，传递模型更新信息仍然会向第三方或中央服务器泄露敏感信息。尽管有改进方法使用诸如 SMC 或差分隐私等工具来增强联邦学习的隐私性，但这些方法通常以降低模型性能或系统效率为代价。

（5）激励问题。理想情况下，联邦学习所有参与训练的参与方均提供模型所需的真实数据并有良好的终端计算能力和通信传输环境，现有的联邦学习框架也主要在客户端均诚实的条件下关注网络性能和模型质量的优化。然而在真实联邦场景下，没有合理的激励机制难以吸引参与方的加入，同时由于联邦学习信息不对等的特性，参与方上传的子模型参数对于全局模型的贡献难以评估，甚至在开放网络环境下，可能出现作恶参与方阻碍全局模型的训练或者骗取模型收益。因此，在一个信任缺失或有限的数据联邦环境中设计分布式网络环境的激励机制以维护联邦生态非常重要。

1.3.3 联邦学习的应用

许多行业和公司开始将联邦学习合并到他们自己的工作周期和产品中，许多基于联邦学习的应用[13]也正在浮出水面。本节介绍一些典型的应用案例。

1. 谷歌键盘查询建议 & 移动键盘定位

这是联邦学习的第一个应用，称为 Gboard 输入法，谷歌试图使用联邦学习来提高键盘搜索建议的质量。Gboard 输入法必须尊重消费者的隐私，不能收集消费者的键盘搜索历史信息，同时该应用不能有任何延迟。这对于一个移动设备的应用来说是至关重要的，因此必须确保用户数据的使用和用户体验不会受到负面影响。谷歌设法构建了一个客户机－服务器体系结构，服务器将在连接了一定数量的客户机后，设定一个训练任务并分配给每个客户机，而客户机负责使用本地的数据执行这些任务。为了管理跨设备的负载，客户机会被告知再次与服务器通信之前需要等待多长时间。

类似的，联邦学习也被用于键盘预测和关键字定位，与 Gboard 输入法的不同在于使用了不同的训练模型。为实现这个目标，联邦学习试图训练一个循环神经网络（Recurrent Neural Network，RNN），并对模型进行了多种性能约束。它可以保证这些模型的体积足够小，并能同时在低端和高端设备上运行，还可以满足用户在输入事件发生后约 20ms 内得到可见的键盘响应的期望。

2. 患者聚类和功能性磁共振成像分析

患者聚类场景的重点对象是电子病历（Electronic Medical Record，EMR），它是医疗保健领域最重要的组成部分，是开展数字化医疗服务的关键。以往，人们使用传统的机器学习机制处理电子病历，但这种处理方式存在一个错误的前提，即电子病历可以很容易地被共享并存储在集中的位置。事实上，电子病历是由不同医疗机构和诊所的病人产生的，它们本质上是敏感的，在存储、安全性、私密性、成本和共享医疗数据的可用性方面都具有更高的要求。

功能性磁共振成像分析也存在类似的问题，模型构建的重点是医疗机构的高质量数据。通常，出于隐私方面的担忧，模型无法获得高质量的数据：病人担心他们的医疗数据被滥用，而卫生服务提供者担心卫生统计数据被公开后会失去病人。

联邦学习可以在很大程度上解决这些问题。在联邦学习中，没有必要收集与共享来自各方的不同数据，也不用关心数据是如何建立、存储在哪里的，通过各方在本地的训练即可形成性能较好的相关模型。

3. 金融征信模型

在金融活动中，消费者可能会在多家金融机构有活动记录，包括银行、保险公司等，集中多家金融机构的数据，可以对消费者的信誉历史进行更精确的建模，以产生信用分数。金融机构可以依据消费者的信用评分评估用户违约的风险，确定其信用的价格和服务（如利率区间）。

但是，出于保护用户隐私的要求，考虑金融法律限制和审计安全等因素，金融机构之间的数据壁垒难以打破，多方无法互相交换数据。因此，联邦学习是一个良好的解决方案。利用联邦学习的特性，人们不用导出企业数据，就能够为三方联合构建机器学习模型，既充分保护用户隐私和数据安全，又为用户提供了个性化的产品服务，从而实现了多方共同受益。

1.4 本章小结

本章从人工智能的发展历程讲起。随着机器学习的演进与应用，其对于大数据的依赖程度也逐步加深。数据作为人工智能技术发展的“石油”，其在价值输送的同时，也引发了人们对于数据安全和隐私保护的担忧，如何在确保隐私安全的基础上实现数据价值的流通成为了新的挑战，而联邦学习也随之诞生。

联邦学习是一种新型的机器学习、深度学习模型训练范式，它将模型训练和数据存储保留在分布式网络的边缘，因其隐私保护的能力展示出其在诸多业务场景中的应用价值。随着联邦学习进一步地迭代演进和生态布局，拥有完备的科学体系、充分的理论支撑、安全的加密算法，以及可靠的服务质量评价，在联邦学习领域变得至关重要与迫切。

第 2 章 联邦学习基础

如何在合法、合规和保证隐私安全的前提下打破数据壁垒、实现数据连通，是目前人工智能创新发展面临的挑战之一。为此，联邦学习应运而生，它能够使得各参与方无须共享数据资源，即在数据不出本地的情况下进行联合，建立共享模型，有效解决数据隐私安全和数据孤岛问题，加速大数据时代下人工智能技术在各行各业的应用落地，拓宽人工智能产业生态圈。本章从联邦学习的基本概念出发，概述联邦学习的发展历程，介绍联邦学习的基本类别和流程，以及联邦学习的应用场景。

2.1 联邦学习的基本概念

数据是人工智能时代的“石油”。近些年，随着国家法律法规、市场监管等方面对保护数据隐私的要求趋严，加之企业、机构间出于竞争壁垒的考虑，使得数据孤岛问题日益凸显。为有效解决这一问题，联邦学习方案被提出。联邦学习基于机器学习框架，是一种新型的安全多方计算技术，该技术能在保证本地数据隐私安全的前提下，实现多方共同建模，从而扩充全局模型的信息量，提升模型效果。

联邦学习一般由参与方和中央服务器组成，其系统架构如图 2-1 所示。各参与方拥有自己的本地数据，这些数据可能不足以训练模型或者所得模型不准确。为了提升模型精准度，各参与方寻求与其他拥有数据的参与方合作。当大于等于两方参与时，中央服务器启动联合建模。首先，服务器负责收集每个参与方上传的加密模型参数，并采用联邦聚合算法更新原模型。然后，服务器将更新后的模型分发给各参与方，准备下一轮的模型训练。这一过程会持续进行，直到模型达到收敛条件。此外，联邦学习也存在不包含中央服务器的对等网络架构，如图2-2所示，以一个参与方的交互为例。在该架构中，参与方之间直接交互，避免了第三方参与，但是需要更多的加密、解密操作。

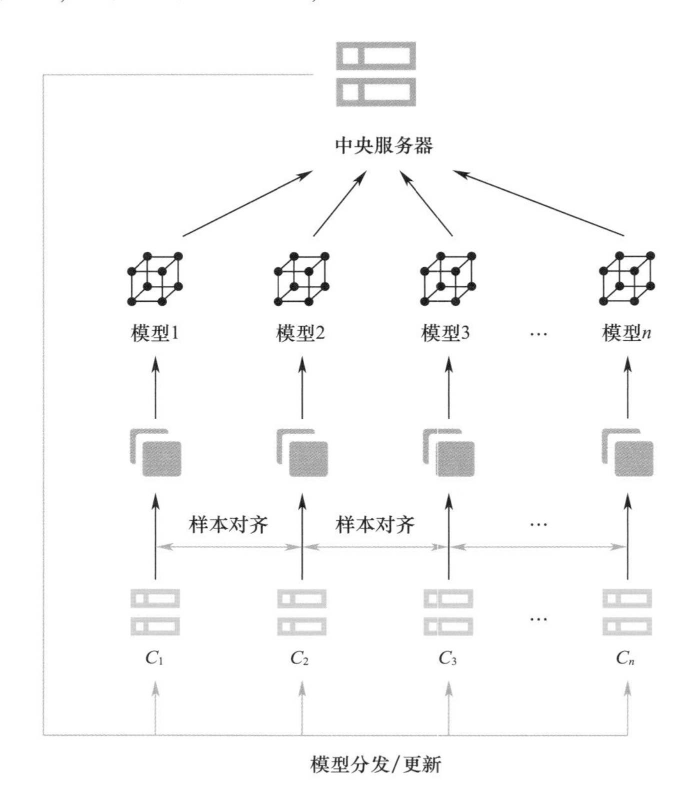

图2-1 联邦学习的系统架构

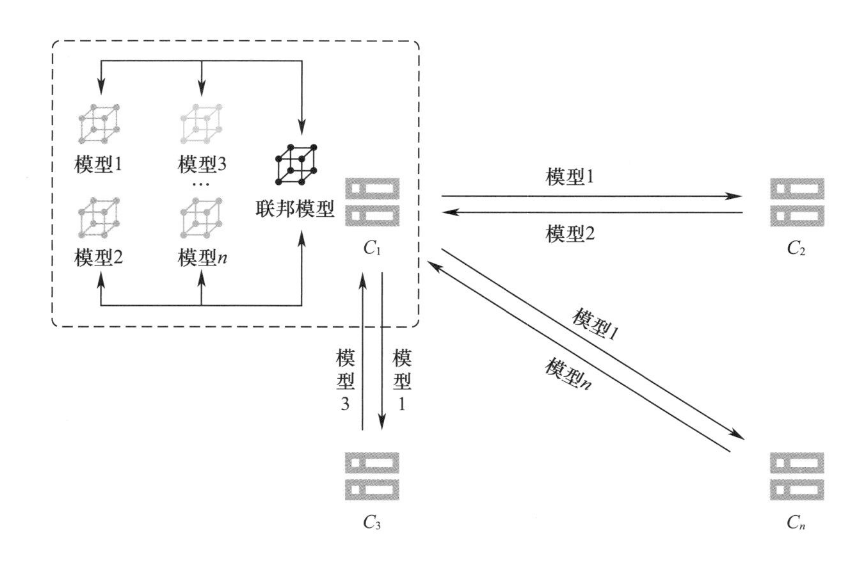

图2-2 联邦学习的对等网络架构

联邦学习有以下几点优势。

（1）隐私性。参与联邦学习的各数据持有方，建模过程中全程保持数据本地化，数据库独立于联邦学习系统之外。参与全局建模的训练时，各数据持有方采用参数交换来替代数据交换，传输过程中不涉及数据本身。

（2）合法性。目前出台的相关法律法规对数据隐私、数据保护等内容提出了严格的要求，联邦学习在建模过程中无须打通数据，满足政策和法律法规的要求。

（3）普遍性。联邦学习的概念基于庞大的数据持有方群体，对数据持有方来说参与门槛较低，如小型公司的数据库、个人用户数据集甚至个人移动设备的数据都可以作为数据持有方参与联邦学习。

总的来说，联邦学习的过程中，参与方的数据保存在本地，只需要交互加密后的模型参数，极大地保证了各方数据的安全与隐私；且各方地位平等，都可以获得模型增益。此外，联邦学习方案严格遵循法律法规，合理运用异构数据集进行模型训练，打破了数据孤岛壁垒，有效地解决了人工智能面临的数据难题。

2.2 联邦学习的发展历程

人工智能作为一门庞大的前沿交叉学科，已被广泛应用在各大实际场景，渗透到人们的日常生活中。机器学习是实现人工智能的主要途径，它一直是理论与应用的研究热点，并逐步落地了众多产品。随着大数据时代的到来，海量信息处理与存储问题凸显，分布式技术通过分散部署数据，在解决基础问题的同时提升了系统的可拓展性。与此同时，大数据带来的隐私争议从未停止，如何有效保护用户的隐私信息不被泄露是争议的核心问题。历经多年发展，隐私保护已经形成了一套基础体系，包括加密方法和扰动方法。因而，在分布式机器学习基础上融合隐私保护技术是人工智能发展的必经之路。

联邦学习是基于多重隐私保护而建立起的分布式机器学习技术，可在保证数据不出本地的前提下，联合多方进行模型训练。自 2016 年谷歌最先提出联邦学习技术以来，业界已有多家科技公司加入到联邦学习的生态中：微众银行开发出了首个开源的工业级联邦学习框架 FATE，并牵头建立了关于联邦学习的技术标准、数据库和应用规范等；平安科技致力于打造商业级联邦智能系统，旨在推进 AI 新技术的业务赋能和实际落地；同盾科技、京东数科等众多企业也对联邦学习技术的发展与应用作出了显著贡献。虽然联邦学习生态搭建已初有成效，但在很多方面还有待探索。不可否认的是，人工智能领域中的新浪潮已然兴起，联邦学习将是最关键的一步。

2.3 联邦学习的基本类别与流程

具有中央服务器的联邦学习流程大致如下。

（1）模型参数分发：中央服务器将初始模型参数分发给各参与方。

（2）本地模型更新：参与方收到新模型参数，将其加入到本地训练中。

（3）全局更新：参与方将本地更新的模型发送到中央服务器，服务器按照一定的规则聚合，更新当前的全局模型。

（4）收敛判停：在所训练的模型达到收敛条件、迭代次数或者训练时间时，停止训练模型。

由于参与联合训练的数据集不同，联邦学习可以分为横向联邦学习、纵向联邦学习与联邦迁移学习 3 类。此外，联邦强化学习为提高效率提供了新思路。下面简要介绍这 4 种联邦学习。

2.3.1 横向联邦学习

横向联邦学习以数据的特征维度为对齐导向，取出参与方数据特征相同而用户不完全相同的部分进行联合训练。如图 2－3 所示，各参与方拥有不同客户的数据，这些数据具有较多重叠的特征。例如，两家不同的电商企业，他们拥有不同用户，因此样本空间不同；然而由于业务相似性，两方数据特征类似。这种情况下，在进行联合训练时就可以采用横向联邦学习技术。横向联邦学习的过程如下：

（1）中央服务器分发模型给各参与方；

（2）各参与方利用本地数据集分别训练，采用差分隐私、同态加密等技术对模型参数加密后，上传至中央服务器；

（3）中央服务器对所获得的信息进行安全聚合，并反馈给各参与方；

（4）各参与方对收到的参数解密，并更新本地模型。

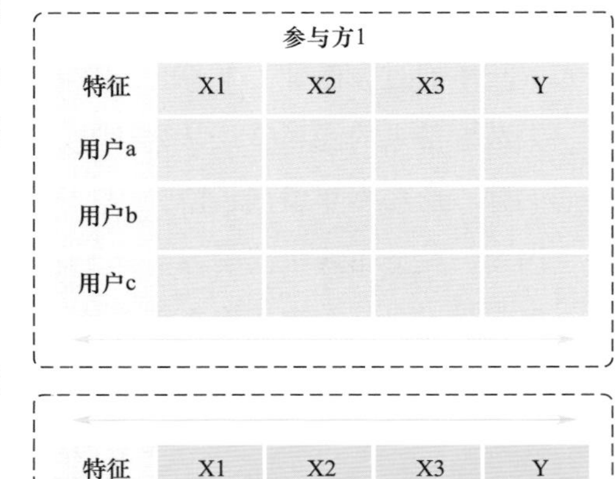

图 2－3 横向联邦学习图解

横向联邦学习通过扩大样本空间来提高模

型的精准度，参与方维护相同且完整的模型，可以独立进行预测。同时，横向联邦学习采用的加密技术保证了参与方本地数据的安全和隐私性。

2.3.2 纵向联邦学习

纵向联邦学习是以共同用户为数据的对齐导向，取出参与方用户相同而特征不完全相同的部分进行联合训练。如图 2－4 所示，参与方数据集中样本空间重叠较多，但是特征空间交集较小。例如，同在一区的公安局与民政局，两者数据集样本空间均包含当地居民，然而其中各居民的特征值不同，在这种情况下采用纵向联邦学习技术，可以在更多的特征维度下建立共享的机器学习模型。由于样本空间的重叠，在联合训练之前，纵向联邦学习需要进行样本对齐操作。样本对齐是指参与方对齐加密后的样本 ID，获得样本重叠部分。之后的联合训练基于此重叠部分进行。为了保护各参与方非交叉的数据，样本对齐操作在系统级进行。纵向联邦学习的过程如下：

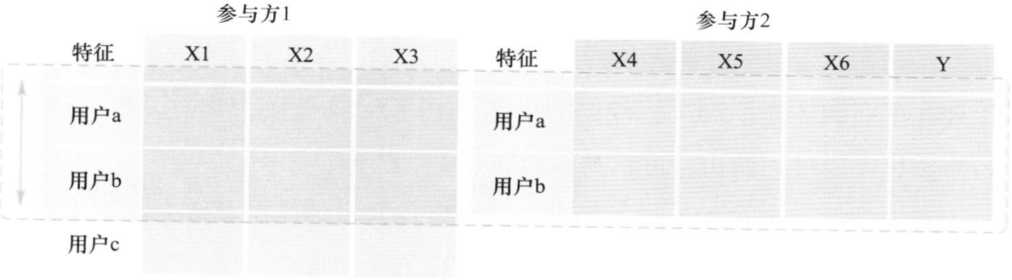

参与方1

特征	X1	X2	X3
用户a			
用户b			
用户c			

参与方2

特征	X4	X5	X6	Y
用户a				
用户b				

图 2－4 纵向联邦学习图解

（1）各参与方获得加密后的 ID 相同的样本数据，即加密样本对齐；

（2）中央服务器向各参与方分发初始模型和公共密钥（简称公钥）；

（3）参与方根据本地数据集中的特征对模型进行训练，之后将中间结果加密，与其他参与方交换，并根据其他参与方的中间结果求解本地模型的梯度与损失；

（4）各参与方加密并上传模型参数，中央服务器解密并汇总结果；

（5）中央服务器将汇总后的结果反馈给各参与方，各参与方更新模型。

在整个纵向联邦学习的过程中，参与方维护的只是基于本地数据特征的模型，称为半模型。在后续采用模型预测时，需要各方共同参与。

2.3.3 联邦迁移学习

联邦迁移学习是迁移学习在多方联合训练下的应用。当参与方之间的数据集样本空间和特征维度均有较少重叠时，采用联邦迁移学习可以获得比单独训练更好的模型，很好地优化以下两种情况：

（1）在横向联邦学习时，参与方的特征空间交集较小，联合训练出的机器学习模型性能较差；

（2）在纵向联邦学习时，参与方的特征维度相差很大，直接纵向联邦会出现负迁移。

为避免以上两种情况，联邦迁移学习可以为参与方提供挑选或者加权样本的机会。联邦迁移学习要求参与方在本地训练各自模型，然后在加密后联合训练，得出最优模型，再向各参与方反馈。

2.3.4 联邦强化学习

强化学习是指某个智能体根据目前的环境状态，作出下一步动作决策，并在过程中通过不断地交互学习和调整策略，以实现最大化的期望奖励。随着状态、决策空间的不断增大，人们在强化学习中加入了分布式方案，用来缩短学习过程的时间和降低算力。然而，分布式强化学习存在隐私泄露隐患，为增强对各参与方的数据保护，联邦强化学习被提出。联邦强化学习分为两种，即横向联邦强化学习和纵向联邦强化学习。

当代理在不同的环境下训练，使同一个奖励任务的效果最大化时，可采用横向联邦强化学习持续优化模型。其运行过程与横向联邦学习类似：

（1）各参与方训练并维护本地的模型，然后将加密过的模型参数上传给中央服务器；

（2）中央服务器融合所有模型参数，然后反馈给参与方；

（3）参与方根据反馈更新本地模型。

纵向联邦强化学习用于各参与方在同一环境下执行不同决策任务的情况。它考虑部分参与方在作出决策时没有奖励机制，那么需要利用其他有奖励机制的参与方的经验来提高决策质量。纵向联邦强化学习的架构如图 2－5 所示，主要过程如下：

（1）每个参与方维护一个 Q 网络，并将 Q 网络输出值加密后进行传递；

（2）参与方收集除自身外的 Q 网络输出值；

（3）基于神经网络建立感知模型，输入本地 Q 学习值和其他代理的 Q 学习值，输出全局 Q 学习值；

（4）根据全局 Q 学习值更新本地 Q 网络和感知模型。

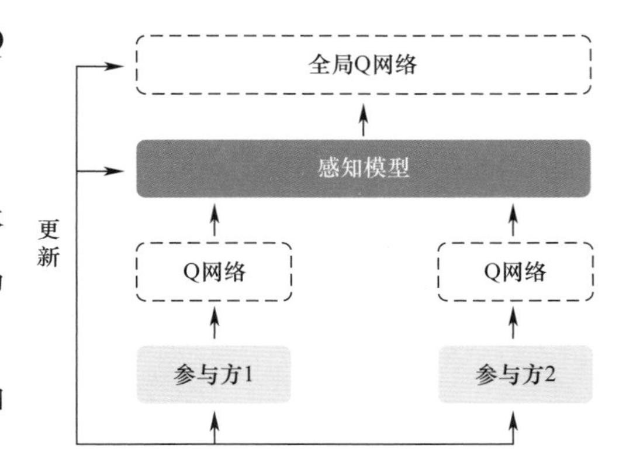

图 2－5 纵向联邦强化学习的架构

其中，感知模型是共享的，参与方的 Q 网络只对自己可见，且传递的参数无法反向推导。联邦强化学习可以有效地提高样本效率，加速学习进程，优化参与方决策，获得更准确的强化模型。

2.4 联邦学习的应用场景

联邦学习可以在保护数据安全的前提下，有效打破数据壁垒，因此在各个行业中都具有广阔的应用前景。

在金融行业中，人们通过建立风控模型描绘用户特征画像，从而实现精准营销。联邦学习可以在安全计算的环境下，帮助金融机构完成联合风控和联合营销，全面提升模型精准度和营销成功率。在医疗行业中，人工智能技术可以根据机构内部的历史病例信息建立检测模型，从而帮助医生诊断病情、预测疾病发展趋势等。采用联邦学习技术，可以在保证各个医疗机构的病例数据隐私安全的情况下进行联合训练，从而达到提升医疗检测模型准确性的目的。在交通领域，根据路网信息预测交通概况可以为出行提供精准决策。加入联邦学习的交通预测可以全面提升模型精准度和可扩展性，从而优化出行推荐，提升用户体验。在安防领域中，建设全面的安防系统意义重大。联邦学习可以帮助社区精准预测人流轨迹，提升监管力度；帮助工厂实时预测危险物品，降低事故发生率。在零售行业里，中小企业迫切需要新零售的决策指导。联邦学习可以联合多家企业，在保证数据安全的同时，公平对待每个参与方，针对需求建立多个预测模型，指导销售决策，推动商品流通。

联邦学习作为人工智能领域的风口，能够有效解决数据孤岛与隐私安全的双重难题。在这一基础上，未来也必将出现更多的落地应用，为企业赋能，降本增效，并逐步渗透到人们的日常生活中，为我国新基建提供强有力的技术支撑。

2.5 本章小结

联邦学习的提出解决了数据孤岛和隐私安全两大人工智能发展难题。它支持在数据不出本地的前提下，建立联邦学习模型。联邦学习的应用不仅可以保证数据的安全与隐私性，还可以提升模型的精准度。联邦学习根据各方数据集的特征分为横向联邦学习、纵向联邦学习、联邦迁移学习和联邦强化学习，能够有效打破数据壁垒。与此同时，联邦学习已经初步形成生态圈，在不久的将来，随着技术的突破与落地，联邦学习终将把人工智能的价值推向新的高度，落实到社会的每个角落。

第 3 章
中央服务器优化算法

中央服务器优化算法（Central Server Optimization Algorithm）是指在联邦学习中，服务器接收到来自参与方的局部模型相关参数之后，将所有参数聚合成全局模型相关参数时采用的算法。

联邦学习不同于一般机器学习算法的一个很重要的区别就是：联邦学习算法框架中，优化算法在中央服务器端工作，联邦机器学习算法在各参与方工作。

目前，中央服务器优化算法主要包括联邦随机梯度下降（Federated Stochastic Gradient Descent，FedSGD）算法、联邦平均（Federated Averaging，FedAvg）算法、差分隐私联邦随机梯度下降（Differential Privacy Federated Stochastic Gradient Descent，DP－FedSGD）算法、差分隐私联邦平均（Differential Privacy Federated Averaging，DP－FedAvg）算法等，下面对各个中央服务器优化算法进行详细介绍。

3.1 联邦随机梯度下降算法

FedSGD 算法[14]是联邦学习概念被提出之后的第一个中央服务器优化算法。该算法基于神经网络模型，在所有联邦学习参与方部署相同结构的网络模型，并在每轮训练中通过一次梯度下降更新模型参数，而在每轮通信中，中央服务器随机选取若干参与方进行模型参数聚合，并将聚合后的模型参数传输给所有参与方。通过多轮通信，最终可以在不公开数据的前提下，得到一个适用于所有参与方的全局模型。

3.1.1 算法框架及参数

FedSGD 算法的框架如图 3－1 所示，参数及含义见表 3－1。

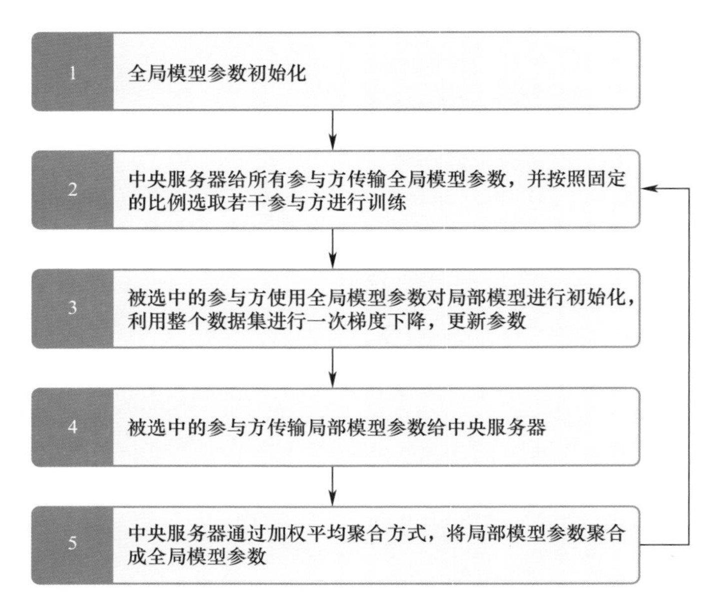

图 3－1　FedSGD 算法的框架

表 3－1　FedSGD 算法的参数及含义

参　数	含　义
n	参与方个数
m_k	第 k 个参与方的样本个数
m	所有参与方的样本总数
ω_t	第 t 轮训练的全局模型参数
C	每轮参与训练的参与方比例
η	局部模型学习率

3.1.2　目标函数

记联邦学习中参与方 k（$k=1,2,\cdots,n$）的目标函数为

$$F_k(\omega)=\frac{1}{m_k}\sum_{i\in P_k}f_i(\omega) \tag{3-1}$$

其中，P_k 是参与方 k 的数据索引集；$m_k=|P_k|$，是该数据索引集的大小，即参与方 k 的数据集的样本个数；$f_i(\omega)$ 是样本（x_i,y_i）在参数 ω 下的目标值，一般取 $f_i(\omega)=l(x_i,y_i;\omega)$ 为某个损失函数，表示样本（x_i,y_i）在参数 ω 下的损失函数值。

记联邦学习的总目标函数为

$$f(\omega)=\sum_{k=1}^{n}\frac{m_k}{m}F_k(\omega) \tag{3-2}$$

其中，$m=\sum_{k=1}^{n}m_k$，是所有参与方的数据集的总样本个数。

3.1.3 算法流程

FedSGD 算法的流程如算法流程 3－1 所示。

算法流程 3－1 FedSGD 算法

输入： 全局模型参数初始值 ω_0，参与方个数 n，参与方比例 C，局部模型学习率 η，各参与方的样本个数 m_k。

输出： 最后一次迭代的全局模型参数 ω_{t+1}。

1. 中央服务器初始化模型参数 ω_0，并传输给所有参与方。

2. 对 $t=0,1,2,\cdots$，迭代以下步骤直到全局模型参数 ω_{t+1} 收敛。

（1）中央服务器根据参与方比例 $C\in(0,1]$，计算参与第 t 轮迭代的参与方个数。

$$M \leftarrow \max\ (C\times n,1)$$

（2）中央服务器随机选取 M 个参与方，构成参与方集合 S_t。

（3）对 $\forall k\in S_t$，通过以下步骤进行局部模型的相关参数更新。

① 使用接收到的模型参数 ω_t 进行模型初始化 $\omega_{t+1}^k \leftarrow \omega_t$。

② 使用各自的所有样本，对参数 ω_{t+1}^k 进行一次梯度下降，计算参数 ω_{t+1}^k 的梯度：

$$g_k = \nabla F_k(\omega_{t+1}^k) \tag{3-3}$$

或者计算参数更新值 $\omega_{t+1}^k \leftarrow \omega_{t+1}^k - \eta g_k$，其中 η 是学习率。

③ 将更新好的局部模型参数 ω_{t+1}^k 传输给中央服务器。

（4）中央服务器聚合所有梯度：

$$\omega_{t+1} = \omega_t - \eta \sum\nolimits_{k=1}^{n} \frac{m_k}{m} g_k \tag{3-4}$$

或者聚合所有参数更新值 $\omega_{t+1} = \sum\nolimits_{k=1}^{n} \frac{m_k}{m}\omega_{t+1}^k$，并回传给所有参与方。

另外需要说明的是：FedSGD 算法名称中的“SGD”并非指局部模型的参数更新使用了随机梯度下降法，这里的“随机”（Stochastic）是指在每轮通信中，参与梯度聚合的参与方是随机选取的，而每个参与方进行局部模型参数更新时使用的是梯度下降法。

3.2 联邦平均算法

FedAvg 算法[15]是对 FedSGD 算法的改进。在 FedSGD 算法中，各参与方在每轮通信前只对各自的局部模型参数进行一次梯度下降，参数更新频率很低，导致各参与方的模型训练不充分，从而对全局模型的性能带来影响。FedAvg 算法对所有参与方模型参数的更新更加充分，主要是在每轮模型训练中，通过多个训练轮数和多个批次增加对局部模型参数的更新次数，从而提升全局模型的性能。

3.2.1 算法框架及参数

FeAvg 算法的框架如图 3－2 所示，参数及含义见表 3－2。

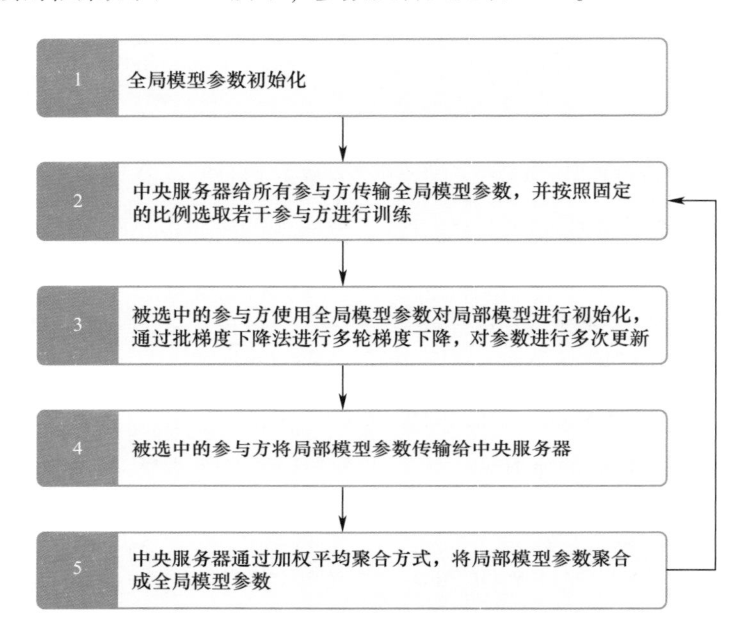

图 3－2 FedAvg 算法的框架

表 3－2 FedAvg 算法的参数及含义

参 数	含 义
n	参与方个数
m_k	第 k 个参与方的样本个数
m	所有参与方的样本总数
ω_t	第 t 轮训练的全局模型参数
E	训练轮数
B	批样本大小
b	数据集的某个批次
C	每轮参与训练的参与方比例
η	局部模型学习率

3.2.2 目标函数

记联邦学习中参与方 k（$k=1,2,\cdots,n$）的目标函数为

$$F_k(\omega,b)=\frac{1}{B}\sum_{i\in b}f_i(\omega) \tag{3-5}$$

其中，B 是批样本大小（Batch Size）；$b\in P_k$，是参与方 k 的数据索引集 P_k 中由 B 个样本组成的一个批次；$f_i(\omega)$是样本(x_i,y_i)在参数 ω 下的目标值，一般取$f_i(\omega)=l(x_i,y_i;\omega)$为某个损失函数，表示样本$(x_i,y_i)$在参数 ω 下的损失函数值。

记联邦学习的总目标函数为

$$f(\omega)=\sum_{k=1}^{n}\frac{m_k}{m}F_k(\omega,b) \tag{3-6}$$

其中，$m_k=|P_k|$，是参与方 k 的数据索引集的大小；$m=\sum_{k=1}^{n}m_k$，是所有参与方的数据集的总样本个数。

3.2.3 算法流程

FedAvg 算法的流程如算法流程 3-2 所示。

算法流程 3-2 FedAvg 算法

输入： 全局模型参数初始值 ω_0，参与方个数 n，批样本大小 B，训练轮数 E，参与方比例 C，局部模型学习率 η，各参与方的样本个数 m_k。

输出： 最后一次迭代的全局模型参数 ω_{t+1}。

1. 中央服务器初始化全局模型参数 ω_0，并传输给所有参与方。

2. 对 $t=0,1,2,\cdots$，迭代以下步骤直到全局模型参数 ω_{t+1} 收敛。

（1）中央服务器根据参与方比例 $C\in(0,1]$，计算参与第 t 轮迭代的参与方个数：

$$m\leftarrow\max(C\times n,1)$$

（2）中央服务器随机选取 m 个参与方，构成参与方集合 S_t。

（3）对 $\forall k\in S_t$，通过以下步骤更新局部模型参数：

① 使用接收到的模型参数 ω_t 进行模型初始化 $\omega_{t+1}^k\leftarrow\omega_t$。

② 将数据索引集 P_k 按照批样本大小 B 分为若干个批次，记由这些批次构成的集合为 B_k。

对每次训练 $j=1,\cdots,E$，使用 $\forall b\in B_k$，更新局部模型参数：

$$\omega_{t+1}^k\leftarrow\omega_{t+1}^k-\eta\nabla F_k(\omega;b)$$

将更新好的局部模型参数 ω_{t+1}^k 传输给中央服务器。

（4）中央服务器聚合所有参数 $\omega_{t+1}=\sum_{k=1}^{n}\frac{m_k}{m}\omega_{t+1}^{k}$，并传输回所有参与方。

当训练轮数 $E=1$，且批样本大小 B 是对应的参与方的总样本个数时，FedAvg 算法退化为 FedSGD 算法。

3.3 差分隐私联邦随机梯度下降算法

在训练过程中，本地模型可以通过遍历部分数据样本执行更新，以小批量随机方式将数据集的标签和属性信息映射到模型中。为了保证通信参数的隐私性，本节介绍一种差分隐私联邦随机梯度下降算法[16]（即 DP－FedSGD 算法）。该算法可在避免训练过程过度震荡的基础上，利用差分隐私算法[17]确保用户的隐私安全。

3.3.1 算法框架及参数

DP－FedSGD 算法的框架如图 3－3 所示，参数及含义见表 3－3。

图 3－3　DP－FedSGD 算法的框架

表 3-3　DP-FedSGD 算法的参数及含义

参　数	含　义
n	参与方个数
m_k	第 k 个参与方的样本个数
m	所有参与方的样本总数
ω_t	第 t 轮训练的全局模型参数
B	批样本大小
b	数据集的某个批次
η	局部模型学习率
q	每轮通信中参与方的选择概率，取值范围为（0,1）
$\hat{m}$	设置的每个参与方的样本个数上界
z	噪声规模，为正实数
$\mathcal{M}$	时刻会计（Moments Accountant），是一种追踪隐私损失的机制
d_k	第 k 个参与方的权重

3.3.2　相关函数说明

1. 参数更新量的裁剪方式 ClipFn

裁剪方式分 2 种，即水平裁剪和分层裁剪。

（1）水平裁剪。记参数更新量矢量为 $\boldsymbol{\Delta}$，将其 2-范数的上界设为 $S\in\mathbf{R}$，即：

$$\pi(\boldsymbol{\Delta},S)\overset{\text{def}}{=}\boldsymbol{\Delta}\cdot\min\left(1,\frac{S}{\|\boldsymbol{\Delta}\|}\right)\tag{3-7}$$

（2）分层裁剪。面向神经网络模型，假设网络总共有 c 层，每一层的参数更新量矢量分别为 $\boldsymbol{\Delta}(1),\cdots,\boldsymbol{\Delta}(c)$，对应的 2-范数上界分别为 $S_1,\cdots,S_c$，通过水平裁剪的方法，分别对每一层的矢量进行裁剪：

$$\boldsymbol{\Delta}'(j)=\pi(\boldsymbol{\Delta}(j),S_j)\tag{3-8}$$

总体的参数更新量裁剪上界定义为 $S=\sqrt{\sum_{j=1}^{c}S_j^2}$。

2. 加权聚合方式

关于加权聚合方式 $f(C)=\frac{\sum_{k\in C}d_k\boldsymbol{\Delta}^k}{\sum_{k\in C}d_k}$（其中 $\boldsymbol{\Delta}^k$ 是参与方 k 的参数更新量）的有界灵敏度（Bounded-sensitivity）的估计量，分为以下 2 种。

（1）$\tilde{f}_{\mathrm{f}}(C)=\frac{\sum_{k\in C}d_k\boldsymbol{\Delta}^k}{qD}$，其中 $d_k=\min\left(\frac{m_k}{\hat{m}},1\right)$，是每个参与方的权重；$D=\sum_{k=1}^{n}d_k$。

（2）$\tilde{f}_{c}(C) = \frac{\sum_{k \in C} d_k \boldsymbol{\Delta}^k}{\max(qD_{\min}, \sum_{k \in C} d_k)}$，其中 $D_{\min}$ 是预先设置的关于权重和的超参数。

3.3.3 算法流程

DP－FedSGD 算法的流程如算法流程 3－3 所示。

算法流程 3－3 DP－FedSGD 算法

输入： 全局模型参数初始值 ω_0，各参与方的样本个数 m_k，每个参与方的样本个数上界 $\hat{m}$，每轮通信中参与方的选择概率 q，批样本大小 B，局部模型学习率 η，噪声规模 z，时刻会计$\mathcal{M}$。

输出： 最后一次迭代的全局模型参数 ω_{t+1}，根据$\mathcal{M}$计算得到的隐私成本值。

1\. 中央服务器初始化模型参数 ω_0 和时刻会计$\mathcal{M}$，并计算每个参与方的权重 $d_k = \min\left(\frac{m_k}{\hat{m}}, 1\right)$，$k = 1, 2, \cdots, n$，记 $D = \sum_{k=1}^{n} d_k$。

2\. 对 $t = 0, 1, 2, \cdots$，迭代以下步骤直到参数 ω_{t+1} 收敛。

（1）中央服务器将模型的初始参数 ω_t 传输给各参与方，并根据概率 q 分别决定每个参与方是否参与本次迭代，记录参与迭代的参与方集合为$\mathcal{C}_t$。

（2）对 $\forall k \in \mathcal{C}_t$，通过以下步骤进行局部模型的相关参数更新：

① 根据批样本大小 B 从本地数据集中选取一个批次 b。

② 计算局部模型的参数更新量并用选定的裁剪方式进行裁剪：

$$\boldsymbol{\Delta}_{t+1}^k = \text{ClipFn}(-\eta \nabla l(\omega_t; b)) \tag{3-9}$$

其中，$l(\omega_t; b)$ 是局部模型在参数 ω_t 下，批次 b 的损失值。

③ 将局部模型参数更新量$\boldsymbol{\Delta}_{t+1}^k$传输给中央服务器。

（3）中央服务器通过以下步骤对局部模型参数更新量进行聚合：

① 根据选定的有界灵敏度估计量，计算聚合结果：

$$\begin{aligned}\boldsymbol{\Delta}_{t+1} &= \frac{\sum_{k \in C_t} d_k \boldsymbol{\Delta}_{t+1}^k}{qD}, \text{ for } \tilde{f}_{\mathrm{f}} \\ &= \frac{\sum_{k \in C_t} d_k \boldsymbol{\Delta}_{t+1}^k}{\max(qD_{\min}, \sum_{k \in C_t} d_k)}, \text{ for } \tilde{f}_{\mathrm{c}}\end{aligned} \tag{3-10}$$

② 令 $S \leftarrow$ 裁剪方式 ClipFn 中的裁剪上界，根据选定的有界灵敏度估计量和噪声规模 z，设置高斯噪声的方差：

$$\sigma \leftarrow \left\{\frac{zS}{qD} \text{ for } \tilde{f}_{\mathrm{f}} \text{ or } \frac{2zS}{qD_{\min}} \text{ for } \tilde{f}_{\mathrm{c}}\right\}$$

③ 聚合全局模型的参数为

$$\omega_{t+1} \leftarrow \omega_t + \boldsymbol{\Delta}_{t+1} + N\left(0, \boldsymbol{I}\sigma^2\right)$$

其中，$N\left(0, \boldsymbol{I}\sigma^2\right)$ 是均值为0、方差为σ^2的高斯分布；$\boldsymbol{I}$ 是单位方阵，行数和列数都是参数的个数。

（4）根据 z 和$\mathcal{M}$计算隐私损失值。

3. 输出$\mathcal{M}$计算得到的隐私成本值。

3.4 差分隐私联邦平均算法

神经网络（特别是对时序和语义数据信息进行演进挖掘的循环神经网络模型[18]）能记住训练数据中的任意标签信息。在联邦过程中，参数交互通常会存在隐私泄露的风险。本节介绍一种差分隐私联邦平均算法[19]（即 DP - FedAvg 算法），它可以在不过度降低模型质量的前提下，基于差分隐私算法实现用户隐私保护。

3.4.1 算法框架及参数

DP - FedAvg 算法的框架如图 3 - 4 所示，参数及含义见表 3 - 4。

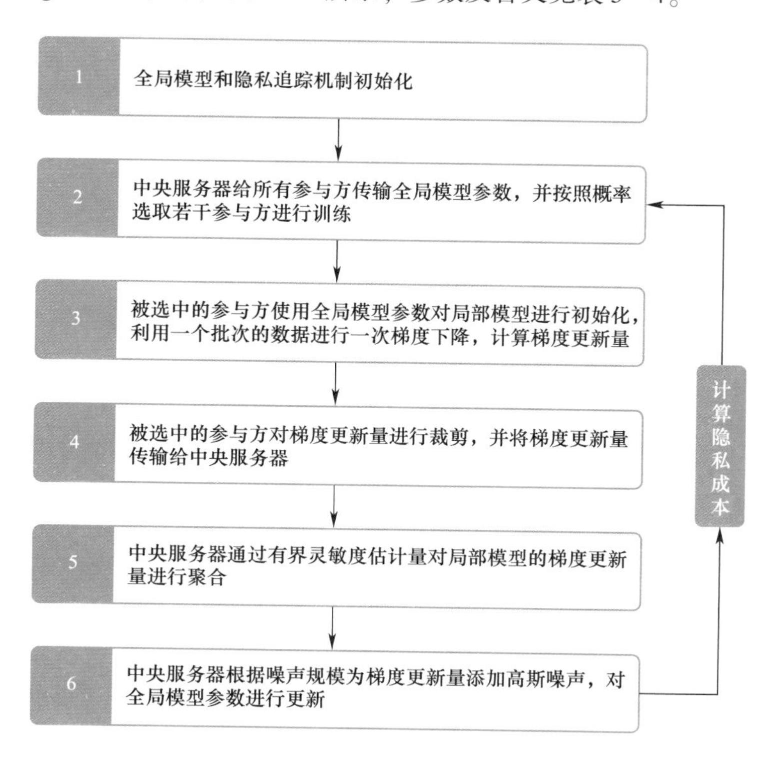

图 3 - 4 DP - FedAvg 算法的框架

表 3－4　DP－FedAvg 算法的参数及含义

参数	含义
n	参与方个数
m_k	第 k 个参与方的样本个数
m	所有参与方的样本总数
ω_t	第 t 轮训练的全局模型参数
E	局部模型训练轮数
B	批样本大小
b	数据集的某个批次
η	局部模型学习率
q	每轮通信中参与方的选择概率，取值范围为（0，1）
$\hat{m}$	设置的每个参与方的样本个数上界
z	噪声规模，为正实数
$\mathcal{M}$	时刻会计
d_k	第 k 个参与方的权重

3.4.2　算法流程

DP－FedAvg 算法的流程如算法流程 3－4 所示（相关函数说明参见本书 3.3.2 节）。

算法流程 3－4　DP－FedAvg 算法

输入： 全局模型参数初始值 ω_0，各参与方的样本个数 m_k，每个参与方的样本个数上界 $\hat{m}$，每轮通信中参与方的选择概率 q，训练轮数 E，批样本大小 B，局部模型学习率 η，噪声规模 z，时刻会计 $\mathcal{M}$。

输出： 最后一次迭代的全局模型参数 ω_{t+1}，根据 $\mathcal{M}$ 计算得到的隐私成本值。

1. 中央服务器初始化模型参数 ω_0 和时刻会计 $\mathcal{M}$，并计算每个参与方的权重 $d_k=\min\left(\frac{m_k}{\hat{m}},1\right)$，$k=1,2,\cdots,n$，记 $D=\sum_{k=1}^{n}d_k$。
2. 对 $t=0,1,2,\cdots$，迭代以下步骤直到参数 ω_{t+1} 收敛。

（1）中央服务器将模型的初始参数 ω_t 传输给各参与方，并根据概率 q 分别决定每个参与方是否参与本次迭代，记录参与迭代的参与方集合为 $\mathcal{C}_t$。

（2）对 $\forall k \in \mathcal{C}_t$，通过以下步骤进行局部模型的相关参数更新。

① 记录更新前的模型参数 $\omega = \omega_t$。

② 对每轮训练 $j = 1, \cdots, E$，通过以下步骤计算局部模型的参数更新量：

- 将本地数据集按照 B 划分为多个批次，记所有批次构成的集合为$\mathcal{B}$。
- 对 $\forall b \in \mathcal{B}$，先更新局部模型参数为 $\omega \leftarrow \omega - \eta \nabla l\ (\omega; b)$，其中 $l\ (\omega; b)$ 是局部模型在参数 ω 下，批次 b 的损失值。然后，根据选定的裁剪方式 ClipFn 对参数更新量进行裁剪：

$$\omega \leftarrow \omega_t + \mathrm{ClipFn}\ (\omega - \omega_t)$$

③ 将局部模型参数的最终更新量$\Delta_{t+1}^k = \omega - \omega_t$ 传输给中央服务器。

（3）中央服务器通过以下步骤对局部模型参数更新量进行聚合。

① 根据选定的有界灵敏度估计量，计算聚合结果：

$$\boldsymbol{\Delta}_{t+1} = \frac{\sum_{k \in \mathcal{C}_t} d_k \Delta_{t+1}^k}{qD}, \text{ for } \tilde{f}_{\mathrm{f}}$$

$$\boldsymbol{\Delta}_{t+1} = \frac{\sum_{k \in \mathcal{C}_t} d_k \boldsymbol{\Delta}_{t+1}^k}{\max\ (qD_{\min}, \sum_{k \in \mathcal{C}_t} d_k)}, \text{ for } \tilde{f}_{\mathrm{c}} \tag{3-11}$$

② 令 $S \leftarrow$ 裁剪方式 ClipFn 中的裁剪上界，根据选定的有界灵敏度估计量设置高斯噪声的方差：

$$\sigma \leftarrow \left\{ \frac{zS}{qD} \text{ for } \tilde{f}_{\mathrm{f}} \text{ or } \frac{2zS}{qD_{\min}} \text{ for } \tilde{f}_{\mathrm{c}} \right\}$$

③ 聚合全局模型的参数为：

$$\omega_{t+1} \leftarrow \omega_t + \boldsymbol{\Delta}_{t+1} + N(0, \boldsymbol{I}\sigma^2)$$

其中，$N\ (0, \boldsymbol{I}\sigma^2)$ 是均值为0、方差为σ^2 的高斯分布；$\boldsymbol{I}$ 是单位方阵，行数和列数都是参数的个数。

（4）根据 z 和$\mathcal{M}$计算隐私损失值。

3. 输出$\mathcal{M}$计算得到的隐私成本值。

3.5 基于损失的自适应提升联邦学习算法

基于损失的自适应提升联邦学习（LoAdaBoost）算法[20]的思路是基于 FedAvg 算法和数据共享（Data Sharing）策略，对客户端每一轮迭代模型的损失施加约束，以提高联邦学习的效率。具体来说，首先会应用 FedAvg 算法这类联邦服务器优化算法，由服务器收集客户端局部模型的参数，并采用安全的方式对参数进行平均以得到全局模型的参数。

当训练集和测试集是非独立同分布时，FedAvg 算法的性能开始下降。为了解决这个问题，一种数据共享策略[21]被提出。这种策略的本质是在各个参与方的训练集中共享一个小的数据集。这个小数据集存储在服务器，且不同于任何一个参与方的训练集。它将在 FedAvg 算法初始化时，被发送给各个参与方。

这种数据共享策略涉及 2 个参数，即 α 和 β。α 表示服务器数据集中有多大一部分数据将会共享给各个参与方，假设服务器数据集为 D，则将会有服务器数据集 $\alpha \cdot D$ 将会共享给各个参与方；β 指服务器数据集大小与所有参与方数据集总和的大小的比值，即 $D = \beta \cdot \sum_{k=1}^{n} m_k$，其中 m_k 表示第 k 个参与方的数据量。增大这 2 个参数会提高分类的准确率，同时也会使联邦学习更加去中心化。

还有另外一种数据共享策略，即在第一轮迭代时，全局模型的参数不再随机生成，而是由服务器先用这个小数据集训练出一组参数。LoAdaBoost 算法采用了第一种数据共享策略。

3.5.1 算法框架及参数

图 3-5 展示了 LoAdaBoost 算法的框架。LoAdaBoost 算法使用了 FedAvg 算法和 Data Sharing 策略，其中 FedAvg 算法在同态加密环境中进行。

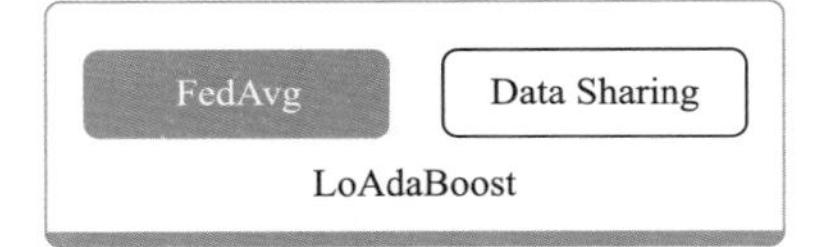

图 3-5 LoAdaBoost 算法的框架

LoAdaBoost 算法主要是用前一轮迭代后所有参与方损失的中位数来限制本轮迭代中参与方的损失函数，以提高联邦学习的效率。表 3-5 展示了该算法所涉及的参数及含义。

表 3-5 LoAdaBoost 算法的参数及含义

参 数	含 义
D	服务器数据集
α	服务器共享给参与方数据集的比例
M	参与方总数
λ	参与运算的参与方比例
E	超参数，表示训练轮数
E_{total}	某一轮训练总训练轮数
m	参与运算的参与方的数量
$L_{\text{median}}^{t,m}$	t 轮训练后的 m 个参与方损失的中位数
ω^t	t 轮训练后全局模型的参数
$\omega_k^{t,r}$	第 k 个参与方，在第 t 轮训练中第 r 次迭代后的模型参数
$L_k^{t,r}$	第 k 个参与方，在第 t 轮训练中第 r 次迭代后的模型损失

3.5.2 算法流程

LoAdaBoost 算法的流程如算法流程 3－5 所示。

算法流程 3－5 LoAdaBoost 算法

输入：服务器数据集和各参与方数据集。

输出：全局模型参数。

初始化：

服务器随机初始化 ω^0；

服务器初始化 $L_{\text{median}}^0=1$；

服务器将数据集 $\alpha \cdot D$ 发送给所有参与方；//Data Sharing

所有参与方接收 $\alpha \cdot D$ 并与本地数据集合并；

for $t=1,2,\cdots$，服务器与参与方通信并训练模型，直至收敛：

服务器随机选择 $m=\lambda \cdot M$ 个参与方；

服务器把 ω^{t-1} 和 L_{median}^{t-1} 发送给所有 m 个参与方；

每个参与方 k 并行训练局部模型：

初始化 $E_{\text{total}}=\dfrac{E}{2}$；

for $r=0,1,2,\cdots$，训练局部模型：

  if $r=0$

    训练局部模型$\dfrac{E}{2}$轮；

    如果 $L_k^{t,r}<L_{\text{median}}^{t-1}$：

      $\omega_k^t=\omega_k^{t,r}$，$L_k^t=L_k^{t,r}$；

      break；

else

    训练局部模型$\dfrac{E}{2}-r+1$ 轮；

    $E_{\text{total}}+=\dfrac{E}{2}-r+1$；

    if $L_k^{t,r}<L_{\text{median}}^{t-1}$ or $E_{\text{total}}>\dfrac{3E}{2}$：

      $\omega_k^t=\omega_k^{t,r}$，$L_k^t=L_k^{t,r}$；

      break；

end for

每个参与方将 ω_k^t 和 L_k^t 发送给中央服务器；

中央服务器通过 FedAvg 算法计算收到的参数的平均值，得到 ω^t 和损失的中位数 L_{median}^t；

end for

返回全局模型 ω^t。

3.6 自平衡联邦学习算法

在联邦学习中，各个参与方数据集分布不均衡（标签类别不均衡）是一个非常常见的现象。这种不平衡的数据集会导致模型的性能降低。自平衡联邦学习算法[22]是通过数据增强和对参与方进行调度来减轻数据集不平衡的程度，以提高联邦学习模型的性能。

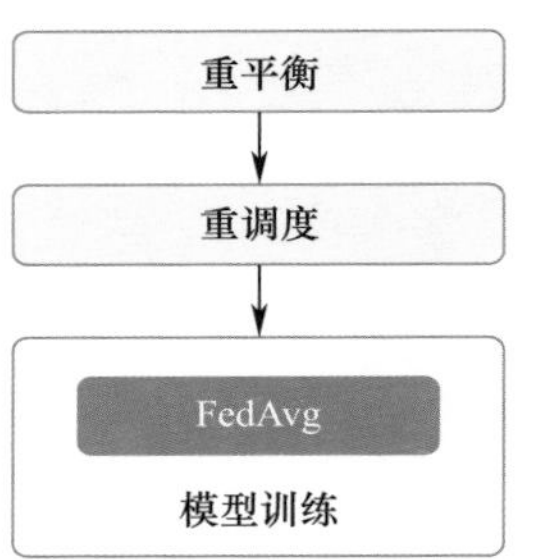

图 3-6 自平衡联邦学习算法的框架

3.6.1 算法框架及参数

图 3-6 展示了自平衡联邦学习算法的框架，即首先对分布不均匀的数据集进行重平衡（Rebalancing），然后创建调解器对每个参与方进行重调度（Rescheduling），最后基于调解器（一个虚拟的逻辑单元，并不真实存在）进行模型训练（Model Training）。自平衡联邦学习算法的参数及含义见表 3-6。

表 3-6 自平衡联邦学习算法的参数及含义

参数	含义
N	总数据集中，数据集中的标签类别数量
C_i	总数据集中，第 i 个类别的样本的数量
$\overline{C}$	所有类别样本数量的平均值
Y_{aug}	需要被增强的类别集合
m	参与方总数
$(X^{(k)},Y^{(k)})$	第 k 个参与方的数据集
(x,y)	某一个样本
α	数据增强的程度，它越大则数据增强的程度越大
S_{meditor}	调解器集合
S_{client}	参与方集合

续表

参 数	含 义
$\mathcal{M}$	调解器
$e_{\mathcal{M}}$	调解器迭代轮数
γ	一个调解器中参与方数量的上限
$P_{\mathcal{M}}$	调解器数据分布
P_i	第 i 个参与方的数据分布
P_u	均匀分布
D_{KL}	相对熵（又称 KL 散度）
ω_r	第 r 轮迭代后的全局模型参数
$\Delta\omega_r^{\mathcal{M}}$	调解器$\mathcal{M}$在第 $r-1$ 轮循环的参数增量
n	全局样本总数
$n_{\mathcal{M}}$	调解器$\mathcal{M}$中的样本总数

3.6.2 算法流程

1. 重平衡

因为存在不平衡的数据集，因此首先通过数据增强对数据集进行重平衡（使数据集中每个类别的数据相对平衡），过程如算法流程 3-6 所示。

算法流程 3-6 重平衡算法

输入：$\{(X^{(k)},Y^{(k)})\}(k=1,2,\cdots,m)$，$\alpha$。

输出：增强后的 $\{(X^{(k)},Y^{(k)})\}$，$k=1,2,\cdots,m$。

每个参与方将自己数据集的分布（各类样本数量）发送给服务器；

服务器计算全局数据分布；

服务器计算$C_1,\cdots,C_N$以及平均值 $\overline{C}$；

for $i=1,2,\cdots,N$，服务器计算：

　　if $C_i<\overline{C}$：

　　　　$Y_{\mathrm{aug}}=Y_{\mathrm{aug}}\cup i$；

end for

中央服务器把增强集 Y_{aug}发送给各个参与方；

每个参与方 k 并行执行：

for (x,y) in $(X^{(k)},Y^{(k)})$：

if y in Y_{aug}：

$(X^{(k)},Y^{(k)}) \cup \text{Augment}\left((x,y),\left(\frac{\bar{C}}{C_y}\right)^{\alpha}\right)$ // Augment 是一个数据增强的函数，包括平移、旋转、放缩、剪切操作

end for

ShuffleDataset $(X^{(k)},Y^{(k)})$ // 打乱数据集

返回 $(X^{(k)},Y^{(k)})$，$k=1,2,\cdots,m$。

注意，数据增强的目的是减轻数据不平衡的程度而不是完全消除它。α 越大，通过数据增强产生的相似的样本就会越多，这可能会导致过拟合现象出现。

2. 重调度

一旦所有的参与方都完成了数据增强，服务器就会创建一些调解器来重调度参与方。重调度采取了贪心策略来选择那些可以使整个调解器的数据达到均匀分布的参与方。每个调解器最多包含 γ 个参与方，当调解器中的参与方数量达到上限时，则创建新的调解器。重调度的具体过程如算法流程 3-7 所示。

算法流程 3-7　重调度算法

输入： 每个参与方的数据分布，每个调解器中可包含参与方的最大数量 γ。

输出： S_{meditor}。

初始化：

$S_{\text{meditor}} = \varnothing$；

$S_{\text{client}} = \{1,\cdots,m\}$；

while $S_{\text{client}} \neq \varnothing$：

创建新的调解器 $\mathcal{M}$；

for $|S_{\text{client}}|>0$ and $|\mathcal{M}|<\gamma$ do：

找到参与方 $k=\arg\min_i D_{\text{KL}}(P_{\mathcal{M}}+P_i \parallel P_u)$；

将参与方 k 加入调解器 $\mathcal{M}$ 中；

从 S_{client} 中移除参与方 k；

end for

将 $\mathcal{M}$ 加入调解器集合 $S_{\text{meditor}}=S_{\text{meditor}} \cup \mathcal{M}$；

end while

返回 S_{meditor}。

3. 模型训练

当数据集被重平衡且参与方被重调度后，就可以开始模型训练了，过程如算法流程3－8所示。

算法流程3－8　模型训练算法

输入：每个参与方的数据，调解器集合 $S_{meditor}$。

输出：全局模型参数。

服务器初始化模型参数 ω_1；

for $r = 1,2,\cdots,R$:

　for 调解器 $\mathcal{M}$ in $S_{meditor}$ 并行：

$\omega^* = \omega_r$；// ω^* 是一个辅助参数

　　for $e_{\mathcal{M}} = 1,2,\cdots,E_{\mathcal{M}}$:

　　　for 参与方 k in $\mathcal{M}$:

　　　　for 轮数 $e = 1,2,\cdots,E$:

　　　　　执行SGD算法计算 $\nabla l\ (\omega_r; X^{(k)}, Y^{(k)})$；

　　　　　$\omega_r = \omega_r - \eta \nabla l\ (\omega_r; X^{(k)}, Y^{(k)})$

　　　　end for

　　　end for

　　end for

　　$\Delta\omega_{r+1}^{\mathcal{M}} = \omega_r - \omega^*$

end for

$\omega_{r+1} = \omega_r - \sum_{\mathcal{M}=1}^{|\mathcal{M}|} \frac{n_{\mathcal{M}}}{n} \Delta\omega_{r+1}^{\mathcal{M}}$；//FedAvg

end for

返回 ω_{r+1}。

3.7　联邦近端算法

联邦近端（Federated Proximal，FedProx）算法[23]主要针对联邦学习中的异构性问题，在FedAvg算法的基础上，通过在目标函数中引入一个近端项（Proximal Term），以及对局部模型进行不精确求解，缓解了联邦学习系统中的统计异构性和系统异构性问题。

联邦学习中的异构性问题是指联邦学习的各参与方在数据分布和硬件条件方面存在的差异。其中，数据分布方面的差异称为统计异构性问题，硬件条件方面（如算力、通信条件以及内存等）的差异称为系统异构性问题。

3.7.1 算法框架及参数

FedProx 算法的框架如图 3 –7 所示，参数及含义见表 3 –7。

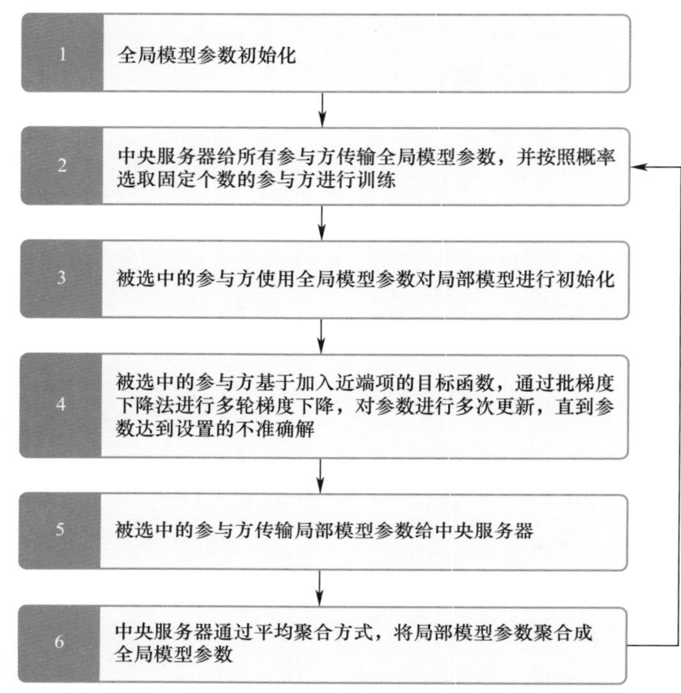

图 3 –7 FedProx 算法的框架

表 3 –7 FedProx 算法的参数及含义

参 数	含 义
n	参与方个数
m_k	第 k 个参与方的样本个数
m	所有参与方的样本总数
ω^t	第 t 轮训练的全局模型参数
T	通信轮数
B	批样本大小
b	数据集的某个批次
K	每轮通信参与全局模型聚合的参与方个数
η	局部模型学习率
μ	近端项的权重系数
γ_k^t	第 k 个参与方在第 t 轮训练中解的不准确度度量

3.7.2 模块介绍

1. 近端项

在每个参与方 $k(k=1,2,\cdots,n)$ 的局部目标函数中引入一个近端项 $\|\omega-\omega^t\|^2$，使得在优化原目标函数的同时，参数的变化幅度较小，从而缓解统计异构性问题，改进后的局部模型目标函数为

$$\min_{\omega} h_k(\omega;\omega^t)$$

$$h_k(\omega;\omega^t)=F_k(\omega)+\frac{\mu}{2}\|\omega-\omega^t\|^2 \tag{3-12}$$

其中，$F_k(\omega)$ 是 FedAvg 算法中参与方 k 的局部目标函数：

$$F_k(\omega)=\frac{1}{m_k}\sum_{i\in P_k} f_i(\omega) \tag{3-13}$$

其中，P_k 是参与方 k 的数据索引集；$m_k=|P_k|$，是该数据索引集的大小，即参与方 k 的数据集的样本个数；$f_i(\omega)$ 是样本（x_i,y_i）在参数 ω 下的目标值，一般取 $f_i(\omega)=l(x_i,y_i;\omega)$ 为某个损失函数，表示样本（x,y_i）在参数 ω 下的损失函数值。

2. γ-不准确度解

对于函数 $h(\omega;\omega^t)=F(\omega)+\frac{\mu}{2}\|\omega-\omega^t\|^2$，以及 $\gamma\in[0,1]$，若

$$\|\nabla h(\omega^*;\omega^t)\|\leqslant\gamma\|\nabla h(\omega^t;\omega^t)\|$$

$$\nabla h(\omega;\omega^t)=\nabla F(\omega)+\mu(\omega-\omega^t)$$

则称 ω^* 是目标函数 $\min_{\omega} h(\omega;\omega^t)$ 的 γ-不准确度解。

该定义使用 γ-不准确度度量每个参与方在每一轮通信前的局部计算量，随着局部模型训练得越充分（训练轮数越大），参数的梯度下降得越多，即相比于在初始参数 ω_0 处的梯度值，当前参数的梯度值是足够小的，当局部模型趋于收敛时，$\gamma\to0$，则 γ 越小，说明局部模型的训练轮数越多，模型的精确率也越高。

3. γ_k^t-不准确度解

对第 k 个参与方，在第 t 轮通信中，定义 γ_k^t-不准确度解，对于函数 $h_k(\omega;\omega^t)=F_k(\omega)+\frac{\mu}{2}\|\omega-\omega^t\|^2$，以及 $\gamma_k^t\in[0,1]$，若

$$\|\nabla h_k(\omega^*;\omega^t)\|\leqslant\gamma_k^t\|\nabla h_k(\omega^t;\omega^t)\|$$

$$\nabla h_k(\omega;\omega^t)=\nabla F_k(\omega)+\mu(\omega-\omega^t)$$

则称 ω^* 是目标函数 $\min_{\omega} h_k(\omega;\omega^t)$ 的 γ_k^t-不准确度解。

3.7.3 算法流程

FedProx 算法的流程如算法流程 3 –9 所示。

算法流程 3 –9 FedProx 算法

输入： 全局模型参数初始值 ω^0，各参与方的样本个数 m_k，通信轮数 T，近端项的权重系数 μ，所有局部模型的不准确度度量 γ_k^t，每轮通信参与全局模型聚合的参与方个数 K，批样本大小 B，局部模型学习率 η。

输出： 最后一次迭代的全局模型参数 ω_T。

1. 中央服务器初始化全局模型参数 ω^0，计算每个参与方的概率 $p_k = \frac{m_k}{\sum_{k=1}^n m_k}$，其中 m_k 是参与方 k 的样本总数。

2. 对于每轮通信 $t=0,\cdots,T-1$，执行以下步骤。

（1）中央服务器传输全局模型参数 ω^t 给所有参与方。

（2）中央服务器根据概率 $p_k(k=1,2,\cdots,n)$ 从 n 个参与方中随机选择 K 个进行训练，构成集合 S_t。

（3）对于每个被选中的参与方 $k \in S_t$，通过 FedAvg 算法中的批梯度下降法（具体参见本书 3.2 节），求解局部目标函数的 γ_k^t-不准确度解 ω_k^{t+1}。

① 使用接收到的模型参数 ω_t 进行模型初始化 $\omega_k^{t+1} \leftarrow \omega_t$。

② 将数据集索引集 P_k 按照批样本大小 B 分为若干批次，记由这些批次构成的集合为 B_k，对每次训练 $j=1,\cdots,E$，使用 $\forall b \in B_k$ 更新局部模型参数。

$$\omega_k^{t+1} \leftarrow \omega_k^{t+1} - \eta \nabla h_k(\omega;\omega^t;b) \Leftrightarrow$$

$$\omega_k^{t+1} \approx \arg\min_\omega h_k(\omega;\omega^t) \tag{3-14}$$

$$h_k(\omega;\omega^t) = F_k(\omega) + \frac{\mu}{2}\|\omega - \omega^t\|^2 \tag{3-15}$$

直到满足 γ_k^t – 不准确度解的条件：

$$\|\nabla h_k(\omega_k^{t+1};\omega^t)\| \leqslant \gamma_k^t \|\nabla h_k(\omega^t;\omega^t)\|$$

$$\nabla h_k(\omega;\omega^t) = \nabla F_k(\omega) + \mu(\omega - \omega^t) \tag{3-16}$$

即 $h_k(\omega;\omega^t)$ 关于 ω 的梯度是以 $\gamma_k^t \|\nabla h_k(\omega^t;\omega^t)\|$ 作为阈值的，当 $h_k(\omega;\omega^t)$ 关于 ω 的梯度小于或者等于 $\gamma_k^t \|\nabla h_k(\omega^t;\omega^t)\|$ 时，局部模型停止更新。

（4）对于每个被选中的参与方 $k \in S_t$，将求解的局部模型参数传输给中央服务器。

（5）中央服务器聚合全局模型参数：

$$\omega^{t+1} = \frac{1}{K}\sum_{k \in S_t}\omega_k^{t+1} \tag{3-17}$$

3.8 不可知联邦学习算法

不可知联邦学习（Agnostic Federated Learning，AFL）算法[24]是以联邦学习的目标分布作为出发点。在标准的联邦学习中，服务器通过平均聚合的方式将局部模型聚合成全局模型，相当于对目标分布做了均匀分布的假设，但该假设不一定是合理的。AFL 算法假设目标分布是未知的，并由此定义一个不可知的目标函数，对未知的目标分布进行参数化，并通过随机梯度优化算法进行求解。

3.8.1 算法框架及参数

AFL 算法的框架如图 3－8 所示，参数及含义见表 3－8。

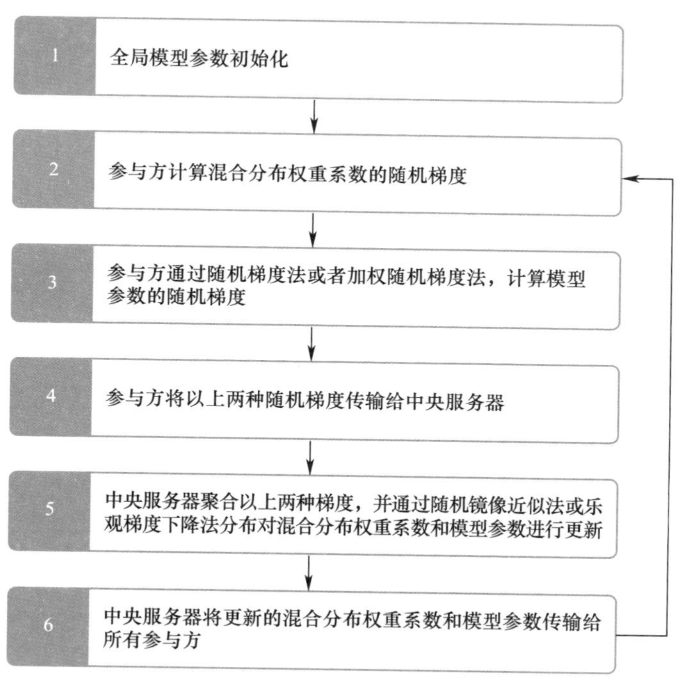

图 3－8 AFL 算法的框架

表 3－8 AFL 算法的参数及含义

参 数	含 义
p	数据集中的特征个数
n	某个分类特征的类别数、参与方个数（假设每个参与方拥有一个类别的数据）

续表

参数	含义
m_k	第 k 个参与方的样本个数
m	所有参与方的样本总数
c	分类标签个数（以分类任务为例进行介绍）
$\boldsymbol{x}$	样本的特征矢量，维数为 p
y	样本的标签，维数为 c
S_k	第 k 个参与方的样本集
$\mathcal{D}_k$	第 k 个参与方数据的总体分布
$\bar{\mathcal{D}}_k$	第 k 个参与方数据的经验分布
λ_k	在所有参与方的数据总体分布中，第 k 个参与方数据分布的权重系数
h	假设函数（分类模型）
$\boldsymbol{\omega}$	h 中的参数矢量
N	$\boldsymbol{\omega}$ 的维数
r、γ、μ	损失函数中与正则化项相关的参数
T	迭代训练轮数（通信次数）
γ_ω	ω 的梯度更新步长
γ_λ	λ 的梯度更新步长
$\boldsymbol{\Delta}_n$	单纯形，其中的元素是 n 维标签矢量，只有一个维度取 1，其他维度取 0
$\boldsymbol{\Lambda}$	Δ_n的任意子空间
$\boldsymbol{\Omega}$	N 维空间的一个子空间
t	第 t 轮迭代
ω^t	在第 t 轮迭代训练中 ω 的更新
λ^t	在第 t 轮迭代训练中 λ 的更新

3.8.2 模块介绍

1. 相关定义

（1）输入空间：$\boldsymbol{X} \in \mathbf{R}^p$，$p$ 是特征个数，假设其中一个离散特征（分类特征）f 有 n 个类别，每个类别的数据来自不同的参与方，即每个参与方拥有一个类别的数据，记第 k 个类别的样本数为 $m_k(k=1,2,\cdots,n)$，则总样本个数为 $m=\sum_{k=1}^{n} m_k$。

（2）输出空间：单纯形$\boldsymbol{\Delta}_c$，c 是分类任务的类别数，单纯形中的元素是标签矢量，只有一个维度取值为1，其他维度都是0。

（3）假设函数：h：$\boldsymbol{X} \rightarrow \boldsymbol{\Delta}_c$，$h \in \boldsymbol{H}$，$\boldsymbol{H}$ 是一个假设族。

（4）损失函数：交叉熵损失 $\boldsymbol{l}(h(x), y) = -\log(\mathbb{P}_{y' \sim h(x)}[y' = y])$，在数据分布$\mathcal{D}$下，将关于假设函数 h 的期望损失记为

$$L_{\mathcal{D}}(h) = \underset{(x,y) \sim \mathcal{D}}{\mathbb{E}}[l(h(x), y)] \tag{3-18}$$

$h_{\mathcal{D}} = \arg\min_{h \in \boldsymbol{H}} L_{\mathcal{D}}(h)$ 是最小化式（3-18）的假设函数。

2. 目标函数

记分类特征f的第k个类别上的样本集为 $S_k = ((x_{k,1}, y_{k,1}), \cdots, (x_{k,m_k}, y_{k,m_k}))(k=1,2,\cdots,n)$，并假设 S_k 的经验分布为$\hat{\mathcal{D}}_k$，总体分布为 $\mathcal{D}_k$。

（1）基于总体分布的目标函数。假设目标分布是未知的所有分布$\mathcal{D}_k$（$k=1,2,\cdots,n$）的混合分布：

$$\mathcal{D}_\lambda = \sum_{k=1}^{n} \lambda_k \mathcal{D}_k, \lambda = (\lambda_1, \lambda_2, \cdots, \lambda_n) \in \boldsymbol{\Delta}_n \tag{3-19}$$

其中 λ 是未知的，因此学习规则需要适应于任意 λ，令 $\boldsymbol{\Lambda} \subseteq \boldsymbol{\Delta}_n$，对于假设函数 $h \in \boldsymbol{H}$，定义未知损失（未知风险）为

$$L_{\mathcal{D}_{\boldsymbol{\Lambda}}}(h) = \max_{\lambda \in \boldsymbol{\Lambda}} L_{\mathcal{D}_\lambda}(h) \tag{3-20}$$

$h_{\mathcal{D}_{\boldsymbol{\Lambda}}} = \arg\min_{h \in \boldsymbol{H}} L_{\mathcal{D}_{\boldsymbol{\Lambda}}}(h)$，是最小化式（3-20）的假设函数。

（2）基于经验分布的目标函数。在实际中，总体分布$\mathcal{D}_k$ 是未知的，可以通过样本集 S_k 得到 $\boldsymbol{\lambda}$-混合经验分布：

$$\overline{\mathcal{D}}_\lambda = \sum_{k=1}^{n} \lambda_k \hat{\mathcal{D}}_k \tag{3-21}$$

对于假设函数 $h \in \boldsymbol{H}$ 以及单纯形的子集 $\boldsymbol{\Lambda} \subseteq \boldsymbol{\Delta}_n$，定义经验未知损失为

$$L_{\overline{\mathcal{D}}_{\boldsymbol{\Lambda}}}(h) = \max_{\lambda \in \boldsymbol{\Lambda}} L_{\overline{\mathcal{D}}_\lambda}(h) \tag{3-22}$$

$h_{\overline{\mathcal{D}}_{\boldsymbol{\Lambda}}} = \arg\min_{h \in \boldsymbol{H}} L_{\overline{\mathcal{D}}_{\boldsymbol{\Lambda}}}(h)$，是最小化式（3-22）的假设函数。

（3）正则化项。由于 $L_{\overline{\mathcal{D}}_\lambda}(h)$ 与 λ 线性相关，$L_{\overline{\mathcal{D}}_{\boldsymbol{\Lambda}}}(h) = L_{\overline{\mathcal{D}}_{\mathrm{conv}(\boldsymbol{\Lambda})}}(h)$，其中 $\mathrm{conv}(\boldsymbol{\Lambda})$ 是 $\boldsymbol{\Lambda}$ 的凸包，假设 $\boldsymbol{H}$ 是一个矢量空间，通过一个合适的范数 $\| h \|$ 对假设函数的复杂度进行控制。

通过将两个参数 $r \geqslant 0$ 和 $\gamma \geqslant 0$ 引入正则化项，构成新的损失函数：

$$\min_{h \in \boldsymbol{H}} \max_{\lambda \in \boldsymbol{\Lambda}_r} L_{\overline{\mathcal{D}}_\lambda}(h) + \gamma \| h \| \tag{3-23}$$

其中，$\boldsymbol{\Lambda}_r = \{\lambda \in \mathrm{conv}(\boldsymbol{\Lambda}): 1 + \chi^2(\lambda \| \overline{\boldsymbol{m}}) \leqslant r\}$，$\chi^2(\cdot | \cdot)$是卡方散度，$\overline{\boldsymbol{m}} = (m_1, m_2, \cdots, m_n)/m$。

式（3-23）可以进一步转化为以下目标函数：

$$\min_{h\in\boldsymbol{H}}\max_{\lambda\in\mathrm{conv}(\boldsymbol{\Lambda})} L_{\overline{\mathcal{D}}_\lambda}(h)+\gamma\|h\|-\mu\chi^2(\lambda\|\bar{\boldsymbol{m}}) \tag{3-24}$$

其中，参数$\mu\geqslant0$。

（4）假设函数参数化。令$\boldsymbol{\omega}\in\boldsymbol{\Omega}\subset\mathbf{R}^N$是定义$h$的参数矢量，其中$N$是参数个数，$\boldsymbol{\Omega}$是$\mathbf{R}^N$的一个子空间。将式（3-23）中的损失函数$L_{\overline{\mathcal{D}}_\lambda}(h)$转化为

$$L(\boldsymbol{\omega},\lambda)=\sum_{k=1}^{n}\lambda_kL_k(\boldsymbol{\omega}) \tag{3-25}$$

其中，$L_k(\boldsymbol{\omega})$代表假设函数h在$\hat{\mathcal{D}}_k$上的经验损失$L_{\hat{\mathcal{D}}_k}$：

$$L_k(\boldsymbol{\omega})=\frac{1}{m_k}\sum_{i=1}^{m_k}l(h(x_{k,i}),y_{k,i}) \tag{3-26}$$

总体损失函数为

$$L(\boldsymbol{\omega},\lambda)=L(\boldsymbol{\omega},\lambda)+\gamma\|\boldsymbol{\omega}\|-\mu\chi^2(\lambda\|\bar{\boldsymbol{m}}) \tag{3-27}$$

总体目标函数为

$$\min_{\omega\in\boldsymbol{\Omega}}\max_{\lambda\in\boldsymbol{\Lambda}} L \tag{3-28}$$

3. 优化算法

（1）令$\nabla_\omega L(\boldsymbol{\omega},\lambda)$表示$L$关于$\boldsymbol{\omega}$的梯度，$\nabla_\lambda L$（$\boldsymbol{\omega}$，$\lambda$）表示$L$关于$\lambda$的梯度，$\delta_{\boldsymbol{\omega}}L(\boldsymbol{\omega},\lambda)$是$\nabla_\omega L(\boldsymbol{\omega},\lambda)$的无偏估计，$\delta_\lambda L(\boldsymbol{\omega},\lambda)$是$\nabla_\lambda L(\boldsymbol{\omega},\lambda)$的无偏估计，即

$$\mathop{\mathbb{E}}_{\delta}[\delta_\lambda L(\boldsymbol{\omega},\lambda)]=\nabla_\lambda L(\boldsymbol{\omega},\lambda) \tag{3-29}$$

$$\mathop{\mathbb{E}}_{\delta}[\delta_{\boldsymbol{\omega}} L(\boldsymbol{\omega},\lambda)]=\nabla_\omega L(\boldsymbol{\omega},\lambda) \tag{3-30}$$

（2）λ的随机梯度。按照均匀分布从所有参与方的经验分布$\hat{\mathcal{D}}_k$（$k=1,2,\cdots,n$）中随机抽取一个分布$\hat{\mathcal{D}}_K$，再从$\hat{\mathcal{D}}_K$中按照均匀分布随机抽取一个样本I_K。然后对式（3-27）中的L（$\boldsymbol{\omega},\lambda$）求$\lambda$的偏导数，并取无偏估计$\delta_\lambda L$（$\boldsymbol{\omega},\lambda$）：

$$\delta_{\lambda_K}L(\boldsymbol{\omega},\lambda_K)=nL_{K,I_K}(\boldsymbol{\omega}) \tag{3-31}$$

$$\delta_{\lambda_k}L(\boldsymbol{\omega},\lambda_k)=0,\quad k\neq K \tag{3-32}$$

其中，$L_{K,I_K}(\boldsymbol{\omega})$是基于样本$I_K$计算得到的损失值，由于分布$\hat{\mathcal{D}}_K$被抽取的概率为$\frac{1}{n}$，则有$E[\delta_{\lambda_K}L(\boldsymbol{\omega},\lambda_K)]=\frac{1}{n}(nL_{K,I_K}(\boldsymbol{\omega}))=\nabla_{\lambda_K}L(\boldsymbol{\omega},\lambda_K)$，即$\delta_{\lambda_K}L(\boldsymbol{\omega},\lambda_K)$是$\nabla_{\lambda_K}L(\boldsymbol{\omega},\lambda_K)$的无偏估计。

加入正则化项之后，可以得到式（3-27）关于λ的偏导数为

$$\delta_{\lambda_K}L(\boldsymbol{\omega},\lambda_K)=nL_{K,I_K}(\boldsymbol{\omega})-\frac{2\mu\lambda_K}{\bar{\boldsymbol{m}}_K} \tag{3-33}$$

$$\delta_{\lambda_k}L(\boldsymbol{\omega},\lambda_k)=0,\quad k\neq K \tag{3-34}$$

其中，$\bar{\boldsymbol{m}}_K$是矢量$\bar{\boldsymbol{m}}$中的第K个元素。

（3）$\boldsymbol{\omega}$ 的随机梯度分为每个参与方的经验分布$\hat{\mathcal{D}}_k$ 下 $\boldsymbol{\omega}$ 的域内随机梯度和加权随机梯度。

① 每个参与方的经验分布$\hat{\mathcal{D}}_k$ 下 $\boldsymbol{\omega}$ 的域内随机梯度。首先，根据均匀分布从所有参与方的经验分布$\hat{\mathcal{D}}_k(k=1,2,\cdots,n)$ 中随机抽取一个样本J_k。然后，对式（3－27）中的 $L(\boldsymbol{\omega},\lambda)$ 求 $\boldsymbol{\omega}$ 的偏导数，并取无偏估计 $\delta_{\boldsymbol{\omega}}L(\boldsymbol{\omega},\lambda)$。

$$\delta_{\boldsymbol{\omega}}L(\boldsymbol{\omega},\lambda)=\sum_{k=1}^{n}\lambda_k\nabla_{\boldsymbol{\omega}}L_{k,J_k}(\boldsymbol{\omega}) \tag{3-35}$$

其中，$L_{k,J_k}(\boldsymbol{\omega})$ 是基于样本 J_k 计算得到的损失值。

加入正则化项之后，可以得到式（3－27）关于 $\boldsymbol{\omega}$ 的偏导数为

$$\delta_{\boldsymbol{\omega}}L(\boldsymbol{\omega},\lambda)=\sum_{k=1}^{n}\lambda_k\nabla_{\boldsymbol{\omega}}L_{k,J_k}(\boldsymbol{\omega})+\gamma\frac{\partial(\|\boldsymbol{\omega}\|)}{\partial\boldsymbol{\omega}} \tag{3-36}$$

② $\boldsymbol{\omega}$ 的加权随机梯度。首先，根据 λ 的分布从所有参与方的经验分布$\hat{\mathcal{D}}_k(k=1,2,\cdots,n)$ 中选出分布$\hat{\mathcal{D}}_k$，再从$\hat{\mathcal{D}}_k$ 中按照均匀分布随机抽取一个样本J_k。然后对式（3－27）中的 $L(\boldsymbol{\omega},\lambda)$ 求 $\boldsymbol{\omega}$ 的偏导数，并取无偏估计 $\delta_{\boldsymbol{\omega}}L(\boldsymbol{\omega},\lambda)$：

$$\delta_{\boldsymbol{\omega}}L(\boldsymbol{\omega},\lambda)=\nabla_{\boldsymbol{\omega}}L_{k,J_k}(\boldsymbol{\omega}) \tag{3-37}$$

其中，$L_{k,J_k}(\boldsymbol{\omega})$ 是基于样本J_k 计算得到的损失值。

加入正则化项之后，可以得到式（3－27）关于 $\boldsymbol{\omega}$ 的偏导数为

$$\delta_{\boldsymbol{\omega}}L(\boldsymbol{\omega},\lambda)=\nabla_{\boldsymbol{\omega}}L_{k,J_k}(\boldsymbol{\omega})+\gamma\frac{\partial(\|\boldsymbol{\omega}\|)}{\partial\boldsymbol{\omega}} \tag{3-38}$$

3.8.3　算法流程

基于两种不同的梯度下降法，可以将 AFL 算法分为随机 AFL（Stochastic AFL）算法和乐观随机 AFL（Optimistic Stochastic AFL）算法，前者使用的梯度下降法是随机镜像近似算法（Stochastic Mirror－Prox Algorithm），后者使用的梯度下降法是乐观梯度下降算法（Optimistic Gradient Descent Algorithm）。

1. 随机 AFL 算法

随机 AFL 算法的流程如算法流程 3－10 所示。

算法流程 3－10　随机 AFL 算法

输入：迭代训练次数 T，参与方个数 n；

模型的参数初始值 $\boldsymbol{\omega}^0\in\boldsymbol{\Omega}$，$\lambda^0\in\boldsymbol{\Lambda}$；

$\boldsymbol{\omega}$ 和 λ 的梯度更新步长 $\gamma_{\boldsymbol{\omega}}>0$，$\gamma_\lambda>0$；

正则化系数 γ 和 μ。

输出：模型的参数 $\boldsymbol{\omega}^A$ 和混合分布的权重系数 λ^A。

1. 中央服务器初始化模型的参数 $\boldsymbol{\omega}^0$ 和 λ^0，并传输给所有参与方。

2. 对于迭代次数 $t=1,2,\cdots,T$，执行以下步骤。

（1）中央服务器按照均匀分布从 n 个参与方的经验分布中随机选取一个，假设第 K 个参与方被选中，根据式（3-34）可得 $\lambda_{k\neq K}^{t-1}$的随机梯度 $\delta_{\lambda_k}L(\boldsymbol{\omega}^{t-1},\lambda_k^{t-1})=0$。

（2）对于第 K 个参与方，执行以下步骤求解 λ_K^{t-1} 的随机梯度：

① 按照均匀分布从本地数据集中随机选取一个样本I_K；

② 根据式（3-34）计算 λ_K^{t-1} 的随机梯度 $\delta_{\lambda_K}L(\boldsymbol{\omega}^{t-1},\lambda_K^{t-1})$；

③ 将 $\delta_{\lambda_K}L(\boldsymbol{\omega}^{t-1},\lambda_K^{t-1})$ 传输给中央服务器。

（3）对于所有参与方，计算 $\boldsymbol{\omega}^{t-1}$的随机梯度 $\delta_{\boldsymbol{\omega}}L(\boldsymbol{\omega}^{t-1},\lambda^{t-1})$。

① 若使用随机梯度法，对每个参与方执行以下步骤：

- 按照均匀分布从本地数据集中随机选取一个样本J_k；
- 计算（3-38）中第 k 个梯度求和项 $\lambda_k^{t-1}\nabla_{\boldsymbol{\omega}}L_{k,J_k}(\boldsymbol{\omega}^{t-1})$；
- 将 $\lambda_k^{t-1}\nabla_{\boldsymbol{\omega}}L_{k,J_k}(\boldsymbol{\omega}^{t-1})$ 传输给中央服务器。

② 若使用加权随机梯度法，执行以下步骤：

- 中央服务器按照 λ^{t-1}的分布从 n 个参与方的经验分布中随机选取一个，假设第 K 个参与方被选中；
- 对于第 K 个参与方，按照均匀分布从本地数据集中随机选取一个样本J_K，计算式（3-38）中的$\nabla_{\boldsymbol{\omega}}L_{k,J_k}(\boldsymbol{\omega}^{t-1})$，并传输给中央服务器。

（4）对于中央服务器，执行以下步骤对 λ^{t-1}和 $\boldsymbol{\omega}^{t-1}$的梯度进行聚合：

① 计算式（3-36）或式（3-38）中的正则化项 $\gamma\frac{\partial(\|\boldsymbol{\omega}^{t-1}\|)}{\partial\boldsymbol{\omega}^{t-1}}$；

② 根据来自参与方的梯度信息（$\lambda_k^{t-1}\nabla_{\boldsymbol{\omega}}L_{k,J_k}(\boldsymbol{\omega}^{t-1})$ 或$\nabla_{\boldsymbol{\omega}}L_{k,J_k}(\boldsymbol{\omega}^{t-1})$），计算式（3-36）或式（3-38），得到 $\boldsymbol{\omega}^{t-1}$的汇总梯度 $\delta_{\boldsymbol{\omega}}L(\boldsymbol{\omega}^{t-1},\lambda^{t-1})$；

③ 根据（2）中的③以及（1），可以得到 λ^{t-1}的汇总梯度 $\delta_\lambda L(\boldsymbol{\omega}^{t-1},\lambda^{t-1})$。

（5）中央服务器更新模型的参数 λ^t 和 $\boldsymbol{\omega}^t$（随机镜像近似法）：

① 通过投影更新 $\lambda^t=\mathrm{PROJECT}(\lambda^{t-1}+\gamma_\lambda\delta_\lambda L(\boldsymbol{\omega}^{t-1},\lambda^{t-1}),\boldsymbol{\Lambda})$；

② 通过投影更新 $\boldsymbol{\omega}^t=\mathrm{PROJECT}(\boldsymbol{\omega}^{t-1}-\gamma_{\boldsymbol{\omega}}\delta_{\boldsymbol{\omega}}L(\boldsymbol{\omega}^{t-1},\lambda^{t-1}),\boldsymbol{\Omega})$

其中，$\mathrm{PROJECT}(x',\mathcal{X})=\arg\min\limits_{x\in\mathcal{X}}\|x-x'\|_2$。

（6）中央服务器将 λ^t 和 $\boldsymbol{\omega}^t$ 传输给所有参与方。

3. 对于所有参与方，取 T 次迭代模型参数的均值作为最终的模型参数：

$$\boldsymbol{\omega}^A = \frac{1}{T}\sum_{t=1}^{T}\boldsymbol{\omega}^t \tag{3-39}$$

$$\lambda^A = \frac{1}{T}\sum_{t=1}^{T}\lambda^t \tag{3-40}$$

2. 乐观随机 AFL 算法

乐观随机 AFL 算法的流程如算法流程 3－11 所示。

算法流程 3－11　乐观随机 AFL 算法

输入：迭代次数 T，参与方个数 n；

模型的参数初始值 $\boldsymbol{\omega}^0 \in \boldsymbol{\Omega}$，$\lambda^0 \in \boldsymbol{\Lambda}$；

$\boldsymbol{\omega}$ 和 λ 的梯度更新步长 $\gamma_\omega > 0$，$\gamma_\lambda > 0$；

正则化系数 γ 和 μ。

输出：模型的参数 $\boldsymbol{\omega}_T$ 和混合分布的权重系数 λ_T。

1. 中央服务器初始化模型的参数 $\boldsymbol{\omega}^0$ 和 λ^0，并传输给所有参与方。

2. 对于迭代次数 $t=1,2,\cdots,T$，执行以下步骤。

（1）中央服务器按照均匀分布从 n 个参与方的经验分布中随机选取一个，假设第 K 个参与方被选中，根据式（3－34）可得 $\lambda_{k\neq K}^{t-1}$的随机梯度 $\delta_{\lambda_k}L(\boldsymbol{\omega}^{t-1},\lambda_k^{t-1})=0$。

（2）对于第 K 个参与方，执行以下步骤求解 λ_K^{t-1} 的随机梯度：

① 按照均匀分布从本地数据集中随机选取一个样本I_K；

② 根据式（3－34）计算 λ_K^{t-1} 的随机梯度 $\delta_{\lambda_K}L(\boldsymbol{\omega}^{t-1},\lambda_K^{t-1})$；

③ 将 $\delta_{\lambda_K}L$（$\boldsymbol{\omega}^{t-1},\lambda_K^{t-1}$）传输给中央服务器。

（3）对于所有参与方，计算 $\boldsymbol{\omega}^{t-1}$的随机梯度 $\delta_\omega L$（$\boldsymbol{\omega}^{t-1},\lambda^{t-1}$）。

① 若使用随机梯度法，对每个参与方执行以下步骤：

- 按照均匀分布从本地数据集中随机选取一个样本J_k；
- 计算式（3－36）中第 k 个梯度求和项 $\lambda_k^{t-1}\nabla_\omega L_{k,J_k}(\boldsymbol{\omega}^{t-1})$；
- 将 $\lambda_k^{t-1}\nabla_\omega L_{k,J_k}(\boldsymbol{\omega}^{t-1})$ 传输给中央服务器。

② 若使用加权随机梯度法，执行以下步骤：

- 中央服务器按照 λ^{t-1}的分布从 n 个参与方的经验分布中随机选取一个，假设第 K 个参与方被选中；
- 对于第 K 个参与方，按照均匀分布从本地数据集中随机选取一个样本J_k，计算式（3－38）中的$\nabla_\omega L_{k,J_k}(\boldsymbol{\omega}^{t-1})$，并传输给中央服务器。

（4）对于中央服务器，执行以下步骤对 λ^{t-1} 和 $\boldsymbol{\omega}^{t-1}$ 的梯度进行聚合：

① 计算式（3－36）或式（3－38）中的正则化项 $\gamma\frac{\partial(\|\boldsymbol{\omega}^{t-1}\|)}{\partial\boldsymbol{\omega}^{t-1}}$；

② 根据来自参与方的梯度信息（$\lambda_k^{t-1}\nabla_{\omega}L_{k,J_k}(\boldsymbol{\omega}^{t-1})$ 或 $\nabla_{\omega}L_{k,J_k}(\boldsymbol{\omega}^{t-1})$），计算式（3－36）或式（3－38），得到 $\boldsymbol{\omega}^{t-1}$ 的汇总梯度 $\delta_{\omega}L(\boldsymbol{\omega}^{t-1},\lambda^{t-1})$；

③ 根据（2）中的③以及（1），可以得到 λ^{t-1} 的汇总梯度 $\delta_{\lambda}L(\boldsymbol{\omega}^{t-1},\lambda^{t-1})$。

（5）中央服务器更新模型的参数 λ^t 和 $\boldsymbol{\omega}^t$（乐观梯度下降法）。

① 通过投影更新：

$$\begin{aligned}\lambda^t=\text{PROJECT}(\lambda^{t-1}&+2\gamma_{\lambda}\delta_{\lambda}L(\boldsymbol{\omega}^{t-1},\lambda^{t-1})\\&-\gamma_{\lambda}\delta_{\lambda}L(\boldsymbol{\omega}^{\max(t-2,0)},\lambda^{\max(t-2,0)}),\boldsymbol{\Lambda})\end{aligned}\tag{3-41}$$

② 通过投影更新：

$$\begin{aligned}\boldsymbol{\omega}^t=\text{PROJECT}(\boldsymbol{\omega}^{t-1}&-2\gamma_{\omega}\delta_{\omega}L(\boldsymbol{\omega}^{t-1},\lambda^{t-1})\\&+\gamma_{\omega}\delta_{\omega}L(\boldsymbol{\omega}^{\max(t-2,0)},\lambda^{\max(t-2,0)}),\boldsymbol{\Omega})\end{aligned}\tag{3-42}$$

其中，$\text{PROJECT}(x',\mathcal{X})=\arg\min\limits_{x\in\mathcal{X}}\|x-x'\|_2$。

（6）中央服务器将 λ^t 和 $\boldsymbol{\omega}^t$ 传输给所有参与方。

3. 对于所有参与方，取第 T 次迭代的模型参数作为最终的模型参数 $\boldsymbol{\omega}_T$、λ_T。

3.9 基于概率的联邦网络匹配算法 I：单隐层神经网络匹配算法

基于概率的联邦网络匹配（Probabilistic Federated Neural Matching，PFNM）算法[25]用于面向基于全连接神经网络模型的分类任务[26]，在全局模型隐层神经元的贝塔－伯努利（Beta-Bernoulli）过程假设下，通过贝叶斯非参方法将所有局部模型的隐层神经元匹配到全局模型对应的隐层中，从而聚合成最终的全局模型。根据神经网络模型隐层的个数，PFNM 算法可以分为单隐层神经网络匹配算法和多隐层神经网络匹配算法。本节介绍单隐层神经网络匹配算法，多隐层神经网络匹配算法将于本书 3.10 节进行介绍。

3.9.1 算法框架及参数

单隐层神经网络匹配算法的框架如图 3－9 所示，参数及含义见表 3－9。

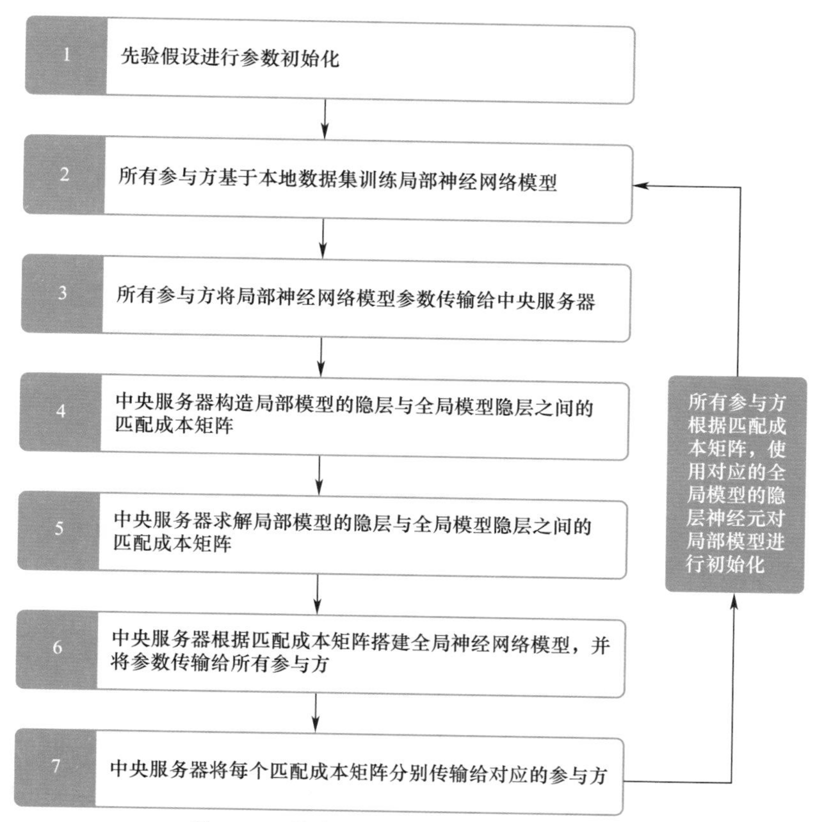

图 3－9　单隐层神经网络匹配算法的框架

表 3－9　单隐层神经网络匹配算法的参数及含义

参　数	含　义
D	输入神经元个数
K	输出神经元个数
T	通信轮数
n	参与方个数
L_k	第 k 个参与方的隐层神经元个数
$\boldsymbol{V}_k^{(0)}$	第 k 个参与方的输入层和隐层之间的权重参数矩阵，维数为 $D \times L_k$
$\tilde{\boldsymbol{V}}_k^{(0)}$	第 k 个参与方的输入层和隐层之间的偏置项矢量，维数为 L_k
$\boldsymbol{V}_k^{(1)}$	第 k 个参与方的隐层和输出层之间的权重参数矩阵，维数为 $L_k \times K$
$\tilde{\boldsymbol{V}}_k^{(1)}$	第 k 个参与方的隐层和输出层之间的偏置项矢量，维数为 K
L	全局神经网络模型的隐层神经元个数
$\boldsymbol{\Theta}^{(0)}$	全局神经网络的输入层和隐层之间的权重参数矩阵，维数为 $D \times L$
$\tilde{\boldsymbol{\theta}}^{(0)}$	全局神经网络的输入层和隐层之间的偏置项矢量，维数为 L

续表

参　数	含　义
$\boldsymbol{\Theta}^{(1)}$	全局神经网络的隐层和输出层之间的权重参数矩阵，维数为 $L \times K$
$\tilde{\boldsymbol{\theta}}^{(1)}$	全局神经网络的隐层和输出层之间的偏置项矢量，维数为 K
$\boldsymbol{v}_{kl}^{(0)}$	第 k 个参与方第 l 个隐层神经元与输入层之间的权重矢量，维数为 D
$V_k^{(0)}$	第 k 个参与方的所有隐层神经元与输入层之间的权重矢量集合
$\tilde{v}_{kl}^{(0)}$	第 k 个参与方第 l 个隐层神经元与输入层之间的偏置项参数，维数为 1
$\tilde{V}_k^{(0)}$	第 k 个参与方的所有隐层神经元与输入层之间的偏置项参数集合
$\boldsymbol{v}_{kl}^{(1)}$	第 k 个参与方第 l 个输出神经元与隐层神经元之间的权重矢量，维数为 L_k
$V_k^{(1)}$	第 k 个参与方的所有输出神经元与隐层神经元之间的权重矢量集合
$\tilde{v}_{kl}^{(1)}$	第 k 个参与方第 l 个输出神经元与隐层神经元之间的偏置项参数，维数为 1
$\tilde{V}_k^{(1)}$	第 k 个参与方的所有输出神经元与隐层神经元之间的偏置项参数集合
$\boldsymbol{\theta}_i^{(0)}$	全局神经网络第 i 个隐层神经元与输入层之间的权重矢量，维数为 D
$\boldsymbol{\Theta}^{(0)}$	全局神经网络的所有隐层神经元与输入层之间的权重矢量集合
$\tilde{\theta}_i^{(0)}$	全局神经网络第 i 个隐层神经元与输入层之间的偏置项参数，维数为 1
$\tilde{\theta}^{(0)}$	全局神经网络的所有隐层神经元与输入层之间的偏置项参数集合
$\boldsymbol{\Theta}_i^{(1)}$	全局神经网络第 i 个输出神经元与隐层神经元之间的权重矢量，维数为 L
$\boldsymbol{\Theta}^{(1)}$	全局神经网络的所有输出神经元与隐层神经元之间的权重矢量集合
$\tilde{\theta}_i^{(1)}$	全局神经网络第 i 个输出神经元与隐层神经元之间的偏置项参数，维数为 1
$\tilde{\theta}^{(1)}$	全局神经网络的所有输出神经元与隐层神经元之间的偏置项参数集合
$\boldsymbol{v}_{kl}$	第 k 个参与方中与第 l 个隐层神经元相关的所有参数构成的矢量，维数为 $D+1+K$
$\boldsymbol{\theta}_i$	全局神经网络中与第 i 个隐层神经元相关的所有参数构成的矢量，维数为 $D+1+K$
$\boldsymbol{B}^k$	第 k 个参与方的隐层与全局神经网络的隐层之间的匹配矩阵
$B_{i,l}^k$	矩阵 $\boldsymbol{B}^k$ 中第 i 行、第 l 列的元素，若 $B_{i,l}^k=1$，说明第 k 个参与方第 l 个隐层神经元匹配到全局神经网络第 i 个隐层神经元，$B_{i,l}^k \in \{0,1\}$
Q	假设的关于全局神经网络隐层参数 θ_i 的随机过程，该算法假设为贝塔（Beta）过程
δ_{θ_i}	随机过程 Q 的序列数据
H	假设的关于 δ_{θ_i} 的基测度，该算法取正态分布假设
μ_0	H 对应的正态分布的均值，维数为 $D+1+K$
$\boldsymbol{\Sigma}_0$	H 对应的正态分布的协方差矩阵，为了简化，假设为对角阵，对角元素为 $(\sigma_0)^2$，维数为 $(D+1+K)\times(D+1+K)$

续表

参 数	含 义
γ_0	Q 对应的贝塔（Beta）先验分布的质量参数
$\mathcal{T}_k$	全局隐层神经元的一个子集，元素个数为 L_k，该子集是对第 k 个参与方的隐层神经元的采样假设，假设为通过一个伯努利（Bernoulli）过程从全局隐层神经元中抽取
$\mathcal{T}_{kl}$	$\mathcal{T}_k$ 中的第 l 个元素，假设其观测值为v_{kl}、维数为 $D+1+K$，并假设v_{kl}服从均值为$\mathcal{T}_{kl}$的正态分布
$\boldsymbol{\Sigma}_k$	假设的$\boldsymbol{v}_{kl}$服从正态分布的协方差矩阵，为了简化，假设为对角阵，对角元素为（σ_k）^{2}，维数为$(D+1+K)\times(D+1+K)$
L_{-k}	在第 k 个参与方的匹配矩阵固定的前提下被激活的全局隐层神经元的下标最大值
m_i^{-k}	在第 k 个参与方的匹配矩阵固定的情况下匹配到第 i 个全局隐层神经元的参与方个数
$\boldsymbol{C}^k$	第 k 个参与方的匹配成本矩阵
$C_{i,l}^k$	C^k 中第 i 行第 l 列的元素，表示第 k 个参与方的第 l 个隐层神经元匹配到全局神经网络的第 i 个隐层神经元的成本

3.9.2 模块介绍

1. 神经网络设置

（1）分别记参与方 $k=1,2,\cdots,n$ 的局部神经网络模型的隐层神经元个数为 $L_k(k=1,2,\cdots,n)$，模型的输入层和隐层之间的权重参数和偏置项分别为 $V_k^{(0)}\in\mathbf{R}^{D\times L_k}$，$\tilde{V}_k^{(0)}\in\mathbf{R}^{L_k}$，隐层和输出层之间的权重参数和偏置项分别为 $V_k^{(1)}\in\mathbf{R}^{L_k\times K}$，$\tilde{V}_k^{(1)}\in\mathbf{R}^{K}$；

（2）由于局部模型的隐层神经元可以看成新特征提取器，该算法假设所有参与方共享部分特征提取器，并由这些特征提取器的集合，聚合全局模型的 L 个隐层神经元，记全局神经网络模型的隐层神经元个数为 $L\ll f\sum_{k=1}^{n}L_k$，模型的输入层和隐层之间的权重参数和偏置项分别为$\boldsymbol{\Theta}^{(0)}\in\mathbf{R}^{D\times L}$，$\tilde{\theta}^{(0)}\in\mathbf{R}^{L}$，隐层和输出层之间的权重参数和偏置项分别为$\boldsymbol{\Theta}^{(1)}\in\mathbf{R}^{L\times K}$，$\tilde{\boldsymbol{\theta}}^{(1)}\in\mathbf{R}^{K}$；

（3）考虑到隐层的神经元顺序是置换不变的，直接将相应的参数矩阵看成是列矢量的集合，将局部神经网络模型的参数记为若干矢量的集合：

$$\boldsymbol{V}_k^{(0)}=\{v_{kl}^{(0)}\in\mathbf{R}^{D}\}_{l=1}^{L_k}$$

$$\tilde{\boldsymbol{V}}_k^{(0)}=\{\tilde{v}_{kl}^{(0)}\in\mathbf{R}\}_{l=1}^{L_k} \tag{3-43}$$

$$V_k^{(1)} = \{ v_{kl}^{(1)} \in \mathbf{R}^{L_k} \}_{l=1}^{K}, \tilde{V}_k^{(1)} = \{ \tilde{v}_{kl}^{(1)} \in \mathbf{R} \}_{l=1}^{K}$$

同样地，将全局神经网络模型的参数记为若干矢量的集合：

$$\boldsymbol{\Theta}^{(0)} = \{ \boldsymbol{\theta}_i^{(0)} \in \mathbf{R}^D \}_{i=1}^{L}, \tilde{\boldsymbol{\theta}}^{(0)} = \{ \tilde{\theta}_i^{(0)} \in \mathbf{R} \}_{i=1}^{L} \\ \boldsymbol{\Theta}^{(1)} = \{ \boldsymbol{\theta}_i^{(1)} \in \mathbf{R}^L \}_{i=1}^{K}, \tilde{\boldsymbol{\theta}}^{(1)} = \{ \tilde{\theta}_i^{(1)} \in \mathbf{R} \} \tag{3-44}$$

（4）将与隐层神经元相关的参数进行合并。对于局部神经网络，记参与方 $k(k=1,2,\cdots,n)$ 的第 l 个隐层神经元的相关参数为 $\boldsymbol{v}_{kl} = [\boldsymbol{v}_{kl}^{(0)}, \tilde{\boldsymbol{v}}_{kl}^{(0)}, \boldsymbol{v}_{kl}^{(1)}] \in \mathbf{R}^{D+1+K}$；对于全局神经网络，记第 i 个隐层神经元的相关参数为 $\boldsymbol{\theta}_i = [\boldsymbol{\theta}_i^{(0)} \in \mathbf{R}^D, \tilde{\theta}_i^{(0)} \in \mathbf{R}, \boldsymbol{\theta}_i^{(1)} \in \mathbf{R}^K] \in \mathbf{R}^{D+1+K}$。

2. 先验假设

（1）假设全局隐层神经元（对应的参数）是从一个先验的 Beta 随机过程 Q 中抽取的，即

$$Q = \sum_{i=1}^{\infty} q_i \delta_{\theta_i} = (q_1, q_2, \cdots, q_L, \cdots) \times (\delta_{\theta_1}, \delta_{\theta_2}, \cdots, \delta_{\theta_L}, \cdots)^{\mathrm{T}} \tag{3-45}$$

其中，$\delta_{\theta_i} \in \mathbf{R}^{D+1+K}(i=1,2,\cdots)$，是由一个先验的基测度 H（本算法假设基测度为正态分布，即 $H = \mathcal{N}(\mu_0, \Sigma_0), \mu_0 \in \mathbf{R}^{D+1+K}, \boldsymbol{\Sigma}_0 \in \mathbf{R}^{(D+1+K)\times(D+1+K)}$）生成的序列数据；$q_i = \prod_{j=1}^{i} c_j$，$c_j \sim \mathrm{Beta}(\gamma_0, 1)(q_i \in [0,1])$，质量参数 γ_0 是先验信息。

（2）对于每个参与方 $k(k=1,2,\cdots,n)$，假设隐层神经元是通过 Bernoulli 过程从全局隐层神经元中选择的一个子集：

$$\mathcal{T}_k := \sum_{i=1}^{\infty} b_{ki} \delta_{\theta_i}, b_{ki} \mid q_i \sim \mathrm{Bernoulli}(q_i), \forall i \\ \Leftrightarrow (\mathcal{T}_{k1}, \cdots, \mathcal{T}_{kL_k}) = (b_{k1}, \cdots, b_{kL_k}, \cdots) \cdot (\delta_{\theta_1}, \cdots, \delta_{\theta L_k}, \cdots) \tag{3-46}$$

其中，$\cdot$ 是点乘运算，$\mathcal{T}_k$ 的支撑为 $\{\theta_i : b_{ki} = 1, i = 1, 2, \cdots\}$，总共包括 L_k 个神经元。

（3）假设各参与方 k（$k=1,2,\cdots,n$）的局部隐层神经元的观测值是其对应的全局隐层神经元的噪声测量，即

$$\tilde{\boldsymbol{v}}_{kl} \mid \mathcal{T}_k \sim N(\mathcal{T}_{kl}, \Sigma_k), l = 1, \cdots, L_k; \quad L_k = \mathrm{card}(\mathcal{T}_k) \tag{3-47}$$

其中，$\mathrm{card}(\cdot)$ 计算的是集合的基数。

3. 求解目标

在以上模型假设下，关键目标是推断每个参与方 k（$k=1,2,\cdots,n$）的隐层神经元与全局隐层神经元之间的匹配矩阵：

$$\{\boldsymbol{B}^k\}_{k=1}^{n}, \boldsymbol{B}^k \in \mathbf{R}^{\max(i) \times L_k} \tag{3-48}$$

其中，max（i）表示式（3-48）中 $\mathcal{T}_1$，$\mathcal{T}_2$，…，$\mathcal{T}_n$ 的支撑中下标 i 的最大值，$B_{i,l}^k = 1$，表示参与方 k 的第 l 个隐层神经元匹配到全局模型的第 i 个隐层神经元，且 $\sum_{i=1}^{\max(i)} B_{i,l}^k = 1$，

$\forall l$，即每个局部模型的隐层神经元只对应到全局模型中的一个隐层神经元，这里 $B_{i,l}^k=1\Leftrightarrow \mathcal{T}_{kl}=\boldsymbol{\theta}_i$，即在 $\boldsymbol{B}^k$ 和$\{b_{ki}\}_{i=1}^{\infty}$之间存在一一对应关系。

将目标转换为求解全局隐层神经元的最大后验估计（Maximum a Posteriori Estimation，MAP），则需要最大化的目标函数是 $\{\boldsymbol{\theta}_i\}_{i=1}^{\infty}$和 $\{\boldsymbol{B}^k\}_{k=1}^{n}$的后验概率。

$$\begin{aligned}&\arg\max_{\{\boldsymbol{\theta}_i\},\{\boldsymbol{B}^k\}} P(\{\boldsymbol{\theta}_i\},\{\boldsymbol{B}^k\}\mid\{\boldsymbol{v}_{kl}\})\\&\propto P(\{\boldsymbol{v}_{kl}\}\mid\{\boldsymbol{\theta}_i\},\{\boldsymbol{B}^k\})P(\{\boldsymbol{B}^k\})P(\{\boldsymbol{\theta}_i\})\end{aligned} \tag{3-49}$$

4. 求解方法

命题 1　由高斯-高斯共轭定理（如果先验分布是高斯分布，则后验分布也是高斯分布），在给定 $\{\boldsymbol{B}^k\}_{k=1}^{n}$的前提下，可以得到 $\{\boldsymbol{\theta}_i\}_{i=1}^{\infty}$的最大后验概率 $\hat{\theta}_i$：

$$\hat{\theta}_i=\frac{\mu_0/\sigma_0^2+\sum_{k,l}B_{i,l}^k\boldsymbol{v}_{kl}/\sigma_k^2}{1/\sigma_0^2+\sum_{k,l}B_{i,l}^k/\sigma_k^2},\ \text{for } i=1,\cdots,L \tag{3-50}$$

为了简化，假设$\Sigma_0=\boldsymbol{I}\sigma_0^2$，$\Sigma_k=\boldsymbol{I}\sigma_k^2$。

根据上述命题，可以先只对式（3-49）中的$\{\boldsymbol{B}^k\}_{k=1}^{n}$进行优化，取对数得到优化目标为

$$\arg\max_{\{\boldsymbol{B}^k\}}\frac{1}{2}\sum_i\frac{\left\|\dfrac{\mu_0}{\sigma_0^2}+\sum_{k,l}B_{i,l}^k\dfrac{\boldsymbol{v}_{kl}}{\sigma_k^2}\right\|^2}{1/\sigma_0^2+\sum_{k,l}B_{i,l}^k/\sigma_k^2}+\log(P(\{\boldsymbol{B}^k\})) \tag{3-51}$$

（1）式（3-51）的第一部分可以通过以下迭代算法进行求解。

固定某个特定的$\boldsymbol{B}^k$，求解剩下的匹配矩阵的最优解，再迭代固定新的$\boldsymbol{B}^k$ 进行求解，直到收敛。

令 $L_{-k}=\max\{i:B_{i,l}^{-k}=1\}$ 表示在第 k 个参与方的匹配矩阵固定的前提下，被激活的全局隐层神经元的下标最大值，于是可以将式（3-50）中对 i 的叠加部分转换为两个部分，即 $i=1,\cdots,L_{-k}$和 $i=L_{-k}+1,\cdots,L_{-k}+L_k$，有

$$\frac{1}{2}\sum_i\frac{\left\|\dfrac{\mu_0}{\sigma_0^2}+\dfrac{\sum_{k,l}B_{i,l}^k\boldsymbol{v}_{kl}}{\sigma_k^2}\right\|^2}{\dfrac{1}{\sigma_0^2}+\dfrac{\sum_{k,l}B_{i,l}^k}{\sigma_k^2}}= \tag{3-52}$$

$$\frac{1}{2}\sum_{i=1}^{L_{-k}+L_k}\sum_{l=1}^{L_k}B_{i,l}^k\left(\frac{\left\|\dfrac{\mu_0}{\sigma_0^2}+\dfrac{\boldsymbol{v}_{kl}}{\sigma_k^2}+\dfrac{\sum_{-k,l}B_{i,l}^k\boldsymbol{v}_{kl}}{\sigma_k^2}\right\|^2}{\dfrac{1}{\sigma_0^2}+\dfrac{1}{\sigma_k^2}+\dfrac{\sum_{-k,l}B_{i,l}^k}{\sigma_k^2}}-\frac{\left\|\mu_0/\sigma_0^2+\sum_{-k,l}B_{i,l}^k\boldsymbol{v}_{kl}/\sigma_k^2\right\|^2}{1/\sigma_0^2+\sum_{-k,l}B_{i,l}^k/\sigma_k^2}\right)$$

（2）式（3-51）的第二部分可以转化为

$$\log P(\{\boldsymbol{B}^k\}) = \log P(\boldsymbol{B}^k \mid \boldsymbol{B}^{-k}) + \log P(\boldsymbol{B}^{-k}) \tag{3-53}$$

考虑到优化对象是 $\boldsymbol{B}^k$，去除 $\log P\ (\boldsymbol{B}^{-k})$；由于 $\boldsymbol{B}^k$ 是可交换的，可以认为 $\boldsymbol{B}^k$ 是最后一个参与方，令 $m_i^{-k} = \sum_{-k,l} B_{i,l}^k$ 表示在第 k 个参与方的匹配矩阵固定的情况下，匹配到第 i 个全局隐层神经元的参与方个数，则式（3－53）可以进一步等价于：

$$\log P(\{\boldsymbol{B}^k\}) = \sum_{i=1}^{L_{-k}} \sum_{l=1}^{L_k} B_{i,l}^k \log \frac{m_i^{-k}}{n - m_i^{-k}} + \sum_{i=L_{-k}+1}^{L_{-k}+L_k} \sum_{l=1}^{L_k} B_{i,l}^k \left(\log \frac{\gamma_0}{n} - \log(i - L_{-k}) \right) \tag{3-54}$$

命题 2　合并式（3－52）和式（3－54），可以得到每个参与方的匹配矩阵 $\boldsymbol{B}^k$ 的负匹配成本：

$$-C_{i,l}^k = \begin{cases} \dfrac{\left\| \dfrac{\boldsymbol{\mu}_0}{\sigma_0^2} + \dfrac{\boldsymbol{v}_{kl}}{\sigma_k^2} + \sum_{k,l} B_{i,l}^k \dfrac{\boldsymbol{v}_{kl}}{\sigma_k^2} \right\|^2}{\dfrac{1}{\sigma_0^2} + \dfrac{1}{\sigma_k^2} + \dfrac{\sum_{-k,l} B_{i,l}^j}{\sigma_k^2}} - \dfrac{\left\| \dfrac{\boldsymbol{\mu}_0}{\sigma_0^2} + \sum_{k,l} B_{i,l}^k \dfrac{\boldsymbol{v}_{kl}}{\sigma_k^2} \right\|^2}{\dfrac{1}{\sigma_0^2} + \dfrac{\sum_{-k,l} B_{i,l}^k}{\sigma_k^2}} + 2\log \dfrac{m_i^{-k}}{n - m_i^{-k}}, & i \leqslant L_{-k} \\ \dfrac{\left\| \dfrac{\boldsymbol{\mu}_0}{\sigma_0^2} + \dfrac{\boldsymbol{v}_{kl}}{\sigma_k^2} \right\|^2}{\dfrac{1}{\sigma_0^2} + \dfrac{1}{\sigma_k^2}} - \dfrac{\left\| \dfrac{\boldsymbol{\mu}_0}{\sigma_0^2} \right\|^2}{\dfrac{1}{\sigma_0^2}} - 2\log \dfrac{i - L_{-k}}{\gamma_0 / n}, & L_{-k} < i \leqslant L_{-k} + L_k \end{cases} \tag{3-55}$$

通过应用匈牙利算法（Hungarian Algorithm）可以求解得到 $\sum_i \sum_l B_{i,l}^k C_{i,l}^k$ 的最小值，从而得到神经元的匹配矩阵 $\boldsymbol{B}^k$。

3.9.3　算法流程

单隐层神经网络匹配算法的流程如算法流程 3－12 所示。

算法流程 3－12　单隐层神经网络匹配算法

输入： 通信轮数 T，参与方个数 n，所有参与方的隐层神经元个数 L_k（$k=1,2,\cdots,n$），关于先验分布的信息 μ_0、σ_0^2、σ_k^2，γ_0。

输出： 全局神经网络模型的参数（隐层神经元对应参数）。

对于通信轮数 $t=0,1,\cdots,T-1$，执行以下步骤：

1. 对于所有参与方 k，执行以下步骤：

（1）若 $t>0$，则使用来自中央服务器的全局模型参数对局部模型进行初始化：

$$v_{kl}^t = \sum_{i=1}^{L^t} B_{i,l}^{k,t} \theta_i^{t-1} \tag{3-56}$$

（2）根据本地数据集训练局部神经网络模型，得到模型参数：

$$v_{kl}^t, \quad l=1,2,\cdots,L_k \tag{3-57}$$

2. 所有参与方将v_{kl}^{t}传输给中央服务器；

3. 对于中央服务器，结合图3－10所示，通过以下步骤对所有局部模型进行聚合：

（1）根据式（3－55）构造所有参与方的匹配成本矩阵$\boldsymbol{C}^{k}$（$k=1,2,\cdots,n$）；

（2）通过 Hungarian 算法计算匹配矩阵$\boldsymbol{B}^{k,t}$；

（3）根据匹配矩阵，列举出结果唯一的全局神经网络的隐层神经元，得到全局隐层神经元个数L^{t}，并通过式（3－50）推断出相关的全局模型参数矢量$\{\boldsymbol{\theta}_{i}^{t}\}_{i=1}^{L}$；

（4）根据全局隐层神经元以及推断出的全局模型参数矢量，搭建全局神经网络；

（5）将全局模型的参数矢量$\{\boldsymbol{\theta}_{i}^{t}\}_{i=1}^{L}$以及对应的匹配矩阵$\boldsymbol{B}^{k,t}$传输给所有参与方。

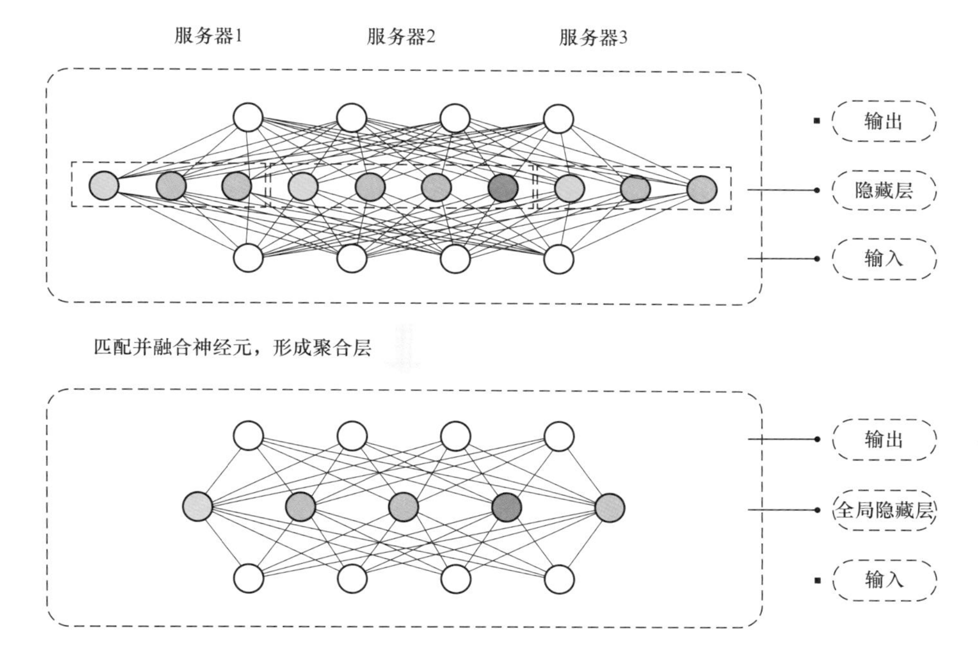

图3－10　单隐层神经网络匹配算法说明

3.10　基于概率的联邦网络匹配算法Ⅱ：多隐层神经网络匹配算法

本节介绍另一种 PFNM 算法，即多隐层神经网络匹配算法。

3.10.1　算法框架及参数

多隐层神经网络匹配算法的框架如图3－11所示，参数及含义见表3－10。

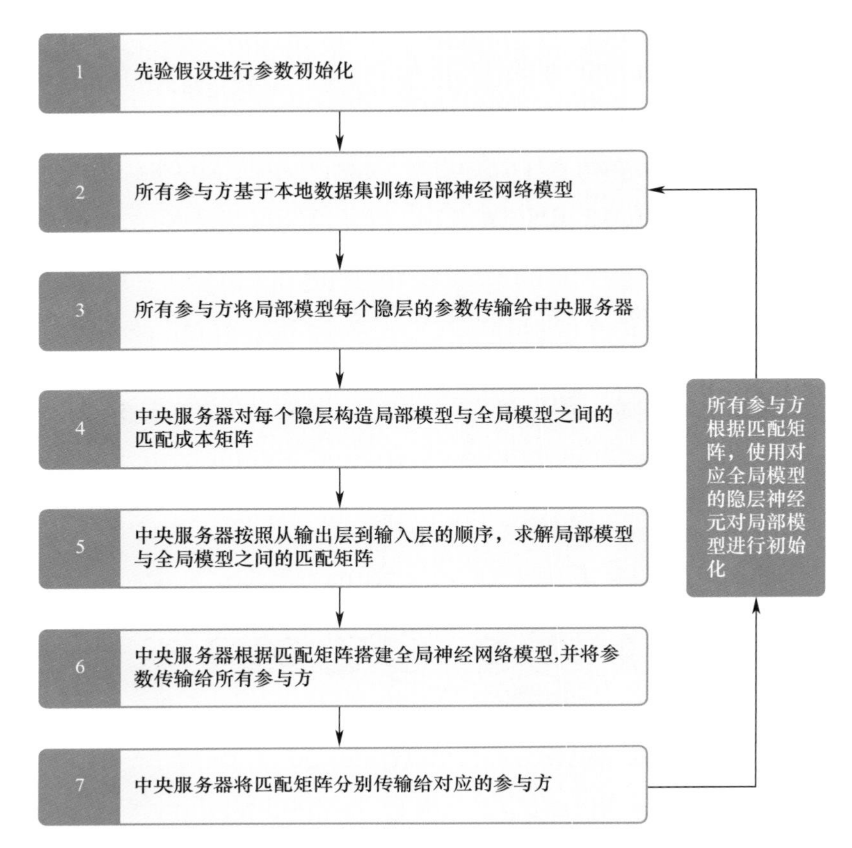

图 3-11　多隐层神经网络匹配算法的框架

表 3-10　多隐层神经网络匹配算法的参数及含义

参　数	含　义
D/L^0	输入神经元个数
K/L^{c+1}	输出神经元个数
C	隐层个数
n	参与方个数
L_k^c	第 k 个参与方的第 c 个隐层的神经元个数
$\boldsymbol{V}_k^c$	第 k 个参与方的第 c 个隐层对应的权重参数矩阵，维数为$L_k^c \times L_{k+1}^c$
$\widetilde{\boldsymbol{V}}_k^c$	第 k 个参与方的第 c 个隐层对应的偏置项矢量，维数为 L_{k+1}^c
L^c	全局神经网络模型中第 c 个隐层的神经元个数
$\boldsymbol{\Theta}^c$	全局神经网络模型中第 c 个隐层的权重参数矩阵，维数为 $L^c \times L^{c+1}$
$\tilde{\boldsymbol{\theta}}^c$	全局神经网络模型中第 c 个隐层的偏置项矢量，维数为 L^{c+1}
$\boldsymbol{v}_{kl}^c$	第 k 个参与方的第 c 个隐层中第 l($l=0,1,\cdots,L_k^c$)个神经元的权重矢量，维数为 L_k^{c+1}(当 $c=1$ 时,维数为 $L_k^0+1+L_k^2$)

续表

参数	含义
$\boldsymbol{\theta}_i^c$	全局神经网络模型中第 c 个隐层的第 $i(i=0,1,\cdots,L^c)$ 个神经元的权重矢量，维数为 L^{c+1}，(当 $c=1$ 时，维数为 L^0+1+L^2)
$\boldsymbol{B}^{k,c}$	第 k 个参与方的第 c 个隐层与全局神经网络的隐层之间的匹配矩阵
$B_{i,l}^{k,c}$	$\boldsymbol{B}^{k,c}$ 中第 i 行第 l 列的元素，若 $B_{i,l}^{k,c}=1$，说明第 k 个参与方的第 c 个隐层中的第 l 个神经元匹配到全局神经网络模型中第 c 个隐层中的第 i 个神经元，$B_{i,l}^{k,c}\in\{0,1\}$
Q^c	假设的关于全局神经网络模型中第 c 个隐层参数 $\boldsymbol{\theta}_i^c$ 的随机过程，假设为 Beta 过程
$\boldsymbol{b}_{ki}^c$	第 k 个参与方第 c 个隐层中随机过程 Q^c 下的子集数据
$\delta_{\theta_i^c}$	随机过程Q^c 的序列数据
H^c	假设的关于 $\delta_{\theta_i^c}$ 的基测度，该算法取正态分布假设
μ_0^c	H^c 对应的正态分布的均值，维数为 L^{c+1}(当 $c=1$ 时，维数为 L^0+1+L^2)
$\boldsymbol{\Sigma}_0^c$	H^c 对应的正态分布的协方差矩阵，为了简化，假设为对角阵，对角元素为 $(\sigma_0^c)^2$，维数为 $L^{c+1}\times L^{c+1}$[当 $c=1$ 时，维数为$(L^0+1+L^2)\times(L^0+1+L^2)$]
γ_0^c	Q^c 对应的 Beta 先验分布的质量参数
$\mathcal{T}_k^c$	全局神经网络模型中第 c 个隐层神经元的一个子集，元素个数为 L_k^c。该子集是对第 k 个参与方的第 c 个隐层神经元的采样假设，假设为通过一个 Bernoulli 过程从全局神经网络模型的第 c 个隐层神经元中抽取
$\mathcal{T}_{kl}^c$	$\mathcal{T}_k^c$ 中的第 l 个元素，假设其观测值为$\boldsymbol{v}_{kl}^c$，维数为 L_k^{c+1}(当 $c=1$ 时，维数为 $L_k^0+1+L_k^2$)，并假设v_{kl}^c服从均值为$\mathcal{T}_{kl}^c$的正态分布
$\boldsymbol{\Sigma}_k^c$	$\boldsymbol{v}_{kl}^c$服从正态分布的协方差矩阵，为了简化，假设为对角阵，对角元素为 $(\sigma_k^c)^2$，维数为 $L_k^{c+1}\times L_k^{c+1}$ [当 $c=1$ 时，维数为$(L_k^0+1+L_k^2)\times(L_k^0+1+L_k^2)$]
L_{-k}^c	在第 k 个参与方第 c 个隐层的匹配矩阵固定的前提下，被激活的全局神经网络模型第 c 个隐层神经元的下标最大值
$m_i^{-k,c}$	在第 k 个参与方第 c 个隐层的匹配矩阵固定的情况下，匹配到全局神经网络模型第 c 个隐层第 i 个神经元的参与方个数
$\boldsymbol{C}^{k,c}$	第 k 个参与方第 c 个隐层的匹配成本矩阵
$C_{i,l}^{k,c}$	$\boldsymbol{C}^{k,c}$中第 i 行第 l 列的元素，表示第 k 个参与方第 c 个隐层的第 l 个神经元匹配到全局神经网络模型第 c 个隐层第 i 个神经元的成本

3.10.2　模块介绍

1. 神经网络设置

多隐层神经网络匹配算法中神经网络的参数与 3.9 节类似，具体含义参考表 3－10，以下仅对不同的设置进行说明。

（1）定义一个生成模型，按照从输出层返回到输入层的顺序生成深度网络的参数，令 C 表示隐层的个数，L^c 表示第 c 个隐层的神经元个数，$L^0=D$、$L^{c+1}=K$，分别表示输入的维数和输出的类别数。

（2）与单隐层网络的匹配不同，多隐层神经网络匹配算法中的全局隐层神经元不再表示与该神经元相关的所有参数，而只是表示该神经元与下一个隐层的连接参数，即对于第 c 个全局隐层的每个神经元，对应的参数个数为下一个隐层的神经元个数 L^{c+1}。

2. 先验假设

（1）对于 $c=1,\cdots,C$，假设全局神经网络模型第 c 个隐层的神经元（对应的参数）是从一个先验的 Beta 随机过程Q^c 中抽取的，即

$$
\begin{aligned}
&Q^c \mid \gamma_0^c, H^c, L^{c+1} \sim \mathrm{BP}(1, \gamma_0^c H^c) \Leftrightarrow \\
&Q^c = \sum_i q_i^c \delta_{\theta_i^c}, \delta_{\theta_i^c} \sim N(\mu_0^c, \boldsymbol{\Sigma}_0^c),\ \mu_0^c \in \mathbf{R}^{L^{c+1}}
\end{aligned}
\tag{3-58}
$$

其中，BP 是指 Beta 过程，$\delta_{\theta_i^c} \in \mathbf{R}^{L^{c+1}}$（$i=1$，2，…）是由一个先验的基测度 $H=\mathcal{N}$（μ_0^c，$\boldsymbol{\Sigma}_0^c$）生成的序列数据；$q_i^c \in [0,\ 1]$，$q_i^c=\prod_{j=1}^{i} c_j$，$c_j \sim \mathrm{Beta}$（$\gamma_0^c$，1），质量参数 γ_0^c 是先验信息。

（2）对于每个参与方 $k(k=1,2,\cdots,n)$，假设第 c 个隐层的神经元是通过 Bernoulli 过程从全局模型的第 c 个隐层的神经元中选择的一个子集，有

$$
\begin{aligned}
&\mathcal{T}_k^c := \sum_i \boldsymbol{b}_{ki}^c \delta_{\theta_i^c}, \boldsymbol{b}_{ki}^c \mid \boldsymbol{q}_i^c \sim \mathrm{Bernoulli}(\boldsymbol{q}_i^c) \\
&\Leftrightarrow (\mathcal{T}_{k1}^c, \cdots, \mathcal{T}_{kL_k^c}^c) = (b_{k1}^c, \cdots, b_{kL^{c+1}}^c, \cdots) \cdot (\delta_{\theta_1^c}, \cdots, \delta_{\theta_{L^{c+1}}^c}, \cdots)
\end{aligned}
\tag{3-59}
$$

其中，· 是点乘运算，$\mathcal{T}_k^c=\{\theta_i^c : b_{ki}^c=1, i=1,2,\cdots\}$是第 k 个参与方的第 c 个隐层神经元匹配到的全局隐层神经元的子集，总共包括 L_k^c 个神经元。

（3）假设各参与方 $k(k=1,2,\cdots,n)$ 的每个局部隐层的神经元的观测值是其对应的全局隐层的神经元的噪声测量，对于 $c=1$，…，C，有

$$
v_{kl}^c \mid \mathcal{T}_k^c \sim \mathcal{N}(\mathcal{T}_{kl}^c, \boldsymbol{\Sigma}_k^c),\ l=1,\cdots,L_k^c \tag{3-60}
$$

其中，$L_k^c := \mathrm{card}(\mathcal{T}_k^c)$。

与单隐层网络不同的是，$\boldsymbol{v}_{kl}^c \in \mathbf{R}^{L^{c+1}}(L^{c+1} \geqslant L_k^c)$ 中有部分元素需要设置为 0。对于 $i=1,\cdots,L^{c+1}$，当$b_{ki}^{c+1}=0$ 时，即第 k 个参与方的第 $c+1$ 个隐层（即下一个隐层）匹配到的全局神经元不包括 θ_i^c，此时对于第 c 个隐层的所有神经元，将连接到 θ_i^c 的参数设为 0，即 $\boldsymbol{v}_{kli}^c=0(l=1,\cdots,L_k^c)$。

按照从输出层到输入层的顺序，即对于 $c=C,C-1,\cdots,1$，依次计算生成的第 c 个全局隐层的神经元个数 $L^c=\mathrm{card}\{\cup_{k=1}^{n}\mathcal{T}_k^c\}$，则最终的模型可以理解为：全局全连接网络第

c 层有 L^c 个神经元，n 个局部部分连接网络在第 c 层有 L_k^c 个神经元被激活，剩下的$L^c - L_k^c$ 个神经元对应的权重为0。

3. 求解目标

在以上模型假设下，关键目标是推断每个参与方 k（$k=1,2,\cdots,n$）的每个隐层的神经元与对应的全局隐层的神经元之间的匹配矩阵：

$$\{\boldsymbol{B}^{k,c}\}_{k=1}^{n}, \boldsymbol{B}^{k,c} \in \mathbf{R}^{\max(i) \times L_k^c} \tag{3-61}$$

其中，max（i）表示式（3-59）中，$\mathcal{T}_1^c, \mathcal{T}_2^c, \cdots, \mathcal{T}_n^c$ 的支撑里下标 i 的最大值；$B_{i,l}^{k,c}=1$，且 $\sum_{i=1}^{\max(i)} B_{i,l}^{k,c}=1, \forall l$，即每个局部神经网络模型的每个隐层的每个神经元只对应到全局神经网络模型中对应的隐层的一个神经元，这里 $B_{i,l}^{k,c}=1 \Leftrightarrow \mathcal{T}_{kl}^c=\theta_i$，即在 $\boldsymbol{B}^{k,c}$ 和 $\{b_{ki}^c\}_{i=1}^{\infty}$ 之间存在一一对应关系。

将目标转换为求解全局神经网络模型的每个隐层神经元的最大后验估计，则需要最大化的目标函数是 $\{\boldsymbol{\theta}_i^c\}_{i=1}^{\infty}$ 和 $\{\boldsymbol{B}^{k,c}\}_{k=1}^{n}$ 的后验概率，这里 $c=C, C-1, \cdots, 1$，有

$$\begin{aligned} &\arg \max_{\{\theta_i^c\}, \{\boldsymbol{B}^{k,c}\}} P(\{\boldsymbol{\theta}_i^c\}, \{\boldsymbol{B}^{k,c}\} \mid \{\boldsymbol{v}_{kl}^c\}) \\ &\propto P(\{\boldsymbol{v}_{kl}^c\} \mid \{\boldsymbol{\theta}_i^c\}, \{\boldsymbol{B}^{k,c}\}) P(\{\boldsymbol{B}^{k,c}\}) P(\{\boldsymbol{\theta}_i^c\}) \end{aligned} \tag{3-62}$$

4. 求解方法

命题3　由高斯-高斯共轭定理（如果先验分布是高斯分布，则后验分布也是高斯分布），在给定 $\{\boldsymbol{B}^{k,c}\}_{k=1}^{n}$ 的前提下，可以得到 $\{\boldsymbol{\theta}_i^c\}_{i=1}^{\infty}$ 的最大后验概率 $\hat{\theta}_i^c$：

$$\hat{\theta}_i^c = \frac{\mu_0^c/(\sigma_0^c)^2 + \sum_{k,l} B_{i,l}^{k,c} \boldsymbol{v}_{kl}^c/(\sigma_k^c)^2}{1/(\sigma_0^c)^2 + \sum_{k,l} B_{i,l}^{k,c}/(\sigma_k^c)^2},\ i=1,\cdots,L \tag{3-63}$$

为了简化，假设$\boldsymbol{\Sigma}_0^c = \boldsymbol{I}(\sigma_0^c)^2$，$\boldsymbol{\Sigma}_k^c = \boldsymbol{I}(\sigma_k^c)^2$。

根据命题3，可以先只对式（3-62）中的 $\{\boldsymbol{B}^{k,c}\}_{k=1}^{n}$ 进行优化，取对数得到优化目标为：

$$\arg \max_{\{\boldsymbol{B}^{k,c}\}} \frac{1}{2} \sum_i \frac{\left\| \frac{\mu_0^c}{(\sigma_0^c)^2} + \sum_{k,l} B_{i,l}^{k,c} \frac{\boldsymbol{v}_{kl}^c}{(\sigma_k^c)^2} \right\|^2}{1/(\sigma_0^c)^2 + \sum_{k,l} B_{i,l}^{k,c}/(\sigma_k^c)^2} + \log P(\{\boldsymbol{B}^{k,c}\}) \tag{3-64}$$

（1）式（3-64）的第一部分可以通过以下迭代算法进行求解：

对于每一个隐层 c，固定某个特定的 $\boldsymbol{B}^{k,c}$，求解剩下的匹配矩阵的最优解，再迭代、固定新的 $\boldsymbol{B}^{k,c}$ 并对其进行求解，直到收敛。

令 $L_{-k}^c = \max\{i : B_{i,l}^{-k,c}=1\}$，表示在第 k 个参与方的匹配矩阵固定的前提下，被激活的全局神经网络模型第 c 个隐层神经元的个数，于是可以将式（3-64）中对 i 的叠加部分

转换为两个部分，即 $i=1,\cdots,L^c_{-k}$ 和 $i=L^c_{-k}+1,\cdots,L^c_{-k}+L^c_k$，考虑到 $\sum_l B^{k,c}_{i,l}\in\{0,1\}$，即每个全局隐层的每个神经元最多只能有一个局部隐层神经元与之匹配，将式（3-62）中与 $\boldsymbol{B}^{k,c}$ 的求解无关的项去掉：

$$\frac{1}{2}\sum_i \frac{\|\mu_0^c/(\sigma_0^c)^2+\sum_{k,l}B^{k,c}_{i,l}\boldsymbol{v}^c_{kl}/(\sigma_k^c)^2\|^2}{1/(\sigma_0^c)^2+\sum_{k,l}B^{k,c}_{i,l}/(\sigma_k^c)^2}=$$

$$\frac{1}{2}\sum_{i=1}^{L^c_{-k}+L^c_k}\sum_{l=1}^{L_k}B^{k,c}_{i,l}\left(\frac{\|\mu_0^c/(\sigma_0^c)^2+\boldsymbol{v}^c_{kl}/(\sigma_k^c)^2+\sum_{-k,l}B^{k,c}_{i,l}\boldsymbol{v}^c_{kl}/(\sigma_k^c)^2\|^2}{1/(\sigma_0^c)^2+1/(\sigma_k^c)^2+\sum_{-k,l}B^{k,c}_{i,l}/(\sigma_k^c)^2}\right.$$
$$\left.-\frac{\|\mu_0^c/(\sigma_0^c)^2+\sum_{-kl}B^{k,c}_{i,l}\boldsymbol{v}^c_{kl}/(\sigma_k^c)^2\|^2}{1/(\sigma_0^c)^2+\sum_{-k,l}B^{k,c}_{i,l}/(\sigma_k^c)^2}\right)\tag{3-65}$$

（2）式（3-64）的第二部分可以转化为

$$\log P(\{\boldsymbol{B}^{k,c}\})=\log P(\boldsymbol{B}^{k,c}\mid\boldsymbol{B}^{-k,c})+\log P(\boldsymbol{B}^{-k,c})\tag{3-66}$$

考虑到优化对象是 $\boldsymbol{B}^{k,c}$，去除 $\log P(\boldsymbol{B}^{-k,c})$；令 $m_i^{-k,c}=\sum_{-k,l}B^{k,c}_{i,l}$，表示在第 k 个参与方的局部神经网络模型的第 c 个匹配矩阵固定的情况下，匹配到全局神经网络模型的第 c 个隐层的第 i 个神经元的参与方个数，则式（3-66）可以进一步等价于：

$$\log P(\{\boldsymbol{B}^{k,c}\})=\sum_{i=1}^{L^c_{-k}}\sum_{l=1}^{L^c_k}B^{k,c}_{i,l}\log\frac{m_i^{-k,c}}{n-m_i^{-k,c}}$$
$$+\sum_{i=L^c_{-k}+1}^{L^c_{-k}+L^c_k}\sum_{l=1}^{L^c_k}B^{k,c}_{i,l}\left(\log\frac{\gamma_0^c}{n}-\log(i-L^c_{-k})\right)\tag{3-67}$$

命题 4　合并式（3-65）和式（3-67），可以得到每个参与方每个隐层的匹配矩阵 $\boldsymbol{B}^{k,c}$ 的负匹配成本：

$$-C^{k,c}_{i,l}=\frac{\left\|\frac{\mu_0^c}{(\sigma_0^c)^2}+\frac{\boldsymbol{v}^c_{kl}}{(\sigma_k^c)^2}+\sum_{-k,l}B^{k,c}_{i,l}\frac{\boldsymbol{v}^c_{kl}}{(\sigma_k^c)^2}\right\|^2}{\frac{1}{(\sigma_0^c)^2}+\frac{1}{(\sigma_k^c)^2}+\frac{\sum_{-k,l}B^{k,c}_{i,l}}{(\sigma_k^c)^2}}+2\log\frac{m_i^{-k,c}}{n-m_i^{-k,c}}$$
$$-\frac{\left\|\frac{\mu_0^c}{(\sigma_0^c)^2}+\frac{\sum_{-k,l}B^{k,c}_{i,l}\boldsymbol{v}^c_{kl}}{(\sigma_k^c)^2}\right\|^2}{\frac{1}{(\sigma_0^c)^2}+\frac{\sum_{-k,l}B^{k,c}_{i,l}}{(\sigma_k^c)^2}},\quad i\leqslant L^c_{-k}\tag{3-68}$$

$$=\frac{\left\|\frac{\mu_0^c}{(\sigma_0^c)^2}+\frac{\boldsymbol{v}^c_{kl}}{(\sigma_j^c)^2}\right\|^2}{\frac{1}{(\sigma_0^c)^2}+\frac{1}{(\sigma_k^c)^2}}-\frac{\|\mu_0^c/(\sigma_0^c)^2\|^2}{1/(\sigma_0^c)^2}-2\log\frac{i-L^c_{-k}}{\gamma_0/n},\quad L^c_{-k}<i\leqslant L^c_{-k}+L^c_k$$

通过 Hungarian 算法可以求解 $\sum_i\sum_l B^{k,c}_{i,l}C^{k,c}_{i,l}$ 的最小值，从而得到每个参与方的局部神经网络模型中每个隐层的神经元匹配结果 $\{\boldsymbol{B}^{k,c}\}$。

3.10.3　算法流程

多隐层神经网络匹配算法的流程如算法流程 3－13 所示。

算法流程 3－13　多隐层神经网络匹配算法

输入：通信轮数 T，参与方个数 n；所有参与方每个隐层的神经元个数 $L_k^c(c=1,\cdots,C,k=1,2,\cdots,n)$，关于先验分布的信息 μ_0^c、$(\sigma_0^c)^2$、$(\sigma_k^c)^2$、γ_0^c。

输出：全局神经网络模型的参数（所有隐层神经元对应参数）。

对于通信轮数 $t=0,1,\cdots,T-1$，执行以下步骤：

1. 对于所有参与方 k，执行以下步骤：

（1）若 $t>0$，则使用来自中央服务器的全局神经网络模型参数，对局部神经网络模型进行初始化：

$$v_{kl}^{c,t}=\sum_{i=1}^{Lt}B_{i,l}^{k,c,t}\theta_i^{c,t-1} \tag{3-69}$$

（2）根据本地数据集训练局部神经网络模型，得到每个隐层每个神经元的参数：

$$v_{kl}^{c,t},\quad l=1,2,\cdots,L_k^c \tag{3-70}$$

2. 所有参与方将$v_{kl}^{c,t}$传输给中央服务器。

3. 结合图 3－12，中央服务器按照从输出层到输入层的顺序，先对除了第一个隐层之外的每个隐层进行迭代求解，即对于 $c=C,C-1,\cdots,2$，通过以下步骤进行聚合：

（1）以 L^{c+1} 作为输出层的神经元个数，以 0 作为输入层的神经元个数，使用单隐层神经网络匹配算法对第 c 个隐层进行匹配。

① 根据式（3－68）构造所有参与方第 c 个隐层的匹配成本矩阵：

$$\hat{\boldsymbol{B}}(k,c,t),\quad k=1,2,\cdots,n \tag{3-71}$$

② 通过 Hungarian 算法计算第 c 个隐层匹配矩阵 $\boldsymbol{B}^{k,c,t}$。

（2）通过所有匹配矩阵 $\boldsymbol{B}^{k,c,t}$，得到所有参与方第 c 个隐层的神经元匹配到的全局神经元 $\mathcal{T}_1^{c,t}$，…，$\mathcal{T}_n^{c,t}$，构成全局模型第 c 个隐层的神经元。

（3）采用贪婪的策略，令全局神经网络模型第 c 个隐层的神经元的个数为

$$L^{c,t}\leftarrow\mathrm{card}(\cup_{k=1}^{n}\mathcal{T}_k^{c,t}) \tag{3-72}$$

（4）根据匹配矩阵，通过式（3－63）推断出相关的全局模型第 c 个隐层的参数矢量为

$$\{\boldsymbol{\theta}_i^{c,t}\}_{i=1}^{Lc,t} \tag{3-73}$$

4. 中央服务器对第一个隐层按以下步骤进行聚合：

（1）以第二个隐层的神经元个数 $L^{2,t}$ 作为输出层的神经元个数，以原输入层作为输入层，神经元个数为 L^0。

（2）使用单隐层神经网络匹配算法对所有参与方的第一个隐层神经元进行匹配，得到匹配的全局神经元$\mathcal{T}_1^{1,t}$，…，$\mathcal{T}_n^{1,t}$。

（3）采用贪婪的策略，令全局神经网络模型第一个隐层的神经元的个数为

$$L^{1,t} \leftarrow \mathrm{card}(\cup_{k=1}^{n} \mathcal{T}_k^1) \tag{3-74}$$

（4）根据匹配矩阵，通过式（3-63）推断出相关的全局模型第一个隐层的参数矢量：

$$\{\boldsymbol{\theta}_i^{1,t}\}_{i=1}^{L1,t} \tag{3-75}$$

5. 中央服务器根据全局神经网络模型所有隐层神经元以及推断出的全局神经网络模型所有隐层参数矢量，搭建全局神经网络。

6. 中央服务器将全局神经网络模型所有隐层的参数矢量$\{\boldsymbol{\theta}_i^{c,t}\}_{i=1}^{Lc,t}$以及对应的匹配矩阵$\boldsymbol{B}^{k,c,t}$传输给所有参与方。

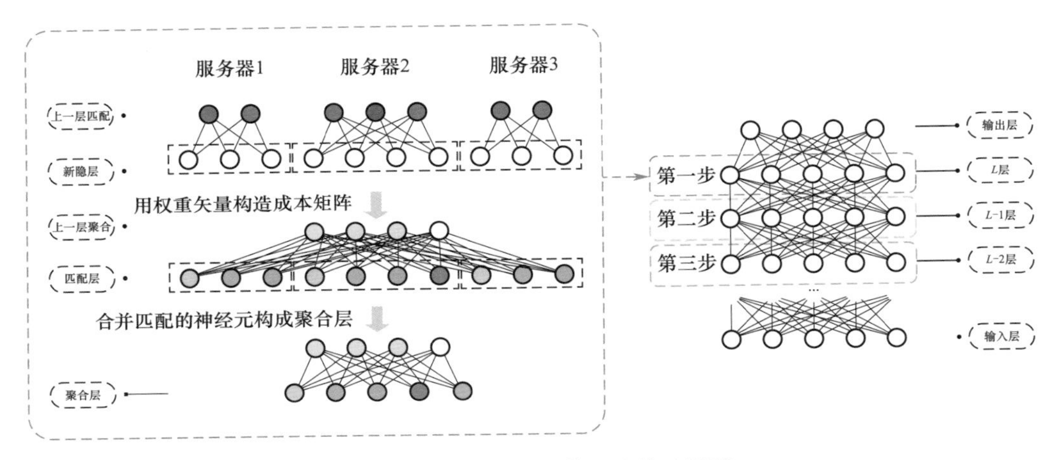

图3-12 多层神经网络匹配算法说明

3.11 联邦匹配平均算法

联邦匹配平均（Federated Matched Averaging，FedMA）算法[27]用于面向基于神经网络模型的分类任务。针对CNN[28]和LSTM[29]等神经网络结构在联邦学习中存在的网络层神经元对齐问题，该算法提出了按层对模型的神经元进行匹配，从而构建出全局神经网络模型的思路。

3.11.1 算法框架及参数

FedMA算法的框架如图3-13所示，参数及含义见表3-11。

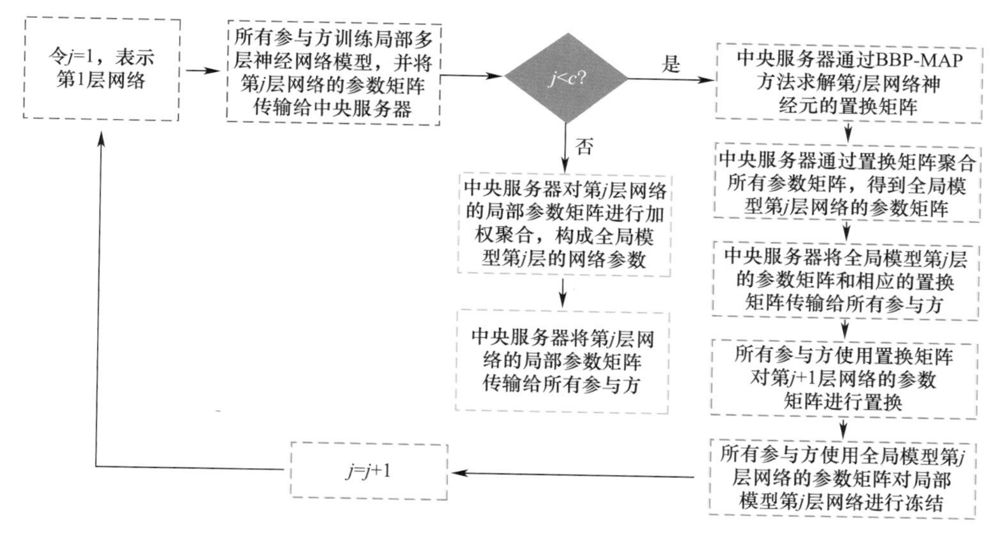

图3－13　FedMA算法的框架

表3－11　FedMA算法的参数及含义

参　数	含　义
n	参与方个数
c	局部神经网络模型的层数
$\boldsymbol{\Omega}_j^k$	第 k 个参与方第 j 层网络的参数矩阵
$\omega_{j,l}^k$	$\boldsymbol{\Omega}_j^k$ 的第 l 列，维数为 L
$\boldsymbol{\Omega}_j^g$	全局神经网络模型的第 j 层网络的参数矩阵
$\theta_{j,i}$	$\boldsymbol{\Omega}_j^g$ 的第 i 列，维数为 L
$C(\cdot,\cdot)$	某个相似度度量函数，值越小说明相似度越高
$\boldsymbol{\Pi}_j^k$	$\boldsymbol{\Omega}_j^k$ 对应的置换矩阵，维数为 $L\times L$
$\pi_{j,li}^k$	$\boldsymbol{\Pi}_j^k$ 的第 l 行第 i 列，取值为0或1。$\pi_{j,li}^k=1$ 意味着将矩阵$\boldsymbol{\Omega}_j^k$ 的第 l 列置换到第 i 列，其中 $l,i=1,2,\cdots,L$

3.11.2　目标函数

设各参与方的局部神经网络模型的层数为 c，第 k 个参与方上局部神经网络模型的每层参数为 $\{\boldsymbol{\Omega}_1^k,\cdots,\boldsymbol{\Omega}_c^k\}$ $(k=1,2,\cdots,n)$，其中$\boldsymbol{\Omega}_j^k$ $(j=1,\cdots,c)$ 是第 j 层网络的参数矩阵。

FedMA算法的目标是求$\pi_{j,li}^k$，使得置换后每个参与方上的参数矩阵$\boldsymbol{\Omega}_j^k$与全局神经网络模型的参数矩阵$\boldsymbol{\Omega}_j^g$ 接近，目标函数为

$$\min_{\{\pi_{j,li}^k\}} \sum_{i=1}^{L} \sum_{k,l} \min_{\theta_{j,i}} \pi_{j,li}^k C(\omega_{j,l}^k, \theta_{j,i}) \quad \text{s. t. } \sum_i \pi_{j,li}^k = 1\ \forall k,l; \sum_l \pi_{j,li}^k = 1\ \forall i,k \tag{3-76}$$

通过求解问题式（3－76），可以得到每个参与方上局部模型的第 j 层网络的置换矩阵 $\boldsymbol{\Pi}_j^k$。FedMA 算法使用 PFNM 算法求解问题式（3－76），并将求解过程称为 BBP-MAP。

3.11.3 算法流程

FedMA 算法的流程如算法流程 3－14 所示。

算法流程 3－14　FedMA 算法

输入： 参与方个数 n，神经网络模型层数 c。

输出： 全局神经网络模型的参数（所有隐层神经元对应参数）。

1. 每个参与方均在本地训练一个 c 层神经网络模型，得到局部神经网络模型参数矩阵 $\{\boldsymbol{\Omega}_1^k, \cdots, \boldsymbol{\Omega}_c^k\}(k=1,2,\cdots,n)$。

2. 对每层网络 $j=1,\cdots,c$，通过以下步骤进行参数聚合：

（1）每个参与方将其局部神经网络模型的第 j 层网络参数矩阵 $\{\boldsymbol{\Omega}_j^k\}_{k=1}^n$ 传输给中央服务器。

（2）中央服务器根据不同网络层，分为以下两种情况对全局神经网络模型第 j 层网络的参数矩阵进行聚合：

① 当 $j<c$，即 j 不是最后一层网络时，先通过 BBP-MAP 方法求解问题式（3－76），得到第 j 层网络的置换矩阵：

$$\{\boldsymbol{\Pi}_j^k\}_{k=1}^n = \text{BBP-MAP}(\{\boldsymbol{\Omega}_j^k\}_{k=1}^n) \tag{3-77}$$

再使用置换矩阵对全局神经网络模型第 j 层网络的参数矩阵进行聚合：

$$\boldsymbol{\Omega}_j^g = \frac{1}{n} \sum_{k=1}^{n} \boldsymbol{\Omega}_j^k (\boldsymbol{\Pi}_j^k)^{\mathrm{T}} \tag{3-78}$$

② 当 $j=c$ 时，直接对全局神经网络模型最后一层网络的参数矩阵进行聚合：

$$\boldsymbol{\Omega}_{j,l}^g = \sum_{k=1}^{n} p_l^k \boldsymbol{\Omega}_{j,l}^k, \quad l=1,\cdots,q \tag{3-79}$$

其中，q 是最后一层网络的神经元个数，即分类任务的类别数；p_l^k 是第 k 个参与方的数据集中，属于类别 l 的样本在所有类别为 l 的样本中的占比。

（3）中央服务器将全局神经网络模型的第 j 层网络参数矩阵 $\boldsymbol{\Omega}_j^g$ 和置换矩阵 $\{\boldsymbol{\Pi}_j^k\}_{k=1}^n$ 传输给各参与方。

（4）所有参与方通过以下两个步骤进行局部模型更新：

① 对局部神经网络模型的第 $j+1$ 层网络参数矩阵 $\{\boldsymbol{\Omega}_{j+1}^k\}_{k=1}^n$ 进行置换：

$$\boldsymbol{\Omega}_{j+1}^k \leftarrow \boldsymbol{\Pi}_j^k \boldsymbol{\Omega}_{j+1}^k \tag{3-80}$$

② 使用全局神经网络模型的第 j 层网络参数矩阵 $\boldsymbol{\Omega}_j^g$ 对局部神经网络模型的第 j 层网络参数矩阵进行冻结，并重新训练得到新的参数矩阵：

$$\{\boldsymbol{\Omega}_{j+1}^k, \cdots, \boldsymbol{\Omega}_c^k\}, \quad k = 1, 2, \cdots, n \tag{3-81}$$

3.12　本章小结

中央服务器优化算法是指在联邦学习中，服务器接收到来自参与方的局部神经网络模型相关参数之后，将所有参数聚合成全局神经网络模型相关参数的算法。不同的中央服务器优化算法的优化方向不同，或提升收敛速度，或提升模型聚合效果，可以根据场景采取不同的中央服务器优化算法。

本章介绍了目前已有的中央服务器优化算法，包括 FedSGD 算法、FedAvg 算法、DP - FedSGD 算法、DP - FedAvg 算法等。现在有非常多的研究人员在这一领域进行探索，希望本章内容可以为读者带来一些启发。

第 4 章 联邦回归算法

机器学习算法具有较高的可解释性，且与深度学习相比，它的参数较少，易于训练，是联邦学习技术的基础。由于联邦学习中通常需要结合密码学方法进行中间参数运算，那么联邦机器学习自然成为了联邦学习领域的第一片“沃土”。目前，联邦机器学习算法主要涵盖联邦回归算法、联邦分类算法、联邦树模型、联邦聚类与推荐算法。

本章首先介绍联邦机器学习算法的定义。然后，针对联邦回归算法，主要从线性回归（Linear Regression）和逻辑回归（Logistic Regression）出发，详细介绍它们是如何在联邦学习框架下工作的。

4.1 联邦机器学习算法的定义

按照底层分布形式的不同，数据可划分为水平型分布数据（Horizontally Partitioned Data）和垂直型分布数据（Vertically Partitioned Data）两类，分别对应横向联邦学习场景和纵向联邦学习场景。联邦机器学习算法正是以上述两种场景为基础，主要分为两大类：横向联邦机器学习和纵向联邦机器学习。

我们假定有两位数据拥有者 A 方和 B 方，他们各自拥有一些有价值的数据，希望通过这些数据进行机器学习的模型训练，从而将其运用在特定的领域。但是，由于各种主观（数据竞争考量等）和客观（法律合规考量等）原因，不能将己方数据传输给任何人。

为了以更直观的形式来解释横向和纵向的区别，假设有一个数据集 X，它等同于 A 方和 B 方各自拥有的数据的集合。其中，假定 m 为数据量，d 为数据特征维度。

4.1.1 水平型分布数据

若 A 方和 B 方分别拥有的数据集 X_A 和 X_B 的分布如图 4-1 所示，这种场景被称为横向联邦学习场景，这种结构被称为水平型数据分布（Horizontal Data Distribution），拥有这种结构的数据通常被称为水平型分布数据。水平型分布数据的数据特征相同，但被描述对象分散。

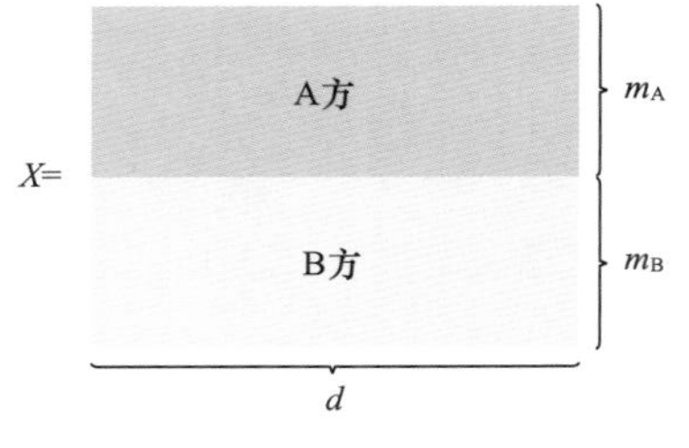

图 4-1 水平型分布数据

水平型数据分布的数据拥有者数量也可以从两个推广至多个。例如，假设每一部手机终端都是联邦学习建模的一个参与者，多台设备一起进行键盘输入的下一词预测模型的联合建模，既解决了数据安全问题，又提升了用户体验。

4.1.2 垂直型分布数据

若 A 方和 B 方分别拥有的数据集 X_A 和 X_B 的分布如图 4-2 所示，这种场景被称为纵向联邦学习场景，这种结构被称为垂直型数据分布（Vertical Data Distribution），拥有这种结构的数据通常被称为垂直型分布数据。垂直型分布数据的被描述对象是相同的，但数据特征分散。

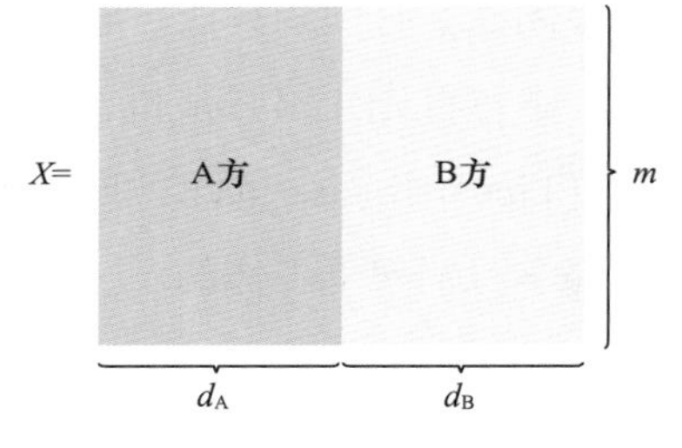

图 4-2 垂直型分布数据

垂直型数据分布的数据拥有者也可以推广至多个。例如，假设采用不同的设备作为联邦学习建模参与者，银行拥有用户的银行流水交易数据，电商平台拥有用户的购买、浏览数据，互联网公司拥有用户的社交喜好数据，多台设备一起进行用户画像建模，可以对用户进行更精准、更细致的分类。

当然，我们也可以尝试从另外一个角度来理解这两种不同的数据分布，水平型分布是以数据的量为维度进行划分，垂直型分布是以数据的特征为维度进行划分。联邦机器学习算法的内容主要是基于这两种分布场景假设。

4.2 线性回归

线性回归[30]是常用的统计学机器学习模型，假设目标值与特征之间线性相关，通过向线性回归模型中输入特征自变量，可以得到目标值的预测结果，用来描述各特征和目标值之间的关系。

通常，线性回归模型可用函数的形式表达：

$$\hat{y}=\omega_1x_1+\omega_2x_2+\cdots+\omega_dx_d+b \tag{4-1}$$

其中，$\hat{y}$ 表示预测值，d 表示特征维度，$x_1,x_2,\cdots,x_d$ 表示在各特征维度上的取值，$\omega_1,\omega_2,\cdots,\omega_d$表示各特征在预测中的重要程度，$b$ 为常数项。

另外，线性回归模型还可用矢量的形式表示：

$$\hat{y}=\boldsymbol{\omega}^{\mathrm{T}}\boldsymbol{x}+b \tag{4-2}$$

其中，$\boldsymbol{x}$ 表示特征矢量，$\boldsymbol{\omega}$ 表示特征重要性矢量，b 为常数项。

对于线性回归模型，一般将损失函数定义为

$$L(\omega,b)=\frac{1}{2m}\sum_{i=1}^{m}(\hat{y}^{(i)}-y^{(i)})^2 \tag{4-3}$$

其中，m 表示样本总数，i 表示样本编号。

对损失函数求导，可得梯度：

$$\nabla L(\omega,b)=\frac{1}{m}\sum_{i=1}^{m}(\boldsymbol{\omega}^{\mathrm{T}}\boldsymbol{x}^{(i)}+b-y^{(k)})\boldsymbol{x}^{(i)} \tag{4-4}$$

在联邦学习中，根据数据分布类型的不同，线性回归可分为横向线性回归（Horizontal Linear Regression）和纵向线性回归（Vertical Linear Regression）两大类。下面具体介绍如何求解这两大类模型。

4.2.1　横向线性回归

横向线性回归是横向联邦学习中－线性回归的简称。在横向线性回归中，一般假设所有参与方所拥有数据的特征矢量描述的内容一致，即各维度所刻画的信息类型相同，但各参与方数据所面向的对象不同，可参照水平型数据分布（见图4－1）。

假设有 n 个参与方（1，2，…，k，…，n），每个参与方拥有一份数据，其中参与者 k 仅知（$X^{(k)}$，$y^{(k)}$）：

$$X=\begin{bmatrix}X^{(1)}\\ \vdots\\ X^{(k)}\\ \vdots\\ X^{(n)}\end{bmatrix}\quad y=\begin{bmatrix}y^{(1)}\\ \vdots\\ y^{(k)}\\ \vdots\\ y^{(n)}\end{bmatrix} \tag{4-5}$$

1. 解析法

线性回归算法中，比较常用的是基于最小二乘法的解析法。在横向线性回归算法中，

可以使用解析法来求得回归模型的精确解（相关参数及含义见表4－1），即

$$\hat{\omega}=(X^{\mathrm{T}}X)^{-1}X^{\mathrm{T}}y \quad (4-6)$$

依据式（4－6），只要能计算出 $X^{\mathrm{T}}X$ 和 $X^{\mathrm{T}}y$，就能得到 $\hat{\omega}$，其中：

$$X^{\mathrm{T}}X=\sum_{k=1}^{n}(X^{(k)})^{\mathrm{T}}X^{(k)} \quad (4-7)$$

$$X^{\mathrm{T}}y=\sum_{k=1}^{n}(X^{(k)})^{\mathrm{T}}y^{(k)} \quad (4-8)$$

式（4－2）和式（4－3）的结果可以采用安全聚合或安全求和方法进行求解。

表4－1　解析法求解横向线性回归模型的参数及含义

参　数	含　义
X	特征集合
y	标签集合
$X^{(k)}$	第 k 个参与方含有的样本特征集
$y^{(k)}$	第 k 个参与方含有的样本标签集
$\hat{\omega}$	包含常数项的预测权重参数

安全聚合法[31]中，存在一个可信任的独立第三方，各参与方算出 $(X^{(k)})^{\mathrm{T}}X^{(k)}$ 和 $(X^{(k)})^{\mathrm{T}}y^{(k)}$ 后，把数据发送给第三方，由第三方进行聚合计算（见图4－3），得到 $X^{\mathrm{T}}X$、$X^{\mathrm{T}}y$ 后，计算出 $\hat{\omega}$。

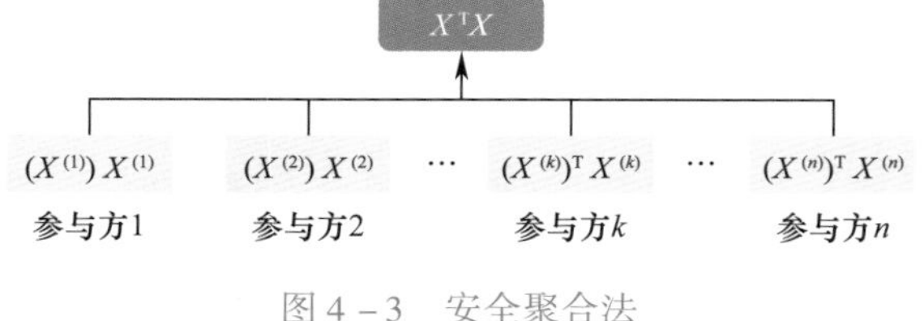

图4－3　安全聚合法

安全求和法中，不需要有独立第三方来进行聚合计算（见图4－4），每个参与方地位平等，利用己方数据分别计算 $(X^{(k)})^{\mathrm{T}}X^{(k)}$、$(X^{(k)})^{\mathrm{T}}y^{(k)}$ 后，排在传递链第一的参与方在其结果上加一随机数，最终结果被回传后减去初始随机数，即可得到 $X^{\mathrm{T}}X$、$X^{\mathrm{T}}y$，进而根据公式（4－6）计算出 $\hat{\omega}$。

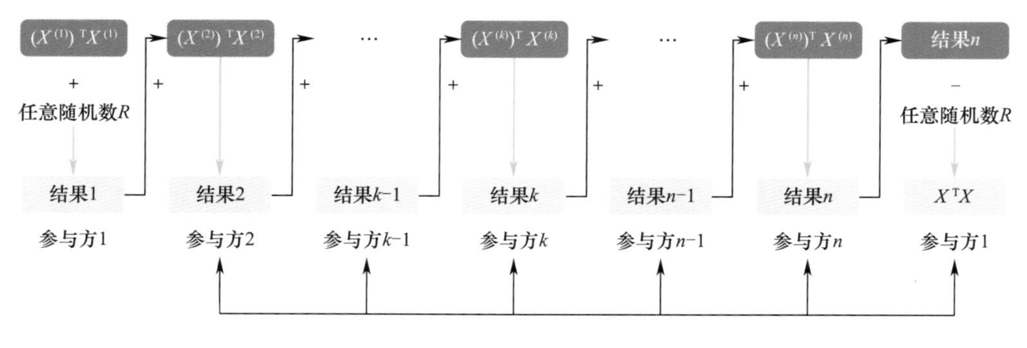

图4－4　安全求和法

2. 梯度下降法

解析法虽然可以通过比较少的计算步骤（并非计算量小）得到模型的精确解，但是对于广义的、多元的线性回归模型以及非线性的问题，求解效率很低，甚至无效。同时，在输入特征较多的情况下，$X^{\mathrm{T}}X$ 求逆更是需要消耗大量的计算资源。

因此，考虑到计算机可以进行大量重复计算，梯度下降法在线性回归模型中也很常见。该方法是通过迭代的方式，不停迭代参数，以求得一组合适的参数值，最终使得模型效果达到预期值。梯度下降法所需的计算量往往小于解析法。

普通梯度下降法一般分为批量梯度下降（Batch Gradient Descent，BGD）法、部分批量梯度下降（Mini－Batch Gradient Descent，MBGD）法和随机梯度下降（Stochastic Gradient Descent，SGD）法3种。

求解横向联邦学习的梯度下降法与普通梯度下降法基本相同。以批量梯度下降法为例（相关参数及含义见表4－2，算法见算法流程4－1），其损失函数为

$$L(\boldsymbol{\omega},b,k)=\frac{1}{2m}\sum_{i=1}^{m_k}(\hat{y}^{(i)}-y^{(i)})^2 \tag{4-9}$$

$$L(\boldsymbol{\omega},b)=\sum_{k=1}^{n}L(\boldsymbol{\omega},b,k) \tag{4-10}$$

其中，m_k 表示第 k 个参与方所拥有的样本数，$\sum_{k=1}^{n}m_k=m$，i 为样本编号。

对其求导后得到梯度：

$$\nabla L(\boldsymbol{\omega},b,k)=\frac{1}{m}\sum_{i=1}^{m_k}(\boldsymbol{\omega}^{\mathrm{T}}\boldsymbol{x}^{(i)}+b-y^{(i)})\boldsymbol{x}^{(i)} \tag{4-11}$$

$$\nabla L(\boldsymbol{\omega},b)=\sum_{k=1}^{n}\nabla L(\boldsymbol{\omega},b,k) \tag{4-12}$$

表4－2 批量梯度下降法求解横向联邦学习的参数及含义

参 数	含 义
$\boldsymbol{\omega}$	特征权重
b	常数项权重
$x^{(i)}$	第 i 个样本的特征集合
$y^{(i)}$	第 i 个样本的标签
$\hat{y}^{(i)}$	第 i 个样本的预测标签
i	样本编号
m	总样本个数
m_k	第 k 个参与方所拥有的样本数
n	参与方个数

续表

参 数	含 义
k	参与方编号
$L(\boldsymbol{\omega},b,k)$	第 k 个参与方的局部损失函数
$L(\boldsymbol{\omega},b)$	全局损失函数

算法流程 4-1 批量梯度下降法求解横向联邦学习

输入： 任意给定初始值 $\boldsymbol{\omega}$ 和 b（所有参与方共享），设置的学习率 α。

输出： $\boldsymbol{\omega}$，b。

循环以下步骤直到 ∇L 小于设定值，或训练达到设定迭代次数：

（1）参与方 k 根据自己的数据根据式（4-11）计算出梯度值；

（2）将该梯度值发送给中央服务器，服务器根据式（4-12）将其聚合后算出总梯度值 $\nabla L(\boldsymbol{\omega},b)$，再依据设置的学习率 α，对参数进行更新：

$$\boldsymbol{\omega} := \boldsymbol{\omega} - \alpha \nabla L(\boldsymbol{\omega},b)$$

如果采用部分批量梯度下降法或随机梯度下降法，则每次取几个样本或者一个样本参与计算，其他流程的实现逻辑相同。

4.2.2 纵向线性回归

纵向联邦学习-线性回归简称纵向线性回归。一般假设所有参与方所拥有数据描述的对象一致，而特征矢量描述的内容不一致，即各维度所刻画的信息类型不同，可参照垂直型数据分布（见图 4-2）。

假设有 n 个参与方（$1,2,\cdots,k,\cdots,n$），每个参与方拥有一份数据，其中第 k 个参与方仅知 $X^{(k)}$，通常标签为一方所有或全部参与方共同享有：

$$X = [X_1 \quad \cdots \quad X_k \quad \cdots \quad X_n] \tag{4-13}$$

注意：实际场景中，标签通常只为一方所拥有。拥有方依据不同隐私保护等级的规定，可以选择对标签进行共享或者不共享，是否共享标签一般只影响到梯度信息聚合时的计算框架，对整体的模型训练没有影响。

1. 解析法

线性回归的方程可写为

$$X^{\mathrm{T}} X_{\boldsymbol{\omega}} = X^{\mathrm{T}} y \tag{4-14}$$

因此采用解析法[32]求解纵向线性回归的参数（相关参数及含义见表4－3），重点在于如何求得纵向数据分布下的X^TX（设为A）及X^Ty（设为b），进而将算法转化为通过求解$A_\omega = b$得到目标$\boldsymbol{\omega}$的解，这样看来，整个问题就简单很多。

表4－3 采用解析法求解纵向线性回归的参数及含义

参 数	含 义
X	特征集合
y	标签集合
X_A	参与方A拥有的样本特征集
X_B	参与方B拥有的样本特征集
$\boldsymbol{\omega}$	包含常数项的权重参数
$\boldsymbol{a}$	参与方A的特征矢量
$\boldsymbol{b}$	参与方B的特征矢量
$\boldsymbol{x}$，$\boldsymbol{y}$	随机矢量
r_A，r_B	随机数

以两个参与方A、B为例，在纵向联邦学习的场景下，我们将A方和B方的数据进行如图4－5所示的划分。

对于X^TX的计算，从图4－6可以看到，$(X_A)^TX_A$和$(X_B)^TX_B$两部分可以用A方和B方各自的数据独立得出，但是$(X_B)^TX_A$和$(X_A)^TX_B$需要利用双方的数据求得，因此求解X^TX的问题需要进一步转化。

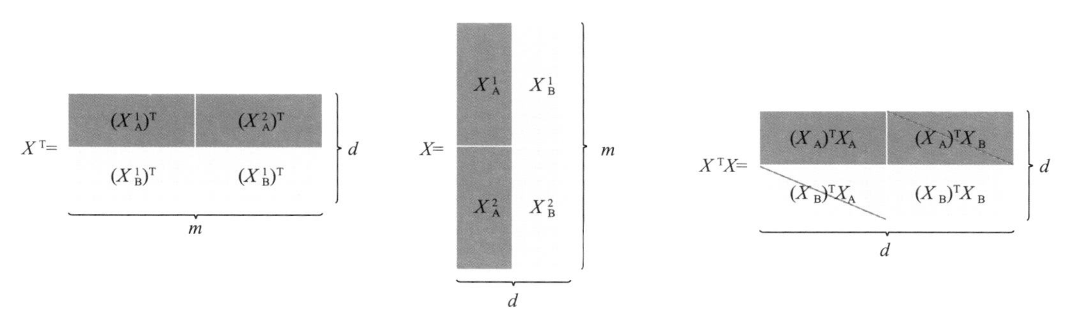

图4－5 A方和B方的数据分布　　图4－6 X^TX的计算

下面介绍一种非常巧妙的方法来求解$(X_B)^TX_A$和$(X_A)^TX_B$，称为安全内积法。

如算法流程4－2所示，其中$\boldsymbol{a}$、$\boldsymbol{b}$为矢量，分别为矩阵中的行和列矢量。其中$\boldsymbol{a}$、$\boldsymbol{b}$可遍历所有行和列矢量，完成对矩阵乘积的计算。

算法流程 4-2 安全内积法

参与方： A、B 以及可信任的第三方 T。

输入： $\boldsymbol{a} \in \mathbf{Z}_q^n$（A 方），$\boldsymbol{b} \in \mathbf{Z}_q^n$（B 方）。

输出： $r_A \in \mathbf{Z}_q$（A 方），$r_B \in \mathbf{Z}_q$（B 方），使得 $r_A + r_B = \langle \boldsymbol{a}, \boldsymbol{b} \rangle$

1. T 生成随机矢量 $\boldsymbol{x}$、$\boldsymbol{y} \in \mathbf{Z}_q^n$ 以及一个随机数 $r \in \mathbf{Z}_q$，且令 $z = \langle \boldsymbol{x}, \boldsymbol{y} \rangle - r$，并将 $(\boldsymbol{x}, r)$ 给 A 方，$(\boldsymbol{y}, z)$ 给 B 方。
2. A 方传 $\boldsymbol{a} + \boldsymbol{x}$ 给 B 方；B 方传 $\boldsymbol{b} - \boldsymbol{y}$ 给 A 方。
3. A 方计算可共享信息 $r_A = \langle \boldsymbol{a}, \boldsymbol{b} - \boldsymbol{y} \rangle - r$。
4. B 方计算可共享信息 $r_B = \langle \boldsymbol{a} + \boldsymbol{x}, \boldsymbol{y} \rangle - z$。

其中证得

$$\begin{aligned} r_A + r_B &= \langle \boldsymbol{a}, \boldsymbol{b} - \boldsymbol{y} \rangle - r + \langle \boldsymbol{a} + \boldsymbol{x}, \boldsymbol{y} \rangle - (\langle \boldsymbol{x}, \boldsymbol{y} \rangle - r) \\ &= \langle \boldsymbol{a}, \boldsymbol{b} \rangle - \langle \boldsymbol{a}, \boldsymbol{y} \rangle - r + \langle \boldsymbol{a}, \boldsymbol{y} \rangle + \langle \boldsymbol{x}, \boldsymbol{y} \rangle - \langle \boldsymbol{x}, \boldsymbol{y} \rangle + r \\ &= \langle \boldsymbol{a}, \boldsymbol{b} \rangle \end{aligned} \tag{4-15}$$

按以上方法完成对 $X^{\mathrm{T}}X$ 的求解后，接下来可对 $\boldsymbol{\omega}$ 进行求解：

$$X^{\mathrm{T}}X\boldsymbol{\omega} = X^{\mathrm{T}}y \rightarrow A\boldsymbol{\omega} = b \tag{4-16}$$

$$A = X^{\mathrm{T}}X,\ b = X^{\mathrm{T}}y$$

至此，求解 $\boldsymbol{\omega}$ 转化为求解方程组 $A\boldsymbol{\omega} = b$，具体方式可参见附录 A ~ 附录 C。

2. 梯度下降法

纵向线性回归的梯度下降法与横向线性回归的梯度下降法类似，相关参数及含义见表 4-4。

表 4-4 用梯度下降法求解纵向线性回归的参数及含义

参 数	含 义
X_A	参与方 A 拥有的样本特征集
X_B	参与方 B 拥有的样本特征集
y	标签集合
$\boldsymbol{\omega}$	包含常数项的权重参数
$x^{(i)}$	第 i 个样本特征
$y^{(i)}$	第 i 个样本标签
$x_A^{(i)}$	参与方 A 的第 i 个样本特征
$x_B^{(i)}$	参与方 B 的第 i 个样本特征
m	样本个数

损失函数为

$$l(\boldsymbol{\omega})=\frac{1}{2m}\sum_{i=1}^{m}(x^{(i)}\cdot\boldsymbol{\omega}-y^{(i)})^2 \tag{4-17}$$

梯度为

$$\nabla l(\boldsymbol{\omega})=\frac{1}{m}\sum_{i=1}^{m}(x^{(i)}\cdot\boldsymbol{\omega}-y^{(i)})x^{(i)} \tag{4-18}$$

以两个参与方A、B为例，在纵向联邦学习的场景下，将A方和B方的数据进行划分：$X=[X_A,X_B]$，且只有A方拥有标签信息y。因此，有

$$\nabla l(\boldsymbol{\omega})=\begin{bmatrix}\frac{1}{m}\sum_{i=1}^{m}(x_A^{(i)}\cdot\boldsymbol{\omega}_A+x_B^{(i)}\cdot\boldsymbol{\omega}_B-y^{(i)})x_A^{(i)}\\ \frac{1}{m}\sum_{i=1}^{m}(x_A^{(i)}\cdot\boldsymbol{\omega}_A+x_B^{(i)}\cdot\boldsymbol{\omega}_B-y^{(i)})x_B^{(i)}\end{bmatrix} \tag{4-19}$$

算法流程4-3　纵向线性回归的梯度下降法

输入：任意给定初始值$\boldsymbol{\omega}$（所有参与方共享），设置的学习率α。

输出：$\boldsymbol{\omega}$。

循环以下步骤直到∇L小于设定值，或训练达到设定迭代次数。

（1）A方计算$(x_A^{(i)}\cdot\boldsymbol{\omega}_A-y^{(i)})\rightarrow$B方$(i=1,\cdots,m)$。

（2）B方计算$z_B^{(i)}=((x_A^{(i)}\cdot\boldsymbol{\omega}_A-y^{(i)})+x_B^{(i)}\cdot\boldsymbol{\omega}_B)x_B^{(i)}$，并将$z_B=\frac{1}{m}\sum_{i=1}^{m}z_B^{(i)}\rightarrow$C方，计算$(x_A^{(i)}\cdot\boldsymbol{\omega}_A-y^{(i)})+x_B^{(i)}\cdot\boldsymbol{\omega}_B)\rightarrow$A方$(i=1,\cdots,m)$。

（3）A方计算$z_A^{(i)}=((x_A^{(i)}\cdot\boldsymbol{\omega}_A-y^{(i)})+x_B^{(i)}\cdot\boldsymbol{\omega}_B)x_A^{(i)}$，并将$z_A=\frac{1}{m}\sum_{i=1}^{m}z_A^{(i)}\rightarrow$C方。

（4）C方对z_A、z_B进行列拼接，即为$\nabla l(\boldsymbol{\omega})$，更新$\boldsymbol{\omega}\leftarrow\boldsymbol{\omega}-\alpha\nabla l(\boldsymbol{\omega})$，将$\boldsymbol{\omega}$发放给A方、B方。

以上为利用所有样本进行梯度计算的流程，若为SGD算法，或Mini-BGD算法，则每次迭代随机选取一个样本或者小批量样本进行迭代即可。

3. 鲍威尔优化法

鲍威尔优化法（Powell's Method）是利用共轭方向的概念和性质逐次构造共轭方向，并以此作为搜索方向的一种算法。它的基本思想是在求n维正定二次目标函数极小点时产生一组共轭方向作为搜索方向。在精确线搜索条件下应用该方法，至多n步就能求出极小点。鲍威尔优化算法的参数及含义见表4-5。

表4-5　鲍威尔优化算法的参数及含义

参　数	含　义
X	特征集合
y	标签集合

续表

参 数	含 义
$\boldsymbol{\omega}$	包含常数项的权重参数
n	参与方个数
I_k	第 k 个参与方拥有的特征序号
X_{I_k}	第 k 个参与方拥有的特征
d_k	第 k 个参与方拥有的特征维数
d	参数 $\boldsymbol{\omega}$ 的总维数
A_k	第 k 个参与方
$\boldsymbol{s}^{(r)}$	第 r 个维度的方向矢量
$\boldsymbol{s}_{I_k}^{(r)}$	第 r 个维度方向矢量的第I_k 个分量
z	残差项
w	特征矢量与方向矢量的矩阵乘积
δ	迭代最优步长

下面首先介绍常规情形下的鲍威尔优化算法[33]，如算法流程 4－4 所示。若求解 $\arg\min\limits_{\boldsymbol{\omega}\in\mathbf{R}^d} f(\boldsymbol{\omega})$，$f(\boldsymbol{\omega})=(y-X\boldsymbol{\omega})^{\mathrm{T}}(y-X\boldsymbol{\omega})$，此时 $\boldsymbol{\omega}$ 为 d 维矢量。

算法流程 4－4　常规情形下的鲍威尔优化算法

输入： X、y，并选取 $\boldsymbol{S}=(\boldsymbol{s}^{(1)},\boldsymbol{s}^{(2)},\cdots,\boldsymbol{s}^{(d)})=(\boldsymbol{e}_1,\boldsymbol{e}_2,\cdots,\boldsymbol{e}_d)$为初始值，即采用 d 维基矢量（任意正交矢量即可）；任意给定初始值 $\tilde{\boldsymbol{\omega}}$。

输出： $\boldsymbol{\omega}$。

循环以下步骤 d 次：

令 $\omega\leftarrow\tilde{\omega}$。

遍历 $r=1,2,\cdots,d$：

寻找最小化$f(\boldsymbol{\omega}+\delta\boldsymbol{s}^{(r)})$ 的 δ：

$$\delta=\frac{(y-X\boldsymbol{\omega})^{\mathrm{T}}X\boldsymbol{s}^{(r)}}{(X\boldsymbol{s}^{(r)})^{\mathrm{T}}X\boldsymbol{s}^{(r)}}$$

令 $\boldsymbol{\omega}\leftarrow\boldsymbol{\omega}+\delta\boldsymbol{s}^{(r)}$。

遍历 $r=1,2,\cdots,(d-1)$：

令 $\boldsymbol{s}^{(r)}\leftarrow\boldsymbol{s}^{(r+1)}$；

令 $\boldsymbol{s}^{(d)}\leftarrow\boldsymbol{\omega}-\tilde{\boldsymbol{\omega}}$；

寻找最小化$f(\boldsymbol{\omega}+\delta\boldsymbol{s}^{(r)})$的 δ；

令 $\boldsymbol{\omega}\leftarrow\boldsymbol{\omega}+\delta\boldsymbol{s}^{(d)}$。

考虑多个参与方联合训练逻辑回归模型的情况，由于算法流程 4-4 中需要计算 $\delta = \frac{(y - X\boldsymbol{\omega})^{\mathrm{T}} X\boldsymbol{s}^{(r)}}{(X\boldsymbol{s}^{(r)})^{\mathrm{T}} X\boldsymbol{s}^{(r)}}$，因此采用了安全求和算法。接下来，首先介绍安全求和算法，然后介绍纵向场景下的鲍威尔优化方法。

（1）安全求和算法

考虑 n 个参与方的情况（$n>2$），每个参与方 k 有值v_k，并且最终希望计算 $v=\sum_{k=1}^{n} v_k$。选取一个很大的数 M，并且有 v 在 $[0,M]$ 范围内，假设参与方 1 为主导方，则剩下的标为 $2,\cdots,n$。

参与方 1 在 $[0,M]$ 间生成一个随机数 R，并将 $s_1=(R+v_1) \bmod M$ 传给参与方 2。

由此类推，对于每个参与方$(2,\cdots,n-1)$，接收到的和为

$$s_{k-1} = (R + \sum_{s=1}^{k-1} v_s) \bmod M \tag{4-20}$$

传到下一个参与方的值为

$$s_k = (s_{k-1} + v_k) \bmod M$$

最终，参与方 n 将 s_n 传回给参与方 1，并由于参与方 1 拥有 R 的值，因此最终可算出

$$v = \sum_{k=1}^{n} v_k = (s_n - R) \bmod M \tag{4-21}$$

（2）纵向场景下的鲍威尔优化方法

令I_k 为第 k 个参与方拥有的特征序号，d_k 为第 k 个参与方拥有的特征维数，d 代表参数 $\boldsymbol{\omega}$ 的总维数。举例说明如下，若有 3 个参与方参与（即 $n=3$），且参与方 A_1 拥有 X_1、X_2、X_3，A_2 拥有 X_4、X_5、X_6，A_3拥有 X_7、X_8、X_9，则 $d_1=d_2=d_3=3$，$I_1=\{1,2,3\}$，$I_2=\{4,5,6\}$，$I_3=\{7,8,9\}$，因此 $d=9$，代表有 9 个参数需求解。

如算法流程 4-5 所示，求解$\arg\min\limits_{\boldsymbol{\omega} \in \mathbf{R}^d} (y - X\boldsymbol{\omega})^{\mathrm{T}} (y - X\boldsymbol{\omega})$，即此时 $\boldsymbol{\omega}$ 为 d 维矢量。

算法流程 4-5　纵向场景下的鲍威尔优化算法

输入： 每个参与方 A_k 输入自身的 X_{I_k}、y，每个 A_k 任意选取正交基$R^{d_k}:\{\boldsymbol{v}^{(r)}\}_{r \in I_k}$，令 $\boldsymbol{s}_{I_k}^{(r)} = \boldsymbol{v}^{(r)}$，$\boldsymbol{s}_l^{(r)} = 0 (l \notin I_k)$每个 A_k 任意选取$\tilde{\omega}_{I_k}$，因此初始值为 $\tilde{\boldsymbol{\omega}} = (\tilde{\omega}_{I_1}, \tilde{\omega}_{I_2}, \cdots, \tilde{\omega}_{I_n}) \in \mathbf{R}^d$。实际上，$A_k$ 只知道每次 $\boldsymbol{s}^{(r)} \in \mathbf{R}^d (r=1,\cdots,d)$ 中的 $\boldsymbol{s}_{I_k}^{(r)}$，即 $\boldsymbol{s}^{(r)}$ 中的第I_k 个分量。

输出： $\boldsymbol{\omega}$。

循环 d 次：

每个 A_k 令 $\omega_{I_k} \leftarrow \tilde{\omega}_{I_k}$。

遍历 $r=1, 2, \cdots, d$：

（1）每个 A_k 计算 $X_{I_k}\omega_{I_k}$以及 $X_{I_k}\boldsymbol{s}_{I_k}^{(r)}$。

（2）采用安全求和方法求得$\sum_{k=1}^{n} X_{I_k}\omega_{I_k}$和$\sum_{k=1}^{n} X_{I_k}\boldsymbol{s}_{I_k}^{(r)}$，从而得

$$z = y - X\omega = y - \sum_{k=1}^{n} X_{I_k}\omega_{I_k}$$

$$w = X\boldsymbol{s}^{(r)} = \sum_{k=1}^{n} X_{I_k}\boldsymbol{s}_{I_k}^{(r)}$$

（3）所有参与方计算$\delta = z^{\mathrm{T}}w/w^{\mathrm{T}}w$。

注：与（2）同，当第一次循环时，仅由A_r计算并分发给其他参与方。

（4）每个A_k进行更新：$\omega_{I_k} \leftarrow \omega_{I_k} + \delta \cdot \boldsymbol{s}_{I_k}^{(r)}$。

遍历$r = 1,2,\cdots,d-1$：

每个A_k更新$\boldsymbol{s}_{I_k}^{(r)} \leftarrow \boldsymbol{s}_{I_k}^{(r+1)}$。

每个A_k更新$\boldsymbol{s}_{I_k}^{(d)} \leftarrow \omega_{I_k} - \tilde{\omega}_{I_k}$。

重复以上步骤，计算z、w、δ，且每个A_k更新$\omega_{I_k} \leftarrow \omega_{I_k} + \delta \cdot \boldsymbol{s}_{I_k}^{(d)}$。

4.3 逻辑回归

线性回归是常用的统计学机器学习模型，但它无法解决分类问题。例如，二分类任务的输出标签$y \in \{0, 1\}$，而线性回归模型产生的预测值$\hat{y} = \boldsymbol{\omega}^{\mathrm{T}}\boldsymbol{x} + b$是实值，因此需要将实值$\hat{y}$转换为0/1值。对于这种情况，可考虑采用单调可微的Sigmoid函数，将$\hat{y}$转换为一个接近0或1的y值。

用函数的形式，通常可表达为

$$\hat{y} = \frac{1}{1 + \exp(-\omega_1 x_1 + \omega_2 x_2 + \cdots + \omega_d x_d)} \tag{4-22}$$

其中，d表示特征维数；x_1，x_2，…，x_d表示在各特征维度上的取值；ω_1，ω_2，…，ω_d表示各特征在预测中的重要程度。为了简化说明，$\boldsymbol{\omega}$包含常数项。

用矢量的形式，可表示为

$$\hat{y} = \frac{1}{1 + \exp(-\boldsymbol{\omega}^{\mathrm{T}}\boldsymbol{x})} \tag{4-23}$$

其中，$\hat{y}$为预测值，$\boldsymbol{x}$为特征矢量，$\boldsymbol{\omega}$为特征重要性矢量，最终输出概率为

$$\Pr(Y = y \mid \boldsymbol{x}, \boldsymbol{\omega}) = \frac{1}{1 + \exp(-y\boldsymbol{\omega}^{\mathrm{T}}\boldsymbol{x})} \tag{4-24}$$

对于逻辑回归模型，由于$y \in \{0,1\}$的损失函数较为复杂，一般将标签相应地转化为$y \in \{-1,1\}$，损失函数如下：

$$L(\boldsymbol{\omega}) = -\frac{1}{m}\sum_{i=1}^{m} \log(1 + \exp(-y^{(i)}\boldsymbol{\omega}^{\mathrm{T}}x^{(i)})) \tag{4-25}$$

其中，m 表示样本总数，i 表示样本编号。

对损失函数求导可得梯度，写为

$$\nabla L(\boldsymbol{\omega}) = -\frac{1}{m}\sum_{i=1}^{m}\left(1-\frac{1}{1+\exp(-y^{(i)}\boldsymbol{\omega}^{\mathrm{T}}x^{(i)})}\right)y^{(i)}x^{(i)} \tag{4-26}$$

在联邦学习中，根据数据分布类型的不同，逻辑回归可分为横向逻辑回归（Horizontal Logistic Regression）和纵向逻辑回归（Vertical Logistic Regression）两大类。下面详细介绍如何求解这两大类模型。

4.3.1 横向逻辑回归

横向逻辑回归[34]是横向联邦学习-逻辑回归的简称。在横向逻辑回归中，首先假设所有参与方拥有数据的特征矢量，且描述的内容一致，即 $\boldsymbol{x}$ 的维数、各维度所映射的信息类型相同，而各方数据所对应的参与方不同。

假设有 n 个参与方（$1,2,\cdots,k,\cdots,n$），每个参与方拥有 m_k 个样本，其中参与方 k 仅知（X_k,y_k），即

$$X=\begin{bmatrix}X_1\\ \vdots\\ X_k\\ \vdots\\ X_n\end{bmatrix}\quad y=\begin{bmatrix}y_1\\ \vdots\\ y_k\\ \vdots\\ y_n\end{bmatrix} \tag{4-27}$$

横向逻辑回归的参数及含义见表4-6，总体框架如图4-7所示。

表4-6 横向逻辑回归的参数及含义

参数	含义
X_k	第 k 个参与方所含样本特征
y_k	第 k 个参与方所含样本标签
m	样本数量
m_k	第 k 个参与方拥有的样本数量
n	参与方个数
$\boldsymbol{\omega}$	包含常数项的权重参数
b_k	第 k 个参与方的本地噪声
$\bar{\boldsymbol{H}}_k$	第 k 个参与方的本地固定对角黑塞矩阵（Hessian Matrix）
λ	正则化参数

续表

参　数	含　义
ε	差分隐私误差
l	迭代次数
g_k	第 k 个参与方的本地梯度
$\mathbf{ct}_{\mathrm{D}}$	全局更新对角黑塞矩阵
$\mathrm{ct}_{\mathrm{GD}}$	加密后的梯度更新信息
ct_{ω}、ct_{θ}	加密后的模型参数
$\boldsymbol{V}_k$	第 k 个参与方拥有的本地矢量
c_k	第 k 个参与方拥有的本地常数
$\boldsymbol{W}$	全局矢量

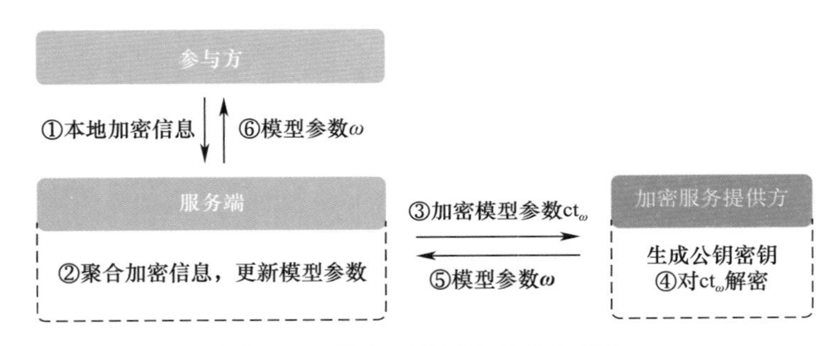

图 4－7　横向逻辑回归的总体框架

利用上述参与方样本设定，能够构建有横向逻辑回归的数学模型，其中，为了求解逻辑回归模型的最优化参数，可以采用牛顿法，令带惩罚项的逻辑回归损失函数为

$$l(\boldsymbol{\omega}) = -\frac{1}{m}\sum_{i=1}^{m}\log(1+\exp(-y^{(i)}\boldsymbol{\omega}^{\mathrm{T}}x^{(i)})) + \frac{\lambda}{2}\boldsymbol{\omega}^{\mathrm{T}}\boldsymbol{\omega} \tag{4-28}$$

其中，$y\in\{-1,1\}$。

根据牛顿法的定义，得第 t 次迭代的公式如下：

$$\boldsymbol{\omega}^{t+1} = \boldsymbol{\omega}^{t} - (l''(\boldsymbol{\omega}^{t}))^{-1}l'(\boldsymbol{\omega}^{t}) \tag{4-29}$$

其中，

$$l'(\omega^t) = \frac{1}{m}\sum_{i}\left(1-\frac{1}{1+\exp(-y^{(i)}(\omega^t)^{\mathrm{T}}x^{(i)})}\right)y^{(i)}x^{(i)} + \lambda\omega^t$$

$$= \frac{1}{m}X^{\mathrm{T}}(y-\boldsymbol{\mu}^t) + \lambda\omega^t$$

$$l''(\omega^t) = -\frac{1}{m}\sum_{i}\left(1-\frac{1}{1+\exp(-y^{(i)}(\omega^t)^{\mathrm{T}}x^{(i)})}\right)\frac{1}{1+\exp(-y^{(i)}(\omega^t)^{\mathrm{T}}x^{(i)})}y^{(i)}x^{(i)})^2 + \lambda$$

$$= -\frac{1}{m}X^{\mathrm{T}}\boldsymbol{R}^{t}X + \lambda \boldsymbol{I}'$$

其中，$\mu^{t} = \frac{y}{1+\exp\left(-y\left(\omega^{t}\right)^{\mathrm{T}}x\right)}$；$\boldsymbol{R}^{t}$ 为 $n \times n$ 阶对角矩阵，对角线元素为 $\Pr(Y=1 \mid x_i, \omega^{t}) \cdot \Pr(Y=-1 \mid x_i, \omega^{t})$，$\Pr(Y=y \mid \boldsymbol{x}, \boldsymbol{\omega}) = \frac{1}{1+\exp(-y\boldsymbol{\omega}^{\mathrm{T}}\boldsymbol{x})}$。

总的损失函数可分为 n 个参与方各部分损失之和（$\sum_{k=1}^{n} m_k = m$）：

$$l(\boldsymbol{\omega}) = -\frac{1}{m}\sum_{k=1}^{n}\sum_{i=1}^{m_k}\log(1+\exp(-y^{(i)}\boldsymbol{\omega}^{\mathrm{T}}x^{(i)})) + \frac{\lambda}{2}\boldsymbol{\omega}^{\mathrm{T}}\boldsymbol{\omega} \tag{4-30}$$

一阶导和二阶导同样可转化为 n 个参与方的一阶导与二阶导之和：

$$l'(\omega^{t}) = \frac{1}{m}\sum_{k=1}^{n}\left(X_k^{\mathrm{T}}(y_k - \mu_k^{t}) + \frac{\lambda}{n}\omega^{t}\right)$$

$$l''(\omega^{t}) = -\frac{1}{m}\sum_{k=1}^{n}\left(X_k^{\mathrm{T}}\boldsymbol{R}_k^{t}X_k - \frac{\lambda}{n}\boldsymbol{I}'\right) \tag{4-31}$$

其中，μ_k^{t}、$\boldsymbol{R}_k^{t}$ 为第 k 个参与方利用本地数据计算的μ^{t} 和 $\boldsymbol{R}^{t}$。

为了进一步提高隐私性，采用差分隐私方法，每个参与方都产生一个拉普拉斯扰动 $b_k \in \mathbf{R}^{d\times 1}$，则总的损失函数加上对 $\boldsymbol{\omega}$ 的噪声 $b \in \mathbf{R}^{d\times 1}$，其中 b 可由 n 个本地噪声$b_k(k=1,\cdots,n)$聚合而成，即 $b=\sum_{k=1}^{n} b_k$。因此，加入差分扰动后的总损失函数为

$$l(\boldsymbol{\omega}) = -\frac{1}{m}\sum_{k=1}^{n}\sum_{i=1}^{m_k}\log(1+\exp(-y^{(i)}\boldsymbol{\omega}^{\mathrm{T}}x^{(i)})) + \frac{\lambda}{2}\boldsymbol{\omega}^{\mathrm{T}}\boldsymbol{\omega} + \frac{b^{\mathrm{T}}\boldsymbol{\omega}}{m} \tag{4-32}$$

采用分布式计算，一阶导与二阶导可转化为 n 个参与方相应导数之和：

$$l'(\omega^{t}) = X^{\mathrm{T}}(y-\mu^{t}) + \lambda\omega^{t} + \frac{b}{n} = \sum_{k=1}^{n}\left(\frac{1}{m}X_k^{\mathrm{T}}(y_k - \mu_k^{t} + \frac{\lambda}{n}\omega^{t}) + \frac{b_k}{m}\right)$$

$$l''(\omega^{t}) = -X^{\mathrm{T}}\boldsymbol{R}^{t}X + \lambda\boldsymbol{I}' = \frac{1}{m}\sum_{k=1}^{n}\left(-X_k^{\mathrm{T}}\boldsymbol{R}_k^{t}X_k + \frac{\lambda}{n}\boldsymbol{I}\right) \tag{4-33}$$

因此，接下来就是联合 n 个参与方采用牛顿法对 $\boldsymbol{\omega}$ 进行迭代求解。下面介绍两种迭代求解的二阶导近似方法。

（1）固定对角黑塞法

为了使牛顿法加速，第一种方法采用固定的矩阵 $\bar{\boldsymbol{H}}$ 来近似黑塞矩阵（二阶导矩阵），称为固定对角黑塞（Fixed Diagonal Hessian，F-SPLR）法。由于目标函数由似然函数组成，F-SPLR 法选取如下对角阵来近似黑塞矩阵：

$$l''(\omega^{t}) = \frac{1}{m}\sum_{k=1}^{n}\bar{\boldsymbol{H}}_k = \frac{1}{m}\sum_{k=1}^{n}\mathrm{diag}\left(-\frac{1}{4}X_k^{\mathrm{T}}X_k + \frac{\lambda}{n}\boldsymbol{I}\right) \tag{4-34}$$

同时，由于采用 F－SPLR 法计算期间不含参数 ω^{t}，因此不需要进行迭代，只需求逆

一次即可，且由于对对角阵求逆较容易，因此大大提高了计算效率。但需要注意的是，该方法需要黑塞矩阵对角占优，即矩阵主对角线元素的绝对值大于同行或同列其他元素的绝对值之和，因此它依赖于 λ 的设定，稳定性较弱。

算法流程 4-6 F-SPLR 法

输入：初始化 $\omega^0=0$，正则化参数 λ，差分隐私误差 ε，迭代次数 l。

输出：权重参数 $\boldsymbol{\omega}$。

相关方：参与方、中央服务器、加密服务提供方。

[**加密服务提供方**]

生成密钥：用于加密、解密和同态计算。

[**参与方**]

对每个参与方 $k=1,\cdots,n$：

生成本地随机噪声 b_k；

计算本地固定对角黑塞矩阵 $\widetilde{\boldsymbol{H}}_k=\frac{1}{m}\mathrm{diag}\left(-\frac{1}{4}X_k{}^{\mathrm{T}}X_k+\frac{\lambda}{n}\boldsymbol{I}\right)$，并将其加密为 $\mathrm{Enc}(\widetilde{\boldsymbol{H}}_k)$ 后，传输给中央服务器；

加密并传输 $\mathrm{Enc}(m_k)$ 给中央服务器，其中 m_k 为每个参与方本地拥有的样本数量；

结束循环。

[**中央服务器**]

聚合本地的固定对角黑塞矩阵 $\widetilde{\boldsymbol{H}}_k$ 信息，并对全局对角黑塞矩阵求逆：$\mathrm{Inv}(\sum_{k=1}^{n}\mathrm{Enc}(\widetilde{\boldsymbol{H}}_k))$

聚合本地的样本数量并传输 $\sum_{k=1}^{n}\mathrm{Enc}(m_k)$ 给加密服务提供方端。

[**加密服务提供方**]

解密全局样本数量 $m\leftarrow\sum_{k=1}^{n}\mathrm{Enc}(m_k)$，并分发给每个参与方。

循环 $t=0,\cdots,l-1$：

[**参与方**]

对每个参与方 $k=1,\cdots,n$：

利用本地噪声 b_k 计算本地梯度 $g_k=\frac{1}{m}\left[X_k^{\mathrm{T}}\left(y_k-\mu_k^t+\frac{\lambda}{K}\omega^t\right)+b_k\right]$，并加密为 $\mathrm{Enc}(g_k)$ 后，传输给中央服务器。

循环结束。

[**中央服务器**]

聚合本地更新梯度 $\sum_{k=1}^{n}\mathrm{Enc}(g_k)$。

将全局梯度与黑塞矩阵逆相乘：$\mathrm{ct}_{\mathrm{GD}}\leftarrow\mathrm{Inv}(\sum_{k=1}^{n}\mathrm{Enc}(\widetilde{\boldsymbol{H}}_k))\cdot\sum_{k=1}^{n}\mathrm{Enc}(g_k)$。

更新加密后的模型参数，并将其发送给加密服务提供方：$ct_{\omega^{t+1}} \leftarrow \mathrm{Enc}(\omega^{t}) - ct_{GD}$。

［加密服务提供方］

对 $ct_{\omega^{t+1}}$ 进行解密，并将更新后的模型参数 ω^{t+1} 以及 $\mathrm{Enc}(\omega^{t+1})$ 发送给中央服务器。

［中央服务器］

发送更新后的参数给参与方。

循环结束。

返回 ω^{l}（最后收敛的参数估计）。

（2）更新的对角黑塞法

第二种迭代求解 $\boldsymbol{\omega}$ 的二阶导近似方法是利用拟柯西关系，通过引入对角更新方法来近似对角黑塞矩阵，形成近似的对角矩阵，称为更新的对角黑塞（Updated Diagonal Hessian，U-SPLR）法。它是两个对角矩阵之和，第一个对角矩阵带有部分黑塞矩阵的信息，而第二个对角矩阵为正定对角矩阵。由于这种方法在每次迭代时会更新矩阵，因此对参数 λ 的选择更加稳健，但相对而言计算效率较低。

令 tr（·）代表矩阵的迹，$\boldsymbol{\Psi}$ 代表正定对角矩阵。近似的对角矩阵 $\boldsymbol{D}$ 的更新公式如下：

$$\begin{aligned}\boldsymbol{D}_{t+1} &= \boldsymbol{\Psi} + \left(\theta_t \boldsymbol{U} + \frac{s_t^{\mathrm{T}} u_t - s_t^{\mathrm{T}} \boldsymbol{\Psi}_{s_t} - \theta_t s_t^{\mathrm{T}} s_t}{\mathrm{tr}(E_t^2)} E_t\right) \\ &= \boldsymbol{\Psi} + \frac{s_t^{\mathrm{T}} u_t - s_t^{\mathrm{T}} \boldsymbol{\Psi}_{s_t}}{\mathrm{tr}(E_t^2)} E_t - \theta_t \cdot \left(\frac{s_t^{\mathrm{T}} s_t}{\mathrm{tr}(E_t^2)} E_t - \boldsymbol{I}\right) \\ &= \sum\nolimits_{k=1}^{K} V_{tk} - \theta_t \cdot \boldsymbol{W}_t \end{aligned} \tag{4-35}$$

其中，t 表示迭代次数，

$$s_t = \omega^{t+1} - \omega^{t}$$

$$\begin{aligned} u_t &= \frac{1}{m} \sum\nolimits_k u_{tk} \\ &= \frac{1}{m} \sum_k \left(X_k^{\mathrm{T}}[y_k - \mu_k^{t+1}] + \frac{\lambda}{n} \omega^{t+1}\right) - \frac{1}{m} \sum_k \left(X_k^{\mathrm{T}}[y_k - \mu_k^{t}] + \frac{\lambda}{n} \omega^{t}\right) \end{aligned}$$

$$E_t = \mathrm{diag}(s_{t,1}^2, \cdots, s_{t,d}^2)$$

$$V_{tk} = \frac{\boldsymbol{\Psi}}{K} + \frac{s_t^{\mathrm{T}} u_{tk}}{\mathrm{tr}(E_t^2)} E_t - \frac{s_t^{\mathrm{T}} \boldsymbol{\Psi}_{s_t}}{K \cdot \mathrm{tr}(E_t^2)} E_t$$

$$\boldsymbol{W}_t = \frac{s_t^{\mathrm{T}} s_t}{\mathrm{tr}(E_t^2)} E_t - \boldsymbol{I}$$

其中，$s_{t,i}$为 s_t 的第 i 个分量。另外，由于保持正定性后续求解非线性优化问题（如果采用拟牛顿方法，可加速联邦学习中逻辑回归计算的收敛速度）至关重要，因此 θ_t 要选取得足够合适。

对于 θ_t 的选取，有以下定理：假设对所有 t 均有 $s_t \neq 0$，若 $\theta_t = \min\left\{1, \frac{s_t^{\mathrm{T}} u_t - s_t^{\mathrm{T}} \boldsymbol{\Psi}_{s_t}}{s_t^{\mathrm{T}} s_t}\right\}$，则 $\boldsymbol{D}_t$ 是正定的。

令 $c_t = \frac{s_t^{\mathrm{T}} u_t - s_t^{\mathrm{T}} \boldsymbol{\Psi}_{s_t}}{s_t^{\mathrm{T}} s_t}$，为了使 c_t 能够分布式计算，进一步令 $c_t = \sum_k c_{tk}$，其中

$$c_{tk} = \frac{s_t^{\mathrm{T}} u_{tk}}{s_t^{\mathrm{T}} s_t} - \frac{s_t^{\mathrm{T}} \boldsymbol{\Psi}_{s_t}}{K \cdot s_t^{\mathrm{T}} s_t}$$

因此，期望常数 $\theta = \min\{1, \sum_k c_k\}$，保证了更新近似的对角矩阵的正定性。

算法流程 4-7　U-SPLR 法

输入：初始化 $\omega^0 = 0$，正则化参数 λ，差分隐私误差 ε，迭代次数 l。

输出：权重参数 $\boldsymbol{\omega}$。

相关方：参与方、中央服务器、加密服务提供方。

[加密服务提供方]

生成密钥：用于加密解密和同态计算。

[参与方]

对每个参与方 $k = 1, \cdots, n$：

　　生成本地随机噪声 b_k；

　　加密并传输 $\mathrm{Enc}(m_k)$ 给中央服务器，其中 m_k 为每个参与方本地拥有的样本数量。

循环结束。

[中央服务器]

聚合本地样本数量，并将 $\sum_k \mathrm{Enc}(m_k)$ 传输给加密服务提供方。

[加密服务提供方]

解密全局样本数量 $m \leftarrow \mathrm{Dec}(\sum_k \mathrm{Enc}(m_k))$，并分发给每个参与方。

循环 $t = 0, \cdots, l-1$：

　　[参与方]

　　遍历每个参与方 $k = 1, \cdots, n$：

　　利用本地噪声 b_k 计算本地梯度 $g_k = \frac{1}{m}\left[X_k^{\mathrm{T}}(y_k - \mu_k^t + \frac{\lambda}{K}\omega^t) + b_k\right]$，计算本地矢量 $\boldsymbol{V}_k$ 以及本地常数 c_k，并加密为 $\mathrm{Enc}(g_k)$、$\mathrm{Enc}(\boldsymbol{V}_k)$、$\mathrm{Enc}(c_k)$ 传输给中央服务器。

end for

[中央服务器]

计算使更新近似对角黑塞矩阵保持正定性的加密常数：

ct_θ←COMPTHETA(Enc(c_k))（具体见算法流程4-8）;

聚合本地矢量$\sum_k \text{Enc}(\boldsymbol{V}_k)$;

计算全局矢量$\boldsymbol{W}=\frac{s_t^{\mathrm{T}}s_t}{\text{tr}(E_t^2)}E_t-\boldsymbol{I}$;

计算全局更新的对角黑塞矩阵，即$ct_D \leftarrow \sum_k \text{Enc}(\boldsymbol{V}_k)-ct_\theta \boldsymbol{W}$;

对全局更新的对角黑塞矩阵求逆，即Inv(ct_D);

聚合本地更新的梯度信息，即$\sum_k \text{Enc}(g_k)$;

将全局梯度与对角黑塞矩阵的逆相乘，即$ct_{GD} \leftarrow \text{Inv}(ct_D) \cdot \sum_k \text{Enc}(g_k)$;

更新加密后的模型参数并将其发送给加密服务提供方，即$ct_{\omega^{t+1}} \leftarrow \text{Enc}(\boldsymbol{\omega}^t)-ct_{GD}$。

[加密服务提供方]

对$ct_{\omega^{t+1}}$进行解密，并将更新后的模型参数$\boldsymbol{\omega}^{t+1}$以及Enc($\boldsymbol{\omega}^{t+1}$)传输给中央服务器。

[中央服务器]

发送更新后的参数给参与方。

循环结束。

返回$\boldsymbol{\omega}^l$（最后收敛的参数估计）。

算法流程4-8 COMPTHETA（Enc(c_k)）

[中央服务器]

生成两个随机数ξ_1、ξ_2，并且对随机数$(1+\xi_1)\cdot\xi_2$进行加密，令$ct_1=\text{Enc}((1+\xi_1)\cdot\xi_2)$。

聚合本地加密常数，并且计算$(\sum_k \text{Enc}(c_k)+\xi_1)\cdot\xi_2$，对其进行加密：$ct_2=\text{Enc}((\sum_k \text{Enc}(c_k)+\xi_1)\cdot\xi_2)$。

将两个加密后的数ct_1、ct_2传输给加密服务提供方。

[加密服务提供方]

解密收到的两个密文ct_1、ct_2，并求它们的最小值：$M=\min\{\text{Dec}(ct_1),\text{Dec}(ct_2)\}$。

对M进行加密，并传输给中央服务器。

[中央服务器]

$ct_\theta=\xi_2^{-1}\cdot\text{Enc}(M)-\xi_1$

return ct_θ

其中，算法流程 4-8 是为了计算期望常数 $\theta=\min\{1,\sum_k c_k\}$ 的密文 ct_θ，由于

$$M=\min\{\mathrm{Dec}(\mathrm{Enc}((1+\xi_1)\cdot\xi_2)),\mathrm{Dec}((\sum_k \mathrm{Enc}(c_k)+\xi_1)\cdot\xi_2)\}$$
$$\approx\min\{(1+\xi_1)\xi_2,(\sum_k c_k+\xi_1)\xi_2\}=(\min\{1,\sum_k c_k\}+\xi_1)\cdot\xi_2$$

则 θ 可从 M 中获取，即 $\theta=\min\{1,\sum_k c_k\}\approx\xi_2^{-1}\cdot M-\xi_1$，因此 $\mathrm{ct}_\theta=\xi_2^{-1}\cdot \mathrm{Enc}(M)-\xi_1$。

4.3.2 纵向逻辑回归

纵向联邦学习-逻辑回归简称纵向逻辑回归。纵向逻辑回归中，一般假设所有参与方所拥有数据描述的对象一致，而特征矢量描述的内容不一致，即各维度所刻画的信息类型不同。

假设有 n 个参与者($1, 2, \cdots, k, \cdots, n$)，每个参与方拥有一份数据，其中第 k 个参与方仅知 X_k，通常标签被一方所有或全部参与方共同享有：

$$X=[X_1\quad\cdots\quad X_k\quad\cdots\quad X_n]\tag{4-36}$$

注意：实际场景中，标签通常只被一方拥有，依据不同隐私保护等级的规定，可以选择对标签进行共享或者不共享。是否共享标签一般只影响到梯度信息聚合时的计算框架，对整体的模型训练没有影响。

1. 梯度下降法

下面以两个参与方 A、B 的情况为例介绍梯度下降法[35]，假设 A 方、B 方拥有特征数据，同时 A 方含有标签 y。构成 X 如下：

$$X=[X_\mathrm{A},X_\mathrm{B}]\tag{4-37}$$

同理，最终计算的参数如下：$\boldsymbol{\omega}=[\omega_\mathrm{A},\omega_\mathrm{B}]$。

令 y 为二分类标签 $y\in\{-1,1\}$，训练样本 S 包含 m 个数据（$x^{(i)},y^{(i)}$），则平均逻辑损失为

$$l_S(\boldsymbol{\omega})=\frac{1}{m}\sum_{i\in S}\log(1+\mathrm{e}^{-y^{(i)}\boldsymbol{\omega}^\mathrm{T}x^{(i)}})\tag{4-38}$$

则样本子集 $S'\subseteq S$（$|S'|=s'$）的随机梯度为

$$\nabla l_{S'}(\boldsymbol{\omega})=\frac{1}{s'}\sum_{i\in S'}\left(\frac{1}{1+\mathrm{e}^{-y^{(i)}\boldsymbol{\omega}^\mathrm{T}x^{(i)}}}-1\right)y^{(i)}x^{(i)}\tag{4-39}$$

尽管在更新参数时只需用到随机梯度而无须用到损失（Loss）值，但为了避免过拟合，有必要采用临界点时的损失值以提前停止迭代，接下来采用l_H代表验证样本的损失值。

此外，由于上述计算方式建立在加密上，计算指数复杂度较高，因此对损失函数采

用泰勒展开的形式，log（$1+e^{-z}$）在 $z=0$ 处的展开如下：

$$\log(1+e^{-z})=\log 2-\frac{1}{2}z+\frac{1}{8}z^2-\frac{1}{192}z^4+O(z^6) \tag{4-40}$$

为了权衡精确度与计算复杂度，此处用二阶展开的形式，令 $z=y^{(i)}\boldsymbol{\omega}^{\mathrm{T}}x^{(i)}$，损失值和梯度近似值分别如下（其中由于 $y_i^2=1$）：

$$l_H(\boldsymbol{\omega})\approx\frac{1}{h}\sum_{i\in H}\log 2-\frac{1}{2}y^{(i)}\boldsymbol{\omega}^{\mathrm{T}}x^{(i)}+\frac{1}{8}(\boldsymbol{\omega}^{\mathrm{T}}x^{(i)})^2\quad（训练样本\ S\ 同理）$$

$$\nabla l_{S'}(\boldsymbol{\omega})\approx\frac{1}{s'}\sum\nolimits_{i\in S'}\left(\frac{1}{4}\boldsymbol{\omega}^{\mathrm{T}}x^{(i)}-\frac{1}{2}y^{(i)}\right)x^{(i)} \tag{4-41}$$

在运算过程中，我们加入了第三方（即中央服务器）用来生成密钥。下面首先介绍如何计算梯度，再介绍对损失的计算，最后给出整个算法流程。算法的总体框架如图 4－8 所示，相关参数及含义见表 4－7。

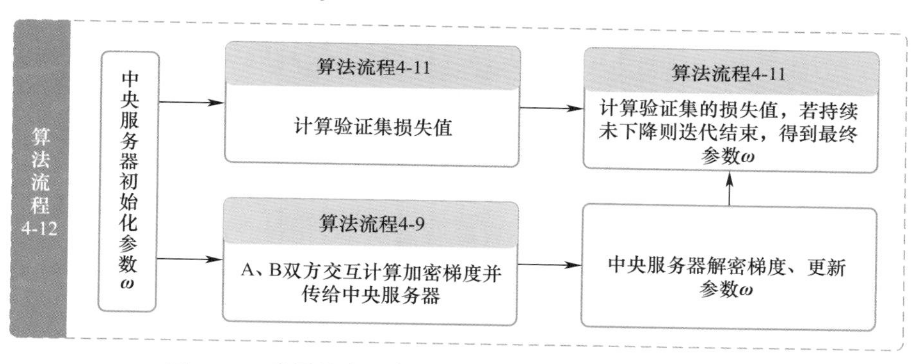

图 4－8　采用梯度下降法计算纵向逻辑回归的总体框架

表 4－7　采用梯度下降法计算纵向逻辑回归的相关参数及含义

参　数	含　义
X_A	A 方包含的样本特征
X_B	B 方包含的样本特征
y	样本标签
m	样本数量
$\boldsymbol{\omega}$	包含常数项的权重参数
$x^{(i)}$	第 i 个样本的特征
$x_A^{(i)}$、$x_B^{(i)}$	A 方、B 方包含的第 i 个样本的特征
$y^{(i)}$	第 i 个样本标签
S	训练样本集
S'	训练样本子集

续表

参数	含义
s'	训练样本子集的批大小
H	验证样本集（随机抽取的一部分样本）
h	验证样本集的批大小
$X_A^{S'}$、$X_B^{S'}$	样本子集 S'中 A 方、B 方包含的特征信息
ω_A、ω_B	A 方、B 方的特征参数
i	样本编号
η	学习率

（1）梯度计算

令 $y^{S'}$为 S'中的标签信息，$\nabla l_{S'}(\boldsymbol{\omega})$ 可转化为如下形式：

$$\nabla l_{S'}(\boldsymbol{\omega}) \approx \frac{1}{s'}\sum_{i\in S'}\left(\frac{1}{4}\boldsymbol{\omega}^{\mathrm{T}}x^{(i)} - \frac{1}{2}y^{(i)}\right)x^{(i)}$$
$$= \begin{bmatrix} \frac{1}{s'}X_A^{S'}\left(\frac{1}{4}X_A^{S'}\boldsymbol{\omega}_A + \frac{1}{4}X_B^{S'}\boldsymbol{\omega}_B - \frac{1}{2}y^{S'}\right) \\ \frac{1}{s'}X_B^{S'}\left(\frac{1}{4}X_A^{S'}\boldsymbol{\omega}_A + \frac{1}{4}X_B^{S'}\boldsymbol{\omega}_B - \frac{1}{2}y^{S'}\right) \end{bmatrix} \tag{4-42}$$

因此，可利用加法同态加密进行对加密梯度的求解，见算法流程 4－9。

算法流程 4－9　梯度计算

输入：模型权重参数 ω，训练样本子集的批大小 s'。

输出：样本样本子集 S'的梯度$\nabla l_{S'}$（ω）。

[中央服务器]

将 $\boldsymbol{\omega}$ 传输给参与方 A。

[参与方 A]

选择下一个样本子集 $S'\subset S$，$|S'|=s'$；

计算参与方 A 的部分梯度信息，$u=\frac{1}{4}X_A^{S'}\omega_A$；

对 $u-\frac{1}{2}y^{S'}$进行加密，$[[u']]=[[u-\frac{1}{2}y^{S'}]]$；

将 $\boldsymbol{\omega}$、S'、$[[u']]$ 传输给参与方 B。

[参与方 B]

计算参与方 B 的部分梯度信息，$v=\frac{1}{4}X_B^{S'}\omega_B$；

对 v 进行加密得 $[[v]]$，利用加法同态加密性质对 $[[u']]$、$[[v]]$ 进行求和；$[[w]]=[[u']]+[[v]]$；

令 $[[z]]=\frac{1}{s'}X_{B}^{S'}[[w]]$；

将 $[[w]]$ 及 $[[z]]$ 传输给参与方 A。

[参与方 A]

同样计算 $[[z']]=\frac{1}{s'}X_{A}^{S'}[[z']]$，并将 $[[z]]$ 及 $[[z']]$ 传输给中央服务器。

[中央服务器]

将 $[[z']]$ 及 $[[z]]$ 进行列拼接，得到 $[[\nabla l_{S'}(\boldsymbol{\omega})]]$，然后利用私钥解密，得到 $\nabla l_{S'}(\boldsymbol{\omega})$。

（2）损失计算

下面介绍计算训练过程中的损失值，用以提前停止迭代。由于有

$$[[l_{H}(\boldsymbol{\omega})]]\approx[[v]]-\frac{1}{2}\boldsymbol{\omega}^{\mathrm{T}}[[\mu]]+\frac{1}{8h}\sum_{i\in H}[[(\boldsymbol{\omega}^{\mathrm{T}}x^{(i)})^{2}]] \tag{4-43}$$

其中，$[[v]]=\frac{1}{h}\sum_{i\in H}[[\log2]]$，$[[\mu]]=\frac{1}{h}\sum_{i\in H}[[y^{(i)}x^{(i)}]]$。由于式（4－42）的常数部分与最小化无关，因此去除 $[[v]]$，目标转化为求解 $-\frac{1}{2}\boldsymbol{\omega}^{\mathrm{T}}[[\mu]]+\frac{1}{8h}\sum_{i\in H}[[(\boldsymbol{\omega}^{\mathrm{T}}x^{(i)})^{2}]]$。计算 $[[\mu]]$ 的方法见算法流程 4－10，计算损失值的方法见算法流程4－11。

由于 $[[\mu]]=\frac{1}{h}\sum_{i\in H}[[y^{(i)}x^{(i)}]]=\frac{1}{h}((y^{H})^{\mathrm{T}}X_{A}^{H}+(y^{H})^{\mathrm{T}}X_{B}^{H})$，所以算法流程 4－10 利用加法同态对 $[[\mu]]$ 进行分步计算。

算法流程 4－10 损失值计算 I

输入：验证样本集的批大小 h。

输出：验证样本集的 $[[\mu]]$。

[中央服务器]

将 h 传输给参与方 A。

[参与方 A]

随机抽样 Hold－out 样本行 $H\subset\{1,\cdots,n\}$，$|H|=h$；

$[[\mu]]\leftarrow\frac{1}{h}[[y^{H}]]^{\mathrm{T}}X_{A}^{H}$；

将 H、$[[u]]$、$[[y^H]]$ 传输给参与方 B。

[参与方 B]

$[[v]] \leftarrow \frac{1}{h}[[y^H]]^{\mathrm{T}} X_{\mathrm{B}}^H$，

将 $[[u]]$、$[[v]]$ 按列拼接，得到 $[[\mu]]$。

算法流程 4 - 11 为求解 $-\frac{1}{2}\boldsymbol{\omega}^{\mathrm{T}}[[\mu]] + \frac{1}{8h}\sum_{i \in H}[[(\boldsymbol{\omega}^{\mathrm{T}} x^{(i)})^2]]$ 的整个过程，其中 $(\boldsymbol{\omega}^{\mathrm{T}} x^{(i)})^2$ 可拆分成如下形式：

$$(\boldsymbol{\omega}^{\mathrm{T}} x^{(i)})^2 = (\omega_{\mathrm{A}}^{\mathrm{T}} x_{\mathrm{A}}^{(i)})^2 + (\omega_{\mathrm{B}}^{\mathrm{T}} x_{\mathrm{B}}^{(i)})^2 + 2(\omega_{\mathrm{A}}^{\mathrm{T}} x_{\mathrm{A}}^{(i)})(\omega_{\mathrm{B}}^{\mathrm{T}} x_{\mathrm{B}}^{(i)}) \tag{4-44}$$

算法流程 4 - 11　损失值计算 Ⅱ

输入：模型权重参数 $\boldsymbol{\omega}$，算法流程 4 - 10 得到的 $[[\mu]]$ 以及 H。

输出：$l_H(\boldsymbol{\omega})$。

[中央服务器]

将 $\boldsymbol{\omega}$ 传输给参与方 A。

[参与方 A]

计算参与方 A 的部分信息，$u = X_{\mathrm{A}}^H \omega_{\mathrm{A}}$，

$[[u']] \leftarrow \frac{1}{8h}[[u^{\mathrm{T}} u]]$；

将 β、$[[u]]$、$[[u']]$ 传输给参与方 B。

[参与方 B]

计算参与方 B 的部分信息，$v = X_{\mathrm{B}}^H \omega_{\mathrm{B}}$，

$[[v']] \leftarrow \frac{1}{8h}[[v^{\mathrm{T}} v]]$，

$[[w]] \leftarrow [[u']] + [[v']] + \frac{1}{4h} v^{\mathrm{T}}[[u]]$，

$[[l_H(\boldsymbol{\omega})]] \leftarrow [[w]] - \frac{1}{2h}\boldsymbol{\omega}^{\mathrm{T}}[[\mu]]$；

将 $[[l_H(\boldsymbol{\omega})]]$ 传输给中央服务器。

中央服务器用私钥解密，得到 $l_H(\boldsymbol{\omega})$。

(3) 总流程

采用梯度下降法计算纵向逻辑回归的完整过程见算法流程 4 - 12。

算法流程 4-12 安全逻辑回归（中央服务器）

输入：η，h，s'。

输出：模型权重参数 $\boldsymbol{\omega}$。

生成加法同态加密密钥，

将公钥分发给参与方 A 和参与方 B，

运行算法流程 4-10，得 $[[\mu]]$（损失计算中的一部分数值$\frac{1}{h}\sum_{i\in H}[[y^{(i)}x^{(i)}]]$）。

$\boldsymbol{\omega}\leftarrow 0$，$l_H\leftarrow\infty$

循环以下步骤直到达到最大迭代次数：

  对每个小批量样本 S'执行：

    $\nabla l_{S'}(\boldsymbol{\omega})\leftarrow$算法流程 4-9（$\boldsymbol{\omega},t$）；

    $\boldsymbol{\omega}\leftarrow\boldsymbol{\omega}-\eta\ (\nabla l_{S'}(\boldsymbol{\omega})+\Gamma\boldsymbol{\omega})$。

$l_H(\boldsymbol{\omega})\leftarrow$算法流程 4-11（$\boldsymbol{\omega},[[\mu]],h$）（计算 H 下的损失值）；

  若$l_H(\boldsymbol{\omega})$持续未下降则退出。

返回 $\boldsymbol{\omega}$。

2. 交替方向乘子法

交替方向乘子法[36]（Alternating Direction Method of Multipliers，ADMM）的目标函数为

$$\underset{x,z}{\text{minimize}} f(x)+g(z) \tag{4-45}$$
$$\text{s. t. } Ax+Bz=c,\ x\in X,\ z\in Z$$

为了加快算法收敛速度，会再增加一些惩罚项来加快收敛，因此构建增广拉格朗日方程：

$$L_\rho(x,z,y)=f(x)+g(z)+y^{\mathrm{T}}(Ax+Bz-c)+\left(\frac{\rho}{2}\right)\|Ax+Bz-c\|_2^2 \tag{4-46}$$

其中，ρ 为惩罚系数，y 为加入的辅助参数。

这样，问题就转化为求解对偶问题 $L_\rho(x,z,y)$，同时可采用对偶上升法将该问题拆分成 3 部分，其中每一部分的最小化可由梯度下降法求解。ADMM 在每一次迭代中包含以下 3 步（以第 k 次迭代为例）。

① 固定 z、y，最小化 x：$x^{k+1}:=z\arg\min_{x\in X}L_\rho(x,\ z^k,\ y^k)$。

② 固定 x，y，最小化 z：$z^{k+1}:=z\arg\min_{z\in Z}L_\rho(x^{k+1},\ z,\ y^k)$。

③ 更新 y：$y^{k+1}:=y^k+\rho(Ax^{k+1}+Bz^{k+1}-c)$，其中步长等于惩罚系数 ρ。

(1) ADMM 逻辑回归

假设有 n 个参与方，每个参与方拥有一部分特征信息，且令总样本数为 m，则每个参与方（以第 k 个参与方为例）拥有的样本为

$$D_k=\{(x_k^{(i)},y^{(i)}),i=1,\cdots,m\}$$

其中，$x_k^{(i)}\in\mathbf{R}^{d_k}$为第 k 个参与方所拥有的第 i 个样本的 d_k 个特征信息，$\sum_{k=1}^n d_k=d$，d 为总特征维数；$y^{(i)}\in\{-1,1\}$，此处假设 $y^{(i)}$共享，但若只有一方知道，则可采用安全求和方法进行计算。

因此，l_1 正则化逻辑回归问题转化为

$$\min\sum_{i=1}^m\log(1+\exp(-y^{(i)}(\sum_{k=1}^n\boldsymbol{\omega}_k^{\mathrm{T}}x_k^{(i)}+b)))+\lambda\sum_{k=1}^n\|\boldsymbol{\omega}_k\|_1 \tag{4-47}$$

其中，$b\in\mathbf{R}$ 为常数项，$\boldsymbol{\omega}_k\in\mathbf{R}^{d_k\times 1}$。

为了采用 ADMM 求解该方程，加入辅助变量 $z_k^{(i)}$（$k=1,\cdots,n$，$i=1,\cdots,m$），问题转化为

$$\min\sum_{i=1}^m\log(1+\exp(-y^{(i)}(\sum_{k=1}^n z_k^{(i)}+b)))+\lambda\sum_{k=1}^n\|\boldsymbol{\omega}_k\|_1$$
$$\text{s. t. }\boldsymbol{\omega}_k^{\mathrm{T}}x_k^{(i)}-z_k^{(i)}=0,\ k=1,\cdots,n,\ i=1,\cdots,m \tag{4-48}$$

该问题分成两个未知数的求解问题：

$$\alpha:=\{\boldsymbol{\omega}_k,k=1,\cdots,n\}$$

$$\beta:=\{(b,z_k^{(i)}),k=1,\cdots,n,i=1,\cdots,m\}$$

构建相应的增广方程如下：

$$L_\rho(\alpha,\beta,\gamma)=\sum_{i=1}^m\log(1+\exp(-y^{(i)}(\sum_{k=1}^n z_k^{(i)}+b)))+\lambda\sum_{k=1}^n\|\boldsymbol{\omega}_k\|_1$$
$$+\sum_{i=1}^m\sum_{k=1}^n\gamma_{ki}(\boldsymbol{\omega}_k^{\mathrm{T}}x_k^{(i)}-z_k^{(i)})+\sum_{i=1}^m\sum_{k=1}^n\frac{\rho}{2}(\boldsymbol{\omega}_k^{\mathrm{T}}x_k^{(i)}-z_k^{(i)})^2 \tag{4-49}$$

对于第 t 次迭代求解过程，由于在计算过程中 γ_{ki}^{t+1}不依赖于 k，即 $\gamma_{ki}^{t+1}(k=1,\cdots,n)$均相等，因此采用 γ_i^{t+1} 替代：

$$\omega_k^{t+1}:=\arg\min_{\boldsymbol{\omega}_k}\{\lambda\|\omega_k\|_1+\frac{\rho}{2}\sum_{i=1}^m(\boldsymbol{\omega}_k^{\mathrm{T}}x_k^{(i)})^2-\rho\sum_{i=1}^m\boldsymbol{\omega}_k^{\mathrm{T}}x_k^{(i)}[(\boldsymbol{\omega}_k^{\mathrm{T}})^t x_k^{(i)}+\overline{z}^{(i)}$$
$$+\frac{\gamma_i^t}{\rho}-\frac{1}{n}\sum_{k=1}^n(\boldsymbol{\omega}_k^{\mathrm{T}})^t x_k^{(i)}]\} \tag{4-50}$$

$$\beta^{t+1}:=\arg\min_{\overline{z},b}\sum_{i=1}^m[\log(1+\exp(y^{(i)}(n\overline{z}^{(i)}+b)))-\gamma_i^t n\overline{z}^{(i)}+\frac{\rho n}{2}(\overline{z}^{(i)})^2$$
$$-\rho\overline{z}^{(i)}\sum_{k=1}^n(\boldsymbol{\omega}_k^{\mathrm{T}})^{t+1}x_k^{(i)}] \tag{4-51}$$

$$\gamma_i^{t+1} := \gamma_i^t + \rho\left[\frac{1}{n}\sum_{k=1}^{n}(\boldsymbol{\omega}_k^{\mathrm{T}})^{t+1}x_k^{(i)} - (\overline{z}^{(i)})^{t+1}\right] \tag{4-52}$$

其中，$\overline{z}^{(i)} = \frac{1}{n}\sum_{k=1}^{n}z_k^{(i)}$；$\boldsymbol{\omega}_k$ 可在每个参与方进行本地迭代，因此可并行计算，以提高效率。同时，式（4－51）中的 $y^{(i)}$ 可通过其持有方计算 $\sum_{i=1}^{m}[\log(1+\exp(-y^{(i)}(n\,\overline{z}^{(i)}+b)))]$ 进行传递。

（2）ADMM 的参数及含义见表 4－8，流程见算法流程 4－13。

表 4－8 ADMM 的参数及含义

参 数	含 义
$x_k^{(i)}$	第 k 个参与方拥有的第 i 个样本的 d_k 个特征信息
$y^{(i)}$	第 i 个样本标签
m	样本数量
d	特征维数
d_k	第 k 个参与方拥有的特征维数
n	参与方个数
$\boldsymbol{\omega}$	特征权重参数
$\boldsymbol{\omega}_k$	第 k 个参与方相应的特征权重参数
b	特征参数
k	参与方编号
i	样本编号
$z_k^{(i)}$	关于第 k 个参与方以及第 i 个样本的辅助变量
λ	正则化参数
γ_{ki}	关于第 k 个参与方以及第 i 个样本的辅助参数
ρ	惩罚系数
α，β	辅助变量
$\overline{z}^{(i)}$	$z_k^{(i)}$ 的平均数

算法流程 4－13 ADMM

输入： $k\leftarrow 0$，$(\boldsymbol{\omega}_k^{\mathrm{T}})^0\leftarrow 0$，$(\overline{z}^{(i)})^0\leftarrow 0$，$\gamma_i^0\leftarrow 0$。

输出：$\boldsymbol{\omega}$，b。

循环迭代：

[参与方]

每个参与方（以第 k 个参与方为例）利用各自的训练样本，根据式（4－50）计算最优 $(\boldsymbol{\omega}_k^{\mathrm{T}})^{t+1}$（在第一次迭代中，由于 $(\boldsymbol{\omega}_k^{\mathrm{T}})^0=0$，因此无须聚合，直接计算最优 $(\boldsymbol{\omega}_k^{\mathrm{T}})^1$），并将 $\{(\boldsymbol{\omega}_k^{\mathrm{T}})^{t+1}x_k^{(i)}, i=1,\cdots,m\}$ 传输给中央服务器。

[中央服务器]

中央服务器收集所有参与方的数据 $\{(\boldsymbol{\omega}_k^{\mathrm{T}})^{t+1}x_k^{(i)}, i=1,\cdots,m\}(k=1,\cdots,n)$，并对其进行平均值的计算：$\frac{1}{n}\sum_{k=1}^{n}(\boldsymbol{\omega}_k^{\mathrm{T}})^{t+1}x_k^{(i)}$，$i=1,\cdots,m$。

根据式（4－51）进行 b^{k+1}、$\{(\bar{z}^{(i)})^{t+1}, i=1,\cdots,m\}$ 的更新；

根据式（4－52）进行 $\{\gamma_i^{t+1}, i=1,\cdots,m\}$ 的更新；

中央服务器分发 $(\bar{z}^{(i)})^{t+1}$、γ_i^{t+1}、$\frac{1}{n}\sum_{k=1}^{n}(\boldsymbol{\omega}_k^{\mathrm{T}})^{t+1}x_k^{(i)}$ 给所有参与方。

$t \leftarrow t+1$；

直到达到收敛标准。

4.4 本章小结

本章首先介绍了联邦机器学习的定义，它是在水平型和垂直型数据分布假设下实现的一种联邦化机器学习的计算方式；然后，介绍了联邦线性回归算法和联邦逻辑回归算法。与传统机器学习不同的是，这两种算法的计算逻辑考虑了数据参与方和数据维度所描述信息的异同性。这也是联邦化的主要特点：把不同的数据参与方对应有相同的数据特征维度称为横向形态，把同一用户群的不同数据特征维度称为纵向形态。总的来说，本章详细介绍了联邦回归算法中常见的基本方法和优化方式，希望能够帮助各位读者对联邦回归算法的概念以及运算流程形成较为清晰的认知和理解。

第 5 章 联邦分类算法

本章着重从横向联邦和纵向联邦的角度，介绍朴素贝叶斯和支持向量机这两种分类算法。

5.1 朴素贝叶斯分类法

贝叶斯分类（Bayesian Classification）法是统计学分类方法之一。它基于贝叶斯定理，可以预测类隶属关系的概率，如一个给定元组属于一个特定类的概率。朴素贝叶斯分类法则是假定一个属性值在给定类上的概率独立于其他属性的取值，（即样本的不同属性满足条件独立性假设），在此基础上应用贝叶斯分类执行任务。

5.1.1 贝叶斯定理

贝叶斯定理是关于随机事件 A 和 B 的条件概率的一则定理：

$$P(A \mid B)=\frac{P(B \mid A)P(A)}{P(B)} \tag{5-1}$$

式（5-1）中，$P(A)$ 是 A 的先验概率，之所以称为“先验”，是因为它不考虑任何 B 方面的因素；$P(A \mid B)$ 是 B 发生的条件下 A 发生的概率，被称为 A 的后验概率；$P(B \mid A)$ 是 A 发生的条件下 B 发生的概率，被称为 B 的后验概率；$P(B)$ 是 B 的先验概率，也称为标准化常量。

5.1.2 朴素贝叶斯分类的思想和工作过程

对于给出的待分类项，求解此项出现的条件下各个类别出现的概率，此待分类项属于概率最大的类别。这是朴素贝叶斯分类的思想基础。

朴素贝叶斯分类的工作过程如下：

（1）设 D 是训练样本和它们所属的类标号的集合。每个样本 $X=\{x_1,x_2,\cdots,x_k,\cdots,x_n\}$ 包含 n 个属性。

（2）假定有 M 个类 $v_1,v_2,\cdots,v_m,\cdots,v_M$。给定一个样本 X，朴素贝叶斯分类法将预测 X 属于具有最高后验概率的类。也就是说，当且仅当 $\arg\max P(v_m \mid X)$ 成立时，朴素贝叶斯分类法预测 X 属于类 v_m。最大的概率 $P(v_m \mid X)$ 称为最大后验概率。根据贝叶斯定理：

$$P(v_m \mid X)=\frac{P(X \mid v_m)P(v_m)}{P(X)} \tag{5-2}$$

（3）由于 $P(X)$ 对所有类为常数，所以只需要 $P(X \mid v_m)P(v_m)$ 最大即可。若类的先验概率未知，则通常假定这些类是等概率的，即 $P(v_1)=P(v_2)=\cdots=P(v_m)$，并据此对 $P(X \mid v_m)$ 最大化，否则最大化 $P(X \mid v_m)P(v_m)$。

（4）给定具有很多属性的数据集，计算 $P(X \mid v_m)$ 的开销非常大。为了减少计算开销，可以做类条件独立的朴素假定。给定元组的类标号，假定属性值有条件地相互独立。因此，有

$$P(X \mid v_m)=\prod_{k=1}^{n}P(x_k \mid v_m) \tag{5-3}$$

考察该属性是分类的还是连续值的。例如，为了计算 $P(X \mid v_m)$，考虑以下两种情况：如果是分类属性，则 $P(x_k \mid v_m)$ 是 D 中属性值为 x_k 的类 v_m 的样本数除以 D 中类 v_m 的样本数；如果是连续值属性，则假定连续值属性服从均值为 u、标准差为 σ 的高斯分布，由下式定义：

$$g(x,u,\sigma)=\frac{1}{\sqrt{2\pi\sigma}}\mathrm{e}^{-\frac{(x-u)2}{2\sigma^2}} \tag{5-4}$$

即 $P(x_k \mid v_m)=g(x,u,\sigma)$。

（5）为了预测 X 的类标号，对每个类 v_m，计算 $P(X \mid v_m)P(v_m)$。当且仅当 $\arg\max P(v_m \mid X)$ 成立时，朴素贝叶斯分类法预测 X 属于类 v_m。

在联邦学习中，朴素贝叶斯分类主要是多个参与方在隐私保护下进行数据集合和分类的过程。根据数据分布类型的不同，朴素贝叶斯分类可分为横向朴素贝叶斯分类（Horizontal Naive Bayesian Classification）、纵向朴素贝叶斯分类（Vertical Naive Bayesian Classification）两大类。下面将详细描述如何求解这两大类模型。

5.1.3 横向朴素贝叶斯分类

在横向朴素贝叶斯分类[37]中，一般所有参与方所拥有数据的特征矢量描述的内容一

致，各参与方刻画的对象不同，所以横向朴素贝叶斯分类的核心思想是各参与方先计算结果，由中央服务器安全聚合结果，再分发给各参方进行数据更新，以保证在不泄露各方数据隐私的情况下进行样本分类。

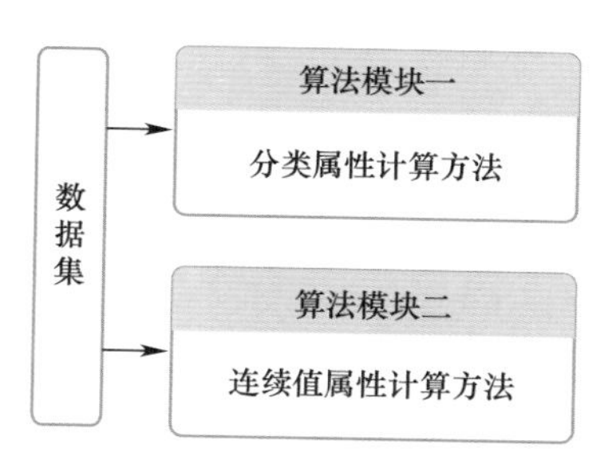

图5-1　横向朴素贝叶斯分类算法的总体框架

1. 算法的总体结构及参数

横向朴素贝叶斯分类算法的总体框架如图5-1所示，参数及含义见表5-1。

表5-1　横向朴素贝叶斯分类算法参数及含义

参　数	含　义
k	参与方数量
a_l	第 l 个分类属性
v_m	第 m 个类别标签
p_i	第 i 个参与方
c_{ml}^i	参与方 p_i 数据集中拥有 a_l 分类属性的 v_m 类别样本数量
n_m^i	参与方 p_i 数据集中 v_m 类别的样本数量
c_{ml}	所有参与方数据集中拥有 a_l 分类属性的 v_m 类别样本数量
n_m	所有参与方数据集中 v_m 类别的样本数量
$P(a_l \mid v_m)$	样本属于 v_m 类别条件下分类属性为 a_l 的概率，$P(a_l \mid v_m) = c_{ml}/n_m$
x_{mj}^i	参与方 p_i 数据集中第 j 个属于 v_m 类别的样本的连续值属性数值
s_m^i	参与方 p_i 数据集中 v_m 类别样本的连续值属性之和
s_m	所有参与方数据集中 v_m 类别样本的连续值属性数值之和
u_m	所有参与方数据集中 v_m 类别样本的连续值属性数值的平均值，$u_m = s_m/n_m$
v_{mj}^i	参与方 p_i 数据集中第 j 个属于 v_m 类别的样本的连续值属性数值与平均值之差，$v_{mj}^i = x_{mj}^i - u_m$
v_m^i	参与方 p_i 数据集中所有 v_m 类别样本与平均值之差的平方和，$v_m^i = \sum_j (v_{mj}^i)^2$
v_m	所有参与方数据集中所有 v_m 类别的样本与平均值之差的平方和，$v_m = \sum_{i=1}^k v_m^i$

2. 算法模块一：分类属性计算方法

（1）参与方在本地计算各类别、各分类属性的局部样本数量以及各类别的局部样本数量，如算法流程5-1所示。

算法流程 5-1 本地计算局部样本数量

假设有 k 个参与方。

for each class value v_m do:

  for $i=1$ to k do:

    参与方 p_i 本地依次计算 v_m 类别样本中拥有 a_l分类属性的样本数量，记为 c_{ml}^{i}；

    参与方 p_i 本地计算 v_m 类别的样本数量，记为 n_m^i；

  end for

end for

（2）参与方联合计算各类别、各分类属性的全局样本数量和各类别的全局样本数量。这里介绍两种方法，即同态加密方法和安全多方计算方法，在实际操作过程中，选择任一方法即可。以下是两种方法的详细求解步骤。

同态加密方法

参与方 p_1 生成一个随机数 r_1、一个整数 X，以及加密函数 E 和解密函数 D，参与方 p_1 加密数字 $c_{ml}^1+X*r_1$，并把它与加密函数 E 一起传输给下一个参与方。以此类推，p_i 产生一个随机数 r_i，计算 $E(c_{ml}^1+c_{ml}^2+\cdots+c_{ml}^i+X*(r_1+r_2+\cdots+r_i))$，并把它们传递给下一个参与方 p_{i+1}。最后，参与方 p_1 进行解密：

$$D(E(\sum_{i=1}^{k}c_{yl}^{i}+X*\sum_{i=1}^{k}r_i)) \bmod X=\sum_{i=1}^{k}c_{ml}^{i}=c_{ml}$$

其中，c_{ml}为所有参与方的 v_m 类别样本中拥有 a_l分类属性的全局样本数量。

同理，v_m 类别的全局样本数量 n_m 可由以上方法获得。最后参与方 p_1 计算 $P_{mz}=c_{ml}/n_m$，并把它分发给其他参与方。

安全多方计算方法

参与方 p_k 随机选择 $k-1$ 个数字，沦为 $x_{k,1},x_{k,2},\cdots,x_{k,k-1}$，且满足 $x_{k,1}+x_{k,2}+\cdots+x_{k,k-1}=c_{ml}^{k}$。其他参与方 $p_i(1\leqslant i\leqslant n-1)$使用基于同态加密的 Paillier 算法计算 $c_{ml}^{i}+x_{k,i}=y_{k,i}*y_k$。

$y_{k,1}*y_k+y_{k,2}*y_k+\cdots+y_{k,k-1}\ y_k$ 即为所有参与方的 v_m 类别样本中拥有 a_l分类属性的全局样本数量 c_{ml}。

同理，v_m 类别的全局样本数量 n_m 可由以上方法获得。最后参与方 p_1 计算 $P(a_l\mid v_m)=c_{ml}/n_m$,并把它分发给其他参与方。

3. 算法模块二：连续值属性计算方法

（1）参与方在本地计算 v_m 类别样本中连续值属性数值总和，以及 v_m 类别的局部样本数量，如算法流程 5-2 所示。

算法流程 5-2　本地计算连续值属性数值总和及局部样本数量

假设有 k 个参与方。

for each class value v_m do：

for $i=1$ to k do：

参与方 p_i 本地计算 v_m 类别样本中连续值属性数值之和，记为 $s_m^i=\sum_j x_{mj}^i$；

参与方 p_i 本地计算 v_m 类别的样本数量，记为 n_m^i；

end for

end for

（2）对于参与方联合计算类别 v_m 中连续值属性数值总和，以及类别 v_m 的全局样本数量。这里介绍两种方法，即同态加密方法和安全多方计算方法，在实际操作过程中，选择任一方法即可。以下是两种方法的详细求解步骤。

同态加密方法

参与方 p_1 生成一个随机数 r_1、一个整数 X，以及加密函数 E 和解密函数 D，加密数字 $s_m^1+X*r_1$，并把它与加密函数 E 一起传输给下一个参与方。以此类推，p_i 产生一个随机数 r_i，计算 $E\ (s_m^1+s_m^2+\cdots+s_m^i+X*(r_1+r_2+\cdots+r_i))$，并把它传递给下一个参与方 p_{i+1}。最后，参与方 p_1 进行解密：

$$D(E(s_m^1+s_m^2+\cdots+s_m^k+X*(r_1+r_2+\cdots+r_k)))\bmod X=s_m$$

其中，s_m 为所有参与方数据集中 v_m 类别样本的连续值属性数值之和。

同理，所有参与方数据集中 v_m 类别的样本数量 n_m 可由以上方法获得。最后参与方 p_1 计算平均值 $u_m=s_m/n_m$，并把它分发给其他参与方。

安全多方计算方法

参与方 p_k 随机选择 $k-1$ 个数字，记为 $x_{k,1},x_{k,2},\cdots,x_{k,k-1}$，且满足 $x_{k,1}+x_{k,2}+\cdots+x_{k,k-1}=s_m^k$。其他参与方 p_i（$1\leqslant i\leqslant n-1$），使用基于的同态加密的 Paillier 算法计算 $s_m^i+x_{k,i}=y_{k,i}*y_k$。

$y_{k,1}*y_k+y_{k,2}*y_k+\cdots+y_{k,k-1}*y_k$ 即为所有参与方数据集中 v_m 类别样本的连续值属性数值之和 s_m。

同理，参与方 p_k 可由以上方法获取所有参与方数据集中 v_m 类别样本数量 n_m。

参与方 p_1 计算平均值 $u_m=s_m/n_m$，并把它分发给其他参与方。

（3）参与方在本地计算每个样本与全局平均值的差。

① 参与方在本地计算样本与全局样本平均值之差的平方和，即算法流程 5-3。

算法流程 5 -3　本地计算样本与金属样本平均值之差的平方和

for $i=1$ to k do：

参与方 p_i 在本地计算 v_m 类别中每个样本与平均值的差 $v_{mj}^i = x_{mj}^i - u_m$ 后，累积每个样本的 v_{mj}^i，

即 $v_m^i = \sum_j (v_{mj}^i)^2$

end for

② 各参与方联合计算全局样本方差。参与方 p_1 使用上述（2）中算法安全计算各参与方样本的差的总和 $v_m = \sum_{i=1}^{k} v_m^i$，并利用公式 ${\sigma_m}^2 = \frac{1}{n_m - 1} v_m$ 计算全局样本方差。

（4）概率计算方法。若已知连续值属性数值为 x_b 的样本，判断其类别标签为 v_m 的概率为

$$P(x_b \mid v_m) = \frac{1}{\sqrt{2\pi\,\sigma_m}} \mathrm{e}^{-\frac{(x_b - u_m)^2}{2{\sigma_m}^2}}$$

4. 总体流程

横向朴素贝叶斯分类算法的总体流程如算法流程 5 -4 所示。

算法流程 5 -4　横向朴素贝叶斯分类算法

输入： 参与方数据集，拥有 h 个分类属性$(z_1, z_2, \cdots, z_h)$和 b 个连续值属性$(x_1, x_2, \cdots, x_b)$的待分类样本。

输出： 待分类样本的类别标签值 v_m。

{假设每个类别出现的概率相同，即 $P(v_1) = P(v_2) = \cdots = P(v_m)$}

参与方根据其数据集中的属性分别实行分类属性算法和连续值属性算法。

计算待分类样本属于 v_m 类别的概率：

$$P_m = \left(\prod_{z=z_1}^{z_h} P(z \mid v_m)\right) * \left(\prod_{x=x_1}^{x_b} P(x_b \mid v_m)\right), m \in (1, \cdots, M)$$

待分类样本属于 v_m 类别：arg max P_m。

5.1.4　纵向朴素贝叶斯分类

在纵向朴素贝叶斯分类[38]中，一般所有参与方拥有数据的特征矢量描述的内容不一致，即 x 的维度、各维度所刻画的信息类型不相同，而各参与方数据所刻画的对象相同。本节介绍的纵向朴素贝叶斯分类算法针对的问题为：假设一方拥有属性数据集（分类或者连续值），一方拥有类别标签数据集，如何联合两方将已知属性值的样本进行分类。

1. 算法总体框架及参数

纵向朴素贝叶斯分类算法的总体框架如图5－2所示，参数及含义见表5－2。

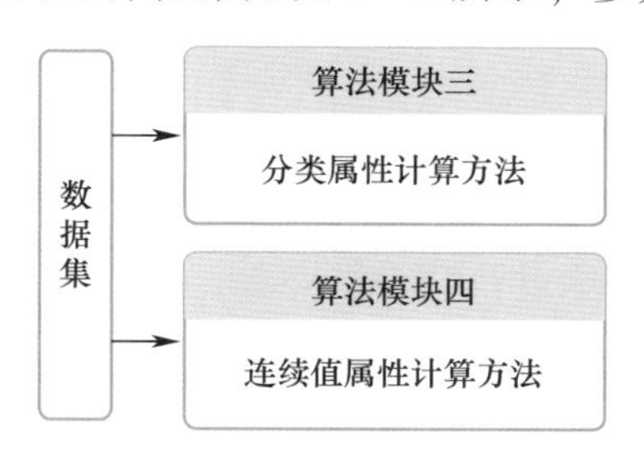

图5－2　纵向朴素贝叶斯分类的总体框架

表5－2　纵向朴素贝叶斯分类算法的参数及含义

参　数	含　义
p_c, p_d	两个参与方
$1,\cdots,j,\cdots J$	J 表示 p_c 和 p_d 共有的样本个数，j 表示第 j 个样本
C	参与方 p_c 拥有的类别标签数据集
D	参与方 p_d 拥有的分类属性数据集
$a_1,\cdots,a_l,\cdots,a_L$	D 含有的 L 种分类属性
$d_1,\cdots,d_j,\cdots,d_J$	D 含有的 J 个样本的连续值属性数值，d_j 表示 D 中第 j 个样本的连续值属性数值
$v_1,\cdots,v_m,\cdots,v_M$	C 含有的 M 种分类标签值
$\boldsymbol{S}^c$	参与方 p_c 拥有的随机共享均值矩阵（$L \times M$ 维）
$\boldsymbol{S}^d$	参与方 p_d 拥有的随机共享均值矩阵（$L \times M$ 维）
n_m	n_m 表示分类标签值为 v_m 的样本数量
u_m	v_m 类别样本的连续值属性数值的平均值
σ_m	v_m 类别样本的连续值属性数值的方差
const	常数

2. 算法模块三：分类属性计算方法

假设参与方 p_d 拥有 n 个样本对象，其分类属性特征数据集为 $D(d_1,\cdots,d_j,\cdots,d_n)$；参与方 p_c 拥有相同的 n 个样本对象，其类别标签数据集为 $C(c_1,\cdots,c_j,\cdots,c_n)$。$D$ 中有 L 种分类属性 $a_1,\cdots,a_L$，C 中有 M 种类别标签值 $v_1,\cdots,v_M$。目标为得到 $L \times M$ 的矩阵 $\boldsymbol{S}^c$ 和 $\boldsymbol{S}^d$，$\boldsymbol{S}^c$ 和 $\boldsymbol{S}^d$ 相同位置的元素之和 $s_{lm}^c + s_{lm}^d$ 可近似等于 v_m 类别条件下拥有 a_l 分类属性的概率 $P(a_l \mid v_m)$ 与常数 const 之积。算法流程5－5为求解矩阵 $\boldsymbol{S}^c$ 和 $\boldsymbol{S}^d$ 的方法。

算法流程 5-5

```
输入：参与方 p_c 数据集 C，参与方 p_d 数据集 D。
输出：S^c，S^d。
for m = 1,…,M {对于每个分类标签} do
    for j = 1,…,J do
        if c_j = v_m then {如果对象 j 的分类标签是 v_m}
            y_j ← ⌊const/n_m {y_i 赋值为常数 const/数据集中分类标签值为 v_m 的样本总数}
        else
            y_j ← 0
    end if
end for
{参与方 p_c 根据分类标签数据集 C 生成矢量 Y，Y = (y_1, y_2, …, y_J)}
for l = 1,…,L {对于每个分类属性} do
{参与方 p_d 根据分类属性特征数据集 D 生成矢量 X}
for j = 1,…,J do
    if d_j = a_l then {如果对象 j 的分类属性是 a_l}
        x_j ← 1 {x_j 赋值为 1}
    else
        x_j ← 0
    end if
end for
{X = (x_1, x_2, …, x_J)}
s^c_lm、s^d_lm ← X · Y {X、Y 通过安全点积协议可得到两个随机数 s^c_lm、s^d_lm}
    end for
end for
```

3. 算法模块四：连续值属性特征计算方法

输入：参与方 p_c 数据集 C，参与方 p_d 数据集 D。

输出：$U^c=(u_1^c,u_2^c,\cdots,u_m^c,\cdots,u_M^c)$，$U^d=(u_1^d,u_2^d,\cdots,u_m^d,\cdots,u_M^d)$；

$\sigma^c=(\sigma_1^c,\sigma_2^c,\cdots,\sigma_m^c,\cdots,\sigma_M^c)$，$\sigma^d=(\sigma_1^d,\sigma_2^d,\cdots,\sigma_m^d,\cdots,\sigma_M^d)$。

（1）计算平均值

算法流程 5-6

```
for m = 1,…,M {对于每个分类标签} do
    {参与方 p_d 根据分布形态有数据矢量 D}
    for j = 1,…,J do
```

if $c_j = v_m$ then {如果参与方 p_c 的第 j 个样本的分类标签是 v_m}

$y_j \leftarrow \lfloor \text{const}/n_m$ {y_m 赋值为常数 const/数据集中分类标签值为 v_m 的样本总数}

else

$y_j \leftarrow 0$

end if

end for

u_m^c、$u_m^d \leftarrow \boldsymbol{D}$、$\boldsymbol{Y}$ {$\boldsymbol{D} \cdot \boldsymbol{Y}$ 通过安全点积协议可得到两个随机共享均值 u_m^c、u_m^d}

{$u_m^c + u_m^d = \text{const} * u_m$}

（2）计算方差

① 参与方 p_d 生成同态加密公钥、私钥以及加密函数 E 和解密函数 D;

② 参与方 p_d 加密每个样本的连续值属性值。

算法流程 5-7

for $j = 1, \cdots, J$ do:

$[[d_j]] \leftarrow E(\text{const} * d_j)$

end for

③ 参与方 p_d 生成加密随机共享均值;

算法流程 5-8

for $m = 1, \cdots, M$ {对于每个分类标签} do

$[[u_m^d]] \leftarrow E(u_m^d)$

end for

④ 参与方 p_d 将加密函数 E、加密特征属性值 $[[D]] = ([[d_1]], [[d_2]], \cdots, [[d_j]], \cdots, [[d_J]])$ 以及加密随机共享均值 $[[U^d]] = (([[u_1^d]], [[u_2^d]], \cdots, [[u_m^d]], \cdots, [[u_M^d]]))$ 传递给参与方 p_c;

⑤ 参与方 p_c 生成矢量 $\boldsymbol{Z}$、$\boldsymbol{X}$，其中 $\boldsymbol{X}$ 的生成方法与本章算法模块三中的分类属性生成方法相同，$\boldsymbol{Z}$ 的计算方法见算法流程 5-9;

算法流程 5-9

for $j = 1, \cdots, J$ do

产生随机数 r_j

$$[[z_j]] \leftarrow \frac{[[d_j]]}{[[u_{c_j}^d]] * E(u_{c_j}^c + r_j)} = [[\text{const} * (d_j - u_{c_j}^c - u_{c_j}^d - r_j]]$$

$$= [[\text{const} * (d_j - u_{c_j}) - r_j]],\ c_j \in (1, 2, \cdots, m, \cdots, M)$$

end for

⑥ 参与方 p_c 将 $[[\boldsymbol{Z}]]=[[z_1,z_2,\cdots,z_j,\cdots,z_J]]$ 发送给参与方 p_d，p_d 使用解密函数 D 解密 $D([[\boldsymbol{Z}]])$ 得到 $\boldsymbol{Z}$；

⑦ 两方通过安全点积协议得到每个样本属性值与平均值之差；

算法流程 5－10

for $j=1,\cdots,J$ do

  shares t_j^c、$t_j^d \leftarrow (r_j+z_j)^2$（参与方 p_c 有 r_j，参与方 p_d 有 z_j，两方采用安全平方和计算协议消去随机数 r_j）

end for

⑧ 两方通过安全点积协议得到样本方差。

算法流程 5－11

for $m=1,\cdots,M$ {对于每个分类标签} do

  {参与方 p_c 根据分类标签数据集 C 生成矢量 $\boldsymbol{Y}$}

  for $j=1,\cdots,J$ do

    if $c_j = v_m$ then {如果参与方 p_c 的第 j 个样本的分类标签是 v_m}

    $y_j \leftarrow \lfloor \text{const}/n_m$ {y_j 赋值为常数 const/数据集中分类标签为 v_m 的样本总数}

    else

      $y_j \leftarrow 0$

    end if

  end for

  temp + $\sigma_m = \boldsymbol{X} \cdot \boldsymbol{Y}$（其中 temp 为临时计算缓存）

  $\sigma_m^c \leftarrow \boldsymbol{T}^c \cdot \boldsymbol{Y}$ + temp[参与方 p_c 得到 σ_m^c，其中 $\boldsymbol{T}^c=(t_1^c,t_2^c,\cdots,t_J^c)$]

  $\sigma_m^d \leftarrow \boldsymbol{T}^d \cdot \boldsymbol{Y}$ + temp[参与方 p_d 得到 σ_m^d，其中 $\boldsymbol{T}^d=(t_1^d,t_2^d,\cdots,t_J^d)$]

end for

4. 概率计算方法

若已知连续值属性数值为 d_j 的样本，判断其分类标签为 v_m 的概率为

$$P(d_j \mid v_m)=\frac{1}{\sqrt{2\pi}\,\sigma_m}\mathrm{e}^{-\frac{(d_j-u_m)^2}{2\sigma_m{}^2}}$$

5. 总体流程

纵向朴素贝叶斯分类算法的总体流程如算法流程 5－12 所示。

算法流程 5 - 12 纵向朴素贝叶斯分类算法

输入：参与方数据集，拥有 h 个分类属性$(z_1, z_2, \cdots, z_h)$、b 个连续值属性$(x_1, x_2, \cdots, x_b)$的待分类样本。

输出：待分类样本的类别标签值 v_m。

{假设每个类别出现的概率相同，即 $P(v_1) = P(v_2) = \cdots = P(v_m)$}

参与方根据其数据集中的属性分别运行分类属性（见算法模块三）和连续值属性算法（见算法模块四）。

计算待分类样本属于 v_m 类别的概率：

$$P_m = \left(\prod_{z=z_1}^{z_h} P(z \mid v_m)\right) * \left(\prod_{x=x_1}^{x_b} P(x_b \mid v_m)\right),\ m \in (1, \cdots, M)$$

待分类样本属于 v_m 类别：$\arg\max P_m$。

5.2 支持向量机

支持向量机[39]（Support Vector Machine，SVM）是一个经典的面向二分类任务的机器学习算法，适用于特征数量多而样本数量少的场景（如文本分类）。根据分类决策面的特点，支持向量机可以分为线性和非线性两种。

1. 线性支持向量机（Linear Support Vector Machine）

假设数据集 $X \in \mathbf{R}^{m \times d}$，其中 m 是样本数量，d 是特征数量，使用 $x_1, \cdots, x_d \in \mathbf{R}^m$ 表示 d 个特征维度上的取值，$x^{(1)}, \cdots, x^{(m)}$ 表示 m 个样本；对应的标签集 $Y \in \mathbf{R}^m$，使用 $y^{(1)}, \cdots, y^{(m)}$ 表示每个样本的标签，其中 $y^{(i)} \in \{-1, 1\}\ (i = 1, \cdots, m)$，则支持向量机的目标函数可以表示为

$$\begin{aligned} \min_{(\boldsymbol{\omega}, b, \xi)} \quad & \frac{1}{2} \|\boldsymbol{\omega}\|^2 + C \sum_{i=1}^{m} \xi_i \\ \text{s. t.} \quad & y^{(i)} (\boldsymbol{\omega}^{\mathrm{T}} x^{(i)} + b) \geqslant 1 - \xi_i \\ & \xi_i \geqslant 0,\ i = 1, 2, \cdots, m \end{aligned} \tag{5-5}$$

其中，$\boldsymbol{\omega}(\boldsymbol{\omega}_1, \cdots, \boldsymbol{\omega}_d) \in \mathbf{R}^d$，是特征系数；$b$ 是偏置项；$\xi(\xi_1, \cdots, \xi_m) \in \mathbf{R}^m$ 是松弛变量；C 是惩罚系数。

一般将式（5 - 5）通过拉格朗日乘子法转化为对偶问题：

$$\min_{\alpha} \frac{1}{2} \alpha^{\mathrm{T}} Q \alpha - \boldsymbol{e}^{\mathrm{T}} \alpha \tag{5-6}$$

$$\text{s. t.} \quad 0 \leqslant \alpha_i \leqslant C,\ \sum_i y^{(i)} \alpha_i = 0,\ i = 1, \cdots, m$$

其中，$\alpha(\alpha_1,\cdots,\alpha_m)\in\mathbf{R}^m$，是每个样本的拉格朗日乘子；$\boldsymbol{e}\in\mathbf{R}^m$，是元素全为 1 的矢量；$Q\in\mathbf{R}^{m\times m}$，$Q_{ij}=k(x^{(i)}x^{(j)}y^{(i)})y^{(j)}$，其中 $K(x^{(i)},x^{(j)})=x^{(i)}x^{(j)}$，为线性核函数。

2. 非线性支持向量机（Nonlinear Support Vector Machine）

基于高维空间的线性可分性，假设先通过映射 ϕ：$\mathbf{R}^d\to\mathbf{R}^p(p>d)$ 将原 d 维特征映射到 p 维空间，则支持向量机的目标函数可以表示为

$$
\begin{aligned}
&\min_{(\boldsymbol{\omega},b,\xi)} \quad \frac{1}{2}\|\boldsymbol{\omega}\|^2+C\sum\nolimits_{i=1}^m\xi_i \\
&\text{s. t.} \quad y^{(i)}(\boldsymbol{\omega}^{\mathrm{T}}\phi(x^{(i)})+b)\geqslant 1-\xi_i \\
&\qquad\qquad \xi_i\geqslant 0,\ i=1,2,\cdots,m
\end{aligned}
\tag{5-7}
$$

其中，$\boldsymbol{\omega}(\boldsymbol{\omega}_1,\cdots,\boldsymbol{\omega}_p)\in\mathbf{R}^p$，是经过映射后的特征系数；$b$ 是偏置项；$\xi(\xi_1,\cdots,\xi_m)\in\mathbf{R}^m$，是松弛变量；$C$ 是惩罚系数。

将式（5-7）通过拉格朗日乘子法转化为对偶问题：

$$
\min_{\alpha}\frac{1}{2}\alpha^{\mathrm{T}}Q\alpha-\boldsymbol{e}^{\mathrm{T}}\alpha \tag{5-8}
$$

$$
\text{s. t.} \quad 0\leqslant\alpha_i\leqslant C,\ \sum_i y^{(i)}\alpha_i=0,\ i=1,\cdots,m
$$

其中，$\alpha(\alpha_1,\cdots,\alpha_m)\in\mathbf{R}^m$，是每个样本的拉格朗日乘子；$\boldsymbol{e}\in\mathbf{R}^m$，是元素全为 1 的矢量；$Q\in\mathbf{R}^{m\times m},Q_{ij}=K(x^{(i)},x^{(j)})y^{(i)}y^{(j)}$，其中 $K(x^{(i)},x^{(j)})$是映射 ϕ 对应的非线性核函数。

常用的核函数见表 5-3。

表 5-3 常用的核函数

名称	函数表达式	备注
线性核函数	$K(x^{(i)},x^{(j)})=x^{(i)}x^{(j)}$	
径向基函数（Radial Basis Function，RBF）核	$K(x^{(i)},x^{(j)})=\exp\left(-\frac{\|x^{(i)}-x^{(j)}\|^2}{2\sigma^2}\right)$	$\sigma>0$，是径向基核带宽
多项式核函数	$K(x^{(i)},x^{(j)})=(x^{(i)}x^{(j)}+1)^p$	$p\geqslant 1$，是多项式次数

3. 求解方法

利用二次规划法或者一些数值方法（如 SMO 算法），可以求解式（5-6）和式（5-8），从而得到支持向量机的决策面函数：

$$
\begin{aligned}
f(x)&=1,\ \text{if}\quad \boldsymbol{\omega}^{\mathrm{T}}x+b\geqslant 0\\
&=-1,\ \text{if}\quad \boldsymbol{\omega}^{\mathrm{T}}x+b<0
\end{aligned}
\tag{5-9}
$$

在联邦学习中，根据数据分布类型的不同，支持向量机可分为横向支持向量机（Horizontal Support Vector Machine）和纵向支持向量机（Vertical Support Vector Machine）两大

类。下面详细介绍如何求解这两大类模型。

5.2.1 横向支持向量机

横向支持向量机是横向联邦学习 - 支持向量机的简称。在横向支持向量机中，一般假设所有参与方所拥有数据的特征矢量描述的内容一致，即 X 的维度、各维度所刻画的信息类型相同，而各参与方数据所刻画的对象不同。

假设有 n 个参与方，每个参与方拥有一份数据，其中第 k 个参与方仅知 $(X^{(k)},Y^{(k)})$，$k=1,\cdots,n$，$X^{(k)}\in\mathbf{R}^{m_k\times d}$，$Y^{(k)}\in\mathbf{R}^{m_k}$，$\sum_{k=1}^{n}m_k=m$。

$$X=\begin{bmatrix}X^{(1)}\\X^{(2)}\\\cdots\\X^{(n)}\end{bmatrix}\quad Y=\begin{bmatrix}Y^{(1)}\\Y^{(2)}\\\cdots\\Y^{(n)}\end{bmatrix}\tag{5-10}$$

1. 横向线性隐私保护支持向量机算法 I

横向线性隐私保护支持向量机（Linear Privacy - Preserving SVM，Linear PPSVM）算法 I [40]（简称横向线性 PPSVM 算法 I）通过一个完全随机的矩阵对原数据进行加密（计算线性核），在保护数据私有信息的前提下，实现线性支持向量机在联合数据集上的分类准确率。该算法的框架如图 5 -3 所示，参数及含义见表 5 -4。

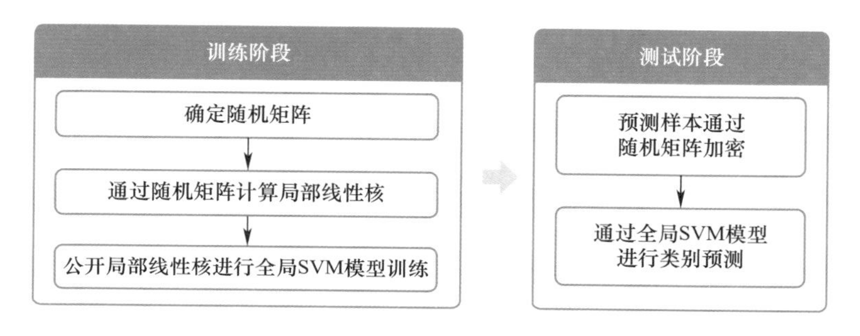

图 5 -3 横向线性 PPSVM 算法 I 的框架

表 5 -4 横向线性 PPSVM 算法 I 的参数及含义

参 数	含 义
n	参与方个数
m	所有参与方的样本总数
$X^{(k)}$	第 k 个参与方的训练集
$Y^{(k)}$	第 k 个参与方的训练集对应的标签

续表

参　数	含　义
X	由所有参与方的训练集组成的总训练集
Y	由所有参与方的训练集标签组成的总训练标签
d	特征个数
$\boldsymbol{B}$	随机矩阵，列数为 d，行数为 $\bar{m}$（$\bar{m}$ 是小于 d 的整数）
u	全局支持向量机模型的权重参数
b	全局支持向量机模型的偏置项参数
ξ_i	第 i 个样本的松弛变量
C	对松弛变量的惩罚系数

横向线性 PPSVM 算法 Ⅰ 的流程如算法流程 5－13 所示。

算法流程 5－13　横向线性 PPSVM 算法 Ⅰ

输入： 随机矩阵 $\boldsymbol{B}$，各参与方的训练集和标签$(X^{(k)},Y^{(k)})$。

输出： 全局线性支持向量机模型。

1. 所有（n 个）参与方确定一个相同的随机矩阵 $\boldsymbol{B}\in\mathbf{R}^{\bar{m}\times d}$，$\bar{m}<d$（$\bar{m}$ 是共同确定的整数，使得矩阵 $\boldsymbol{B}$ 不可逆），用于对数据进行安全加密。
2. 所有（n 个）参与方公开各自的标签 $Y^{(k)}$（$k=1,\cdots,n$）。
3. 每个参与方如第 k 个公开各自的局部线性核 $X^{(k)}\boldsymbol{B}^{\mathrm{T}}$（这不会泄露各方的数据 $X^{(k)}$），构成全局线性核：

$$X\boldsymbol{B}^{\mathrm{T}}=\begin{bmatrix}X^{(1)}\\X^{(2)}\\\cdots\\X^{(n)}\end{bmatrix}\boldsymbol{B}^{\mathrm{T}}$$

4. 对于数据集$(X\boldsymbol{B}^{\mathrm{T}},Y)$，通过一些标准方法（如 1-normSVM）训练一个公开的线性分类器，记为$(\boldsymbol{x}^{\mathrm{T}}\boldsymbol{B}^{\mathrm{T}})u+b=0(u\in\mathbf{R}^{\bar{m}})$，目标函数如下：

$$\min_{(u,b,\xi)}\ \frac{1}{2}\|u\|^2+C\sum_{i=1}^{m}\xi_i$$

$$\text{s.t.}\quad \boldsymbol{y}^{(i)}((\boldsymbol{x}^{(i)})^{\mathrm{T}}\boldsymbol{B}^{\mathrm{T}}u+b)\geqslant 1-\xi_i$$

$$\xi_i\geqslant 0,\ i=1,2,\cdots,m$$

其中，（$\boldsymbol{x}^{(i)}$，$\boldsymbol{y}^{(i)}$）是所有参与方提供的数据（X,Y）中的第 i 个样本。

5. 对于私有的新样本 $x\in\mathbf{R}^d$，可以直接通过公开的线性分类器进行预测，先计算 $\boldsymbol{x}^{\mathrm{T}}\boldsymbol{B}^{\mathrm{T}}$，从而得到预测类别：

$$\boldsymbol{y}=1,\ \text{if}\ \boldsymbol{x}^{\mathrm{T}}\boldsymbol{B}^{\mathrm{T}}u+b\geqslant 0$$
$$=-1,\ \text{if}\ \boldsymbol{x}^{\mathrm{T}}\boldsymbol{B}^{\mathrm{T}}u+b<0$$

2. 横向线性隐私保护支持向量机算法Ⅱ

传统的联合多方数据进行模型学习的方法主要有加密和随机化两种，但二者主要是面向规模较小的数据集，不适用于现有的大数据系统。横向线性隐私保护支持向量机（Linear Privacy - Preserving SVM，Linear PPSVM）算法Ⅱ[41]（简称横向线性 PPSVM 算法Ⅱ）以线性支持向量机模型为例，提出了一个实现分布式大数据横向场景下的隐私保护机器学习框架。该算法通过迭代算法对联合支持向量机模型进行训练，只需要传输模型参数，而不需要公开原数据，从而保护了所有参与方的隐私。该算法的框架如图 5 - 4 所示，参数及含义见表 5 - 5。

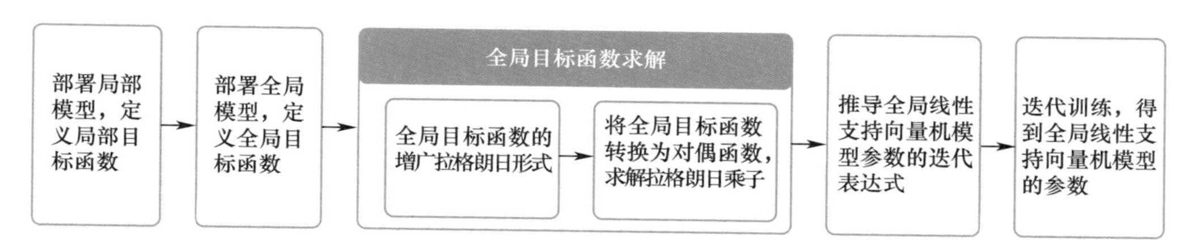

图 5 - 4 横向线性 PPSVM 算法Ⅱ的框架

表 5 - 5 横向线性 PPSVM 算法Ⅱ的参数及含义

参 数	含 义
n	参与方个数
m	所有参与方的样本总数
m_k	第 k 个参与方的样本个数
$X^{(k)}$	第 k 个参与方的训练集
$Y^{(k)}$	第 k 个参与方的训练集对应的标签
$\boldsymbol{D}_k$	由 $Y^{(k)}$ 的 m_k 个元素构成对角线元素的对角矩阵
X	由所有参与方的训练集组成的总训练集
Y	由所有参与方的训练集标签组成的总训练标签
d	特征个数
$\boldsymbol{B}$	随机矩阵，列数为 d，行数为 $\bar{m}$（$\bar{m}$ 是小于 d 的整数）
$\boldsymbol{\omega}_k$	第 k 个参与方的局部线性支持向量机模型权重参数
b_k	第 k 个参与方的局部线性支持向量机模型偏置项参数
$\boldsymbol{\xi}_k$	由第 k 个参与方的松弛变量构成的矢量

续表

参　数	含　义
μ_k	第 k 个参与方在全局目标函数的增广拉格朗日形式中的梯度更新系数
C	对松弛变量的惩罚系数
z	全局线性支持向量机模型权重参数
s	全局线性支持向量机模型偏置项参数
λ_k，γ_k，β_k	第 k 个参与方的对偶变量
ρ	全局目标函数的增广拉格朗日形式中的惩罚系数
t	第 t 次迭代

下面根据图 5－4 对一些模块进行介绍，包括所有参与方的局部目标函数的定义、由这些局部目标函数构成的全局目标函数定义、全局目标函数的求解过程，以及关于局部模型参数和全局模型参数的迭代表达式推导等。

（1）局部目标函数的定义

记 $\boldsymbol{D}_k \in \mathbf{R}^{m_k \times m_k}$，所有 n 个参与方的局部模型训练是相互独立的，局部目标函数为

$$\begin{aligned} \min_{\boldsymbol{\omega}_k, b_k} \quad & \frac{1}{2n}\boldsymbol{\omega}_k^{\mathrm{T}}\boldsymbol{\omega}_k + C\,\|\boldsymbol{\xi}_k\|_1 \\ \text{s. t.} \quad & \boldsymbol{D}_k(X^{(k)}\boldsymbol{\omega}_k + 1b_k) \geqslant 1 - \boldsymbol{\xi}_k \\ & \boldsymbol{\xi}_k \geqslant \mathbf{0} \\ & \boldsymbol{\omega}_k = \boldsymbol{z} \\ & b_k = s \end{aligned} \tag{5-11}$$

其中，$\boldsymbol{\omega}_k \in \mathbf{R}^{(d)}, b_k \in \mathbf{R}$，是第 k 个参与方的局部模型参数；$\mathbf{1} \in \mathbf{R}^{m_k}$是一个元素全为 1 的矢量；$\mathbf{0} \in \mathbf{R}^{m_k}$是一个元素全为 0 的矢量；$\boldsymbol{\xi}_k \in \mathbf{R}^{m_k}$，是松弛变量；$\boldsymbol{z} \in \mathbf{R}^{(d)}, s \in \mathbf{R}$，是全局模型的参数。

（2）全局目标函数的定义

全局模型的目标函数由各局部模型联合构成：

$$\begin{aligned} \min_{\{\boldsymbol{\omega}_k\},\{b_k\}} \quad & \sum_{k=1}^{n}\frac{1}{2n}\boldsymbol{\omega}_k^{\mathrm{T}}\boldsymbol{\omega}_k + C\sum_{k=1}^{n}\|\boldsymbol{\xi}_k\|_1^1 \\ \text{s. t.} \quad & \boldsymbol{D}_k(X^{(k)}\boldsymbol{\omega}_k + \mathbf{1}b_k) \geqslant \mathbf{1} - \boldsymbol{\xi}_k \\ & \boldsymbol{\xi}_k \geqslant \mathbf{0} \\ & \boldsymbol{\omega}_k = \boldsymbol{z} \\ & b_k = s \qquad \forall k = 1,2,\cdots,n \end{aligned} \tag{5-12}$$

（3）全局目标函数的求解过程

式（5-12）的增广拉格朗日形式为

$$\mathcal{L}=\sum_{k=1}^{n}\left\{\frac{1}{2n}\boldsymbol{\omega}_k^{\mathrm{T}}\boldsymbol{\omega}_k-\lambda_k^{\mathrm{T}}[D_k(X^{(k)}\boldsymbol{\omega}_k+\mathbf{1}b_k)-\mathbf{1}+\boldsymbol{\xi}_k]\right.$$
$$-\mu_k^{\mathrm{T}}\boldsymbol{\xi}_k+C\|\boldsymbol{\xi}_k\|_1^1+\frac{\rho}{2}\|\boldsymbol{\omega}_k-z+\gamma_k\|^2$$
$$\left.+\frac{\rho}{2}\|b_k-s+\beta_k\|^2\right\} \tag{5-13}$$

其中，$\lambda_k\in\mathbf{R}^{m_k}$，是用来去除约束 $D_k(X^{(k)}\boldsymbol{\omega}_k+\mathbf{1}b_k)\geqslant\mathbf{1}-\boldsymbol{\xi}_k$ 的对偶变量；$\gamma_k\in\mathbf{R}^{(d)}$，$\beta_k\in\mathbf{R}$，是用来去除约束 $\boldsymbol{\omega}_k=z$、$b_k=s$ 的对偶变量；$\rho\in\mathbf{R}$，是惩罚系数。

对于式（5-13），令 $\frac{\partial L}{\partial\boldsymbol{\omega}_k}=0$，$\frac{\partial L}{\partial b_k}=0$，可以得到对偶问题：

$$\mathcal{L}_{(d)}=-\frac{n}{2(1+\rho n)}\lambda_k^{\mathrm{T}}\boldsymbol{D}_k(X^{(k)})^{\mathrm{T}}X^{(k)}\boldsymbol{D}_k\boldsymbol{\lambda}_k$$
$$+\left[\mathbf{1}-\frac{n\rho}{1+\rho n}\boldsymbol{D}_kX^{(k)}(z^t-\gamma_k^t)\right]^{\mathrm{T}}\boldsymbol{\lambda}_k \tag{5-14}$$

设置一些标记，令

$$A=\frac{n}{1+\rho n}\boldsymbol{D}_k(X^{(k)})^{\mathrm{T}}X^{(k)}\boldsymbol{D}_k$$

$$B^t=-\mathbf{1}+\frac{n\rho}{1+\rho n}\boldsymbol{D}_kX^{(k)}(z^t-\gamma_k^t)$$

则通过求解式（5-14），可以得到拉格朗日乘子：

$$\begin{aligned}\lambda_k:=\arg\min_{0\leqslant\lambda_k\leqslant C}&\frac{1}{2}\lambda_k^{\mathrm{T}}A\boldsymbol{\lambda}_k+(B^t)^{\mathrm{T}}\boldsymbol{\lambda}_k\\ \text{s. t.}\quad&\mathbf{1}^{\mathrm{T}}\boldsymbol{D}_k\boldsymbol{\lambda}_k=\rho(b_k^t-s^t+\beta_k^t)\end{aligned} \tag{5-15}$$

其中，约束条件 $\mathbf{1}^{\mathrm{T}}\boldsymbol{D}_k\lambda_k=\rho(b_k^t-s^t+\beta_k^t)$ 是在式(5-13) 中,令 $\frac{\partial L}{\partial b_k}=0$ 得到的。

（4）关于局部模型参数和全局模型参数的迭代表达式推导

所有参数的迭代目标：

$$\begin{aligned}\{\boldsymbol{\omega}_k^{t+1}\}&=\arg\min_{\{\boldsymbol{\omega}_k\}}\mathcal{L}(\{\boldsymbol{\omega}_k\},z^t,\{b_k^t\},s^t)\\ z^{t+1}&=\arg\min_{z}\mathcal{L}(\{\boldsymbol{\omega}_k^{t+1}\},z,\{b_k^t\},s^t)\\ \{b_k^{t+1}\}&=\arg\min_{\{b_k\}}\mathcal{L}(\{\boldsymbol{\omega}_k^{t+1}\},z^{t+1},\{b_k\},s^t)\\ s^{t+1}&=\arg\min_{s}\mathcal{L}(\{\boldsymbol{\omega}_k^{t+1}\},z^{t+1},\{b_k^{t+1}\},s)\end{aligned} \tag{5-16}$$

通过求解式（5－15），根据 ADMM 可以推导出所有参数的迭代求解表达式：

$$
\begin{aligned}
\boldsymbol{\omega}_k^{t+1} &= \frac{n}{1+\rho n}(\rho z^t - \rho\gamma_k^t + ((\boldsymbol{\lambda}_k^{t+1})^{\mathrm{T}}\boldsymbol{D}_k X^{(k)})^{\mathrm{T}}) \\
z^{t+1} &= \frac{1}{n}(\sum_k^n \boldsymbol{\omega}_k^{t+1} + \sum_k^n \gamma_k^t) \\
\gamma_k^{t+1} &= \gamma_k^t + \boldsymbol{\omega}_k^{t+1} - z^{t+1} \\
b_k^{t+1} &= \frac{1}{\rho}\lambda_k^{t+1}\boldsymbol{D}_k 1 + s^t - \beta_k^t \\
s^{t+1} &= \frac{1}{n}(\sum_k^n b_k^{t+1} + \sum_k^n \beta_k^t) \\
\beta_k^{t+1} &= \beta_k^t + b_k^{t+1} - s^{t+1}
\end{aligned}
\tag{5－17}
$$

其中，γ_k^{t+1} 和 β_k^{t+1} 是通过对偶梯度上升法更新的。

横向线性 PPSVM 算法Ⅱ的流程如算法流程 5－14 所示。

算法流程 5－14　横向线性 PPSVM 算法

输入： 迭代表达式（5－17）中参数的初始值 $\boldsymbol{\omega}_k^0$、z^0、γ_k^0、b_k^0、s^0、β_k^0。

输出： 全局线性支持向量机模型的参数 z、s。

1. 分别在 n 个参与方布置局部模型；
2. 在中央服务器布置全局模型，全局目标函数为式(5－12)；
3. 对式(5－17)进行迭代，直到全局模型参数 z^{t+1} 和 s^{t+1} 分别收敛至 z 和 s，对于迭代次数 $t=0,1,\cdots$，执行以下步骤：

（1）对于所有参与方 $k=1,\cdots,n$，根据式(5－17)中 $\boldsymbol{\omega}_k^{t+1}$、$\gamma_k^{t+1}$、$b_k^{t+1}$、$\beta_k^{t+1}$ 的迭代表达式，计算第 $t+1$ 轮迭代的局部模型参数，并传输给中央服务器；

（2）对于中央服务器，在接收到来自各参与方的参数之后，根据式(5－17)中 z^{t+1} 和 s^{t+1} 的迭代表达式，计算第 $t+1$ 轮迭代的全局模型参数，并传输给各参与方。

4. 输出全局模型：

$$
\begin{aligned}
y &= 1,\ \text{if } z * x + s \geqslant 0 \\
&= -1,\ \text{if } z * x + s < 0
\end{aligned}
$$

3. 横向非线性隐私保护支持向量机算法

横向非线性隐私保护支持向量机（Nonlinear Privacy－Preserving SVM，Nonlinear PPSVM）算法（简称横向非线性 PPSVM 算法）通过一个完全随机的矩阵对原数据进行加密（计算非线性核），在保护数据私有信息的前提下，实现非线性支持向量机在联合数据集上的分类准确率。该算法的框架如图 5－5 所示，参数及含义见表 5－6。

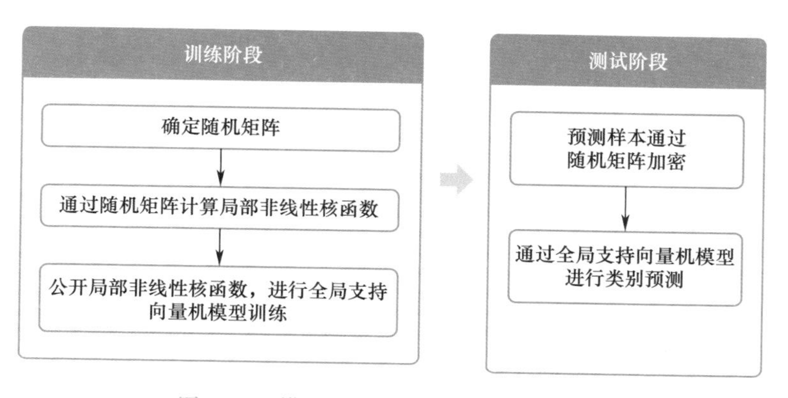

图 5-5　横向非线性 PPSVM 算法的框架

表 5-6　横向非线性 PPSVM 算法的参数及含义

参　数	含　义
n	参与方个数
m	所有参与方的样本总数
$X^{(k)}$	第 k 个参与方的训练集
$Y^{(k)}$	第 k 个参与方的训练集对应的标签
X	由所有参与方的训练集组成的总训练集
Y	由所有参与方的训练集标签组成的总训练标签
d	特征个数
$\boldsymbol{B}$	随机矩阵，列数为 d，行数为 $\bar{m}$（$\bar{m}$ 是小于 d 的整数）
$K(,)$	某个非线性核函数
$\boldsymbol{u}$	全局支持向量机模型的权重参数
b	全局支持向量机模型的偏置项参数
ξ_i	第 i 个样本的松弛变量
C	对松弛变量的惩罚系数

横向非线性 PPSVM 算法的流程如算法流程 5-15 所示。

算法流程 5-15　横向非线性 PPSVM 算法

输入： 随机矩阵 $\boldsymbol{B}$，各参与方的训练集和标签（X,Y）。

输出： 全局非线性支持向量机模型。

1. 所有（n 个）参与方确定一个相同的随机矩阵 $\boldsymbol{B}\in\mathbf{R}^{\bar{m}\times d}$，$\bar{m}<d$（$\bar{m}$ 是共同确定的整数，使得矩阵 $\boldsymbol{B}$ 不可逆），用于对数据进行安全加密。
2. 所有（n 个）参与方公开各自的标签 $Y^{(k)}(k=1,\cdots,n)$。

3. 每个参与方（以第 k 个为例）公开各自的局部非线性核函数 $K(X^{(k)},\boldsymbol{B}^{\mathrm{T}})$（这不会泄露各方的数据 $X^{(k)}$），构成全局非线性核函数：

$$K(X,\boldsymbol{B}^{\mathrm{T}})=K\left(\begin{bmatrix}X^{(1)}\\X^{(2)}\\\cdots\\X^{(n)}\end{bmatrix},\boldsymbol{B}^{\mathrm{T}}\right)=\begin{bmatrix}K(X^{(1)},\boldsymbol{B}^{\mathrm{T}})\\K(X^{(2)},\boldsymbol{B}^{\mathrm{T}})\\\cdots\\K(X^{(n)},\boldsymbol{B}^{\mathrm{T}})\end{bmatrix}$$

4. 通过一些标准方法（如 1 - normSVM），训练一个公开的非线性分类器，记为 $K(x^{\mathrm{T}},\boldsymbol{B}^{\mathrm{T}})\boldsymbol{u}+b=0$，$\boldsymbol{u}\in\mathbf{R}^{\bar{m}}$，目标函数如下：

$$\min_{(\boldsymbol{u},b,\xi)}\frac{1}{2}\|\boldsymbol{u}\|^2+C\sum_{i=1}^{m}\xi_i$$
$$\text{s.t.}\quad y^{(i)}(K((x^{(i)})^{\mathrm{T}},\boldsymbol{B}^{\mathrm{T}})\boldsymbol{u}+b)\geqslant 1-\xi_i$$
$$\xi_i\geqslant 0,\ i=1,2,\cdots,m$$

其中，$(x^{(i)},y^{(i)})$ 是所有参与方提供的数据 (X,Y) 中的第 i 个样本。

5. 对于私有的新样本 $x\in\mathbf{R}^{(d)}$，可以直接通过公开的非线性分类器进行预测，先计算 $K(x^{\mathrm{T}},\boldsymbol{B}^{\mathrm{T}})$，从而得到预测类别：

$$y=1,\ \text{if}\ K(x^{\mathrm{T}},\boldsymbol{B}^{\mathrm{T}})\boldsymbol{u}+b\geqslant 0$$
$$=-1,\ \text{if}\ K(x^{\mathrm{T}},\boldsymbol{B}^{\mathrm{T}})\boldsymbol{u}+b<0$$

5.2.2 纵向支持向量机

纵向支持向量机是纵向联邦学习 - 支持向量机的简称。在纵向支持向量机中，一般假设所有参与方所拥有数据的对象是一致的，而各参与方所拥有数据的特征矢量描述的内容是不一致的，即 X 的维度、各维度所刻画的信息类型不同。

假设有 n 个参与方，每个参与方都拥有 m 个用户的部分特征，其中第 k 个参与方仅知 $X_k(k=1,\cdots,n)$，$X_k\in\mathbf{R}^{m\times(d)_k}$，$\sum_{k=1}^{n}d_k=d$，通常标签只被一方拥有或由全部参与方共同享有：

$$X=[X_1,X_2,\cdots,X_n]\quad Y=\begin{bmatrix}Y^{(1)}\\Y^{(2)}\\\cdots\\Y^{(m)}\end{bmatrix}\tag{5-18}$$

注意：实际场景中，标签通常只被一方拥有，依据不同隐私保护等级的规定，可以选择对标签进行共享或者不共享，是否共享标签一般只影响到梯度信息聚合时的计算框架，对整体的模型训练没有影响。

1. 纵向线性隐私保护支持向量机算法Ⅰ

纵向线性隐私保护支持向量机（Linear Privacy - Preserving SVM，Linear PPSVM）算法Ⅰ[42]（简称纵向线性 PPSVM 算法Ⅰ）通过一个完全随机矩阵对各参与方的数据进行加密，该随机矩阵是由各参与方联合生成的，不需要公开，从而保证了信息不被泄露。此外，该算法通过合并各参与方的部分线性核函数，构成完整的线性核进行模型训练，使得模型能达到中心化模型（合并所有数据集训练得到的模型）的准确率。该算法的框架如图5－6所示，参数及含义见表5－7。

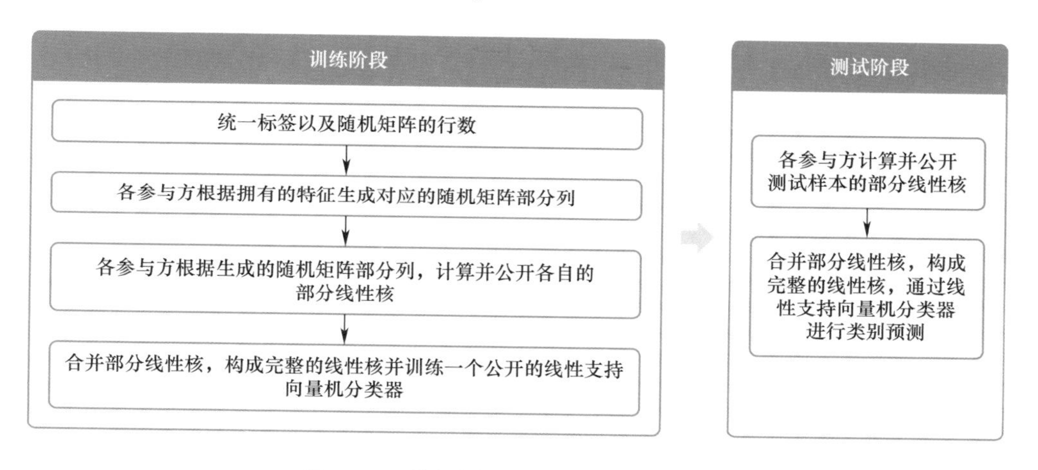

图5－6　纵向线性 PPSVM 算法Ⅰ的框架

表5－7　纵向线性 PPSVM 算法Ⅰ的参数及含义

参数	含义
n	参与方个数
m	总样本个数
X_k	第 k 个参与方拥有的训练集特征
X	由所有参与方的训练集特征组成的总训练集特征
Y	总训练集的标签
d	特征个数
d_k	第 k 个参与方的特征个数
$\boldsymbol{B}_k$	第 k 个参与方生成的随机矩阵的 d_k 列
$\boldsymbol{B}$	随机矩阵，列数为 d，行数为 $\bar{m}$（$\bar{m}$ 是小于 d 的整数）
$\boldsymbol{D}$	由 m 个样本的标签作为对角线元素构成的对角矩阵

续表

参　数	含　义
$\boldsymbol{u}$	全局支持向量机模型的权重参数
b	全局支持向量机模型的偏置项参数
ξ_i	第 i 个样本的松弛变量
$\boldsymbol{\xi}$	由所有样本的松弛变量构成的矢量
C	对松弛变量的惩罚系数

纵向线性 PPSVM 算法Ⅰ的流程如算法流程 5－16 所示。

算法流程 5－16　纵向线性 PPSVM 算法Ⅰ

输入： 随机矩阵 $\boldsymbol{B}$，各参与方的训练集和标签（$X^{(k)},Y^{(k)}$）。

输出： 全局线性支持向量机模型。

1. 所有参与方统一每个样本的标签并传输给中央服务器，记 $\boldsymbol{D}\in\mathbf{R}^{m\times m}$，其对角线元素为 $D_{ii}=\pm1$；确定随机矩阵 $\boldsymbol{B}\in\mathbf{R}^{\bar{m}\times d}$的行数 $\bar{m}$，其中：

$$\bar{m}\in[d,m],\quad \text{if } m>d$$
$$=m,\quad \text{if } m=d$$

2. 每个参与方生成各自私有的随机矩阵 $\boldsymbol{B}_k\in\mathbf{R}^{\bar{m}\times d_k}(k=1,\cdots,n)$。

3. 每个参与方计算并公开其线性核 $X_k\boldsymbol{B}_{.k}^{\mathrm{T}}$（这并不会泄露 X_k），构成完整的线性核。

$$X\boldsymbol{B}^{\mathrm{T}}=X_1\boldsymbol{B}_{.1}^{\mathrm{T}}+X_2\boldsymbol{B}_{.2}^{\mathrm{T}}+\cdots+X_n\boldsymbol{B}_{.n}^{\mathrm{T}}$$

4. 对于数据集（$X\boldsymbol{B}^{\mathrm{T}},Y$），通过一些标准方法（如 1－normSVM），训练一个公开的线性分类器，记为（$x^{\mathrm{T}}\boldsymbol{B}^{\mathrm{T}}$）$\boldsymbol{u}+b=0$，$\boldsymbol{u}\in\mathbf{R}^{\bar{m}}$，目标函数如下：

$$\min_{(\boldsymbol{u},b,\xi)}\frac{1}{2}\|\boldsymbol{u}\|^2+C\sum_{i=1}^{m}\xi_i$$
$$\text{s. t.}\quad D(X\boldsymbol{B}^{\mathrm{T}}\boldsymbol{u}+\mathbf{1}b)\geqslant 1-\boldsymbol{\xi}$$
$$\boldsymbol{\xi}\geqslant\mathbf{0}$$

其中，$\mathbf{1}\in\mathbf{R}^m$、$\mathbf{0}\in\mathbf{R}^m$ 分别是元素全为 1 和 0 的矢量；$\boldsymbol{\xi}\in\mathbf{R}^m$，是松弛变量；$C$ 是对松弛变量的惩罚系数。

5. 对于测试样本 $x\in\mathbf{R}^d$，先由各参与方公开部分线性核 $x_k^{\mathrm{T}}\boldsymbol{B}_{.k}^{\mathrm{T}}$，再合并成完整的线性核，最后由线性分类器进行预测，预测结果为

$$f(x)=x^{\mathrm{T}}\boldsymbol{B}^{\mathrm{T}}\boldsymbol{u}+b=(x_1^{\mathrm{T}}\boldsymbol{B}_{.1}^{\mathrm{T}}+x_2^{\mathrm{T}}\boldsymbol{B}_{.2}^{\mathrm{T}}+\cdots+x_n^{\mathrm{T}}\boldsymbol{B}_{.n}^{\mathrm{T}})\boldsymbol{u}+b$$

当 $f(x)\geqslant0$ 时，预测的类别为 $\mathbf{1}$，否则预测的类别为 $\mathbf{0}$。

2. 纵向线性隐私保护算法Ⅱ

传统的联合多方数据进行模型学习的方法主要有加密和随机化两种，但二者主要是面向规模较小的数据集，不适用于现有的大数据系统，纵向线性隐私保护算法Ⅱ（Linear Privacy－Preserving SVM，Linear PPSVM）（简称纵向线性 PPSVM 算法Ⅱ）以线性支持向量机模型为例，提出了一个实现分布式大数据纵向场景下的隐私保护机器学习框架。该算法通过迭代算法对联合支持向量机模型进行训练，主要需要传输的是模型参数，而对于需要传输的数据信息，则进行了有限的加密操作，从而保护了所有参与方的隐私。该算法的框架如图 5－7 所示，参数及含义见表 5－8。

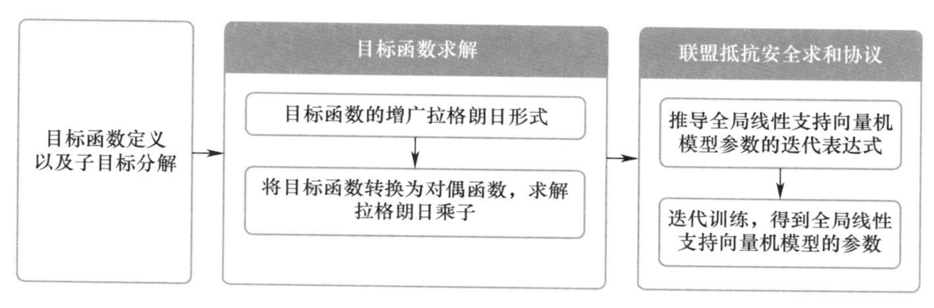

图 5－7 纵向线性 PPSVM 算法Ⅱ的框架

表 5－8 纵向线性 PPSVM 算法Ⅱ的参数及含义

参数	含义
n	参与方个数
m	总样本个数
X_k	第 k 个参与方拥有的训练集特征
X	由所有参与方的训练集特征组成的总训练集特征
Y	总训练集的标签
d	特征个数
d_k	第 k 个参与方的特征个数
$\boldsymbol{D}$	由 m 个样本的标签作为对角线元素构成的对角矩阵
$\boldsymbol{\omega}_k$	第 k 个参与方的特征对应的权重参数
b	全局线性支持向量机模型偏置项参数
z	全局线性支持向量机模型权重参数
$\boldsymbol{\xi}$	由所有样本的松弛变量构成的矢量
C	对松弛变量的惩罚系数
γ	对偶变量，对约束 $z=\sum_{k=1}^{n}X_k\boldsymbol{\omega}_k$ 的惩罚
ρ	全局目标函数的增广拉格朗日形式中的惩罚系数
λ	全局目标函数的增广拉格朗日形式的对偶问题中的对偶变量
t	第 t 次迭代

下面对一些模块进行介绍，包括目标函数、目标函数的增广拉格朗日形式、参数迭代表达式的求解和联盟抵抗安全求和协议（Coalition-resistance Secure Summation Protocol）。

（1）目标函数

记 $\boldsymbol{D} \in \mathbf{R}^{m \times m}$，其对角线元素为 $D_{ii} = \pm 1$，通过矢量 $\boldsymbol{z} \in \mathbf{R}^{m}$ 对原问题进行去耦合，使问题分解成 n 个参与方独立的子问题：

$$\begin{aligned} \min_{\{\boldsymbol{\omega}_k\}} \sum_{k=1}^{n} \frac{1}{2} \| \boldsymbol{\omega}_k \|^2 + C \| \boldsymbol{\xi} \|_1 & \\ \text{s. t.} \quad D(\boldsymbol{z} + \mathbf{1} b) \geqslant 1 - \boldsymbol{\xi} & \\ \boldsymbol{\xi} > 0 & \\ \boldsymbol{z} = \sum_{k=1}^{n} X_k \boldsymbol{\omega}_k & \end{aligned} \tag{5-19}$$

其中，$\boldsymbol{\omega}_k \in \mathbf{R}^{d_k}$，是局部支持向量机模型的参数；$b \in \mathbf{R}$，是全局支持向量机模型的参数；$\boldsymbol{\xi} \in \mathbf{R}^{m}$，是松弛变量；$\mathbf{1} \in \mathbf{R}^{m}$，是元素全为 1 的矢量；$C$ 是对松弛变量的惩罚系数。

（2）目标函数的增广拉格朗日形式

式（5－19）的增广拉格朗日形式为

$$\begin{aligned} L = \sum_{k=1}^{n} \frac{1}{2} \| \boldsymbol{\omega}_k \|^2 + C \| \boldsymbol{\xi} \|_1 + \frac{\rho}{2} \| \boldsymbol{z} - \sum_{k=1}^{n} X_k \boldsymbol{\omega}_k + \gamma \|_2^2 & \\ \text{s. t.} \quad \boldsymbol{D}(\boldsymbol{z} + \mathbf{1} b) \geqslant 1 - \boldsymbol{\xi},\ \boldsymbol{\xi} > 0 & \end{aligned} \tag{5-20}$$

其中，$\gamma \in \mathbf{R}^{m}$，是对约束 $\boldsymbol{z} = \sum_{k=1}^{n} X_k \boldsymbol{\omega}_k$ 的惩罚，也是对偶变量。

（3）参数迭代表达式的求解

对式（5－20）的参数进行分步迭代求解，在第 $t+1$ 次迭代时的分步优化问题为

$$\begin{aligned} \{\boldsymbol{\omega}_k^{t+1}\} &= \arg \min_{\{\boldsymbol{\omega}_k\}} \mathcal{L}(\{\boldsymbol{\omega}_k\}, \boldsymbol{z}^t, \gamma^t) \\ \boldsymbol{z}^{t+1} &= \arg \min_{z} \mathcal{L}(\{\boldsymbol{\omega}_k^{t+1}\}, \boldsymbol{z}, \gamma^t) \\ \gamma^{t+1} &= \gamma^t + \boldsymbol{z}^{t+1} - \sum_{k=1}^{m} X_k \boldsymbol{\omega}_k \end{aligned} \tag{5-21}$$

对式（5－21）进行求解，得到各参数在第 $t+1$ 次迭代的表达式：

$$\begin{aligned} \boldsymbol{\omega}_k^{t+1} &= \rho\,(\boldsymbol{I} + \rho X_k^{\mathrm{T}} X_k)^{-1} X_k^{\mathrm{T}} [\boldsymbol{z} - \bar{c}^{t} + c_k^{t} + \gamma^{t}] \\ \lambda &= \arg \min_{0 \leqslant \lambda \leqslant C} \frac{1}{2} \lambda^{\mathrm{T}} A \lambda + B^{\mathrm{T}} \lambda \quad \text{s. t.} \quad \mathbf{1} \boldsymbol{D} \lambda = 0 \\ \boldsymbol{z}^{t+1} &= \bar{c}^{t+1} - \gamma^{t} + \frac{1}{\rho} \lambda \boldsymbol{D} \\ \gamma^{t+1} &= \gamma^{t} + \boldsymbol{z}^{t+1} - \bar{c}^{t+1} \end{aligned} \tag{5-22}$$

其中，$\boldsymbol{I} \in \mathbf{R}^{d_k \times d_k}$，是元素全为 1 的矩阵；$\bar{c}^{t} = \sum_{k=1}^{n} X_k \boldsymbol{\omega}_k^{t}$，$c_k^{t} = X_k \boldsymbol{\omega}_k^{t}$，$\bar{c}$ 通过联盟抵抗安全

求和协议（详见下文）计算得到；$\lambda \in \mathbf{R}^m$，是式（5－20）的对偶问题的对偶变量；A 和 B 是通过求解式（5－20）的对偶问题得到的，$A = \frac{1}{\rho} Y \mathbf{1}\mathbf{1}^{\mathrm{T}} Y$，$B = -1 + Y(\bar{c}^{t+1} - \gamma^t)$，$\mathbf{1} \in \mathbf{R}^m$。

为了简化，式（5－22）中略去了支持向量机模型中偏置项参数的迭代表达式，所有迭代表达式的推导过程参照算法流程5－17。

（4）联盟抵抗安全求和协议

① n 个参与方分别生成 $n-1$ 个随机数；

② 每个参与方分别将 $n-1$ 个随机数发送给其他 $n-1$ 个参与方；

③ 每个参与方（以第 k 个为例）计算生成的 $n-1$ 个随机数的和 Sed_k，以及收到的 $n-1$个随机数的和 Rev_k；

④ 每个参与方发送 $X_k \boldsymbol{\omega}_k + \mathrm{Sed}_k - \mathrm{Rev}_k$ 给中央服务器；

⑤ 中央服务器计算 $\boldsymbol{z} = \sum_{k=1}^{n} X_k \boldsymbol{\omega}_k = \sum_{k=1}^{n} (X_k \boldsymbol{\omega}_k + \mathrm{Sed}_k - \mathrm{Rev}_k)$。

纵向线性PPSVM算法Ⅱ的流程如算法流程5－17所示。

算法流程5－17　纵向线性PPSVM算法Ⅱ

输入： 参数的初始值 $\boldsymbol{\omega}_k^0$、b^0、z^0、γ^0。

输出： 全局线性支持向量机模型的参数 z、b。

1. 所有参与方统一所有样本的标签；
2. 在中央服务器布置全局模型，全局目标函数为式（5－19）；
3. 对式（5－22）进行迭代直到全局模型参数 $\boldsymbol{z}^{t+1}$ 和 b^{t+1} 分别收敛至 z 和 b，对于迭代次数 $t = 0,1,\cdots$，执行以下步骤：

   （1）对于所有参与方 $k=1,\cdots,n$，根据式（5－22）中 $\boldsymbol{\omega}_k^{t+1}$ 的迭代表达式，计算第 $t+1$ 次迭代的局部模型参数，并传输给中央服务器。

   （2）对于中央服务器，在接收到来自各参与方的参数之后，根据式（5－22）中 z^{t+1} 和 γ^{t+1} 的迭代表达式，计算第 $t+1$ 次迭代的全局模型参数，并传输给各参与方。
4. 输出全局模型：

$$
\begin{aligned}
y &= 1,\ \text{if } z * x + b \geqslant 0 \\
&= -1,\ \text{if } z * x + b < 0
\end{aligned}
$$

3. 纵向非线性隐私保护算法

纵向非线性隐私保护算法（Nonlinear Privacy-Preserving SVM，Nonlinear PPSVM）[42]（简称纵向非线性PPSVM算法）通过一个完全随机矩阵对各参与方的数据进行加密，该随机矩阵是由各参与方联合生成的，不会公开，从而避免了信息泄露。此外，该算法通过合并各参与方的部分非线性核，利用核函数的可分离性构成完整的非线性核进行模型训练，使得模型能达到中心化模型（合并所有数据集训练得到的模型）的准确率。该算法的框架如图 5-8 所示，参数及含义见表 5-9。

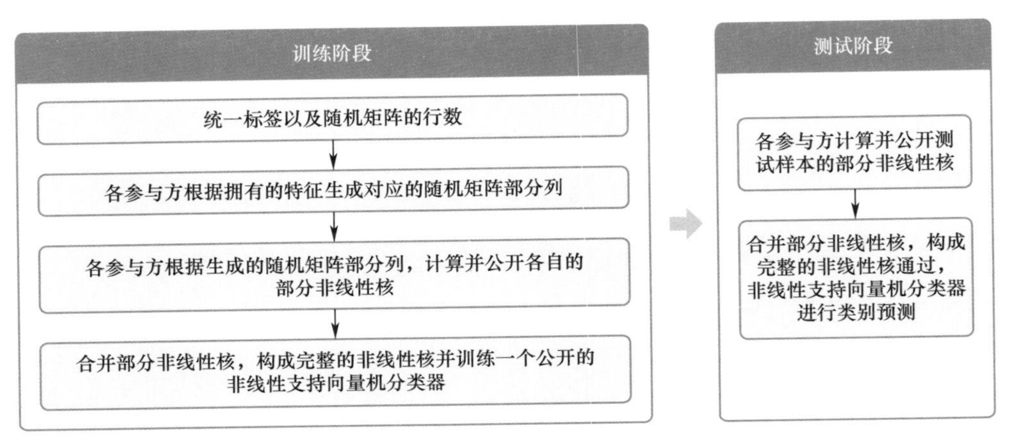

图 5-8　纵向非线性 PPSVM 算法的框架

表 5-9　纵向非线性 PPSVM 算法的参数及含义

参　数	含　义
n	参与方个数
m	总样本个数
X_k	第 k 个参与方拥有的训练集特征
X	由所有参与方的训练集特征组成的总训练集特征
Y	总训练集的标签
d	特征个数
d_k	第 k 个参与方的特征个数
$\boldsymbol{B}_{.k}$	第 k 个参与方生成的随机矩阵的 d_k 列
$\boldsymbol{B}$	随机矩阵，列数为 d，行数为 $\bar{m}$（$\bar{m}$ 是小于 d 的整数）
$K(,)$	某个非线性核函数
$\boldsymbol{D}$	由 m 个样本的标签作为对角线元素构成的对角矩阵
$\boldsymbol{u}$	全局支持向量机模型的权重参数
b	全局支持向量机模型的偏置项参数
$\boldsymbol{\xi}_i$	第 i 个样本的松弛变量
$\boldsymbol{\xi}$	由所有样本的松弛变量构成的矢量
C	对松弛变量的惩罚系数

假设 $A\in\mathbf{R}^{m\times d}$，$B\in\mathbf{R}^{k\times d}$，$A=[E\ F]$，$B=[G\ H]$，$E\in\mathbf{R}^{m\times d_1}$，$F\in\mathbf{R}^{m\times d_2}$，$G\in\mathbf{R}^{k\times d_1}$，$H\in\mathbf{R}^{k\times d_2}$，$d_1+d_2=d$，则线性核函数、RBF、多项式核函数的可分离性如下。

（1）线性核：

$$K(A,B^{\mathrm{T}})=K([E\ F],[G\ H]^{\mathrm{T}})=K(E,G^{\mathrm{T}})+K(F,H^{\mathrm{T}})$$

（2）RBF 核：

$$K(A,B^{\mathrm{T}})=K([E\ F],[G\ H]^{\mathrm{T}})=K(E,G^{\mathrm{T}})\odot K(F,H^{\mathrm{T}})$$

其中，$\odot$ 表示矩阵的哈达玛（Hadamard）积。

（3）多项式核：

$$K(A,B^{\mathrm{T}})=K([EF],[GH]^{\mathrm{T}})=(K(E,G^{\mathrm{T}})+K(F,H^{\mathrm{T}})+1)^{p}$$

纵向非线性 PPSVM 算法的流程如算法流程 5－18 所示。

算法流程 5－18 纵向非线性 PPSVM 算法

输入：随机矩阵 $\boldsymbol{B}$，各参与方的训练集和标签（$X^{(k)},Y^{(k)}$）。

输出：全局线性支持向量机模型。

1. 所有参与方共同确定每个样本的标签，记 $\boldsymbol{D}\in\mathbf{R}^{m\times m}$，其对角线元素为 $D_{ii}=\pm1$；确定随机矩阵 $\boldsymbol{B}\in\mathbf{R}^{\bar{m}\times d}$的行数 $\bar{m}$，其中：

$$\bar{m}\in[d,m],\ \text{if}\ m>d$$

$$\bar{m}=m,\ \text{if}\ m=d$$

2. 每个参与方生成各自私有的随机矩阵 $\boldsymbol{B}_{.k}\in\mathbf{R}^{\bar{m}\times d_k}$，$k=1,\cdots,n$；

3. 每个参与方计算并公开其非线性核 $K(X_k,\boldsymbol{B}_{.k}^{\mathrm{T}})$（这不会泄露 X_k），通过核函数的可分离性，构成完整的非线性核：

$$K(X,\boldsymbol{B}^{\mathrm{T}})=K(X_1,\boldsymbol{B}_{.1}^{\mathrm{T}})\odot K(X_2,\boldsymbol{B}_{.2}^{\mathrm{T}})\odot\cdots\odot K(X_n,\boldsymbol{B}_{.n}^{\mathrm{T}})$$

其中，$\odot$ 表示矩阵的哈达玛积。

4. 对于数据集（$K(x^{\mathrm{T}},\boldsymbol{B}^{\mathrm{T}}),Y$），通过一些标准方法（如 1-normSVM）训练一个公开的非线性分类器，记为 $K(x^{\mathrm{T}},\boldsymbol{B}^{\mathrm{T}})\boldsymbol{u}+b=0$，$\boldsymbol{u}\in\mathbf{R}^{\bar{m}}$，目标函数如下：

$$\min_{(\boldsymbol{u},b,\boldsymbol{\xi})}\frac{1}{2}\|\boldsymbol{u}\|^2+C\sum_{i=1}^{m}\xi_i$$

$$\text{s.t.}\quad D(K(X,\boldsymbol{B}^{\mathrm{T}})\boldsymbol{u}+\mathbf{1}b)\geqslant1-\boldsymbol{\xi}$$

$$\boldsymbol{\xi}\geqslant\mathbf{0}$$

其中，$\mathbf{1}\in\mathbf{R}^{m}$，$\mathbf{0}\in\mathbf{R}^{m}$，分别是元素全为 1 和 0 的矢量；$\boldsymbol{\xi}\in\mathbf{R}^{m}$，是松弛变量；$C$ 是对松弛变量的惩罚系数。

5. 对于测试样本 $x\in\mathbf{R}^{d}$，先由各参与方公开部分非线性核 $K(x_k^{\mathrm{T}},\boldsymbol{B}_{.k}^{\mathrm{T}})$，再合并成完整的非线

性核，最后由非线性分类器进行预测，预测结果为

$$f(x)=K(x^{\mathrm{T}},\boldsymbol{B}^{\mathrm{T}})\boldsymbol{u}+b=(K(x_1^{\mathrm{T}},\boldsymbol{B}_{\cdot 1}^{\mathrm{T}})\odot K(x_2^{\mathrm{T}},\boldsymbol{B}_{\cdot 2}^{\mathrm{T}})\odot\cdots\odot\boldsymbol{K}(\boldsymbol{x}_n^{\mathrm{T}},\boldsymbol{B}_{\cdot n}^{\mathrm{T}}))\boldsymbol{u}+b$$

当$f(x)\geqslant 0$时，预测的类别为1，否则预测的类别为0。

5.3 本章小结

本章从横向联邦和纵向联邦的角度，重点介绍了朴素贝叶斯和支持向量机这两种分类算法。首先，以统计概率学中的贝叶斯定理为出发点，引入了性能更优的朴素贝叶斯分类思想和工作方法，这为进一步介绍横向朴素见叶斯分类模型和纵向朴素贝叶斯分类模型奠定了理论基础。然后，以针对机器学习中二分类任务设计的支持向量机为基础，按数据类型和属性的不同，分别建立了横向联邦学习支持向量机模型和纵向联邦学习支持向量机模型。希望本章能够帮助读者对以朴素贝叶斯和支持向量机为模型构建的横向和纵向联邦分类算法形成更清晰的认识和更深入的理解。

第 6 章 联邦树模型

本章以联邦视角，重点介绍决策树（Decision Tree）与极端梯度提升（eXtreme Gradient Boost，XGBoost）模型在算法层面是如何用于联邦学习中完成安全计算的。

6.1 决策树

决策树算法起源于 20 世纪 80 年代，是“符号主义”学习的代表之一。该算法简单易用，至今仍被广泛应用于各类机器学习场景。常见的决策树算法有 ID3、C4.5 和 CART 等，不同决策树算法的划分选择不同。ID3 采用信息增益（Information Gain）作为准则选择划分属性，C4.5 采用增益率（Gain Ratio），CART 采用基尼指数（Gini Index）。

下面以 ID3 为例，介绍 ID3 树的原始算法（见算法流程 6－1）。该算法采用了递归的方法，其中包含 3 种返回：

（1）当前属性集为空；

（2）当前结点所包含的样本全属同一类；

（3）根据信息增益选取最优属性进行划分，子结点将该属性去掉并进行下一步建树。

算法流程 6－1　ID3 树的原始算法

ID3 (R,C,T)

R 代表属性集，C 代表类别信息，T 代表训练样本。

输入： R、C、T。

输出： 树结构。

1. 若 R 为空，则返回一个叶子结点，其中类别为当前样本 T 中最多的类别。

2. 若样本 T 中所有类别均相同且为 c，则返回一个值为 c 的叶子结点（结束分类）。

3. 否则：

（1）根据信息增益决定样本 T 中最优分类的属性特征，令其为 A。

（2）令 $a_1,\cdots,a_m$ 为属性 A 的值，并且令 $T(a_1),\cdots,T(a_m)$ 为 T 的划分，其中 $T(a_i)$ 是属性 A 取值为 a_i 的所有样本。

（3）返回一个树，其中根结点标记为 A，并且有标记为 $a_1,\cdots,a_m$ 的结点分支，其中对于每个 i，a_i 分支构造树 $\mathrm{ID3}(R-\{A\},C,T(a_i))$。

在选取最优属性时，需要计算信息增益，当采用属性 A 对样本 T 进行分裂时，有信息增益如下：

$$\mathrm{Gain}(T,A)=\mathrm{Entropy}(T,C)-\sum_{a\in A}\left(\frac{|T_a|}{|T|}*\mathrm{Entropy}(T_a,C)\right) \tag{6-1}$$

其中，Entropy (T,C) 为样本 T 的信息熵，有

$$\mathrm{Entropy}(T,C)=-\sum_{j=1}^{l}\frac{N_j}{N}\log\frac{N_j}{N} \tag{6-2}$$

其中，N_j 代表 T 中类别为 c_j 的样本量，N 为 T 中的总样本量，l 为类别数，j 为类别编号。

本章介绍的联邦学习中决策树的构建将以 ID3 为例，可推广至采用其他划分方法的树模型构建，此处不用赘述。

6.1.1 横向决策树

由于需要横向划分，假设整个训练集由两个参与方的数据集 P_1、P_2 构成，并且由于两方均具有相同的属性，因此属性名可共享。对于横向数据的决策树[43]，问题的关键在于计算熵时（选取最优属性），需要结合两个数据的信息进行加和乘的操作，接下来主要介绍如何计算熵。

1. 问题陈述及参数说明

横向决策树算法的参数及含义见表 6－1。

表 6－1 横向决策树算法的参数及含义

参数	含义
R	属性集
C	类别信息
T	训练样本
P_1、P_2	参与方的数据集

续表

参 数	含 义
A	某一属性
a_i	属性 A 的第 i 个属性值
c_j	第 j 个类别
m	属性 A 的属性值个数
l	类别个数
i	属性值编号
j	类别编号
$T(a_i)$	满足属性值为 a_i 的样本集合
$T(a_i,c_j)$	满足属性值为 a_i、类别为 c_j 的样本集合
$T_b(a_i)$	参与方 b 关于 T（a_i）的局部信息
$T_b(a_i,c_j)$	参与方 b 关于 T（a_i,c_j）的局部信息
$H_C(T)$	样本 T 的信息熵
$H_C(T\|A)$	样本 T 关于属性 A 的信息增益
$\hat{H}_C(T\|A)$	H_C（$T\|A$）的主体信息
$Q(\cdot)$	不经意计算多项式
b	参与方编号，$b\in\{1,2\}$

假设属性 A 有 m 个可能值 $a_1,\cdots,a_m$，假设类别属性 C 有 l 个可能类别$(c_1,\cdots,c_l)$，$T(a_i)$代表属性值为 a_i 的样本集合，令 Entropy（T,C）$\triangleq H_C(T)$ 则熵为：

$$
\begin{aligned}
H_C(T|A) &= \sum_{i=1}^{m}\frac{|T(a_i)|}{|T|}H_C(T(a_i)) \\
&= \frac{1}{|T|}\sum_{i=1}^{m}|T(a_i)|\sum_{j=1}^{l}-\frac{|T(a_i,c_j)|}{|T(a_i)|}\cdot\log\left(\frac{|T(a_i,c_j)|}{|T(a_i)|}\right) \\
&= \frac{1}{|T|}\left(-\sum_{i=1}^{m}\sum_{j=1}^{l}|T(a_i,c_j)|\log(|T(a_i,c_j)|)\right. \\
&\quad \left.+\sum_{i=1}^{m}|T(a_i)|\log(|T(a_i)|)\right)
\end{aligned}
\tag{6-3}
$$

由于每个属性分在 P_1、P_2 两部分中，令 $T_b(a_i)$ 代表由参与方 $b(b\in\{1,2\})$ 计算出的结果，则有$|T(a_i)|=|T_1(a_i)|+|T_2(a_i)|$，同理$|T(a_i,c_j)|=|T_1(a_i,c_j)|+|T_2(a_i,c_j)|$。

采用换底公式，即将以 2 为底的对数函数转为以 e 为底的对数函数，令 $\hat{H}_C(T|A)$def

$H_C(T|A)\cdot|T|\cdot\ln2$，其中：

$$\hat{H}_C(T|A)=-\sum_{i=1}^{m}\sum_{j=1}^{l}|T(a_i,c_j)|\cdot\ln(|T(a_i,c_j)|+\sum_{i=1}^{m}|T(a_i)|\cdot\ln(|T(a_i)|)$$

由于$|T(a_i)|=|T_1(a_i)|+|T_2(a_i)|$，因此问题转化为求解$(v_1+v_2)\cdot\ln(v_1+v_2)$，$P_1$拥有$v_1$，$P_2$拥有$v_2$（如$v_b=T_b(a_j)$）。

2. 求解$\hat{H}_C(T|A)$

由于其形如$(v_1+v_2)\cdot\ln(v_1+v_2)$，求解$\hat{H}_C(T|A)$时首先需要计算$\ln x$，然后需要计算$x\ln x$。因此，接下来先介绍如何求解$\ln x$，再介绍如何求解$x\ln x$，最后结合上述内容对$\hat{H}_C(T|A)$进行求解。

（1）$\ln x$的求解方法

该方法的目的是将$\ln x$拆成两部分(u_1、u_2)，从而使P_1（或P_2）含有$\ln x$的一部分u_1（或u_2）。对于一个输入x，令$n=\lfloor\log_2 x\rfloor$（$\lfloor\ \rfloor$代表向下取整），则2^n代表距离x最近的2的指数，ε代表x的展开项。因此，$x=x_1+x_2=2^n(1+\varepsilon)$，其中$-\frac{1}{2}\leqslant\varepsilon\leqslant\frac{1}{2}$，对$\ln x$采用$k$阶近似展开，有

$$\begin{aligned}\ln x&=\ln(2^n(1+\varepsilon))=\ln2^n+\ln(1+\varepsilon)\\&\approx\ln2^n+\sum_{i=1}^{k}\frac{(-1)^{i-1}\varepsilon^i}{i}=\ln2^n+T(\varepsilon)\end{aligned}\tag{6-4}$$

式（6-4）中运用了泰勒展开：

$$\ln(1+\varepsilon)=\sum_{i=1}^{\infty}\frac{(-1)^{i-1}\varepsilon^i}{i}=\varepsilon-\frac{\varepsilon^2}{2}+\frac{\varepsilon^3}{3}-\frac{\varepsilon^4}{4}+\cdots,\quad -1<\varepsilon<1$$

由于在混淆电路中计算小数较为复杂，我们乘以最小公倍数，将小数转为整数，采取以下方式计算：

$$u_1+u_2\approx2^N\operatorname{lcm}(2,\cdots,k)\ln x$$

其中，lcm代表参数间的最小公倍数，N代表事先决定的共享n的上界（最后可把$\ln x$先前的部分去除）。

由于采用近似的方法，因此令

$$\operatorname{lcm}(2,\cdots,k)\cdot2^N(n\ln2+\varepsilon-\frac{\varepsilon^2}{2}+\frac{\varepsilon^3}{3}-\frac{\varepsilon^4}{4}+\cdots\frac{\varepsilon^k}{k})\approx\operatorname{lcm}(2,\cdots,k)\cdot2^N\cdot\ln x$$

$$\alpha_1+\alpha_2=\varepsilon2^N,\ \beta_1+\beta_2=2^Nn\ln2$$

$$Q(z)=\operatorname{lcm}(2,\cdots,k)\cdot\sum_{i=1}^{k}\frac{\frac{(-1)^{i-1}(\alpha_1+z)^i}{2^{N(i-1)}}}{i}-z_1$$

$$z_2 \overset{\text{def}}{=} Q(\alpha_2) = \text{lcm}(2,\cdots,k) \cdot 2^N \cdot (\sum_{i=1}^{k} \frac{(-1)^{i-1}\varepsilon^i}{i}) - z_1$$

其中，z_1 为 P_1 生成的随机数。可令 α_1 为 P_1 生成的随机数，P_2 得 $\alpha_2 = \varepsilon 2^N - \alpha_1$，$\beta$ 同理。

最终两方分别拥有：

$$u_1 = \text{lcm}(2,\cdots,k)\beta_1 + z_1$$
$$u_2 = \text{lcm}(2,\cdots,k)\beta_2 + z_2 \tag{6-5}$$

使得 $u_1 + u_2 \approx \text{lcm}(2,\cdots,k) \cdot 2^N \cdot \ln x$。

算法流程 6-2　$\ln x$ 协议

输入：P_1、P_2 分别输入 v_1、v_2，$v_1 + v_2 = x$，$x = 2^n(1+\varepsilon)$。

输出：u_1、u_2，$u_1 + u_2 \approx \text{lcm}(2,\cdots,k) \cdot 2^N \cdot \ln x$。

1. P_1、P_2 分别输入 v_1、v_2，运行姚氏混淆电路输出：

（1）随机分享值 α_1、α_2，且有 $\alpha_1 + \alpha_2 = \varepsilon 2^N \bmod |f|$。

（2）随机分享值 β_1、β_2，且有

$$\beta_1 + \beta_2 = 2^N \cdot n\ln 2 \bmod |\mathcal{F}|, |\mathcal{F}| > H_C(T|A) \cdot |T| \cdot \ln 2$$

（3）最终 P_1 拥有 α_1、β_1，P_2 拥有 α_2、β_2。

2. P_1 选择 $z_1 \in \mathcal{F}$ 并且定义以下多项式：

$$Q(z) = \text{lcm}(2,\cdots,k) \cdot \sum_{i=1}^{k} \frac{(-1)^{i-1}}{2^{N(i-1)}} \frac{(\alpha_1 + z)^i}{i} - z_1$$

3. P_1 输入 $Q(\cdot)$、P_2 输入 α_2 到姚氏混淆电路中，运行隐私多项式计算，最终 P_2 得到 $z_2 = Q(\alpha_2)$。

4. P_1、P_2 分别计算 $u_1 = \text{lcm}(2,\cdots,k)\beta_1 + z_1$，$u_2 = \text{lcm}(2,\cdots,k)\beta_2 + z_2$，得到 $u_1 + u_2 \approx \text{lcm}(2,\cdots,k) \cdot 2^N \cdot \ln x$。

（2）$x\ln x$ 的求解方法

$x\ln x$ 可拆成 $(v_1 + v_2) \cdot \ln(v_1 + v_2)$ 进行计算，计算过程中运用了安全乘积算法。算法流程 6-3 是 $x\ln x$ 的计算总过程，算法流程 6-4 是其中涉及的安全乘积算法。

算法流程 6-3　$x\ln x$ 协议

输入：P_1、P_2 分别输入 v_1、v_2，其中 $v_1 + v_2 = x$，$x = 2^n(1+\varepsilon)$。

输出：w_1、w_2，其中 $w_1 + w_2 \approx x\ln x$。

1. P_1、P_2 运行 $\ln x$ 协议并且得到随机分享值 u_1、u_2，且有 $u_1 + u_2 = \ln x$。

2. 采用算法流程 6-4 计算出 $\text{Mult}(u_1, v_2)$、$\text{Mult}(v_1, u_2)$，分别得到两个值 $u_1 \cdot v_2$ 以及 $u_2 \cdot v_1$。

3. P_1 输出 $w_1=u_1v_1+u_1v_2$，P_2 输出 $w_2=u_2v_2+u_2v_1$。

4. 因此可以得到

$$w_1+w_2=u_1v_1+u_1v_2+u_2v_1+u_2v_2\equiv(u_1+u_2)(v_1+v_2)\approx x\ln x$$

算法流程 6-4　安全乘积算法

输入：P_1、P_2 分别输入 a_1、a_2。

输出：b_1、b_2，$b_1+b_2=a_1\cdot a_2$。

1. P_1 选择一个随机值 $b_1\in f$，且定义线性多项式 $Q(z)=a_1z-b_1$。

2. P_1 输入 $Q(\cdot)$、P_2 输入 α_2 到姚氏混淆电路中，运行隐私多项式计算，最终 P_2 得到

$$b_2=Q(\alpha_2)=a_1\cdot a_2-b_1$$

3. P_1、P_2 分别输出 b_1、b_2，使得 $b_1+b_2=a_1\cdot a_2$。

（3）计算 $\hat{H}_C(T|A)$

由于

$$\hat{H}_C(T|A)=-\sum_{i=1}^{m}\sum_{j=1}^{l}|T(a_i,c_j)|\cdot\ln(|T(a_i,c_j)|)+\sum_{i=1}^{m}|T(a_i)|\cdot\ln(|T(a_i)|)$$

P_1、P_2 对于属性 A 里的每个值 a_i 采用上述 $x\ln x$ 协议，并选取 $|\mathcal{F}|>H_C(T|A)\cdot|T|\cdot\ln2$，因此形如 $x\ln x$ 的部分可拆成如下形式：

$$w_{A,1}(a_i)+w_{A,2}(a_i)\approx|T(a_i)|\cdot\ln(|T(a_i)|)\bmod|\mathcal{F}|$$

$$w_{A,1}(a_i,c_j)+w_{A,2}(a_i,c_j)\approx|T(a_i,c_j)|\cdot\ln(|T(a_i,c_j)|)\bmod|\mathcal{F}|$$

则 P_1 在本地计算 $\hat{H}_C(T|A)$ 的一部分（P_2 同理）：

$$S_{A,1}=-\sum_{i=1}^{m}\sum_{j=1}^{l}w_{A,1}(a_i,c_j)+\sum_{i=1}^{m}w_{A,1}(a_i)\bmod|\mathcal{F}|$$

将结果相加，即得最终结果：

$$S_{A,1}+S_{A,2}\approx\hat{H}_C(T|A)\bmod|\mathcal{F}| \tag{6-6}$$

3. 算法流程

横向决策树算法（隐私保护 ID3）的流程如算法流程 6-5 所示。

第一步为判断属性集是否为空，由于 P_1、P_2 拥有相同的属性，因此属性集可以公开，进而可以直接判断。

第二步为判断目前训练集是否均为同一个类，但这一步也可改为判断信息增益是否超过最小阈值以免生成无用的分支，不超过则将其定义为数量最多的类别。其中，当样本均为同一个类时，信息增益为 0。

第三步为选取最优的属性，其中信息增益的计算可参考式（6-1），然后在剩下的结点中进行递归建树。

算法流程 6-5 横向决策树算法（隐私保护 ID3）

输入： 属性集 R，类别信息 C，训练样本 T。

输出： 树结构。

1. 若 R 为空，则返回一个叶子结点，其中类别为当前样本 T 中最多的类别。

由于所有参与方都知道属性特征，因此它们都公开知道 R 是否为空。若为空，参与方运行姚氏混淆电路，实现以下功能：P_1、P_2 分别输入 $(|T_1(c_1)|,\cdots,|T_1(c_l)|)$ 及 $(|T_2(c_1)|,\cdots,|T_2(c_l)|)$，输出为使 $|T_1(c_j)|+|T_2(c_j)|$ 最大的类别序号 j。以上功能的电路计算大小线性于 l 和 $\log|T|$。

2. 若样本 T 中所有类别均相同且为 c，则返回一个值为 c 的叶子结点。

为了保证这一点计算的隐私性，必须决定是否每个参与方都有统一的类别。定义一个固定的标志 $\perp$ 代表某个参与方拥有一种以上类别。在这一步中，参与方的输入为 $\perp$ 或者唯一的类别 c_j，则接下来需要做的是检查两个参与方的输入是否相等。若姚氏混淆电路输出的结果是相等的，则可以公开为 c_j（停止树的分裂）或者 $\perp$（继续从当前结点进行分裂）。

3. 否则：

（1）决定样本 T 中最优分类的属性特征，令其为 A。

对于所有属性特征 A 中的所有值 a_i，以及对所有类别 C 中的值 c_j，参与方利用 $|T(a_i)|$、$|T(a_i,c_j)|$ 运行 $x\ln x$ 协议。参与方在本地独立进行 $S_{A,1}$、$S_{A,2}$ 的计算，并将结果输入姚氏混淆电路中计算具有最大信息熵的特征，并输出最优特征作为公开信息。

（2）令 $a_1,\cdots,a_m$ 为属性 A 的值，并且令 $T(a_1),\cdots,T(a_m)$ 为 T 的划分，其中 $T(a_i)$ 为有属性值 a_i 的所有样本，在样本集 $T(a_i)$ 中递归调用 ID3。

上面第 3(1) 步的结果以及 A 的属性值是公开的，因此每个参与方都可以独立划分数据以及准备递归调用的输入。

由于计算 $\ln x$ 时采用了泰勒展开，将会带来一定的产生误差，误差由采用几阶展开所决定。当给定最小误差 δ，则要求 $\frac{1}{2^k(k+1)}<\frac{\delta}{4}$，此时 k 的取值范围可以确定，由此可以发现 k 独立于数据集。

6.1.2 纵向决策树

纵向决策树[44]的构建还可以基于 ID3 树进行。假设有 n 个参与方，即有 $P_k(k=1,\cdots,n)$，其中 P_n 含有类别信息，而其余的则纵向构成特征数据。

$$R = [R_1 \quad \cdots \quad R_k \quad \cdots \quad R_n]$$

令 R 代表属性集，C 代表类别信息，T 代表训练样本。由于原始 ID3 算法采用了递归的方法，其中包含 3 种返回：

（1）当前属性集为空；

（2）当前结点所包含的样本全属同一类；

（3）选取最优属性进行划分，子结点将该属性去掉并进行下一步建树。

接下来介绍如何对原始算法进行改进，从而构造纵向决策树算法。纵向决策树算法的总体框架如图 6－1 所示，参数及含义见表 6－2。

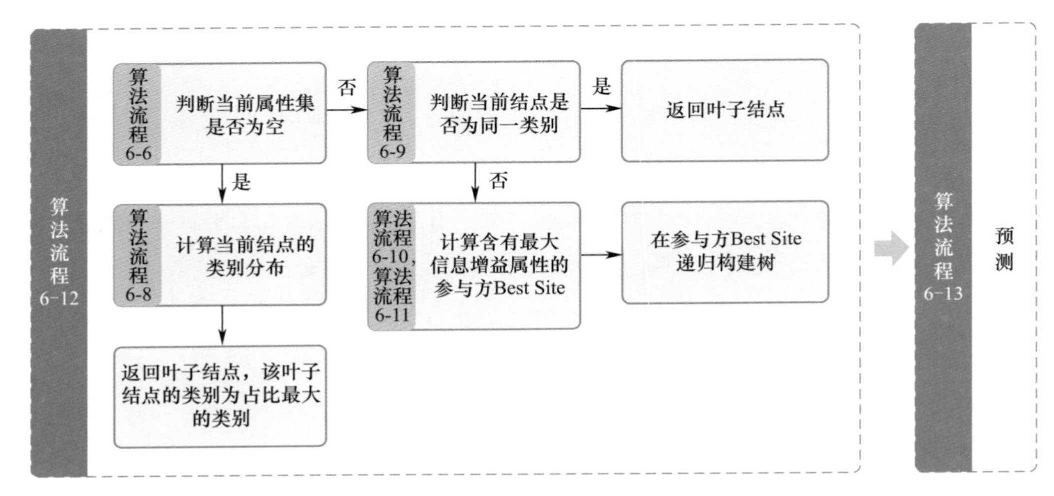

图 6－1　纵向决策树算法的总体框架

表 6－2　纵向决策树算法的参数及含义

参数	含义
R	属性集
C	类别信息
T	训练样本
P_k	第 k 个参与方的数据集
n	参与方个数
AR_k	第 k 个参与方的示性函数
d	属性维度
A_s	第 s 个序号下的特征属性
I_k	第 k 个参与方拥有的特征序号
A_{I_k}	第 k 个参与方的特征序号对应的特征属性
v	属性值

续表

参 数	含 义
i	样本编号
t_i	第 i 个样本
cnt_j	第 j 个类别的数量
c_j	第 j 个类别
j	类别编号
l	类别个数
N_j	训练样本 T 中类别为 c_j 的样本量
N	训练样本 T 中的总样本量
Y_k	满足第 k 个参与方本地约束的样本索引集
Nd. A	Nd 结点的分裂属性

下面按照分步算法流程介绍每个算法模块：判断在当前的结点样本空间下属性集是否为空，计算在给定约束下类别的分布，判断样本是否为同一类，对每个属性计算信息增益，计算最大信息增益。最后，给出总算法流程及实例分类方法。

1. 判断当前的结点样本空间下属性集是否为空

该算法模块用来判断在当前的结点样本空间下，属性集是否为空。若为空，则后续可将当前结点构建成叶子结点，其类别标签则为数量最多的类别。

该算法模块加上随机数进行传输，每个参与方加上是否为空集的示性函数，通过判断随机数与最后传递的数是否相等，进而判断属性集是否为空。

算法中流程 6－6　IsREmpty( )

输入：n 个参与方的 $P_k(k=1,\cdots,n)$，每个参与方有示性函数 AR_k，当属性集为空则 $\mathrm{AR}_k=0$，否则为 1。加密函数 E，且有域空间大小 $m>n$。

输出：0 或 1（表示是否为空）。

P_1 从 $0,\cdots,m-1$ 中随机选择一个整数 r；

P_1 将 $r+\mathrm{AR}_1$ 发送给 P_2。

遍历 $k = 2,\cdots,n-1$：

　　P_k 从 P_{k-1} 接收 r'；

　　P_k 将 $r'+\mathrm{AR}_k \bmod m$ 发送给 P_{k+1}。

P_n 从 P_{n-1} 接收 r'；

$r' \leftarrow r' + \mathrm{AR}_n \bmod m$；

P_1、P_n 生成安全交换散列密钥 E_1、E_n；

P_1 将 $E_1(r)$ 发送给 P_n；

P_k 接收 $E_1(r)$，并且将 $E_n(E_1(r))$ 以及 $E_n(r')$ 发送给 P_1；

P_1 返回 $E_1(E_n(r')) = = E_n(E_1(r))$ ($\Leftrightarrow r' = r \Leftrightarrow \sum_{k=1}^{n} \mathrm{AR}_k = 0 \Leftrightarrow 0$ 属性剩余)。

2. 计算在给定约束下类别的分布

由于纵向决策数算法中经常要计算在特定约束条件下（即不同结点下）类别的分布，从而进行信息熵的计算，因此将该部分内容独立成一个算法模块。

该算法模块构建了约束集合，如若在某一结点限制某一属性 A_i 的值 v，而 A_j 属性不做要求，则可构造约束元组（Constraint）。

算法流程 6－7　构建约束集合

——约束元组。元素（attr, val）表示在约束集中属性 attr 的值为 val。若 val 为“0”，表示不需要考虑该属性 attr 的值。

Constraints. set（attr, val）：往约束元组中添加约束，能够限制属性 attr 的值为 val。

——满足条件。当样本 x 满足约束条件，且属性 A_s 的值为 v 时，存在：$\forall s \in [1, d]$，($A_s = v \Leftrightarrow$ Constraints$(A_s) = v) \vee$ Constraints$(A_s) = '0'$。其中，d 为特征维度。

函数 FormTransSet（Constraints）表示返回满足约束的样本索引。

FormTransSet（Constraints）：

输入：约束元组，训练样本 T。

输出：T 中满足约束的样本索引。

1. $Y = \varnothing$
2. 遍历所有样本索引 $i \in T$：
3. 若第 i 个样本 t_i 满足约束元组，则
4. $Y \leftarrow Y \cup \{i\}$
5. 返回 Y

算法流程 6－8　计算当前结点下的类别分布［DistributionCounts（）］

输入：$P_k(k = 1, \cdots, n)$ 的本地约束元组 Constraints$_k$（即落入该结点所需的条件）。

输出：l 个类别的数量分布$(\mathrm{cnt}_1, \cdots, \mathrm{cnt}_l)$。

遍历 $k = 1, \cdots, n-1$，计算满足本地约束的样本索引并记为 Y_k：

P_k：$Y_k \leftarrow$ FormTransSet（Constraints$_k$）

P_n 遍历类别编号 $j=1,\cdots,l$，加入类别的约束，并计算满足约束的样本索引 Y_n：

P_n：Constraints$_n$. set（C,c_j）（为了包含类别限制）

P_n：$Y_n \leftarrow$ FormTransSet（Constraints$_n$）

采用安全求交协议 $\text{cnt}_j \leftarrow |Y_1 \cap \cdots \cap Y_n|$

返回（$\text{cnt}_1,\cdots,\text{cnt}_l$）

由于是纵向划分，每个属性可以内部进行满足约束属性条件的样本索引计算，同时每个类别也可进行分布计算，最后满足条件的索引号则取 n 个参与方的结果交集（采用安全求交方法）。

3. 判断样本是否为同一类

该算法模块主要是为了判断在当前结点下，样本类别是否相同，若相同，后续则可直接将该结点作为叶子结点。

算法流程 6-9 判断是否所有样本都为同样的类别［IsSameClass( )］

输入：P_k（$k=1,\cdots,n$）的 Constraints$_k$。

输出：若类别均相同，返回叶子结点的 ID，否则返回 false。

计算当前结点下类别的分布（$\text{cnt}_1,\cdots,\text{cnt}_l$）$\leftarrow$ DistributionCounts( )

若 $\exists j$ s. t. $\text{cnt}_j \neq 0 \wedge \forall i \neq j$，$\text{cnt}_i=0$（只有一个数不为 0），则：

构建一个分布为（$\text{cnt}_1,\cdots,\text{cnt}_l$）的叶子结点（实际上，100% 为类别 j）

返回该结点的 ID

否则：

返回 false

4. 对每个属性计算信息增益

在选取最优属性时，需要计算信息增益。当采用属性 A 对训练样本 T 进行分裂时，有信息增益如下：

$$\text{Gain}(T,A) = \text{Entropy}(T,C) - \sum_{a \in A}\left(\frac{|T_a|}{|T|} * \text{Entropy}(T_a,C)\right) \tag{6-7}$$

其中，T 的信息熵如下：

$$\text{Entropy}(T,C) = -\sum_{j=1}^{l}\frac{N_j}{N}\log\frac{N_j}{N} \tag{6-8}$$

算法流程 6-10　计算属性 A 的信息增益 [ComputeInfoGain(A)]

输入： P_k（$k=1,\cdots,n$）的本地约束元组 Constraints_k（即落入该结点所需的条件）。

输出： 信息增益 InfoGain。

对当前结点的类别分布进行计算，并标记当前样本为 T：T←DistributionCounts( )

计算当前样本的信息熵 InfoGain←Entropy（T,C）

遍历 A 中的每个属性值 v：

　　Constraints. set（A,v）（更新本地 Constraints 元组）

　　计算 a_i 约束下的类别分布 T_{a_i}←DistributionCounts( )（算法 6-8）

$$\text{InfoGain} \leftarrow \text{InfoGain} - \text{Entropy}(T_v, C) * \frac{|T_v|}{|T|} \quad \left(|T| = \sum_{j=1}^{l} \text{cnt}_j\right)$$

更新 A 相应参与方的约束元组 Constraints. set(A,?)（即在当前结点下无须再考虑 A）

返回 InfoGain

5. 计算最大信息增益

接下来利用算法流程 6-10 返回的信息增益计算含有最大信息增益的参与方。由于各属性是纵向分布的，它们信息增益可以在本地进行计算，但需要分享并进行大小对比，可采用安全比较方法。

算法流程 6-11　返回拥有最大信息增益属性的参与方 [AttribMaxInfoGain( )]

输入： $P_k(k=1,\cdots,n)$的本地约束元组 Constraints_k（即落入该结点所需的条件）。

输出： 拥有最大信息增益属性的参与方序号 k。

遍历 P_k：（$k=1,\cdots,n$）

初始化每个参与方的最大信息增益属性 bestgain_k←-1

遍历每个 P_k 的属性 A_{I_k}（I_k 为第 k 个参与方拥有的特征序号）：

利用算法流程 6-10 计算 A_{I_k} 的信息增益 gain←ComputeInfoGain（A_{I_k}）

若 gain > bestgain_k，则：

　　更新最大增益值 bestgain_k←gain

　　更新具有最大信息增益的属性 BestAtt_k←A_{I_k}

返回包含最大增益属性的参与方 $\text{argmax}_k \text{bestgain}_k$（采用安全比较方法）。

6. 总算法流程

纵向决策树算法的整体流程如算法流程 6-12 所示，其中包含算法流程 6-6 ~ 算法流程6－11。

算法流程6－12　基于ID3树构建的纵向决策树算法 [PPID3( )]

设 l 个类别 $(c_1,\cdots,c_l)$，同时 P_n 持有类别标签。

输入： 由 $P_1,\cdots,P_n$ 纵向划分的训练样本 T。

输出： 树的根结点。

执行IsREmpty( )，判断当前属性集是否为空。若为空，则 P_n 执行：

　　计算当前结点的类别分布$(\mathrm{cnt}_1,\cdots,\mathrm{cnt}_l)$←DistributionCounts( )

　　根据 $(\mathrm{cnt}_1,\cdots,\mathrm{cnt}_l)$ 构造叶子结点$\{\mathrm{class}\leftarrow\mathrm{argmax}_{j=1\cdots l}\mathrm{cnt}_j\}$

　　返回构造结点的ID

若不为空，判断当前结点是否为同一类别，执行clsNode←(at P_n:) IsSameClass( )，若返回为真：

　　返回叶子结点ID：clsNode

否则：

　　计算含有最大信息增益属性的参与方BestSite←AttribMaxInfoGain( )

　　在BestSite继续执行：

　　　　构建内结点Nd且有最大增益属性Nd. A←$\mathrm{BestAtt}_{\mathrm{BestSite}}$（本地执行）

　　遍历属性值 $v\in$ Nd. A，执行：

　　　　Constraints. set（Nd. A,v）（更新本地Constraints元组）

　　　　nodeId←PPID3( )（递归）

　　　　Nd. a_i←nodeId(添加合适的分支到内结点，即根据每个属性值递归构树)

　　Constraints. set(Nd. A,'?')(返回到父结点，不再进行对Nd. A属性的筛选)

　　本地保存Nd的Node ID键

　　返回内结点Nd的Node ID（在结点所属的父结点上继续执行）

7. 实例分类方法

下面介绍在构建好纵向决策树之后对实例进行分类的方法，该方法需要知道树的结构。

算法流程6－13　返回instId代表的样例类别 [classifyInstance(instId，nodeId)]

输入： instId(样例ID)，nodeId(结点ID)。

输出： 该实例的预测类别。

(起点以及根结点的ID是已知的)

若 nodeId 是叶子结点，则：

　　返回 nodeId 保存的类别

否则，即 nodeId 是内结点：

　　Nd←nodeId 的本地结点

　　value←样例为 instId 的特征 Nd. A 的值

　　根据属性值将该样例划分到相应的子结点：childId←Nd. value

　　返回子结点中的分类结果：childId. Site. classifyInstance（instId, childId）（实际上是尾递归）

不过，该方法的不足之处在于，它会揭示类的分布，同时只能对离散数据进行处理，在进行分类时，需要知道树的结构。但由于是纵向划分，因此每个属性计算信息增益可以在本地进行。

6.2 XGBoost

近年来，Boosting 算法中的 XGBoost[45] 因其出众的模型表现得到广泛运用。由于 XGBoost 的训练比较复杂，早就有学者进行过分布式 XGBoost 的研究。而在联邦学习的框架下，SecureBoost 算法[46] 作为纵向 XGBoost 算法被提出，在保障了模型准确率的情况下，保护了数据的隐私，并将纵向梯度提升决策树（Gradient Boosting Decision Tree，GBDT）应用在联邦学习的框架中。

XGBoost 是一种集成方式，属于串行方法。该算法中，每一棵树都学习上一次的残差，因此最终结果为 K 棵树的和：

$$\hat{y}^{(i)} = \sum_{k=1}^{K} f_k(x^{(i)}) \tag{6-9}$$

则第 t 次增加树 f_t，需要最小化以下目标函数（定义 m 为样本量，i 为样本编号，$x^{(i)}$ 为第 i 个样本特征集，$y^{(i)}$ 为第 i 个样本标签）：

$$L^{(t)} \cong \sum_{i=1}^{m} \left[l(y^{(i)}, (\hat{y}^{(i)})^{t-1}) + g_i f_t(x^{(i)}) + \frac{1}{2} h_i f_t^2(x^{(i)}) \right] + \Omega(f_t) \tag{6-10}$$

其中，

$$\Omega(f_t) = \gamma T + \frac{1}{2}\lambda \| w \|^2$$

$$g_i = \partial_{(\hat{y}^{(i)})^{t-1}} l(y^{(i)}, (\hat{y}^{(i)})^{t-1})$$

$$h_i = \partial^2_{(\hat{y}^{(i)})^{t-1}} l(y^{(i)}, (\hat{y}^{(i)})^{t-1})$$

其中，T 为树的叶子结点个数，γ、λ 为正则化系数，w 为叶子权重。

由于当基学习器为树时，f_t 为树的叶子权重 w，对损失函数求导可求得叶子结点 j 上的最优权重 w_j^* 如下：

$$w_j^* = -\frac{\sum_{i\in \boldsymbol{I}_j} g_i}{\sum_{i\in \boldsymbol{I}_j} h_i + \lambda} \tag{6-11}$$

其中，$\boldsymbol{I}_j$ 为叶子结点 j 的样本空间。

由于 XGBoost 在划分最优属性时是采用最大化分裂后的损失函数值与单叶子结点的损失函数值之差，即最大化以下函数：

$$L_{\text{split}} = \frac{1}{2}\left[\frac{(\sum_{i\in \boldsymbol{I}_L} g_i)^2}{\sum_{i\in \boldsymbol{I}_L} h_i + \lambda} + \frac{(\sum_{i\in \boldsymbol{I}_R} g_i)^2}{\sum_{i\in \boldsymbol{I}_R} h_i + \lambda} - \frac{(\sum_{i\in \boldsymbol{I}} g_i)^2}{\sum_{i\in \boldsymbol{I}} h_i + \lambda}\right] - \gamma \tag{6-12}$$

其中，$\boldsymbol{I}$ 为当前结点的样本空间，$\boldsymbol{I}_L$、$\boldsymbol{I}_R$ 分别为 $\boldsymbol{I}$ 样本分裂后的左结点样本空间以及右结点样本空间。

接下来，首先介绍 SecureBoost 算法涉及的加法同态，进而介绍 SecureBoost 算法的主体。

6.2.1　参数及含义

SecureBoost 算法的参数及含义见表 6－3。

表 6－3　SecureBoost 算法的参数及含义

参　数	含　义
m	样本量
i	样本编号
$x^{(i)}$	第 i 个样本特征集
$y^{(i)}$	第 i 个样本标签
n	参与方个数
$\boldsymbol{I}$	当前结点的样本空间
$\boldsymbol{I}_L$	将 $\boldsymbol{I}$ 样本分裂后的左结点样本空间
$\boldsymbol{I}_R$	将 $\boldsymbol{I}$ 样本分裂后的右结点样本空间
d	属性维度
v	分位数编号
t	特征编号
k	参与方编号
g_i	第 i 个样本的一阶梯度

续表

参数	含义
h_i	第 i 个样本的二阶梯度
l	分位数点的取值个数
G_{tv}^k	关于第 k 个参与方中的第 t 个特征的属性值在第 v 个分位数区间的聚合加密一阶梯度信息
H_{tv}^k	关于第 k 个参与方中的第 t 个特征的属性值在第 v 个分位数区间的聚合加密二阶梯度信息
g_l、h_l	左结点样本的一阶梯度、二阶梯度信息
g_r、h_r	右结点样本的一阶梯度、二阶梯度信息
g、h	当前结点样本的一阶梯度、二阶梯度信息
t_{opt}	最优属性
v_{opt}	最优属性值
k_{opt}	最优属性所属参与方的编号

6.2.2 加法同态

在纵向联邦学习中，关键部分在于最优属性的划分。其中需要计算一阶梯度 g_i 及二阶梯度 h_i，但这两个梯度的计算需要用到标签 y 的信息，因此需要特征方与含标签方进行信息的交流。

事实上，尽管 g_i、h_i 不是原始数据，但由于可能通过它们反推标签 y 的信息，属于敏感数据，因此需要对它们进行加密。将含有 y 的一方称为主动方，仅含有属性信息的 $n-1$ 方称为被动方，由于式（6-10）中只包含对梯度的加和，因此采用加法同态加密，其中利用了加法同态的性质：

$$[[u]]+[[v]]=[[u+v]] \tag{6-13}$$

其中，u、v 为加密域中的数。因此，有

$$[[\sum_{i\in I_L} g_i]]=\sum_{i\in I_L}[[g_i]] \tag{6-14}$$

因此，对于每个样本，主动方计算 g_i、h_i，并将其加密传输给每个被动方 $[[g_i]]$ $[[h_i]]$；被动方根据自身的属性划分，计算每个划分后的 $\sum[[g_i]]$ 及 $\sum[[h_i]]$，并将其传输回主动方进行解密，并计算出最优属性。

6.2.3 SecureBoost 算法的流程

本小节介绍 SecureBoost 算法的两种算法流程。首先，介绍被动方（即本地仅具有数

据维度信息的数据提供方）在本地进行属性梯度信息计算的方法，即聚合加密梯度信息；然后，介绍主动方（即本地具有数据维度和标签信息的数据提供方）利用被动方计算求得的梯度信息寻找最优划分属性的方法。

1. 聚合加密梯度信息

XGBoost 算法是利用贪婪算法，通过遍历所有特征的划分点、对比计算结果而得到最优划分点。而 SecureBoost 算法中采用了一个属性划分的近似算法，即聚合加密梯度信息，它是对特征值进行预排序，取分位数作为特征的划分点，将其按一定范围进行分割，无须遍历所有特征值。

算法流程 6－14　聚合加密梯度信息

输入： 当前结点的样本空间 $\boldsymbol{I}$，特征维度 d；$\{[[g_i]],[[h_i]]\}_{i\in\boldsymbol{I}}$。

输出： $G\in\mathbf{R}^{d\times l}$，$H\in\mathbf{R}^{d\times l}$，$l$ 为分位数点的取值个数。

1. 遍历特征 $t=1\rightarrow d$，执行：
2. 　　求取特征 t 的分位数 $S_t=\{s_{t,1},s_{t,2},\cdots,s_{t,l}\}$
3. 循环结束
4. 遍历特征 $t=1\rightarrow d$，执行：
5. 　　遍历分位数 $v=1\rightarrow l$，执行：
6. 　　　　$G_{tv}=\sum_{i\in\left\{i\mid s_{t,v}\geqslant x_t^{(i)}>s_{t,v-1}\right\}}[[g_i]]$
7. 　　　　$H_{tv}=\sum_{i\in\left\{i\mid s_{t,v}\geqslant x_t^{(i)}>s_{t,v-1}\right\}}[[h_i]]$

2. 寻找最优划分（由主动方完成）

该算法主要是为了实现寻找最优划分的功能。实现该步骤的算法需要输入当前结点的样本空间 $\boldsymbol{I}$，以及被动方发送给主动方的聚合加密梯度信息，完成在当前样本下对所有属性及所有划分点增益值的计算，最终得到最优属性及相应的划分点。

算法流程 6－15　寻找最优划分

输入： 当前结点的样本空间 $\boldsymbol{I}$，从 n 个参与方中获取的聚合加密信息 $\{G_{tv}^k,H_{tv}^k\}_{k=1}^n$。

输出： 最优属性 t_{opt}、值 v_{opt} 及相应的被动方 k_{opt}。

[主动方]

1. 根据当前样本计算梯度信息 $g\leftarrow\sum_{i\in\boldsymbol{I}}g_i$，$h\leftarrow\sum_{i\in\boldsymbol{I}}h_i$
2. 枚举所有参与方

3. 遍历参与方 $k=1\to n$，执行：
4. //枚举所有特征
5. 遍历特征 $t=1\to d_k$，执行：
6. 初始化左结点的梯度信息 $g_l\leftarrow 0$，$h_l\leftarrow 0$
7. //枚举所有分位数的值
8. 遍历分位数 $v=1\to l$，执行：
9. 被动方 k 根据算法流程 6-14 获得聚合加密梯度信息 G_{tv}^k、H_{tv}^k，并将其发送给主动方，主动方将其解密，得到解密后的值 $D(G_{tv}^k)$ 以及 $D(H_{tv}^k)$
10. 对左结点的梯度信息进行累加 $g_l\leftarrow g_l+D(G_{tv}^k)$，$h_l\leftarrow h_l+D(H_{tv}^k)$
11. 右结点的梯度信息则为总梯度信息与左结点梯度信息之差 $g_r\leftarrow g-g_l$，$h_r\leftarrow h-h_l$
12. 若 $\frac{g_l^2}{h_l+\lambda}+\frac{g_r^2}{h_r+\lambda}-\frac{g^2}{h+\lambda}>\text{score}$：
13. $\text{score}=\frac{g_l^2}{h_l+\lambda}+\frac{g_r^2}{h_r+\lambda}-\frac{g^2}{h+\lambda}$
14. 记录最优属性 $t_{\text{opt}}=t$，相应属性值 $v_{\text{opt}}=v$，相应被动方 $k_{\text{opt}}=k$
15. 循环结束
16. 循环结束
17. 循环结束

返回最优属性 t_{opt} 以及值 v_{opt}，发送给相应的被动方 k_{opt}。

[被动方 k_{opt}]

根据样本的属性 t_{opt} 以及值 v_{opt} 对当前样本进行划分，保存 $[t_{\text{opt}}, v_{\text{opt}}]$，并将其链接到 record id，最终将 record id 以及划分为左结点的样本空间 $\boldsymbol{I}_L$，即 [record id, $\boldsymbol{I}_L$] 发送给主动方。

[主动方]

根据 $\boldsymbol{I}_L$ 对当前结点进行划分，并对当前结点进行标记，即 [party id, record id]。

选取最优属性及划分点后，主动方将相应的属性 t_{opt} 及属性值 v_{opt} 给相应的被动方。该被动方根据值进行划分，并将划分为左结点的样本空间及相应的 record id 返回给主动方，其中 record id 链接到被动方本地的记录表，每个 record id 链接到划分的 t_{opt} 以及 v_{opt}，即 $[t_{\text{opt}}, v_{\text{opt}}]$；主动方根据被动方传回的划分为左结点的样本空间对当前结点进行划分，并与被动方的 record id 进行链接，即 [party id, record id]（party id 代表相应被动方的序号）。

最终，只有唯一的主动方会知道树的结构（树结点与被动方直连），而被动方会保存最优划分时的相应属性值。

需要说明的是，由于每一棵树都是逼近上一步的残差，因此每一棵树学习到的都是残差项。由于第一棵树是对标签 y 进行学习，因此在叶子结点的样本空间可能会涵盖标签信息。对此，SecureBoost 算法划定了“第一棵树只能在主动方进行训练”这一边界，而其他树则学习残差，从而能够有效保护标签信息不被泄露。

6.3 本章小结

本章介绍了决策树与 XGBoost 模型在算法层面是如何用于联邦学习，完成安全计算的。首先，按照训练集数据的不同分类方法，分别介绍了横向与纵向联邦学习决策树模型，通过应用安全计算协议，为联邦学习满足隐私保护的决策模型提供了新的解决思路。其次，介绍了以结合加法同态为基础的 XGBoost 算法模型，它为纵向联邦学习中梯度信息的计算和最优属性的划分提供了安全保证。

第 7 章 联邦推荐算法

本章介绍 5 种不同的联邦推荐算法，它们分别基于 K 均值（K-means）算法、因子分解机、协同过滤算法和矩阵分解等理论，构建了满足隐私保护的联邦推荐算法模型。

7.1 K 均值算法

K 均值算法[47]是机器学习中最为经典的无监督聚类（Unsupervised Clustering）算法，其主要目的是将 n 个样本点划分为 c 个类簇，使得相似的样本尽量被分到同一个聚类中心的类簇中。K 均值算法的流程如算法流程 7－1 所示。

算法流程 7－1　K 均值算法

输入： 数据集 $X=\{x_1,x_2,\cdots,x_n\}$，簇的数量 c，最大迭代次数 T。

输出： 簇划分。

1. 选择初始的 c 个聚类中心 $\boldsymbol{\mu}_1,\boldsymbol{\mu}_2,\cdots,\boldsymbol{\mu}_c$；
2. 对于每个样本 x_j，计算它与各均值矢量 $\boldsymbol{\mu}_i$（$1\leqslant i\leqslant c$）的距离，$d_{ji}=\|x_j-\boldsymbol{\mu}_i\|_2$；
3. 根据距离最近的均值矢量确定 x_j 的簇标记，$\lambda_j=\arg\min_{i\in\{1,2,3,\cdots,c\}} d_{ji}$；
4. 将样本 x_j 划入相应的簇，$C_{\lambda_J}=C_{\lambda_J}\cup\{x_j\}$；
5. 将每个类别中心更新为属于该类别的所有样本的均值：

$$\boldsymbol{\mu}_i'=\frac{1}{|C_{\lambda_J}|}\sum\nolimits_{x\in C_{\lambda_J}}x$$

6. 重复步骤 2～5，直到中心的变化小于某个阈值。

在联邦学习中，K 均值聚类主要是多个参与方在隐私保护下进行数据集合和分类的过程。根据数据分布类型的不同，K 均值聚类可分为横向 K 均值聚类（Horizontal K-means Clustering）、纵向 K 均值聚类（Vertical K-means Clustering）和任意数据 K 均值聚类（Arbitrarily K-means Clustering）三大类。下面详细介绍这三大类模型的求解。

7.1.1 横向 K 均值聚类算法

在横向 K 均值聚类算法中，一般假设所有参与方所拥有数据的特征矢量描述的内容一致，即 x 的维度、各维度所刻画的信息类型相同，而各参与方数据所刻画的对象不同（可参照水平型数据分布）。

假设有 n 个参与方$(1,2,\cdots,k,\cdots,n)$，每个参与方拥有一份数据，其中第 k 个参与方仅知（$X^{(k)},y^{(k)}$）：

$$X=\begin{bmatrix} X^{(1)} \\ \vdots \\ X^{(k)} \\ \vdots \\ X^{(n)} \end{bmatrix} \quad y=\begin{bmatrix} y^{(1)} \\ \vdots \\ y^{(k)} \\ \vdots \\ y^{(n)} \end{bmatrix} \tag{7-1}$$

因为在横向 K 均值聚类算法中，各参与方数据所刻画的对象不同，所以此时 K 均值算法的核心思想是将各方的数据通过安全加密的方法聚合，得出计算结果后再分发给各方进行数据更新，以保证在不泄露各方隐私数据的情况下进行数据分类。

本小节主要介绍两种面向隐私保护的加权平均法，用于横向 K 均值聚类算法的加权平均部分。具体地，隐私保护加权平均法是由加权平均法和加密算法结合而成，主要分为基于隐私多项式求值的加权平均法和基于同态加密的加权平均法，它们能够实现各方在不泄露数据的情况下更新运算，并返回结果给各方。

横向 K 均值聚类算法的框架如图 7-1 所示，参数及含义见表 7-1。

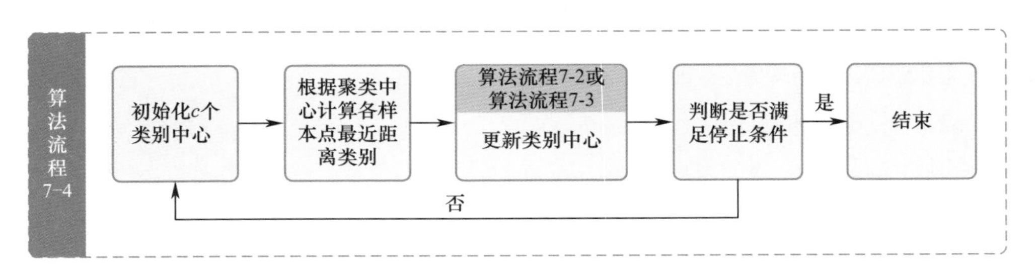

图 7-1 横向 K 均值聚类算法的框架

表 7-1 横向 K 均值聚类算法的参数及含义

参数	含义
$\mathcal{F}$	有限域
z	随机数
P、Q	多项式，$P\in\mathcal{F}$，$Q\in\mathcal{F}$
α 和 β	点，$\alpha\in\mathcal{F}$，$\beta\in\mathcal{F}$
G	产生参数的函数
E	加密函数
D	解密函数
M	消息
c	簇的数量
T	最大迭代次数
K	参与方数量
X^i	每个参与方的样本集，$i\in[1,2,\cdots,K]$
$\mu_1,\mu_2,\cdots,\mu_{(c)}$	聚类中心
C_i^j	第 j 个参与方属于第 i 个类别的样本集，$i\in[1,2,\cdots,c]$，$j\in[1,2,\cdots,K]$

1. 基于隐私多项式求值的加权平均法

假设参与方 1 有输入（x,n），参与方 2 有输入（y,m）。根据隐私多项式求值，参与方 1 构建两个多项式 $P(\omega)=\omega+x$ 和 $Q(\omega)=\omega+n$，在参与方 2 中，使 $\alpha=y$、$\beta=m$。将 $P(\omega)$、$Q(\omega)$ 代入后可得式（7-2）：

$$((P,Q),(\alpha,\beta))\rightarrow\left(\frac{P(\alpha)}{Q(\beta)},\frac{P(\alpha)}{Q(\beta)}\right)=\left(\frac{\alpha+x}{\beta+n},\frac{\alpha+x}{\beta+n}\right)=\left(\frac{y+x}{m+n},\frac{y+x}{m+n}\right) \tag{7-2}$$

算法流程 7-2 基于隐私多项式求值的加权平均法[48]

输入：参与方 1 在$\mathcal{F}$中的多项式 P 和 Q，参与方 2 在$\mathcal{F}$（有限域）中的两点 α 和 β。

输出：$\left(\frac{P\ (\alpha)}{Q\ (\beta)},\frac{P\ (\alpha)}{Q\ (\beta)}\right)$。

1. 参与方 1 选择一个随机数 $z\in\mathcal{F}$，并计算得到 zP 和 zQ；
2. 参与方 2 使用不经意多项式估值（Obvious Polynomial Evaluation，OPE）计算 $P_{\text{OPE}}(zP,\alpha)$ 和 $P_{\text{OPE}}(zQ,\beta)$，即参与方 2 可以计算得到 $zP(\alpha)$ 和 $zQ(\beta)$ 的值，而参与方 1 不了解；
3. 参与方 2 计算$\frac{zP(\alpha)}{zQ(\beta)}$，得到$\frac{P(\alpha)}{Q(\beta)}$，并且发送给参与方 1。

2. 基于同态加密的加权平均法

同态加密允许人们对密文进行特定形式的代数运算后仍是密态结果，将其解密所得到的结果与对明文进行同样运算所得到的结果一样。假设（G,E,D,M）为一个同态加密方法，其中 G 为产生参数的函数，E、D 分别代表加密函数和解密函数，M 代表消息。对于 $m \in M$ 和 $\alpha \in M$，m 加密后的密文为 $E(m)$；对应地，$m\alpha$ 加密后的密文为 $E(m\alpha)$。对于消息 m_1 和 m_2，运算函数 f 的功能如下：

$$f(E(m_1),E(m_2)) = E(m_1) + E(m_2) = E(m_1 + m_2) \tag{7-3}$$

算法流程 7-3　基于同态加密的加权平均法[48]

输入： 来自参与方 1 的（x,n），来自参与方 2 的（y,m）。

输出： $\frac{y+x}{m+n}$。

1. 参与方 1 生成密钥对（E,D），加密 x 和 n，并且发送加密值 $[[x_1]] = E(x)$ 和 $[[n_1]] = E(n)$ 给参与方 2；
2. 参与方 2 选取一个随机消息 $z \in M$，并且对 $z \cdot y$ 和 $z \cdot m$ 加密获得 $[[z_1]] = E(z \cdot y)$ 和 $[[z_2]] = E(z \cdot m)$。参与方 2 计算下面的消息并发送给参与方 1：

$$m_1 = f([[x_1]]^z, [[z_1]]) = E(z \cdot x + z \cdot y)$$

$$m_2 = f([[n_1]]^z, [[z_2]]) = E(z \cdot n + z \cdot m)$$

3. 参与方 1 解密密文得到 $z(x+y)$ 和 $z(n+m)$，由此计算 $\frac{y+x}{m+n}$，并发送给参与方 2。

3. 基于加权平均法的横向 K 均值聚类算法（总流程）

算法流程 7-4　基于加权平均法的横向 K 均值聚类算法（总流程）[48]

输入： 参与方 1 数据集 X^1，参与方 2 数据集 X^2，簇的数量 c，最大迭代次数 T。

输出： 参与方 1 和参与方 2 的簇划分 C_i^1、C_i^2，$i \in [1, c]$。

1. 初始化 $\mu_1, \mu_2, \cdots, \mu_c$；
2. 对每一次迭代 $t \in [1, T]$：
3. 计算各样本点与各聚类中心 μ_i 的距离，找到最近距离类别，并将样本点放入对应的类中；
4. 更新聚类中心 μ_i。

（1）假设 C_i^1、C_i^2 分别为参与方 1 和参与方 2 的第 i 个类别的样本集合；

（2）计算 $a_i = \sum_{x_j^1 \in C_i^1} x_j^1$（计算该簇的所有样本和）和 $b_i = |C_i^1|$（表示该簇中样本的个

数），$c_i = \sum_{x_j^2 \in C_i^2} x_j^2$ 和 $d_i = |C_i^2|$；

（3）使用隐私保护加权平均法（详见算法流程 7－2 或算法流程 7－3）计算参与方 1 和参与方 2 的加权平均值：

$$((a_i, b_i), (c_i, d)_i)) \rightarrow \left(\left(\frac{a_i + b_i}{c_i + d_i}\right), \left(\frac{a_i + b_i}{c_i + d_i}\right)\right) \rightarrow (\mu_i, \mu_i)$$

5. 重复步骤 4，直到 μ_i 不再改变或达到最大迭代次数 T。
6. 返回参与方 1 和参与方 2 簇划分 C_i^1、C_i^2，$i \in [1, c]$。

7.1.2　纵向 K 均值聚类算法

在纵向 K 均值聚类算法中，一般假设所有参与方所拥有数据的特征矢量描述的内容不一致，即 x 的维度、各维度所刻画的信息类型不相同，而各参与方数据所刻画的对象相同。

本小节介绍两个算法，分别是隐私保护纵向 K 均值聚类算法和等贡献隐私保护纵向 K 均值聚类算法。

（1）隐私保护纵向 K 均值聚类算法。在现实应用场景中，大多数据都是垂直型分布，比如不同的金融机构拥有相同的客户群，但是拥有不同的用户画像特征，将这些数据直接聚合在一起进行数据挖掘会造成隐私泄露。隐私保护纵向 K 均值聚类算法将针对单个数据库的 K 均值聚类算法扩展到分布式的多个数据站点，同时保证了每个数据站点的隐私性。

（2）等贡献隐私保护纵向 K 均值聚类算法。大多数多方 K 均值算法都限定于两个或三个参与方不会相互串通，如果每一方都以 $\frac{1}{2}$ 的概率相互串通，那么参与方数据隐私受到保护的概率会小于 $\frac{3}{4}$。本算法中每个参与方具有同等贡献，通过使用公钥加密点和中心点的距离，并安全比较距离值找到最近距离类别，不会泄露中间值（泄露中间值可能会导致某些参与方相互串通），与其他算法相比可以更好地保护数据隐私。

1. 隐私保护纵向 K 均值聚类算法

因为在纵向 K 均值聚类中，各方的用户所拥有的特征不一样，所以此时 K 均值算法的核心思想是先进行各方用户与本地聚类中心的距离计算，再将每个用户在不同方对于每个类别的距离进行安全聚合，根据最小距离判断用户所属类别，发送至各方，然后重新计算新的聚类中心后，进行更新。

假设有 K 个参与方的数据集为 $P_1, P_2, \cdots, P_K$，对用户 u_1，在第 i 个参与方（$i=1,2,\cdots,K$）中计算该用户与 c 个聚类中心的距离，构成 c 维的距离矢量 $\boldsymbol{X}_i$ 的表达式如下：

$$\boldsymbol{X}_i = \begin{bmatrix} x_{1i} \\ x_{2i} \\ \vdots \\ x_{ci} \end{bmatrix} \tag{7-4}$$

因此，对用户 u_1，总的距离矢量矩阵可以表示为

$$\boldsymbol{X} = \begin{bmatrix} x_{11} & \cdots & x_{1K} \\ \vdots & \ddots & \vdots \\ x_{c1} & \cdots & x_{cK} \end{bmatrix} \tag{7-5}$$

纵向 K 均值聚类的目标为计算各维度的特征与聚类中心最小的距离之和，并返回对应的类别 i，如下式：

$$\underset{i=1,\cdots,c}{\arg\min}\left(\sum\nolimits_{j=1,\cdots,K} x_{ij}\right) \tag{7-6}$$

其中，x_{ij}为用户与聚类中心的距离。

隐私保护纵向 K 均值聚类算法的框架如图 7－2 所示，参数及含义见表 7－2。

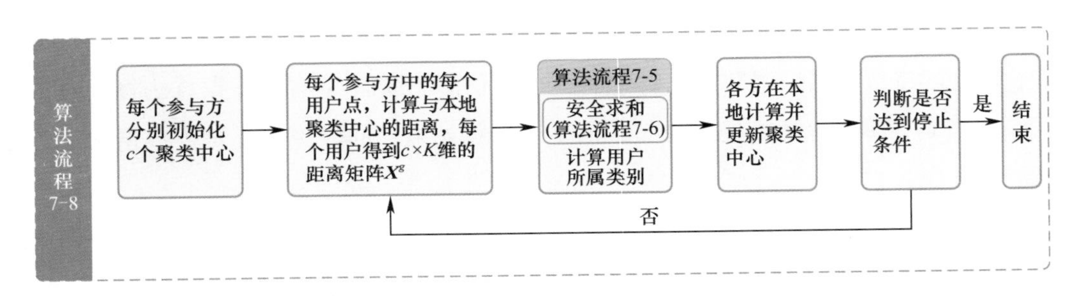

图 7－2　隐私保护纵向 K 均值聚类算法的框架

表 7－2　隐私保护纵向 K 均值聚类算法的参数及含义

参　数	含　义
c	簇的数量
T	最大迭代次数
K	参与方数量
P_i	第 i 个参与方的数据集，$i \in [1,2,\cdots,K]$
n	用户数量
$\boldsymbol{X}^g$	用户 g 在每个参与方中与聚类中心的距离矢量，$g \in [1,2,\cdots,n]$

续表

参数	含义
V_i	i 维随机矢量，$i \in [1,2,\cdots,K]$
π	随机排列函数
Th	阈值
m_0	随机数
D	距离函数
μ_{ij}	第 j 个参与方中类别 i 类的聚类中心，$i \in [1,\cdots,c]$, $j \in [1,\cdots,K]$
μ'_{ij}	更新后的聚类中心，$i \in [1,\cdots,c]$, $j \in [1,\cdots,K]$
data_j	第 j 个参与方的样本集，$j \in [1,\cdots,K]$
C_i^j	第 j 个参与方中类别 i 的样本集合，$i \in [1,2,\cdots,c]$, $j \in [1,2,\cdots,K]$
x_{ij}^g	用户 g 在第 j 个参与方中与类别 i 聚类中心的距离，$g \in [1,2,\cdots,n]$, $i \in [1,2,\cdots,c]$, $j \in [1,2,\cdots,K]$
g	产生器
q	素数
G	乘法循环群
H	安全哈希函数
sk	私钥
pk	公钥
M	消息
r	随机数

算法流程 7-5 基于排序算法的寻找最小距离聚类[49]

输入：$\boldsymbol{X}^g$, $g \in [1,2,\cdots,n]$。

输出：用户 g 所属的类别。

1. 对每个用户执行以下步骤；
2. 选定受信任的 3 个参与方，即 P_1、P_2、P_K；
3. 第 1 个参与方（P_1）产生 K 个 c 维的随机矢量$\boldsymbol{V}_i$，$i \in [1,2,\cdots,K]$)，使 $\sum_i \boldsymbol{V}_i = 0$，并生成随机排列函数 π；
4. 在第 1 ~ K 个参与方中：

5. 每一方将 $\boldsymbol{X}_i$、$\boldsymbol{V}_i$ 相加并计算使用 π 排序后的信息：$\boldsymbol{T}_i=\pi(\boldsymbol{X}_i+\boldsymbol{V}_i)$；
6. 出于隐私保护，除第 2 个参与方外的每个参与方(P_i，$i\in[1,3,\cdots,K-1]$)执行：
7. P_i 发送 $\boldsymbol{T}_i$ 给 P_K；
8. P_K 计算 $\boldsymbol{Y}=\boldsymbol{T}_1+\sum_{i=3}^{K}\boldsymbol{T}_i$；
9. 最小距离类别 minimal 初始化为 1；
10. 当类别 $j=2,\cdots,K$ 时：
11. 对 P_K进行安全求和（详见算法流程 7－6）并比较 Y_j+T_{2j}（分别表示 $\boldsymbol{Y}$ 和 $\boldsymbol{T}_2$ 的第 j 个分量）与 $Y_{\text{minimal}}+T_{2\text{minimal}}$的大小，如果 $Y_j+T_{2j}<Y_{\text{minimal}}+T_{2\text{minimal}}$，则把 minimal 设为 j；
12. P_K将 minimal 发送给P_1；
13. 由于随机排列函数 π 只有 P_1 持有，所以 P_1 计算π^{-1}(minimal)，即得到$\arg\min_{j=1,\cdots,c}(\sum_{i=1,\cdots,K}x_{ij})$对应的最小距离类别 j；
14. 返回每个用户所属类别。

算法流程 7－6　基于排序算法和同态加密的安全求和[49]

输入： 参与方 1 持有的随机矢量 $\boldsymbol{V}$ 和随机排列函数 π，参与方 2 持有的距离矢量 $\boldsymbol{X}$。

输出： 参与方 2 得到 $\pi(\boldsymbol{V}+\boldsymbol{X})$，而参与方 1 无法获得。

1. 参与方 2 产生一个密钥对（E_k,D_k），用于同态加密方法；
2. 参与方 2 将它的距离矢量 $\boldsymbol{X}$ 加密为$[[\boldsymbol{X}']]=([[x'_1]],\cdots,[[x'_n]]),[[x'_i]]=E_k(x_i)$；
3. 参与方 2 发送$[[\boldsymbol{X}']]$和公钥 E_k 给参与方 1；
4. 参与方 1 加密随机矢量 $\boldsymbol{V}$，并生成加密矢量$[[\boldsymbol{V}']]=([[v'_1]],\cdots,[[v'_n]])$，$[[v'_i]]=E_k(v_i)$；
5. 参与方 1 计算$\boldsymbol{X}'$和$\boldsymbol{V}'$的乘积，得到$[[\boldsymbol{T}']]=([[t'_1]],\cdots,[[t'_n]])$，$[[t'_i]]=[[x'_i]]*[[v'_i]]$，根据同态加密的特性，$[[x'_i]]*[[v'_i]]=E_k(x_i)*E_k(v_i)=E_k(x_i+v_i)$；
6. 参与方 1 应用排序算法，得到$[[\boldsymbol{T}'_p]]=\pi([[\boldsymbol{T}']])$，然后发送 $[[\boldsymbol{T}'_p]]$给参与方 2；
7. 参与方 2 解密 $[[\boldsymbol{T}'_p]]$，得到$\boldsymbol{T}_p=(t_{p1},\cdots,t_{pn})$，$t_{pi}=x_{p_i}+v_{p_i}$。（注：$\boldsymbol{T}_p$ 是 $\pi(\boldsymbol{V}+\boldsymbol{X})$ 而不是 $\boldsymbol{V}+\boldsymbol{X}$）。

算法流程 7－7　停止迭代条件[49]

输入： 终止的阈值 $\text{Th}<\frac{n}{2}$，随机数 m_0，m_0 服从（$0,n-1$）的均匀分布，并且至少为距离函

数 Dist 取值范围的两倍$\left(0 \leqslant \text{Dist} < \frac{n}{2}\right)$。

输出：True。

1. 对于每个参与方 $j \in [1, \cdots, K]$：
2. $d_j = 0$
3. 对于每个类别 $i \in [1, \cdots, c]$：
4. $d_j = d_j + \text{Dist}\ (\mu_{ij},\ \mu'_{ij})$
5. 安全计算是否满足 $\sum d_j \leqslant \text{Th}$，若是，则停止迭代。安全计算过程如下：

（1）P_1 生成随机数 $m = m_0$

（2）对于 $j \in [1, K-1]$：更新 $m = m + d_j \pmod n$，传递 m 给 P_{j+1}

（3）P_K 获取 $m = m + d_K$

（4）P_1 生成 $\text{Th}' = \text{Th} + m_0$

（5）P_1 和 P_K 进行安全比较 $[m - \text{Th}' \pmod n > \text{Th}' - m \pmod n]$，若返回 True，则满足停止迭代条件，否则进入下一次迭代。（当满足 $\text{Th} < \frac{n}{2}$，距离函数 Dist 取值范围为 $0 \leqslant \text{Dist} < \frac{n}{2}$ 时，$m - \text{Th}'$ 为正数，$m - \text{Th}' \pmod n < \frac{n}{2}$，$m - \text{Th}'$ 为负数，$\text{Th}' - m \pmod n > \frac{n}{2}$，即仅当 $m < \text{Th}'$ 时，算法返回 True。）

算法流程 7-8 隐私保护纵向 K 均值聚类算法（总流程）[49]

输入：参与方数量 K，用户数量 n，类别数量 c，最大迭代次数 T，距离函数 Dist，各个参与方样本集 $\text{data}_j (j \in [1, \cdots, K])$。

输出：各个参与方的类别划分 C_i^j，$i \in [1, 2, \cdots, c]$，$j \in [1, 2, \cdots, K]$。

1. 对每个参与方，分别初始化 c 个类别中心 μ_{ij}，$i \in [1, 2, \cdots, c]$，$j \in [1, 2, \cdots, K]$；
2. 对每个参与方中的每个用户点（以第 j 个参与方中的用户 g 为例），计算它与各聚类中心 μ_{ij} 的距离 $x_{ij}^g = \text{Dist}(\text{data}_{gj}, \mu_{ij})$；
3. 使用安全算法（详见算法流程 7-5）寻找距离用户点最近距离的类别 j，将其广播给各方，并把用户点放入对应的类的样本集 C_i^j $(i \in [1, 2, \cdots, c], j \in [1, 2, \cdots, K])$；
4. 各参与方在本地计算并更新类别中心 μ_{ij}；
5. 重复步骤 3 ~ 步骤 5，直到达到停止迭代条件（详见算法流程 7-7）。

2. 同等贡献隐私保护纵向 K 均值聚类算法

同等贡献隐私保护纵向 K 均值聚类算法的框架如图 7-3 所示，参数及含义见表7-3。

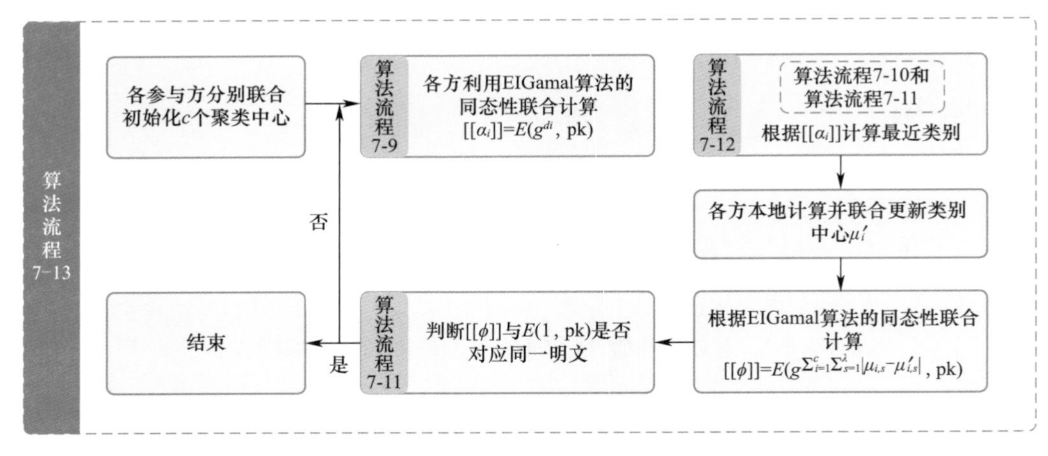

图 7－3　同等贡献隐私保护纵向 K 均值聚类算法的框架

表 7－3　同等贡献隐私保护纵向 K 均值聚类算法的参数及含义

参　数	含　义
c	簇的数量
K	参与方数量
P_i	第 i 个参与方的数据集，$i \in [1,2,\cdots,K]$
n	用户数量
g	产生器
q	素数
G	乘法循环群
H	安全哈希函数
sk	私钥
pk	公钥
M	消息
r	随机整数
$[[C]]=E(M,\text{pk},r)=(A,B)=(g^r,M\cdot\text{pk}^r)$	密文
E	加密函数
D	解密函数
N	所有特征域大小之和
λ_i	第 i 个参与方的特征个数
$x_{t,\lambda_{i-1}+1},x_{t,\lambda_{i-1}+2},\cdots,x_{t,\lambda_i}$	第 i 个参与方的样本集，$t=[1,2,\cdots,n]$
$\lambda=\sum_{i=0}^{K}\lambda_i$	所有参与方的特征个数之和
μ_i	第 i 类聚类中心，$i=[1,2,\cdots,c]$
C_i	第 i 类样本集，$i \in [1,2,\cdots,c]$

算法流程 7-9　分布式 ElGamal 加密算法[50]

假设 $P_1, P_2, \cdots, P_K$，ElGamal 加密算法由钥匙生成、加密和解密算法构成。

[密钥生成]

输入一个参数 k，产生一个由素数 q 和产生器 g 所构成的乘法循环群 G。P_i 从非零整数集Z_q^* 中随机选择一个私钥 sk_i，并计算公钥 $\mathrm{pk}_i = g^{\mathrm{sk}_i}$。使用安全哈希函数 H，使 $h_i = H(\mathrm{pk}_i)$，并且私钥 sk_i 是保密的。公布 $h_1, h_2, \cdots, h_m$ 后，每个参与方公布 pk_i 并验证是否 $H(\mathrm{pk}_j) = h_j (j \in [1, K])$。如果 $H(\mathrm{pk}_j) = h_j (j \in [1, K])$，使 $\mathrm{pk} = \prod_{i=1}^{K} \mathrm{pk}_i$ 成为公钥。

[加密]

输入消息 $M \in G$ 和公钥 pk，从Z_q^* 中随机选择一个整数 r，输出密文$[[C]] = E(M, \mathrm{pk}, r) = (A, B)$，其中 $A = g^r$，$B = M \cdot \mathrm{pk}^r$。为了计算简便，通常写成$[[C]] = E(M, \mathrm{pk})$。

[解密]

输入密文$[[C]] = (A, B)$，P_i 计算 $A_i = A^{\mathrm{sk}_i}$。使 $A' = \prod_{i=1}^{m} A_i$，然后明文为 $M = D([[C]], \mathrm{sk}_1, \mathrm{sk}_2, \cdots, \mathrm{sk}_m) = \dfrac{B}{A'}$。

ElGamal 加密算法是同态的，对任意两个密文 $C_1 = E(M_1, \mathrm{pk}, r_1) = (A_1, B_1)$ 和 $C_2 = E(M_2, \mathrm{pk}, r_2) = (A_2, B_2)$，有如下两个性质：

$$C_1 C_2 = (A_1 A_2, B_1 B_2) = E(M_1 M_2, \mathrm{pk}, r_1 r_2)$$

$$\frac{C_1}{C_2} = \left(\frac{A_1}{A_2}, \frac{B_1}{B_2}\right) = E\left(\frac{M_1}{M_2}, \mathrm{pk}, r_1 - r_2\right)$$

混合网络算法用于产生难以被追踪的通信（即使混合网络中第 $K-1$ 个参与方串通，也难以推算出原始数据信息）。假设一个混合网络由 K 个参与方（即有 $P_1, P_2, \cdots, P_K$）组成，由于 ElGamal 加密算法可以对密文进行再加密，所以混合网络可以基于 ElGamal 加密算法将输入的密文集合$[[C_1]], [[C_2]], \cdots, [[C_c]]$输出为排列后的密文集合$[[C_1']], [[C_2']], \cdots, [[C_c']]$，具体流程如下。

算法流程 7-10　混合网络算法[50]

输入：$[[C_1]], [[C_2]], \cdots, [[C_c]]$

输出：$[[C_1']], [[C_1']], \cdots, [[C_c']]$

1. 初始化（$[[C_1^{(0)}]], [[C_2^{(0)}]], \cdots, [[C_c^{(0)}]]) = ([[C_1]], [[C_2]], \cdots, [[C_c]])$
2. 对所有参与方（$i = 1, 2, \cdots, K$）：
3. 　　P_i 随机选择一个排序算法π_i，重新排列密文为$[[C_{\pi_i(1)}^{i-1}]], [[C_{\pi_i(2)}^{i-1}]], \cdots, [[C_{\pi_i(l)}^{i-1}]]$。

然后重复加密这些密文为$[[C_1^i]],[[C_2^i]],\cdots,[[C_c^i]]$，并发送给$P_{i+1}$。

4. 当$i=m$时，$P_{i+1}=P_1$（即P_K的结果传递给P_1）

5. 返回$[[C_1']],[[C_2']],\cdots,[[C_c']]=[[C_1^{(K)}]],[[C_2^{(K)}]],\cdots,[[C_c^{(K)}]]$

算法流程 7-11 明文等价测试[50]

[算法目的]

在不解密的情况下，验证密文$[[C_1]]=(A_2,B_2)$与$[[C_2]]=(A_2,B_2)$对应的明文是否相同。

[定义]

$X=\frac{A_1}{A_2}$、$Y=\frac{B_1}{B_2}$，每个参与方选取一个随机数$r_i\in Z_q^*$，$D_i=X^{r_i}$，$E_i=Y^{r_i}$，$t_i=H(D_i,E_i)$。

[验证]

各参与方公布$t_1,t_2,\cdots,t_K$，(D_i,E_i)，验证是否$t_j=H(D_j,E_j)(j\in[1,K])$，若结果为否，则停止。

[测试]

各方联合加密$[[C']]=(\prod_{i=1}^{K}D_i,\prod_{i=1}^{K}E_i)$。若$D([[C']],\mathrm{sk}_1,\mathrm{sk}_2,\cdots,\mathrm{sk}_K)=1$，则密文$[[C_1]]=(A_2,B_2)$与$[[C_2]]=(A_2,B_2)$对应的明文是相同的。

算法流程 7-12 寻找最近类别[50]

公开输入：$[[\alpha_i]]=E(g^{d_i},\mathrm{pk})$，$i\in[1,2,\cdots,c]$；ElGamal 加密算法$(E,D,G,q,g)$；$\mathrm{pk}=\prod_{j=1}^{K}\mathrm{pk}_j$。

隐私输入：sk_i，$i\in[1,2,\cdots,c]$。

输出：最小距离$\min(d_1,d_2,\cdots,d_c)$的对应类别。

1. $[[\beta_1]],[[\beta_2]],\cdots,[[\beta_c]]=\mathrm{MIX}_1([[\alpha_1]],[[\alpha_2]],\cdots,[[\alpha_c]])$ //$P_1,P_2,\cdots,P_K$联合训练网络MIX_1
2. //$P_1,P_2,\cdots,P_K$联合查找$g^{\min(d_1,d_2,\cdots,d_c)}$
3. $[[z]]=[[\beta_1]]$
4. for $i=2,\cdots,c$:
5. for $s=1,\cdots,N$: //N为所有特征域大小之和
6. $r_s=[[\beta_i]]*E(g^s,\mathrm{pk})/[[z]]$

7. end for

8. //$P_1, P_2, \cdots, P_K$联合训练网络MIX_2（详见算法流程7-10）

9. $[[\delta_1]], [[\delta_2]], \cdots, [[\delta_N]] = \text{MIX}_2(r_1, r_2, \cdots, r_N)$

10. for $s = 1, \cdots, N$:

11. 如果$D([[\delta_s]], \text{sk}_1, \text{sk}_2, \cdots, \text{sk}_K) = 1$，则$z = [[\beta_i]]$且$s = N + 1$

12. end for

13. end for

14. //$P_1, P_2, \cdots, P_K$联合查找$g^{\min(d_1, d_2, \cdots, d_c)}$所对应的类别编号

15. for $i = 1, \cdots, c$:

16. 使用算法流程7-11判断$[[z]]$和$[[\alpha_i]]$是否对应同一明文，若是，则最近类别为i，且$i = c + 1$

17. end for

若要判断$d_j < d$，给定两个密文$[[z]] = E(g^d, \text{pk})$和$[[\beta_i]] = E(g^{d_j}, \text{pk})$，如果直接计算$\frac{[[\beta_i]]}{[[z]]}$，会泄露$g^{d_j - d}$（同态性）。因此，可通过以下方法判断$d_j < d$：令$r_s = [[\beta_i]] * \frac{E(g^s, \text{pk})}{[[z]]} = E(g^{d_j + s - d}, \text{pk})(s = [1, 2, \cdots, N])$，并且将$r_s$输入$\text{MIX}_2$中得到重加密和重排列后的值$[[\delta_1]], [[\delta_2]], \cdots, [[\delta_N]]$；接着$P_1, P_2, \cdots, P_K$联合解密并判断$D([[\delta_s]], \text{sk}_1, \text{sk}_2, \cdots, \text{sk}_K)$是否等于1；若$D([[\delta_s]], \text{sk}_1, \text{sk}_2, \cdots, \text{sk}_K) = g^{\gamma(d_j + t - d)} = 1$，则$d_j + t - d = 0$，判断出$d_j < d$。

算法流程7-13 同等贡献隐私保护纵向K均值聚类算法（总流程）[50]

公共输入：聚类个数c，ElGamal加密算法(E, D, G, q, g)，$\text{pk}_1, \text{pk}_2, \cdots, \text{pk}_K$。

隐私输入：sk_i；每个参与方的本地样本$x_{t,\lambda_{i-1}+1}, x_{t,\lambda_{i-1}+2}, \cdots, x_{t,\lambda_i}(i = [1, 2, \cdots, K], t = [1, 2, \cdots, n], \lambda_0 = 0)$，其中$\sum_{i=0}^{K} \lambda_i = \lambda$为所有参与方的特征个数之和。

输出：类别划分C_i，$i \in [1, 2, \cdots, c]$。

1. //随机初始化聚类中心μ_i

2. for $i = 1, \cdots, c$:

3. for $j = 1, \cdots, K$:

4. p_j随机初始化$\mu_{i,\lambda_{j-1}+1}, \mu_{i,\lambda_{j-1}+2}, \cdots, \mu_{i,\lambda_j}$

5. end for

6. $\mu_i = (\mu_{i,1}, \mu_{i,2}, \cdots, \mu_{i,\lambda})$

7. end for

8. $\text{pk} = \prod_{i=1}^{K} \text{pk}_i$

9. 重复：

10. $C_1 = \phi, \cdots, C_c = \phi$，$\mu'_1 = \mu_1, \cdots, \mu'_c = \mu_c$

11. for $t = 1, \cdots, n$：

12. for $i = 1, \cdots, c$：

13. for $j = 1, \cdots, K$：

14. p_j 公布 $E(g^{|x_{t,\lambda_{j-1}+1} - \mu_{i,\lambda_{j-1}+1}| + \cdots + |x_{t,\lambda_j} - \mu_{i,\lambda_j}|}, \text{pk})$

15. end for

16. $[[\alpha_{t,i}]] = E(g^{|x_{t,1} - \mu_{i,1}| + \cdots + |x_{t,\lambda} - \mu_{i,\lambda}|}, \text{pk})$ //ElGamal 加密算法具有同态性

17. end for

18. 使用算法流程 7－12 寻找最小距离类别 η

19. $C_\eta = C_\eta \cup \{x_t\}$

20. end for

21. //更新聚类中心

22. for $i = 1, \cdots, c$：

23. for $j = 1, \cdots, K$：

24. p_j 计算 $\mu_{i,s} = \sum_{x_t \in C_i} x_{t,s} / n$，$s = \lambda_{j-1} + 1, \cdots, \lambda_j$

25. 公布 $E(g^{|\mu_{i,\lambda_{j-1}+1} - \mu'_{i,\lambda_{j-1}+1}| + \cdots + |\mu_{i,\lambda_j} - \mu'_{i,\lambda_j}|}, \text{pk})$

26. end for

27. $\mu_i = (\mu_{i,1}, \mu_{i,2}, \cdots, \mu_{i,\lambda})$

28. end for

29. $[[\phi]] = E(g^{\sum_{i=1}^{c} \sum_{s=1}^{\lambda} |\mu_{i,s} - \mu'_{i,s}|}, \text{pk})$ //根据同态性

30. 使用算法流程 7－11 判断 $[[\phi]]$ 和 $E(1, \text{pk})$ 是否对应同一明文，若是（$\sum_{i=1}^{c} \sum_{s=1}^{\lambda} |\mu_{i,s} - \mu'_{i,s}| = 0$），则结束算法，否则重复上述步骤。

7.1.3 任意数据 K 均值聚类算法

数据隐私保护问题已经成为社会关注的焦点。联邦学习作为一种创新的建模机制，可以在不损害数据保密性和安全性的情况下，针对多方数据训练统一模型。人们由此提出了任意数据 K 均值聚类算法。

任意数据K均值聚类算法[51]是纵向数据和横向数据相结合的结构，纵向数据和横向数据都是它的特殊情况。例如，假设有A和B两方，数据库$D=\{d_1, d_2,\cdots,d_n\}$组成$n$个物体，每个物体$d_i$由$l$个特征所描述，即$d_i=\{x_{i,1},x_{i,2},\cdots,x_{i,l}\}$。对于每个$d_i$，A方知道物体的特性的一些子集，而B方知道剩余的物体特性的子集，所以有$d_i=d_i^{\mathrm{A}}+d_i^{\mathrm{B}}$。比较特殊的情况是，当$d_i^{\mathrm{A}}=\varnothing$或者$d_i^{\mathrm{A}}=d_i$时，说明A方或者B方拥有该物体的全部数据。任意划分数据如图7-4所示。

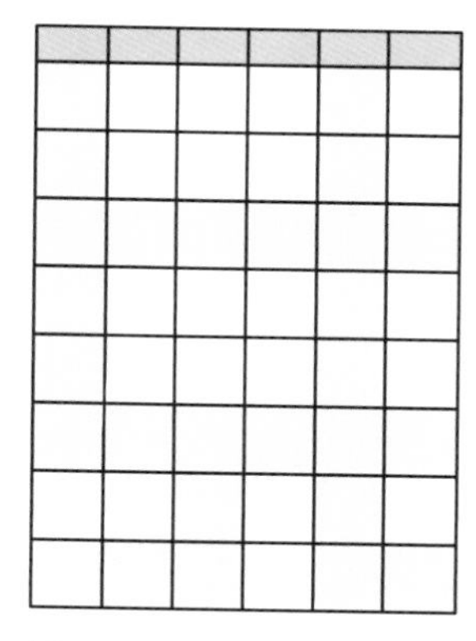

图7-4 任意划分数据

任意数据K均值聚类算法的参数及含义见表7-4，框架如图7-5所示。

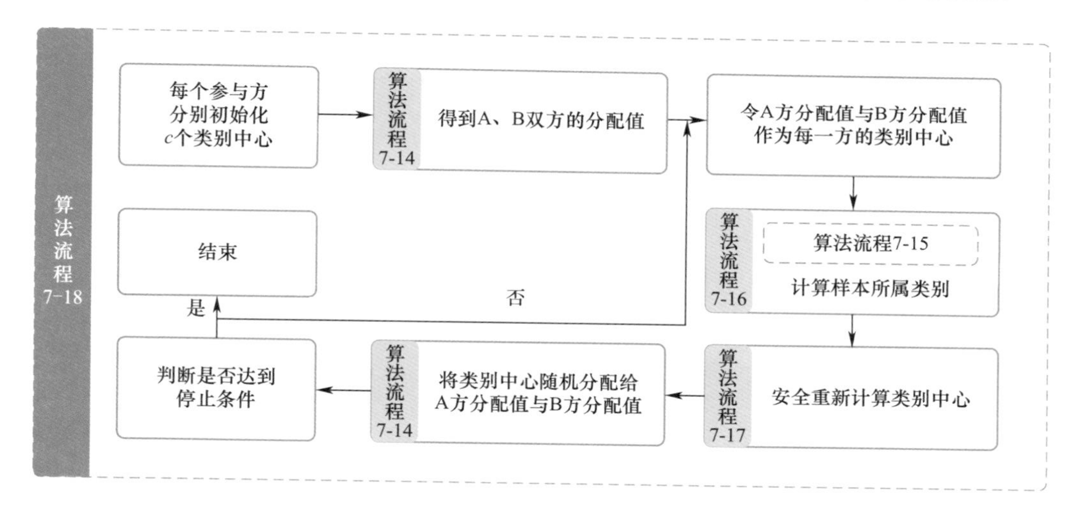

图7-5 任意数据K均值聚类算法的框架

表7-4 任意数据K均值聚类算法的参数及含义

参数	含义
c	簇的数量
T	最大迭代次数
K	参与方数量
P_i	第i个参与方的数据集，$i\in[1,2,\cdots,K]$
n	用户数量
$\mathcal{F}$	域
S_{A}、S_{B}	A方和B方的随机分配值

续表

参　数	含　义
d_i	A 方和 B 方的共有样本，$i=[1,2,\cdots,n]$
μ_i	第 i 类的聚类中心，$i\in[1,2,\cdots,c]$
μ_i'	更新后的聚类中心，$i\in[1,2,\cdots,c]$
$\mu_{j,t}^{A}$、$\mu_{j,t}^{B}$	A 方和 B 方的平均随机分配
l	样本维度
c_i	公共常量
C	样本重心
D	样本集
$D_{i,j}^{A}$、$D_{i,j}^{B}$	A 方和 B 方的样本，$i\in[1,2,\cdots,n]$，$j\in[1,2,\cdots,l]$
$\widetilde{C}_i^{A,0}$、$\widetilde{C}_i^{B,0}$	第一次 A 方和 B 方样本重心的距离，$i\in[1,2,\cdots,n]$
$\widetilde{C}^0$	均方距离
$\boldsymbol{C}_i$	位置矢量，$i\in[1,2,\cdots,n]$
S_j	A 方和 B 方的共享类别 j 中的数据点之和，$j\in[1,2,\cdots,c]$
T_j^{A}、T_j^{B}	A 方和 B 方属于类别 j 的样本数量，$j\in[1,2,\cdots,c]$

算法流程 7－14　随机分配（Random Share）

根据联邦学习的隐私要求，A、B 双方都应该得到最终的输出，但是算法运行过程中的所有值，双方应该都不知道。因此，算法中的所有中间值，如每次迭代结束时的候选聚类中心，都被双方共享为均匀分布的随机值，它们的和是实际的中间值。

设 a、b 为中间值 x 的随机分配值（分别属于 A 方和 B 方），$a\in\mathcal{F}$、$b\in\mathcal{F}$，$\mathcal{F}$域的大小为 N，则：

$$(a+b)\ \mathrm{mod}\ N=x$$

则 $x\in\mathcal{F}$，这意味着 a、b、x 三者有相同的值域。

为了安全计算如上所述的随机分配值，任意数据 K 均值聚类算法中采用了安全点积协议（Secure Scalar Product Protocol）。

假设 A 方的矢量为 $\boldsymbol{X}=(x_1,\cdots,x_n)$，B 方矢量为 $\boldsymbol{Y}=(y_1,\cdots,y_n)$，$S_A$、$S_B$表示 A 方和 B 方的随机分配值。安全点积协议就是为了安全计算 $S_A+S_B=\boldsymbol{X}\cdot\boldsymbol{Y}$ 中的S_A、S_B，具体的流程如算法流程 7－15 所示。

算法流程7－15　安全点积协议

输入： A方的输入数据 $\boldsymbol{X}=(x_1,\cdots,x_n)$，B方的输入数据 $\boldsymbol{Y}=(y_1,\cdots,y_n)$。

输出： $S_A+S_B=\boldsymbol{X}\cdot\boldsymbol{Y}$ 中的 S_A、S_B。

1. A方产生一对私钥和公钥，并将公钥发送给B方。
2. A方加密 $x_1,\cdots,x_n$，并将加密后的数据发送给B方。
3. B方生成随机分配值 S_B，并利用同态加密方法的特性计算加密后的 $\boldsymbol{X}\cdot\boldsymbol{Y}-S_B$，然后发送给A方。
4. A方使用私钥进行解密，得到 S_A。

任意数据K均值聚类算法还采用了安全最近类别协议，见算法流程7－16。该协议的主要目的是安全计算每个样本所属类别，具体推导过程如下：

$\mathrm{dist}(d_i,\mu_j)$ 表示样本 d_i 和第 j 个聚类中心 μ_j 的距离，则：

$$(\mathrm{dist}(d_i,\mu_j))^2=(x_{i,1}-\mu_{j,1})^2+(x_{i,2}-\mu_{j,2})^2+\cdots+(x_{i,l}-\mu_{j,l})^2 \tag{7-7}$$

其中，$\mu_{j,l}=\mu_{j,l}^{A}+\mu_{j,l}^{B}$，$\mu_{j,l}^{A}$ 和 $\mu_{j,l}^{B}$ 表示A方和B方的平均随机分配份额。

$$\begin{aligned}(\mathrm{dist}(d_i,\mu_j))^2&=(x_{i,1}-(\mu_{j,1}^{A}+\mu_{j,1}^{B}))^2+\cdots+(x_{i,l}-(\mu_{j,l}^{A}+\mu_{j,l}^{B}))^2\\&=\sum_{m=1}^{l}x_{i,m}^2+\sum_{m=1}^{l}(\mu_{j,m}^{A})^2+\sum_{m=1}^{l}(\mu_{j,m}^{B})^2+2\sum_{m=1}^{1}\mu_{j,m}^{A}\mu_{j,m}^{B}\\&\quad-2\sum_{m=1}^{l}\mu_{j,m}^{A}x_{i,m}-2\sum_{m=1}^{l}x_{i,m}\mu_{j,m}^{B}\end{aligned} \tag{7-8}$$

基于安全性考量，对于上述多项式的前3项，A方和B方会分别计算各自的式（7－8）前3项，而后3项使用算法流程7－15计算出两个分配份额，再对份额求和得到 $(\mathrm{dist}(d_i,\mu_j))^2$，表达式如下：

$$(\mathrm{dist}(d_i,\mu_j))^2=\alpha_{i,j}+\beta_{i,j} \tag{7-9}$$

其中，

$$\alpha_{i,j}=\sum_{m=1}^{s}x_{i,pm}^2+\sum_{m=1}^{l}(\mu_{j,m}^{A})^2+a_j+c_j+e_j \tag{7-10}$$

$$\beta_{i,j}=\sum_{m=1}^{l-s}x_{i,qm}^2+\sum_{m=1}^{l}(\mu_{j,m}^{B})^2+b_j+d_j+f_j \tag{7-11}$$

$$a_j+b_j=2\sum_{m=1}^{l}\mu_{j,m}^{A}\,\mu_{j,m}^{B}\bmod N \tag{7-12}$$

$$c_j+d_j=-2\sum_{m=1}^{l}\mu_{j,m}^{A}x_{i,m}\bmod N \tag{7-13}$$

$$e_j+f_j=-2\sum_{m=1}^{l}\mu_{j,m}^{B}x_{i,m}\bmod N \tag{7-14}$$

其中，N 为所选域的大小。

记 $A=(\alpha_{i,1},\cdots,\alpha_{i,c})$，$B=(\beta_{i,1},\cdots,\beta_{i,c})$，使用混淆电路算法安全计算出 $\min(\alpha_{i,j}+\beta_{i,j})$ 所对应的类别 j，即为样本所属类别。

算法流程7－16　安全最近类别协议（Secure Closest Cluster Protocol）

输入： $d_i=(x_{i,1},\cdots,x_{i,l})$，为A方和B方的共有样本，其中（$x_{i,p1},\cdots,x_{i,ps}$）属于A方，剩余 $l-s$ 个特征属于B方。

输出： 最近聚类中心 j。

算法流程 7－17　安全重新计算类别中心

在已知各方样本所属类别的情况下，该算法重新计算了聚类中心。

假设：

A 方样本为 $d_{i_1}^{A},\cdots,d_{i_p}^{A}$，B 方样本为 $d_{i_1}^{B},\cdots,d_{i_q}^{B}$，每个样本的维度均为 l，c 为聚类数，对于特征 A_j：

A 方计算在特征 A_j 上有值的样本数 n_j，以及 $s_j=\sum_{r=1}^{p}d_{i_r,j}^{A}$；

B 方计算在特征 A_j 上有值的样本数 m_j，以及 $t_j=\sum_{r=1}^{q}d_{i_r,j}^{B}$；

则全局聚类中心为

$$\mu_{ij}=\frac{s_j+t_j}{n_j+m_j} \tag{7-15}$$

其中，$i\in[1,c]$，$j\in[1,l]$。

算法流程 7－18　任意数据 K 均值聚类算法（总流程）

输入： 数据集 D，D 中的样本数量 n，簇的数量 c。

输出： 各样本所属类别。

1. 从样本集 D 中随机选择 c 个样本作为初始聚类中心 $\mu_1',\cdots,\mu_c'$。
2. 使用算法流程 7－14，使 $(\alpha_i^{A}+\alpha_i^{B}) \bmod N=\mu_i\,(i=1,\cdots,c)$，得到 A 方的分配份额 $(\alpha_1^{A},\cdots,\alpha_c^{A})$ 与 B 方的分配份额 $(\alpha_1^{B},\cdots,\alpha_c^{B})$。
3. 重复迭代：

（1）令 A 方分配值与 B 方分配值作为每一方的聚类中心：

$$(\mu_1^{A},\cdots,\mu_c^{A})=(\alpha_1^{A},\cdots,\alpha_c^{A})$$

$$(\mu_1^{B},\cdots,\mu_c^{B})=(\alpha_1^{B},\cdots,\alpha_c^{B})$$

（2）对 D 中每一个样本 $d_i\,(i\in[1,n])$ 使用算法流程 7－16 计算所属类别，并放入对应样本集。

（3）重新计算全局聚类中心（算法流程 7－17），使用算法流程 7－14 计算 A 方分配份额和 B 方分配份额。

停止迭代条件：$(\mu_1^{A}+\mu_1^{B},\cdots,\mu_c^{A}+\mu_c^{B})$ 和 $(\alpha_1^{A}+\alpha_1^{B},\cdots,\alpha_c^{A}+\alpha_c^{B})$ 足够接近。

7.1.4　安全两方 K 均值聚类算法

到本书成稿之日为止，旨在保护多个参与方隐私的特定多方 K 均值聚类算法已出现多种，但这些算法提供的隐私保护都还不算足够安全。基于此，本小节介绍一个基于隐私保护的两方K均值算法，称为安全两方K均值聚类算法[52]。相同任务下，该算法比通用的多方K均值聚类算法更安全。安全两方K均值聚类算法的框架如图7-6所示，参数及含义同表7-4。

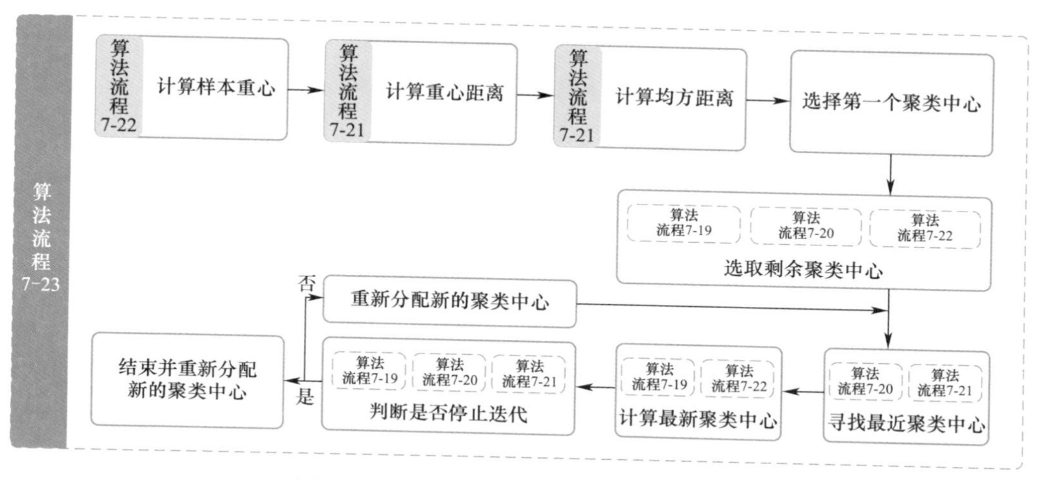

图7-6 安全两方K均值聚类算法的框架

算法流程7-19 SPP（Scalar Product Protocol）算法

输入： $x \in \mathbf{Z}_N^t$、$y \in \mathbf{Z}_N^t$，预先设定的函数$f(x,y) = \sum_{i=1}^{t} c_i x_i y_i$（$c_i$为公共常量）。

输出： 函数$f(x,y)$在各方的分配份额。

算法流程7-20 FM2NP（Find Minimum of 2 Numbers Protocol）算法

输入： A方和B方分配两个数字。

输出： 返回较小数字的位置矢量，如$(0,\cdots,0,1,0,\cdots,0)$。

算法流程7-21 DistP（Distance Protocol）算法

输入： 模数N中的整数集$\mathbf{Z}_N^t$中的两个数据点。

输出： 两个数据点的距离。

算法流程7-22 DivP（Division Protocol）算法

输入： A方和B方的随机分配份额：$P = P^A + P^B$，$D = D^A + D^B$，其中P、$D \in \mathbf{Z}_N$。

输出： $P = QD + R$中的商值Q（Q代表A方和B方的共享份额），其中$0 \leqslant R < D$。

算法流程 7－23 安全两方 K 均值聚类算法（总流程）

Step 1 初始化聚类中心

1. 计算样本重心

A 方和 B 方需要计算共享 $C=\frac{1}{n}\sum_{i=1}^{n}D_i^A+\frac{1}{n}\sum_{i=1}^{n}D_i^B$，通过以下两个步骤进行安全计算：

（1）假设 A 方的第 i 个样本为 $D_{i,j}^A$，B 方的第 i 个样本为 $D_{i,j}^B$，$i\in[1,n]$，$j\in[1,l]$，A 方使用同态加密方法（E,K）将加密后的 $[[D_{i,j}^A]]$ 和公钥 E 发送给 B 方，B 方在本地计算$[[\sum_{i=1}^{n}D_{i,j}^A+\sum_{i=1}^{n}D_{i,j}^B]]$，并返回一个随机值$O^A$ 给 A 方，B 方持有密文计算后的随机值$O^B=[[\sum_{i=1}^{n}D_{i,j}^A+\sum_{i=1}^{n}D_{i,j}^B]]-O^A$。

（2）使用算法流程 7－22（$P=O^A+O^B,D=n$），得到$[[C]]=\frac{1}{n}([[\sum_{i=1}^{n}D_i^A+\sum_{i=1}^{n}D_i^B]])$

2. 计算重心距离

对于每一个样本，B 方在加密数据上使用算法流程 7－21 计算每一个样本到样本重心$[[C]]$的距离$[[\widetilde{C}_i^0]]$，并将$[[\widetilde{C}_i^0]]$随机化后返回给 A 方，A 方解密$[[\widetilde{C}_i^0]]$后发送随机值$\widetilde{C}_i^{B,0}$（$i=[1,\cdots,n]$）给 B 方，A 方持有 $\widetilde{C}_i^{A,0}=\widetilde{C}_i^0-\widetilde{C}_i^{B,0}(i=[1,\cdots,n])$。

3. 计算均方距离

（1）将 $x=\{\widetilde{C}_i^{A,0}\}_{i=1}^n,y=\{\widetilde{C}_i^{B,0}\}_{i=1}^n,f(x,y)=\sum_{i=1}^{n}\widetilde{C}_i^{A,0}+\sum_{i=1}^{n}\widetilde{C}_i^{B,0}$ 作为算法流程 7－19 的输入，得到 A 方和 B 方的求取随机分配值 X^A、X^B，满足 $X^A+X^B=\sum_{i=1}^{n}\widetilde{C}_i^{A,0}+\sum_{i=1}^{n}\widetilde{C}_i^{B,0}$。

（2）将 X^A、X^B、n 输入算法流程 7－22（$P=X^A+X^B$，$D=n$）中，即可安全地求得$\widetilde{C}^0=\frac{1}{n}(\sum_{i=1}^{n}\widetilde{C}_i^{A,0}+\sum_{i=1}^{n}\widetilde{C}_i^{B,0})$，输出$\widetilde{C}^0$。

4. 选第一个聚类中心

$\bar{C}=\frac{\sum_{i=1}^{n}\widetilde{C}^0}{n}$，依概率$\frac{\widetilde{C}^0+\bar{C}}{2n\bar{C}}$从数据集中挑选样本 D_i 等价于从［0，$2n\bar{C}-1$］中选取随机数 R，找到第一个样本 D_i 使得 i 满足 $R\leqslant\sum_{j=1}^{i}\widetilde{C}^0+\bar{C}$，使第一个聚类中心$\mu_1=D_i$。

5. 选取剩余聚类中心

（1）步骤同 Step 1 中的第 2 步。

（2）A 方输入（$\widetilde{C}_i^A,\widetilde{C}_i^{A,j-1}$），B 方输入（$\widetilde{C}_i^B,\widetilde{C}_i^{B,j-1}$），分别使用算法流程 7－20 得到输出 $\widetilde{C}_i^A$ 的位置 $\boldsymbol{L}^A$，$\widetilde{C}_i^B$ 的位置 $\boldsymbol{L}^B$，记 $\boldsymbol{L}=\boldsymbol{L}^A+\boldsymbol{L}^B$（即$\widetilde{C}_i$ 的位置），将 $x=(\widetilde{C}_i^A,\widetilde{C}_i^{A,j-1},\boldsymbol{L}^A),y=(\widetilde{C}_i^B,\widetilde{C}_i^{B,j-1},\boldsymbol{L}^B),f(x,y)=\boldsymbol{L}\widetilde{C}_i^{j-1}+(1-\boldsymbol{L})\widetilde{C}_i$ 作为算法流程 7－19 的输入，得到 $\widetilde{C}_i=\min\{\widetilde{C}_i,\widetilde{C}_i^{j-1}\}$。这一步是为了选取 $\min\{\widetilde{C}_i^{j-1}\}_{l=0}^{j-1}$。

（3）步骤同 Step 1 中的第 3 步。

（4）步骤同 Step 1 中的第 4 步。

Step 2　基于劳埃德算法的 K 均值聚类

1. 寻找最近的聚类中心

对 A 方和 B 方的每一个样本，通过以下步骤进行分类：

（1）使用 c 次（c 为聚类个数）算法流程 7 - 21 得到 A 方和 B 方中每个样本点到各聚类中心的距离，分别为

$$X_i^A := (X_{i,1}^A, \cdots, X_{i,c}^A)$$

$$X_i^B := (X_{i,1}^B, \cdots, X_{i,c}^B)$$

其中，$X_i^A + X_i^B = \text{Dist}P\ (D_i, \mu_j)$

（2）A 方、B 方分别将 X_i^A、X_i^B 输入算法流程 7 - 20，输出距离 D_i 最近的聚类中心的两个位置矢量 $\boldsymbol{C}_i^A$、$\boldsymbol{C}_i^B$，计算 $\boldsymbol{C}_i = \boldsymbol{C}_i^A + \boldsymbol{C}_i^B$。

2. 计算最新的聚类中心

对于每一个聚类中心：

（1）A 方和 B 方计算并共享的类别 j 中的数据点之和，记作S_j，$S_j = \sum_{i=1}^{n} \boldsymbol{C}_{i,j} D_i$（$1 \leqslant j \leqslant c$），其中 $\boldsymbol{C}_i$ 为位置矢量。

① 对于每个样本，将 $x = (C_{i,j}^A, D_i^A, C_{i,j}^A D_i^A)$、$y = (C_{i,j}^B, D_i^B, C_{i,j}^B D_i^B)$、$f(x,y) = C_{i,j} D_i = (C_{i,j}^A + C_{i,j}^B)(D_i^A + D_i^B)$作为算法流程 7 - 19 的输入，得到 $C_{i,j}^A D_i^A$、$C_{i,j}^B D_i^B$。

② 计算$S_j = S_j^A + S_j^B$，其中$S_j^A = \sum_{i=1}^{n} C_{i,j}^A D_i^A$，$S_j^B = \sum_{i=1}^{n} C_{i,j}^B D_i^B$。

（2）计算类别 j 中样本数量，将 A 方属于类别 j 的样本数量记作 T_j^A，B 方属于类别 j 的样本数量记作 T_j^B。

（3）计算新的聚类中心。对于每个类别 $j(j \in [1, c])$，使用算法流程 7 - 22 计算 $v_j = \dfrac{S_j^A + S_j^B}{T_j^A + T_j^B}$ 作为新的聚类中心。

3. 判断是否停止迭代

在第 i 次迭代中，A 方和 B 方使用 c 次算法流程 7 - 21 计算各方的分配值 $\|\mu_i - v_i\|^2$，使用算法流程7 - 19将各方分配值相加，并使用算法流程 7 - 20 和阈值 ε 比较，根据输出结果决定是否停止迭代。

4. 重新分配新的聚类中心

A 方：$(\mu_1^A, \cdots, \mu_c^A) = (v_1^A, \cdots, v_c^A)$。

B 方：$(\mu_1^B, \cdots, \mu_c^B) = (v_1^B, \cdots, v_c^B)$，其中 $v_i^A + v_i^B = v_i$。

7.2 因子分解机

因子分解机（Factorization Machine，FM）是由 Steffen Rendle[53] 提出的一种基于矩阵分解的机器学习算法。

为了表述特征间的相关性，我们采用多项式模型，将特征 x_d 和 $x_{d'}$ 的组合用 $x_d x_{d'}$ 表示，本节只讨论二阶多项式模型，即对于度为 2 的 FM 模型，通常可表达为

$$\hat{y} = w_0 + \sum_{d=1}^{D} w_d x_d + \sum_{d=1}^{D} \sum_{d'=d+1}^{D} \langle \boldsymbol{v}_d \cdot \boldsymbol{v}_{d'} \rangle x_d x_{d'} \tag{7-16}$$

其中，D 表示特征维度；$w_0, w_1, \cdots, w_D$ 表示线性回归模型的参数，反映了各特征在模型中所占的重要程度；$x_1, x_2, \cdots, x_d$ 表示在各特征维度上的取值；$w_1, w_2, \cdots, w_D$ 表示各特征在模型中所占的重要程度。$\langle \boldsymbol{v}_d \cdot \boldsymbol{v}_{d'} \rangle$ 表示两个大小为 k 的矢量 $\boldsymbol{v}_d$ 和 $\boldsymbol{v}_{d'}$ 的点积：

$$\langle \boldsymbol{v}_d \cdot \boldsymbol{v}_{d'} \rangle = \sum_{k=1}^{K} \boldsymbol{v}_{d,k} \cdot \boldsymbol{v}_{d',k} \tag{7-17}$$

其中，$\boldsymbol{v}_d$ 表示系数矩阵 $\boldsymbol{V}$ 的第 d 列矢量，且 $\boldsymbol{v}_d = (\boldsymbol{v}_{d,1}, \boldsymbol{v}_{d,2}, \cdots, \boldsymbol{v}_{d,k})$（$k \in N^+$），称为超参数。在 FM 模型表达式（7－16）中，前面两项是传统的线性模型；最后一项将两个相异特征分量之间的相互关系考虑进来，称为特征交叉模型。

FM 模型对稀疏数据有更好的学习能力，可以通过交互项学习特征之间的关联关系，并且保证了学习效率和预估能力。因子分解机算法是一种常用的推荐算法。下面详细介绍如何利用从传统因子分解机算法发展而成的联邦因子分解机算法为用户合理推荐商品。

联邦因子分解机算法将用户的隐私数据和用户的线性模型存储在用户本地，能有效保护用户的隐私。商品的公开数据保存在服务器，能有效地节约用户本地设备的内存。

联邦因子分解机算法的框架如图 7－7 所示，参数及含义见表 7－5。

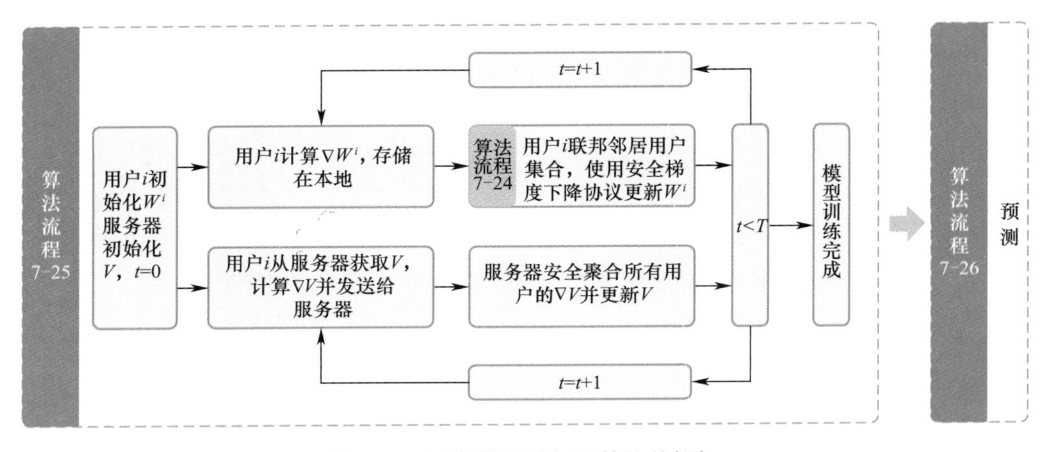

图 7－7　联邦因子分解机算法的框架

表7-5 邦联因子分解机算法的参数及含义

参数	含义
u	用户集
v	商品集
X^i	用户隐私特征，$i \in u$
X^j	商品公开特征，$j \in v$
(i,j)	用户 i 与商品 j 的交集，$i \in u$ 且 $j \in v$
X^{ij}	交集 (i, j) 的特征
y^{ij}	交集 (i, j) 的标签
$\hat{y}^{ij}$	交集 (i, j) 的预测标签
W	隐私线性模型
W^i	用户 i 的隐私线性模型参数 $i \in u$
V	特征交叉模型
λ_w、λ_v	正则化参数
∇w_d^i	W^i 第 d 个参数的梯度
∇V	V 的梯度
α	学习率
$N(i)$	与用户 i 进行联邦学习的邻近用户集合（简称邻居集合）
S_{if}	用户 i 与用户 f 的相关程度，$f \in N(i)$
K	V 的因子分解维度
D	特征维度
$\sigma(x)$	输入 x 的 Sigmoid 函数
$\langle a \rangle_j$	数字 a 的第 j 个密钥分享值
$\mathcal{A}_\varepsilon$	ε 本地差分隐私算法
$\mathcal{O}$	训练数据集

在表7-5中的参数及含定义基础上，有 $X^i \in \mathbf{R}^m$、$X^j \in \mathbf{R}^n$，则 $X^{ij} \in \mathbf{R}^{m+n} = X^i \oplus X^j$。另外，$y^{ij} \in \{1,-1\}$，表示用户对商品的操作（点击或者不点击）；训练数据集$\mathcal{O}$，另外，用户与商品交集的特征 $\langle X^{ij}, y^{ij} \rangle$ 已知。

用户的隐私线性模型 W 存储在用户本地，且有用户 i 的隐私线性模型参数 $W^i = \{w_0^i, w_1^i, \cdots, w_{m+n}^i\}$。公共特征交叉模型 V 存储在中央服务器，满足 $V \in \mathbf{R}^{(m+n) \times K}$。商品推荐问题即为当未知用户-商品对时，预测$\hat{y}^{ij}$，同时保证 $\langle X^{ij}, y^{ij} \rangle$ 和W^i 不公开。

商品推荐问题可以转化为二分类问题，即用户是否点击该商品，因此该算法使用逻辑回归中的损失作为优化的标准，并添加正则化函数，防止过拟合。目标函数如下：

$$\arg\min_{W,V}\sum_{\langle X^{ij},y^{ij}\rangle\in\mathcal{O}}-\ln(\sigma(y^{ij}\cdot\hat{y}^{ij}))+\lambda_w\|W\|_F^2+\lambda_v\|V\|_F^2 \tag{7-18}$$

其中，σ 表示 Sigmoid 函数，具体形式为

$$\sigma(x)=\frac{1}{1+\mathrm{e}^{-x}}$$

线性模型的梯度为

$$\nabla w_d^i=\begin{cases}y^{ij}\cdot(\sigma(y^{ij}\cdot\hat{y}^{ij})-1)+2\lambda_w\cdot w_0^i & d=0\\ y^{ij}\cdot(\sigma(y^{ij}\cdot\hat{y}^{ij})-1)\cdot X_d^{ij}+2\lambda_w\cdot w_d^i & d>0\end{cases} \tag{7-19}$$

特征交叉模型的梯度为

$$\nabla V_{d,k}=y^{ij}\cdot(\sigma(y^{ij}\cdot\hat{y}^{ij})-1)\cdot X_d^{ij}\sum_{d'\neq d}V_{d',k}X_{d'}^{ij}+2\lambda_v\cdot V_{d,k} \tag{7-20}$$

下面介绍联邦因子分解机算法中各模块的算法流程。

1. 基于安全分散梯度下降协议的线性模型

用户隐私线性模型参数的更新方法为

$$w_d^{i(t+1)}=\sum_{f\in N(i)}S_{if}\cdot w_d^{f(t)}-\alpha\cdot\nabla w_d^{i(t)} \tag{7-21}$$

其中，$w_d^{i(t)}$ 是用户 i 在 t 次迭代时的模型参数，$N(i)$ 是与用户 i 进行联邦学习的邻居集合。

为保护用户模型的隐私性，每次迭代过程中，任意用户更新的模型 $w_d^{f(t)}$ 与相关度 S_{if} 之积 $S_{if}\cdot w_d^{f(t)}$ 都由密钥分享算法生成随机数分配给邻居集合 $N(i)$，随机数的总和等于 $S_{if}\cdot w_d^{f(t)}$，并且随机数的个数为邻居集合的用户总数。S_{if}在本算法中为用户 i 与用户 f 的相关度，为方便计算，本书直接选取与用户 i 位置最接近的 10 个用户，并把S_{if}都设置为 1。详细算法如算法流程 7－24 所示。

算法流程 7－24　基于安全分散梯度下降协议的线性模型

输入： 当前迭代次数 t，用户 i 的线性模型梯度∇w_d^i，用户 i 的邻居集合 $N(i)$，各邻居用户当前的线性模型 $w_d^{f(t)}(f\in N(i))$，用户 i 与邻居f的相关程度$S_{if}(f\in N(i))$。

for each $f\in N(i)$ do：

　计算权重线性模型$sw_d^f=S_{if}\cdot w_d^{f(t)}$

　用户 f 本地生成密钥分享值 $\langle sw_d^f\rangle_{j\in N(i)}$

　用户 f 保存密钥分享值 $\langle sw_d^f\rangle_f$并且分配 $\langle sw_d^f\rangle_{j\neq f}$给邻居 $j\in N(i)$

end

for each $f \in N(i)$ do:

用户 f 在本地计算分享值的和，例如 $\sum_{j \in N(i)} \langle sw_d^j \rangle_f$

发送 $\sum_{j \in N(i)} \langle sw_d^j \rangle_f$ 给用户 i

end

用户 i 计算来自所有邻居的密钥值总和 $\sum_{f \in N(i)} \sum_{j \in N(i)} \langle sw_d^j \rangle_f$，该值等于

$$\sum_{f \in N(i)} S_{if} \cdot w_d^{f(t)}$$

用户 i 根据式（7－21）更新其线性模型。

2. 基于安全聚合策略的特征交叉模型

中央服务器更新特征交叉模型公式：

$$V^{(t+1)} = V^{(t)} - \alpha \nabla V^{(t)} \tag{7-22}$$

以第 t 次迭代为例，用户从中央服务器里获取特征交叉模型 $V^{(t)}$，根据式（7－20）更新局部模型梯度；中央服务器采用安全聚合策略聚合所有用户局部模型梯度，最后根据式（7－22）更新特征交叉模型参数。

3. 模型训练

联邦因子分解机算法的训练可分为学习线性模型和学习特征交叉模型两部分。线性模型存储在用户本地设备上，用户根据安全分散梯度下降协议协同训练；特征交叉模型存储在中央服务器上，采用联邦学习中的安全聚合策略协同用户进行训练。模型训练部分的详细算法如算法流程7－25所示。

算法流程7－25 联邦因子分解机算法（训练部分）

输入：训练数据集 $\mathcal{O}$，学习率 α，正则化参数 λ_ω、λ_v，用户邻居集合 N，特征交叉模型的因子分解维度 K，最大迭代次数 T。

输出：所有用户的隐私线性模型 W 和中央服务器的特征交叉模型 V。

中央服务器初始化 V。

for each $i \in \mathcal{U}$ do:

初始化 W^i

end

for $t = 1, \cdots, T$ do:

随机分配训练集 $\mathcal{O}$

for each 用户－商品对 $\langle X^{ij}, y^{ij} \rangle \in \mathcal{O}$，用户 i do:

```
            //学习线性模型
            根据式（7-19）计算∇W^i
            根据算法流程 7-24 更新W^i
            //学习特征交叉模型
            从中央服务器获取 V
            根据式（7-20）更新∇V
            向中央服务器发送∇V
            中央服务器根据式(7-22）更新 V
        end
    end
    return W 和 V
```

4. 预测算法

联邦因子分解机算法框架中的预测部分需要用户与中央服务器的相互通信。在为用户进行推荐排序之前，首先需要根据匹配算法得到所有用户可能需要的商品集合，然后预测匹配商品评分（即推荐程度），并按评分由高到低的顺序推荐给用户，详细算法如算法流程 7-26 所示。

算法流程 7-26　联邦因子分解机算法（预测部分）

输入： 用户 i 的隐私特征 X^i，商品 j 的公开特征 X^j，用户 i 本地的线性模型 W^i，中央服务器的交叉特征模型 V。

输出： k 个推荐商品的集合 v_k（按推荐程度高到低排序）。

```
获取匹配商品集合 v_m ∈ v
从中央服务器获取 V
for each j ∈ v_m do:
        //合成特征集合
        从中央服务器获取 X^j
        合成特征集合 X^ij
        //预测评分即推荐程度
        根据式（7-16）预测用户 i 对商品 j 的评分
end
推荐给用户 i 评分最高的 k 个商品集合
return v_k
```

5. 总体流程

联邦因子分解机算法的总体流程如算法流程 7－27 所示。

算法流程 7－27　联邦因子分解机算法（总体流程）

输入： 训练集$\mathcal{O}$，学习率α，正则化参数λ_w、λ_v，用户集N，特征交叉因子分解维度K，最大迭代次数T，用户i的隐私特征X^i，商品j的公开特征X^j。

输出： k个推荐商品的集合v_k（按推荐程度高到低排序）。

1. 根据算法流程 7－25 进行模型训练，得到所有用户的隐私线性模型W和中央服务器的特征交叉模型V。
2. 根据算法流程 7－26 进行预测，得到向用户i推荐的k个商品集合v_k（按推荐程度高到低排序）。

7.3　基于近邻的协同过滤算法

协同过滤算法[54]是一种推荐算法，它基于对用户历史行为数据的挖掘，发现用户的兴趣偏向，预测用户可能喜欢的产品，对用户进行推荐。常见的协同过滤算法有基于近邻的协同过滤算法和基于矩阵的协同过滤算法（详见本书 7.4 节）两种。其中，基于近邻的协同过滤算法有基于用户和基于物品两种实现方式。本节首先介绍基于近邻的传统协同过滤算法，然后详细介绍联邦视角下基于用户的协同过滤算法。

7.3.1　基于近邻的传统协同过滤算法

1. 基于用户的传统协同过滤算法

用户基于对物品的喜好程度，对物品进行打分。该算法可以根据不同用户对同一物品的历史评分，计算用户间的相似度，把与待推荐用户x相似的其他用户喜欢的物品推荐给用户x。该算法包括相似度计算和预测值计算，具体的算法步骤见下。

（1）相似度计算

相似度计算是根据历史评分计算用户x与其他用户的相似度，利用皮尔逊相关系数计算效果最佳，公式如下：

$$\mathrm{sim}_{x,y}=\frac{\sum_{i=1}^{m}(r_{x,i}-\bar{r}_x)(r_{y,i}-\bar{r}_y)}{\sqrt{\sum_{i=1}^{m}(r_{x,i}-\bar{r}_x)^2\sum_{i=1}^{m}(r_{y,i}-\bar{r}_y)^2}} \tag{7-23}$$

其中，$\mathrm{sim}_{x,y}$为用户 x 与用户 y 的相似度，$r_{x,i}$为用户 x 对物品 i 的评分，$r_{y,i}$为用户 y 对物品 i 的评分，$\bar{r}_x$为用户 x 评分的平均值，$\bar{r}_y$ 为用户 y 评分的平均值。

通过相似度计算，可以选出与用户 x 相似度高的前 k 个用户。

（2）预测值计算

预测值计算的目标是通过相似度计算选出的 k 个用户喜欢的 N 个物品（用户 x 未评价过这 N 个物品），预测用户 x 对这 N 个物品的评分。具体步骤是：对物品 $i(1\leqslant i\leqslant N)$，首先把这 k 个用户与用户 x 的相似度作为权重，对这 k 个用户对物品 i 的评分进行加权求和，然后对这 k 个用户相似度的和求平均，计算得到用户 x 对物品 i 的评分预测值 $\mathrm{pred}_{x,i}$。计算公式如下：

$$\mathrm{pred}_{x,i}=\frac{\sum_{y=1}^{k}\mathrm{sim}_{x,y}\cdot r_{y,i}}{\sum_{y=1}^{k}\left|\mathrm{sim}_{x,y}\right|} \tag{7-24}$$

计算完成后，这 N 个物品中评分预测值高的物品被优先推荐给用户 x。

2. 基于物品的传统协同过滤算法

该算法是将基于用户的协同过滤算法中的物品和用户互换。根据相同用户对不同物品的历史评分，计算物品间的相似度，把与用户 x 喜欢的物品相似的其他物品推荐给用户 x。该算法同样包括相似度计算和预测值计算，具体算法步骤见下。

（1）相似度计算

基于物品的相似度计算是根据历史评分计算物品 i 与其他物品的相似度，利用调整的余弦相似度计算效果最佳，公式如下：

$$\mathrm{sim}_{i,j}=\frac{\sum_{u\in U}(r_{u,i}-\bar{r}_u)(r_{u,j}-\bar{r}_u)}{\sqrt{\sum_{u\in U}(r_{u,i}-\bar{r}_u)^2\sum_{u\in U}(r_{u,j}-\bar{r}_u)^2}} \tag{7-25}$$

其中，$\mathrm{sim}_{i,j}$为物品 i 与物品 j 的相似度，$r_{u,i}$为用户 u 对物品 i 的评分，$r_{u,j}$为用户 u 对物品 j 的评分，$\bar{r}_u$ 为用户 u 评分的平均值。

通过上述计算，可以选出与物品 i 相似度高的前 k 个物品。

（2）预测值计算

基于物品的预测值计算是把通过相似度计算选出的 k 个物品与物品 i 的相似度作为权重，对用户 x 对这 k 个物品的评分进行加权求和，然后对这 k 个物品相似度的和求平均，计算得到用户 x 对物品 i 的评分预测值 $\mathrm{pred}_{x,i}$。计算公式如下：

$$\mathrm{pred}_{x,i}=\frac{\sum_{j=1}^{k}\mathrm{sim}_{i,j}\cdot r_{x,j}}{\sum_{j=1}^{k}\left|\mathrm{sim}_{i,j}\right|} \tag{7-26}$$

计算完成后，评分预测值高的物品被优先推荐给用户 x。

7.3.2　基于用户的联邦协同过滤算法

研究联邦协同过滤算法的动机是在传统算法的基础上，设计一种能够保护隐私的协同过滤算法[54]，即在保护参与方（设为 A、B）数据隐私前提下，能够联合双方的数据库（假设双方的用户不同，且双方的用户对同一组物品提供了评分数据），预测出参与方 A 的用户对未评分物品的评分值，并将预测评分值高的物品优先推荐给用户。

联邦协同过滤算法的参数及含义见表 7－6。

表 7－6　联邦协同过滤算法的参数及含义

参　数	含　义
n	参与方 A、B 的总用户数
n'	参与方 A 的用户数，$1 < n' < n$
$n-n'$	参与方 B 的用户数
x、y	用户编号，$1 \leqslant x \leqslant n$，$1 \leqslant y \leqslant n$，$x \neq y$
m	物品数
i	物品编号，$1 \leqslant i \leqslant m$
$\boldsymbol{R}_x$、$\boldsymbol{R}_y$	用户 x、y 对 m 个物品的评分矢量，$\boldsymbol{R}_x=(r_{x,1},r_{x,2},\cdots,r_{x,m})$，$\boldsymbol{R}_y=(r_{y,1},r_{y,2},\cdots,r_{y,m})$
$r_{x,i}$、$r_{y,i}$	用户 x、y 对物品 i 的评分，为取值于［$r\max_{\min}$］的整数
$\overline{r}_x$、$\overline{r}_y$	用户 x、y 对物品的评分平均值，$\overline{r}_x=\frac{\sum_{i=1}^{m} r_{x,i}}{m}$，$\overline{r}_y=\frac{\sum_{i=1}^{m} r_{y,i}}{m}$
$\mathrm{sim}_{x,y}$	用户 x 与用户 y 的相似度
$\mathrm{pred}_{x,i}$	用户 x 对物品 i 的评分预测值
$\mathrm{pred}'_{x,i}$	用户 x 对物品 i 的近似评分预测值

1. 基于用户的无加密联邦协同过滤算法

该算法的框架如图 7－8 所示，具体流程见算法流程 7－28。

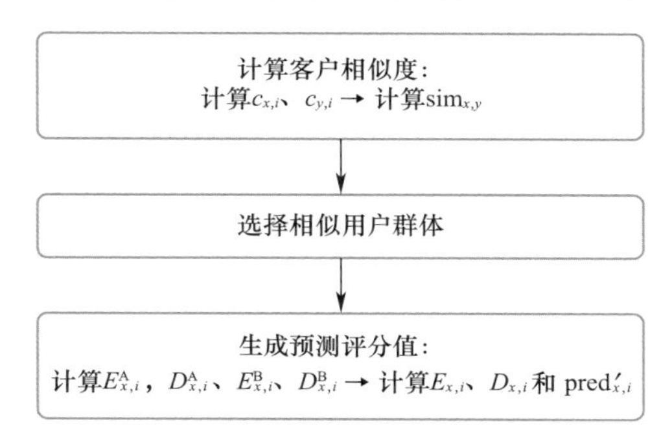

图 7－8　基于用户的无加密联邦协同过滤算法的框架

算法流程 7-28 基于用户的无加密联邦协同过滤算法

输入： $\boldsymbol{R}_x$，$\bar{r}_x$，$\boldsymbol{R}_y$，$\bar{r}_y$（$1 \leqslant y \leqslant n$，$y \neq x$）。

输出： $\text{pred}'_{x,i}(1 \leqslant i \leqslant N)$。

1. 计算用户相似度。利用皮尔逊相关系数计算用户 x 与用户 $y(1 \leqslant y \leqslant n, y \neq x)$ 的相似度 $\text{sim}_{x,y}$：

$$\text{sim}_{x,y} = \frac{\sum_{i=1}^{m}(r_{x,i} - \bar{r}_x)(r_{y,i} - \bar{r}_y)}{\sqrt{\sum_{i=1}^{m}(r_{x,i} - \bar{r}_x)^2 \sum_{i=1}^{m}(r_{y,i} - \bar{r}_y)^2}} \quad (7-27)$$

$\text{sim}_{x,y}$取值范围为 $[-1,1]$，可简化为以下形式：

$$\text{sim}_{x,y} = \sum_{i=1}^{m} c_{x,i} c_{y,i}$$

$$c_{x,i} = \frac{r_{x,i} - \bar{r}_x}{\sqrt{\sum_{i=1}^{m}(r_{x,i} - \bar{r}_x)^2}},\ c_{y,i} = \frac{r_{y,i} - \bar{r}_y}{\sqrt{\sum_{i=1}^{m}(r_{y,i} - \bar{r}_y)^2}} \quad (7-28)$$

定义矢量：

$$\boldsymbol{C}_x = (c_{x,1}, c_{x,2}, \cdots, c_{x,m}),\ \boldsymbol{C}_y = (c_{y,1}, c_{y,2}, \cdots, c_{y,m})$$

故 $\text{sim}_{x,y}$ 可表示为 $\boldsymbol{C}_x$ 与 $\boldsymbol{C}_y$ 的内积：$<\boldsymbol{C}_x, \boldsymbol{C}_y>$。

2. 选择相似用户群体。选择剩余 $n-1$ 个用户作为用户 x 的相似用户群体。
3. 生成预测评分值。对于物品 $i(1 \leqslant i \leqslant N)$，计算用户 x 对它的预测评分值：

$$\text{pred}_{x,i} = \bar{r}_x + \frac{\sum_{y=1}^{n}(r_{y,i} - \bar{r}_y)\text{sim}_{x,y}}{\sum_{y=1}^{n}|\text{sim}_{x,y}|} \quad (7-29)$$

因根据预测评分值的大小向用户 x 推荐物品时，$\bar{r}_x$ 不影响排序结果，故可省去，选用以下简化公式：

$$\text{pred}'_{x,i} = \frac{E_{x,i}}{D_{x,i}}$$

其中，

$$E_{x,i} = E_{x,i}^{\text{A}} + E_{x,i}^{\text{B}},\ D_{x,i} = D_{x,i}^{\text{A}} + D_{x,i}^{\text{B}}$$

$$E_{x,i}^{\text{A}} = \sum_{y=1}^{n'}(r_{y,i} - \bar{r}_y)\text{sim}_{x,y},\ D_{x,i}^{\text{A}} = \sum_{y=1}^{n'}|\text{sim}_{x,y}|$$

$$E_{x,i}^{\text{B}} = \sum_{y=n'+1}^{n}(r_{y,i} - \bar{r}_y)\text{sim}_{x,y},\ D_{x,i}^{\text{B}} = \sum_{y=n'+1}^{n}|\text{sim}_{x,y}| \quad (7-30)$$

4. 根据评分预测值的大小进行排序，把排序靠前的 X 个物品优先推荐给用户 x。

2. Paillier 同态加密

Paillier 同态加密算法的作用是确保用户信息在协同过滤的通信和计算过程中具有隐私性。Paillier 同态加密包括（KeyGen, Enc, Dec）3 个算法。

（1）KeyGen：密钥。该算法产生一个元组，即（N,p,q,g,λ），其中 p、q 是两个素数，$N=p\cdot q$，$g\in_R \mathbf{Z}_{N^2}^*$，$\lambda=\text{lcm}\ (p-1,q-1)$。公钥 $\text{PK}=(N,g)$，私钥 $\text{SK}=\lambda$ 。

（2）Enc：加密。该算法加密 $m\in\mathbf{Z}_N$，得到加密数据：

$$c=g^m r^N \bmod N^2 \tag{7-31}$$

其中，$r\in_R\mathbf{Z}_N$，记为 $[[m]]$。

（3）Dec：解密。该算法解密 $[[m]]$，得到原始数据：

$$m=L(c^\lambda \bmod N^2)/L(g^\lambda \bmod N^2) \bmod N \tag{7-32}$$

其中，$L(u)=(u-1)/N$。

Paillier 加密具有以下性质：

$$[[m_1]]\cdot[[m_2]]=[[m_1+m_2]],([[m_1]])^{m_2}=[[m_1\cdot m_2]] \tag{7-33}$$

3. 3 种加密子协议

下面介绍3种加密安全协议。利用这些在密码体制基础上建立的交互通信协议，可实现在联邦协调过滤中应用密码算法（信息认证、密钥分配等）的目的。

（1）安全比较子协议（$\text{COMP}(x,y)$）：假设参与方 A 有数据 x，参与方 B 有数据 y，如果 $x\geqslant y$，则参与方 A 得到 1，否则得到 -1；参与方 B 得不到任何信息。

（2）安全绝对值子协议（常称安全 ABS 子协议）：假设参与方 A 有 Paillier 密钥对（PK,SK），参与方 B 有公钥 PK 和加密数据 $[[x]]$，其中 $-2^{50}\leqslant x\leqslant 2^{50}$，则参与方 B 得到加密数据$[[|x|]]$，参与方 A 得不到任何信息。

安全 ABS 子协议的具体算法步骤如算法流程 7-29 所示。

算法流程 7-29　安全 ABS 子协议

输入：参与方 A 拥有（PK,SK），参与方 B 拥有 PK 和$[[x]]$。

输出：参与方 B 得到$[[|x|]]$，参与方 A 得不到任何信息。

1. 参与方 B 选择 $b\in_R\{-1,1\}$，$r_1\in_R\mathbf{Z}_{2200}$，计算

$$[[y]]=[[x\cdot b+r_1]]=[[x]]^b\cdot[[r_1]]$$

然后把$[[y]]$发送给参与方 A。

2. 参与方 A 解密$[[y]]$，得到 y，运行安全比较子协议 $\text{COMP}(y,r_1)$，结果记为 res，res = 1 或 res = −1，把$[[\text{res}]]$传给参与方 B。

3. 参与方 B 计算中间密文$[[z]]=[[\text{res}]]^b$，选择 $r_2,r_3,r_4\in_R\mathbf{Z}_N$，计算$[[(x+r_4)\cdot r_2]]=([[x]]\cdot[[r_4]])^{r_2}$和$[[z\cdot r_3]]=[[z]]^{r_3}$，把$[[(x+r_4)\cdot r_2]]$和$[[z\cdot r_3]]$发送给参与方 A。

4. 参与方 A 解密$[[z\cdot r_3]]$得到$z\cdot r_3$，计算$[[(x+r_4)\cdot z\cdot r_2\cdot r_3]]=[[(x+r_4)\cdot r_2]]^{z\cdot r_3}$，把$[[(x+r_4)\cdot z\cdot r_2\cdot r_3]]$发送给参与方 B。

5. 参与方 B 计算 $t=[[(x+r_4)\cdot z\cdot r_2\cdot r_3]]^{\frac{1}{r_2\cdot r_3}}$，由$[[|x|]]=t\cdot([[z]]^{r_4})^{-1}$即可得到$[[|x|]]$。

（3）安全分区子协议（常称安全 DIV 子协议）：假设参与方 A 有 Paillier 密钥对（PK,SK），参与方 B 有公钥 PK 和加密数据$[[x]]$、$[[y]]$，且假定 $y\neq 0$，则参与方 A 得到$\frac{x'}{y'}$，满足$\frac{x'}{y'}=\frac{x}{y}$且 $\mathrm{GCD}(x',y')=1$，其中 GCD 表示最大公约数，参与方 B 不得到任何信息。

安全 DIV 子协议的具体算法步骤如算法流程 7－30 所示。

算法流程 7－30　安全 DIV 子协议

输入： 参与方 A 拥有（PK,SK），参与方 B 拥有 PK，$[[x]]$和$[[y]]$，$y\neq 0$。

输出： 参与方 A 得到$\frac{x'}{y'}$，参与方 B 得不到任何信息。

1. 参与方 B 选择 $r_1\in_R \mathbf{Z}_N$，计算$[[y\cdot r_1]]=[[y]]^{r_1}$，把$[[y\cdot r_1]]$传给参与方 A。
2. 参与方 A 解密$[[y\cdot r_1]]$，得到$y\cdot r_1$，取倒数得$y^{-1}\cdot r_1^{-1}$,把$[[y^{-1}\cdot r_1^{-1}]]$发送给参与方 B。
3. 参与方 B 计算$[[y^{-1}]]=[[y^{-1}\cdot r_1^{-1}]]^{r_1}$，选择 $r_2,r_3\in_R \mathbf{Z}_N$，计算$[[x\cdot r_2]]=[[x]]^{r_2}$，$[[y^{-1}\cdot r_3]]=[[y^{-1}]]^{r_3}$，把$[[x\cdot r_2]]$和$[[y^{-1}\cdot r_3]]$传给参与方 A。
4. 参与方 A 解密$[[x\cdot r_2]]$，得到 $x\cdot r_2$，计算$[[x\cdot y^{-1}\cdot r_2\cdot r_3]]=[[y^{-1}\cdot r_3]]^{x\cdot r_2}$，把$[[x\cdot y^{-1}\cdot r_2\cdot r_3]]$发送给参与方 B。
5. 参与方 B 计算$[[x\cdot y^{-1}]]=[[x\cdot y^{-1}\cdot r_2\cdot r_3]]^{\frac{1}{r_2\cdot r_3}}$，把$[[x\cdot y^{-1}]]$发送给参与方 A。
6. 参与方 A 解密$[[x\cdot y^{-1}]]$，得到 $x\cdot y^{-1}$，其定义域为 $\mathbf{Z}_N^*$，假定 $-T\leqslant x$，$y\leqslant T$、$T\ll N$，参与方 A 拥有数对列表（$x\cdot y^{-1},\frac{x'}{y'}$），满足$\frac{x'}{y'}=\frac{x}{y}$且 $\mathrm{GCD}(x',y')=1$，通过对比列表，可得到$\frac{x'}{y'}$。

4. 基于用户的加密联邦协同过滤算法

下面介绍基于用户的加密联邦协同过滤算法的实现步骤。

（1）条件

假定参与方 A 有 Paillier 密钥对（PK,SK）。

（2）取整与内积

利用 Paillier 加密方法可对整数进行加密、解密处理，由于推荐算法中使用的是非整数值，故需将基于用户的联邦协同过滤算法涉及的计算公式中的 $c_{x,i}$、$c_{y,i}$ 和 $r_{y,i}-\overline{r}_y$（对所有的 x、y 和 i）放缩 100 倍并四舍五入为整数。

对于加密矢量 $[[\boldsymbol{C}_x]]$（矢量的每个元素均被加密）和未加密矢量 $\boldsymbol{C}_y$，可用以下公式计算相似度：

$$[[\mathrm{sim}_{x,y}]]=[[\textstyle\sum_{i=1}^{m}c_{x,i}c_{y,i}]]=\prod_{i=1}^{m}[[c_{x,i}c_{y,i}]]=\prod_{i=1}^{m}[[c_{x,i}]]^{c_{y,i}} \tag{7-34}$$

（3）生成隐私保护建议

生成隐私保护建议算法的框架如图 7－9 所示，具体步骤见算法流程 7－31。

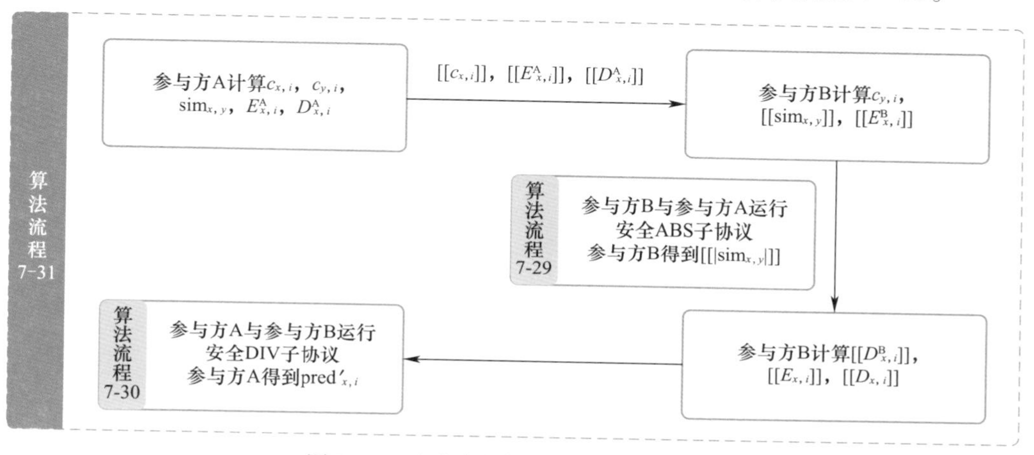

图 7－9 生成隐私保护建议算法的框架

算法 7－31 生成隐私保护建议

输入： $\boldsymbol{R}_x$，$\overline{r}_x$，$\boldsymbol{R}_y$，$\overline{r}_y(1\leqslant y\leqslant n,\ y\neq x)$。

输出： $\mathrm{pred}'_{x,i}(1\leqslant i\leqslant N)$。

1. 参与方 A 根据式（7－28）计算 $c_{x,i}$、$c_{y,i}(1\leqslant y\leqslant n',\ y\neq x,\ 1\leqslant i\leqslant m)$，进一步计算 $\mathrm{sim}_{x,y}(1\leqslant y\leqslant n',\ y\neq x)$。根据式（7－30）计算 $E^{A}_{x,i}$、$D^{A}_{x,i}$（$1\leqslant i\leqslant N$），把 $[[c_{x,i}]](1\leqslant i\leqslant m)$ 和 $[[E^{A}_{x,i}]]$、$[[D^{A}_{x,i}]](1\leqslant i\leqslant N)$ 发送给参与方 B。
2. 参与方 B 根据式（7－28）计算 $c_{y,i}(n'+1\leqslant y\leqslant n,\ 1\leqslant i\leqslant m)$，根据式（7－34）计算 $[[\mathrm{sim}_{x,y}]](n'+1\leqslant y\leqslant n)$，并计算 $[[E^{B}_{x,i}]]=\prod_{y=n'+1}^{n}[[\mathrm{sim}_{x,y}]]^{r_{y,i}-\overline{r}_y}(1\leqslant i\leqslant N)$。参与方 B 和参与方 A 运行安全 ABS 子协议，参与方 B 得到 $[[|\mathrm{sim}_{x,y}|]](n'+1\leqslant y\leqslant n)$，计算 $[[D^{B}_{x,i}]]=\prod_{y=n'+1}^{n}[[|\mathrm{sim}_{x,y}|]](1\leqslant i\leqslant N)$，进一步计算 $[[E_{x,i}]]=[[E^{A}_{x,i}]]\cdot[[E^{B}_{x,i}]]$ 和 $[[D_{x,i}]]=[[D^{A}_{x,i}]]\cdot[[D^{B}_{x,i}]](1\leqslant i\leqslant N)$。

3. 参与方A和参与方B运行安全DIV子协议，参与方A得到 $\mathrm{pred}'_{x,i}=\frac{E_{x,i}}{D_{x,i}}$（$1\leqslant i\leqslant N$）。参与方A在用户 x 未评级的 N 个物品中，选择评分预测值高的前 X 个物品，把它们推荐给用户 x。

7.4 基于矩阵的协同过滤算法

本小节分别介绍基于矩阵的传统协同过滤算法与基于矩阵的联邦协同过滤算法。这里的传统协同过滤算法[55]是指矩阵奇异值分解（Singular Value Decomposition，SVD）推荐算法[55]，其思路是根据已有的评分情况，分析出评分者对各个物品因子的喜好程度，以及各个物品对于这些因子的包含程度，最后再反过来根据分析结果预测评分。基于矩阵的联邦协同过滤算法则不会直接对用户评分矩阵进行SVD，而是通过应用共轭梯度和同态加密的方法将其纳入计算，并实现用户隐私保护。

7.4.1 基于矩阵的传统协同过滤算法

矩阵SVD推荐算法中，用户评分矩阵 $\boldsymbol{R}$ 的SVD为

$$\boldsymbol{R}_{n\times m}=\boldsymbol{U}_{n\times n}\boldsymbol{D}_{n\times m}\boldsymbol{V}^{\mathrm{T}}_{m\times m}$$

其中，$\boldsymbol{U}$、$\boldsymbol{V}$ 为列正交矩阵，$\boldsymbol{D}$ 为对角矩阵，其对角线上的值称为奇异值，因为前1%的奇异值的和就占了全部奇异值和的99%以上，因此可以用前 k 个奇异值所在的矩阵来近似代替矩阵 $\boldsymbol{R}$，即 $\boldsymbol{R}_{n\times m}\approx\boldsymbol{U}_{n\times k}\boldsymbol{D}_{k\times k}\boldsymbol{V}^{\mathrm{T}}_{k\times m}$。将矩阵 $\boldsymbol{U}$、$\boldsymbol{D}$ 进行转换，可得到用户因子矩阵 $\boldsymbol{M}$ 和物品因子矩阵 $\boldsymbol{N}$：

$$\boldsymbol{M}=\boldsymbol{U}_{n\times k}\boldsymbol{D}^{1/2}_{k\times k}$$

$$\boldsymbol{N}=\boldsymbol{V}^{\mathrm{T}}_{k\times m}\boldsymbol{D}^{1/2}_{k\times k}$$

进而得到用户 i 对物品 j 的评分预测值：

$$r'_{ij}=\boldsymbol{m}_i\boldsymbol{n}_j^{\mathrm{T}}$$

其中，$\boldsymbol{m}_i$ 为 $\boldsymbol{M}$ 的行矢量，$i\in\{1,\cdots,n\}$；$\boldsymbol{n}_j$ 为 $\boldsymbol{N}$ 的行矢量，$j\in\{1,\cdots,m\}$。

7.4.2 基于矩阵的联邦协同过滤算法

基于矩阵的联邦同过滤算法是通过预测用户的评分矩阵，得到用户对未评分物品的预测评分值，并据此向该用户推荐物品。该算法的参数及含义见表7-7。

表7-7　基于矩阵的联邦协同过滤算法的参数及含义

参　数	含　义
n	用户（或参与方）的数量（设每个用户对应一个参与方）
m	物品的数量
$\boldsymbol{R}$	用户评分矩阵（$n\times m$ 维）
$\boldsymbol{U}$	列正交矩阵（来自用户评分矩阵 $\boldsymbol{R}$ 的 SVD）
$\boldsymbol{V}$	列正交矩阵（来自用户评分矩阵 $\boldsymbol{R}$ 的 SVD）
$\boldsymbol{D}$	对角矩阵，对角线为奇异值（来自用户评分矩阵 $\boldsymbol{R}$ 的 SVD）
$\boldsymbol{R}_i$	用户 i 的评分矩阵（$1\times m$ 维）
r_{ij}	用户 i 对物品 j 的评分
x_i	用户 i 静态评分矢量，$x_i\in\mathbf{R}^k$
$\boldsymbol{n}_i$	噪声矢量
c_1	常数
$\boldsymbol{A}$	引入的行正交矩阵，满足在最小二乘意义下最好地接近矩阵 $\boldsymbol{R}$
$\boldsymbol{G}$	矩阵 $\boldsymbol{A}$ 的梯度
$\boldsymbol{B}$	$c_1\boldsymbol{D}\boldsymbol{V}^{\mathrm{T}}$ 在 $\boldsymbol{x}_i$ 上的限制
$\boldsymbol{K}$	对角矩阵，对角线为特征值（来自 $\boldsymbol{B}$ 的特征值分解）
$\boldsymbol{W}$	各列为特征值对应的特征矢量（来自 $\boldsymbol{B}$ 的特征值分解）
$\boldsymbol{E}$	误差矩阵
e	$\mathrm{tr}(\boldsymbol{E}\boldsymbol{E}^{\mathrm{T}})$
$\boldsymbol{\Lambda}$	乘子矩阵
$\boldsymbol{S}$	对称矩阵

$\boldsymbol{R}_i$ 为用户 i 的评分矩阵，$\boldsymbol{R}_i=(r_{i,1},r_{i,2},\cdots,r_{i,m})$，为用户评分矩阵 $\boldsymbol{R}$ 的第 i 行。其中，r_{ij}为用户 i 对物品 j 的评分($j=1,\cdots,m$)，$r_{ij}=0$ 表示用户 i 没有对物品 j 评分。$\boldsymbol{R}_i$ 中有很多 $r_{i,j}=0$，即用户 i 没有对该物品评分。

由于矩阵 $\boldsymbol{U}$ 包含用户隐私，为了保护隐私，不能直接对矩阵 $\boldsymbol{R}$ 进行 SVD。因此，采用如下方式对用户 i 的评分矩阵 $\boldsymbol{R}_i$ 进行分解：

$$\boldsymbol{R}_i=c_1\boldsymbol{x}_i(\boldsymbol{D}\boldsymbol{V}^{\mathrm{T}})+\boldsymbol{n}_i \tag{7-35}$$

其中，假设 $\boldsymbol{x}_i$ 和 $\boldsymbol{n}_i$ 服从高斯分布。最终 $\boldsymbol{R}_i$ 的预测结果为 $c_1\boldsymbol{x}_i$（$\boldsymbol{D}\boldsymbol{V}^{\mathrm{T}}$），因此可将问题转化为对 $\boldsymbol{x}_i$、$\boldsymbol{D}$、$\boldsymbol{V}$ 的求解。

在求解 x_i、$\boldsymbol{D}$、$\boldsymbol{V}$ 的过程中，为了避免直接对用户评分矩阵 $\boldsymbol{R}$ 进行 SVD，引入矩阵 $\boldsymbol{A}$，$\boldsymbol{A}\in\mathbf{R}^{k\times m}$，$k\leqslant m$。矩阵 $\boldsymbol{A}$ 为行正交矩阵，满足在最小二乘意义下最好地接近矩阵 $\boldsymbol{R}$。

对 $\boldsymbol{A}$ 的求解采用共轭梯度法，同时使用同态加密，以进一步保护隐私。

基于矩阵的联邦协同过滤算法的大致流程为：在已知用户 i 的评分矩阵 $\boldsymbol{R}_i$ 的情况下，用户 i 的静态评分矢量 $\boldsymbol{x}_i$ 可表示为 $\boldsymbol{x}_i=\boldsymbol{R}_i\boldsymbol{B}^{\mathrm{T}}(\boldsymbol{I}+\boldsymbol{B}\boldsymbol{B}^{\mathrm{T}})^{-1}$，其中 $\boldsymbol{B}$ 为 $c_1\boldsymbol{D}\boldsymbol{V}^{\mathrm{T}}$ 在 $\boldsymbol{x}_i$ 上的限制。利用最小二乘意义下最好地接近用户评分矩阵 $\boldsymbol{R}$ 的矩阵 $\boldsymbol{A}$，计算 $\boldsymbol{A}$ 的梯度 $\boldsymbol{G}$，并计算 $\boldsymbol{B}=\frac{1}{2}\boldsymbol{G}\ (\boldsymbol{I}-\boldsymbol{A}^{\mathrm{T}}\boldsymbol{A})^{-1}\boldsymbol{A}^{\mathrm{T}}$。根据 $\boldsymbol{B}$ 的特征值分解可知，$\boldsymbol{B}=\boldsymbol{W}\boldsymbol{K}\boldsymbol{W}^{\mathrm{T}}$，分解 $\boldsymbol{B}$ 得 $\boldsymbol{W}$、$\boldsymbol{K}$，根据 $\boldsymbol{D}^2=\boldsymbol{K}$、$\boldsymbol{V}=\boldsymbol{W}^{\mathrm{T}}\boldsymbol{A}$，计算得到 $\boldsymbol{D}$、$\boldsymbol{V}$。计算 $\boldsymbol{x}_i=\boldsymbol{R}_i\boldsymbol{B}^{\mathrm{T}}(\boldsymbol{I}+\boldsymbol{B}\boldsymbol{B}^{\mathrm{T}})^{-1}$，进而计算 $c_1\boldsymbol{x}_i(\boldsymbol{D}\boldsymbol{V}^{\mathrm{T}})$，即得到对用户 i 评分矩阵 $\boldsymbol{R}_i$ 的预测。该算法的框架如图 7-10 所示。

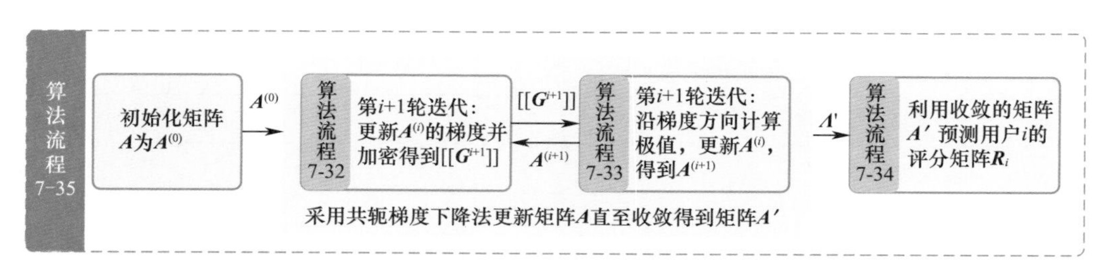

图 7-10 基于矩阵的联邦协同过滤算法的框架

下面具体介绍基于矩阵的联邦协同过滤算法的实现。

1. 矩阵 A 的性质及更新

（1）矩阵 $\boldsymbol{A}$ 的性质

矩阵 $\boldsymbol{A}$ 满足在最小二乘意义下最好地接近用户评分矩阵 $\boldsymbol{R}$，利用矩阵 $\boldsymbol{A}$ 对矩阵 $\boldsymbol{R}$ 进行评分预测，经证实具有很好的预测效果。

用户评分矩阵 $\boldsymbol{R}$ 在矩阵 $\boldsymbol{A}$ 上的投影是 $\boldsymbol{R}\boldsymbol{A}^{\mathrm{T}}\boldsymbol{A}$，误差矩阵 $\boldsymbol{E}=\boldsymbol{R}-\boldsymbol{R}\boldsymbol{A}^{\mathrm{T}}\boldsymbol{A}$，矩阵 $\boldsymbol{A}$ 满足误差 e 最小，其中

$$e=\mathrm{tr}(\boldsymbol{E}\boldsymbol{E}^{\mathrm{T}})=\mathrm{tr}(\boldsymbol{R}\boldsymbol{R}^{\mathrm{T}})-\mathrm{tr}(\boldsymbol{R}\boldsymbol{A}^{\mathrm{T}}\boldsymbol{A}\boldsymbol{R}^{\mathrm{T}}) \tag{7-36}$$

即 $\mathrm{tr}(\boldsymbol{R}\boldsymbol{A}^{\mathrm{T}}\boldsymbol{A}\boldsymbol{R}^{\mathrm{T}})$ 最大。因矩阵 $\boldsymbol{A}$ 行正交，满足 $\boldsymbol{A}\boldsymbol{A}^{\mathrm{T}}=\boldsymbol{I}$，故使用拉格朗日乘子法，即矩阵 $\boldsymbol{A}$ 满足

$$\mathrm{Max}\ \mathrm{tr}(\boldsymbol{R}\boldsymbol{A}^{\mathrm{T}}\boldsymbol{A}\boldsymbol{R}^{\mathrm{T}}+\boldsymbol{\Lambda}(\boldsymbol{A}\boldsymbol{A}^{\mathrm{T}}-\boldsymbol{I})) \tag{7-37}$$

其中，$\boldsymbol{\Lambda}$ 是 $k\times k$ 维的乘子矩阵。

（2）矩阵 $\boldsymbol{A}$ 的更新

矩阵 $\boldsymbol{A}$ 的更新采用迭代共轭梯度算法，每轮迭代分为两步：计算梯度 $\boldsymbol{G}$；沿梯度方向计算极值，更新矩阵 $\boldsymbol{A}$。

首先计算梯度 $\boldsymbol{G}$。$\mathrm{tr}(\boldsymbol{R}\boldsymbol{A}^{\mathrm{T}}\boldsymbol{A}\boldsymbol{R}^{\mathrm{T}}+\boldsymbol{\Lambda}\ (\boldsymbol{A}\boldsymbol{A}^{\mathrm{T}}-\boldsymbol{I}))$ 的梯度为

$$\boldsymbol{G}=2\boldsymbol{A}\boldsymbol{R}^{\mathrm{T}}\boldsymbol{R}+(\boldsymbol{\Lambda}+\boldsymbol{\Lambda}^{\mathrm{T}})\boldsymbol{A}=2\boldsymbol{A}\boldsymbol{R}^{\mathrm{T}}\boldsymbol{R}+\boldsymbol{S}\boldsymbol{A} \tag{7-38}$$

为了使 $\boldsymbol{G}$ 位于由 $\boldsymbol{A}\boldsymbol{A}^{\mathrm{T}}=\boldsymbol{I}$ 定义的流形的切空间上，令$\lim\limits_{\varepsilon\to0}((\boldsymbol{A}+\varepsilon\boldsymbol{G})(\boldsymbol{A}^{\mathrm{T}}+\varepsilon\boldsymbol{G}^{\mathrm{T}})-\boldsymbol{I})/\varepsilon=0$，得到 $\boldsymbol{A}\boldsymbol{G}^{\mathrm{T}}+\boldsymbol{G}\boldsymbol{A}^{\mathrm{T}}=0$，用 $\boldsymbol{A}$ 替换 $\boldsymbol{G}$，求解式（7－38）得到 $\boldsymbol{S}=-2\boldsymbol{A}\boldsymbol{R}^{\mathrm{T}}\boldsymbol{R}\boldsymbol{A}^{\mathrm{T}}$，故梯度 $\boldsymbol{G}$ 为

$$\boldsymbol{G}=2\boldsymbol{A}\boldsymbol{R}^{\mathrm{T}}\boldsymbol{R}(\boldsymbol{I}-\boldsymbol{A}^{\mathrm{T}}\boldsymbol{A}) \tag{7-39}$$

因 $\boldsymbol{R}^{\mathrm{T}}\boldsymbol{R}=\sum_{i=1}^{n}\boldsymbol{R}_i^{\mathrm{T}}\boldsymbol{R}_i$，故 $\boldsymbol{G}$ 可表示为 $\boldsymbol{G}=\sum_{i=1}^{n}\boldsymbol{A}\boldsymbol{R}_i^{\mathrm{T}}\boldsymbol{R}_i$（$\boldsymbol{I}-\boldsymbol{A}^{\mathrm{T}}\boldsymbol{A}$）或

$$\boldsymbol{G}=\sum_{i=1}^{n}\boldsymbol{G}_i \tag{7-40}$$

其中，

$$\boldsymbol{G}_i=\boldsymbol{A}\boldsymbol{R}_i^{\mathrm{T}}\boldsymbol{R}_i(\boldsymbol{I}-\boldsymbol{A}^{\mathrm{T}}\boldsymbol{A}) \tag{7-41}$$

表示用户 i 对梯度 $\boldsymbol{G}$ 的贡献。

计算梯度 $\boldsymbol{G}$ 的算法步骤如算法流程 7－32 所示。

算法流程 7－32　计算梯度 $\boldsymbol{G}$

（第 $i+1$ 轮）

输入：$\boldsymbol{A}^{(i)}$，$\boldsymbol{R}_i(i=1,\cdots,n)$，$h_{ij}^{(i+1)}(j=1,\cdots,km)$。

输出：$[[\boldsymbol{G}^{(i+1)}]]=((X_1^{(i+1)},Y_1^{(i+1)}),(X_2^{(i+1)},Y_2^{(i+1)}),\cdots,(X_{km}^{(i+1)},Y_{km}^{(i+1)}))$。

1. 用户 $i(i=1,\cdots,n)$ 计算更新的梯度：

$$\boldsymbol{G}_i^{(i+1)}=\boldsymbol{A}^{(i)}\boldsymbol{R}_i^{\mathrm{T}}\boldsymbol{R}_i(\boldsymbol{I}-(\boldsymbol{A}^{(i)})^{\mathrm{T}}\boldsymbol{A}^{(i)}) \tag{7-42}$$

$\boldsymbol{G}_i^{(i+1)}\in\mathbf{R}^{k\times m}$，将$\boldsymbol{G}_i^{(i+1)}$视为 km 维矢量：

$$\boldsymbol{G}_i^{(i+1)}=(\boldsymbol{G}_{i1}^{(i+1)},\cdots,\boldsymbol{G}_{i(km)}^{(i+1)})$$

2. 用户 $i(i=1,\cdots,n)$ 计算$\boldsymbol{G}_i^{(i+1)}$的 EIGamal 加密。

从 $\mathbf{Z}_q$ 中选取 km 个随机值$h_{ij}^{(i+1)}(j=1,\cdots,km)$，得到

$$[[\boldsymbol{G}_i^{(i+1)}]]=(\Gamma_{i1}^{(i+1)},\cdots,\Gamma_{i(km)}^{(i+1)})$$

具体地，

$$\Gamma_{ij}^{(i+1)}=(x_{ij}^{(i+1)},y_{ij}^{(i+1)})=(g^{h_{ij}(i+1)},\gamma^{G_{ij}(i+1)}h^{h_{ij}(i+1)})(\mathrm{mod}\ p),\ j=1,\cdots,km \tag{7-43}$$

3. 用户 i（$i=1,\cdots,n$）把$[[\boldsymbol{G}_i^{(i+1)}]]$发送给服务器。

4. 服务器计算 $\boldsymbol{G}^{(i+1)}=\sum_{i=1}^{n}\boldsymbol{G}_i^{(i+1)}$的 EIGamal 加密，得到

$$[[\boldsymbol{G}^{(i+1)}]]=((X_1^{(i+1)},Y_1^{(i+1)}),(X_2^{(i+1)},Y_2^{(i+1)}),\cdots,(X_{km}^{(i+1)},Y_{km}^{(i+1)}))$$

具体原理如下：服务器利用 n 个用户的$[[\boldsymbol{G}_i^{(i+1)}]]$，其中

$$[[\boldsymbol{G}_i^{(i+1)}]]=(\Gamma_{i1}^{(i+1)},\cdots,\Gamma_{i(km)}^{(i+1)})$$

$$\Gamma_{ij}^{(i+1)}=(x_{ij}^{(i+1)},y_{ij}^{(i+1)}),\ j=1,\cdots,km$$

计算：

$$X_j^{(i+1)} = \prod_{i=1}^{n} x_{ij}^{(i+1)}$$

$$Y_j^{(i+1)} = \prod_{i=1}^{n} y_{ij}^{(i+1)} \bmod p \tag{7-44}$$

其中，$Y_j^{(i+1)} = \gamma^{T_j(i+1)} h^{Q_j(i+1)}$，$X_j^{(i+1)} = g^{Q_j(i+1)}$，$T_j^{(i+1)} = \sum_{i=1}^{n} G_{ij}^{(i+1)}$，$Q_j^{(i+1)} = \sum_{i=1}^{n} h_{ij}^{(i+1)}$。

由 EIGamal 加密的同态性知：

$$[[T_j^{(i+1)} = \sum_{i=1}^{n} G_{ij}^{(i+1)}]] = (X_j^{(i+1)}, Y_j^{(i+1)})$$

$$[[\boldsymbol{G}_i^{(i+1)}]] = ((X_1^{(i+1)}, Y_1^{(i+1)}), (X_2^{(i+1)}, Y_2^{(i+1)}), \cdots, (X_{km}^{(i+1)}, Y_{km}^{(i+1)})) \tag{7-45}$$

5. 服务器把$[[\boldsymbol{G}_i^{(i+1)}]]$发送给 n 个用户。

然后，沿梯度方向计算极值并更新矩阵 $\boldsymbol{A}$。为了极小化误差函数 $e(t)$，首先对 $e(t)$ 进行二次近似，即 $e(t) \approx e_0 + e_1 t + e_2 t^2$。该式在 $t \approx -e_1/(2e_2)$ 处达到极值点，因此需要计算 e_1 和 e_2，为了方便，令 $e_1 = c$、$e_2 = a + b$，其中 $a = -\mathrm{tr}(\boldsymbol{R}\boldsymbol{G}^{\mathrm{T}}\boldsymbol{G}\boldsymbol{R}^{\mathrm{T}})$，$b = \mathrm{tr}(\boldsymbol{R}\boldsymbol{A}^{\mathrm{T}}\boldsymbol{G}\boldsymbol{G}^{\mathrm{T}}\boldsymbol{A}\boldsymbol{R}^{\mathrm{T}})$，$c = -2\mathrm{tr}(\boldsymbol{R}\boldsymbol{G}^{\mathrm{T}}\boldsymbol{A}\boldsymbol{R}^{\mathrm{T}})$，因 a、b、c 均为 $\mathrm{tr}(\boldsymbol{R}\boldsymbol{X}\boldsymbol{R}^{\mathrm{T}})$ 形式，$\mathrm{tr}(\boldsymbol{R}\boldsymbol{X}\boldsymbol{R}^{\mathrm{T}}) = \sum_{i=1}^{n} \boldsymbol{R}_i \boldsymbol{X} \boldsymbol{R}_i^{\mathrm{T}}$，故 (c,a,b) 可表示为

$$(c,a,b) = \sum_{i=1}^{n} (c_i, a_i, b_i) \tag{7-46}$$

其中

$$c_i = -2\mathrm{tr}(\boldsymbol{R}_i \boldsymbol{G}^{\mathrm{T}} \boldsymbol{A} \boldsymbol{R}_i^{\mathrm{T}})$$

$$a_i = -\mathrm{tr}(\boldsymbol{R}_i \boldsymbol{G}^{\mathrm{T}} \boldsymbol{G} \boldsymbol{R}_i^{\mathrm{T}})$$

$$b_i = \mathrm{tr}(\boldsymbol{R}_i \boldsymbol{A}^{\mathrm{T}} \boldsymbol{G} \boldsymbol{G}^{\mathrm{T}} \boldsymbol{A}\, \boldsymbol{R}_i^{\mathrm{T}}) \tag{7-47}$$

为第 i 个用户的贡献。利用 (c,a,b) 计算梯度步长 t_s：

$$t_s = -c/[2(a+b)] \tag{7-48}$$

沿梯度方向更新上轮聚合结果 $\boldsymbol{A}^{(i)}$，得当前轮 $\boldsymbol{A}^{(i+1)}$ 的估计值：

$$\boldsymbol{A}_0^{(i+1)} = \boldsymbol{A}^{(i)} + t_s \boldsymbol{G} - \frac{1}{2} t_s^2 \boldsymbol{G}\boldsymbol{G}^{\mathrm{T}} \boldsymbol{A}^{(i)} \tag{7-49}$$

由于存在数值误差，$\boldsymbol{A}_0^{(i+1)}$ 不是行正交矩阵，因此将 $\boldsymbol{A}_0^{(i+1)}$ 正交化，比如利用格莱姆－史密特（Gramm-Schmidt）正交化方法得到 $\boldsymbol{A}^{(i+1)}$。

算法流程 7－33　沿梯度方向计算极值并更新矩阵 $\boldsymbol{A}$

（第 $i+1$ 轮）

输入： $\boldsymbol{A}^{(i)}$，$\boldsymbol{R}_i (i=1,\cdots,n)$，$[[\boldsymbol{G}^{(i+1)}]]$。

输出： $\boldsymbol{A}^{(i+1)}$。

1. 用户 $i(i=1,\cdots,n)$ 解密得到 $\boldsymbol{G}^{(i+1)}$，计算 $(c_i^{(i+1)}, a_i^{(i+1)}, b_i^{(i+1)})$：

$$c_i^{(i+1)} = -2\mathrm{tr}(\boldsymbol{R}_i(\boldsymbol{G}^{(i+1)})^{\mathrm{T}}\boldsymbol{A}^{(i)}\boldsymbol{R}_i^{\mathrm{T}})$$
$$a_i^{(i+1)} = -\mathrm{tr}(\boldsymbol{R}_i(\boldsymbol{G}^{(i+1)})^{\mathrm{T}}\boldsymbol{G}^{(i+1)}\boldsymbol{R}_i^{\mathrm{T}})$$
$$b_i^{(i+1)} = \mathrm{tr}(\boldsymbol{R}_i(\boldsymbol{A}^{(i)})^{\mathrm{T}}\boldsymbol{G}^{(i+1)}(\boldsymbol{G}^{(i+1)})^{\mathrm{T}}\boldsymbol{A}^{(i)}\boldsymbol{R}_i^{\mathrm{T}}) \tag{7-50}$$

2. 用户 $i(i=1,\cdots,n)$计算$(c_i^{(i+1)},a_i^{(i+1)},b_i^{(i+1)})$的 EIGamal 加密（方法同算法流程 7-32 中的第 2 步）。
3. 用户 $i(i=1,\cdots,n)$把$[[(c_i^{(i+1)},a_i^{(i+1)},b_i^{(i+1)})]]$发送给服务器。
4. 服务器计算$(c^{(i+1)},a^{(i+1)},b^{(i+1)}) = \sum_{i=1}^{n}(c_i^{(i+1)},a_i^{(i+1)},b_i^{(i+1)})$ 的 EIGamal 加密（方法同算法流程 7-32 中的第 4 步）。
5. 服务器把$[[(c^{(i+1)},a^{(i+1)},b^{(i+1)})]]$发送给 n 个用户。
6. 用户 $i(i=1,\cdots,n)$ 解密得到$(c^{(i+1)},a^{(i+1)},b^{(i+1)})$，计算：
$$t_i^{(i+1)} = -c^{(i+1)}/[2(a^{(i+1)}+b^{(i+1)})] \tag{7-51}$$
7. 用户 $i(i=1,\cdots,n)$ 把 $t_i^{(i+1)}$ 发送给服务器。
8. 服务器计算 n 个 $t_i^{(i+1)}$ 的中位数得到 $t^{(i+1)}$，计算：
$$\boldsymbol{A}_0^{(i+1)} = \boldsymbol{A}^{(i)} + \boldsymbol{t}^{(i+1)}\boldsymbol{G}^{(i+1)} - \frac{1}{2}(t^{(i+1)})^2\boldsymbol{G}^{(i+1)}(\boldsymbol{G}^{(i+1)})^{\mathrm{T}}\boldsymbol{A}^{(i)} \tag{7-52}$$
将 $\boldsymbol{A}_0^{(i+1)}$ 正交化（比如利用 Gramm-Schmitt 正交化方法），得到 $\boldsymbol{A}^{(i+1)}$。

2. 利用矩阵 A 对用户 i 的评分矩阵 R_i 进行预测

$\boldsymbol{R}_i$ 为用户 i 的评分矩阵（$1\times m$ 维），$\boldsymbol{x}_i$ 为用户 i 的静态评分矢量（$\boldsymbol{x}_i\in\mathbf{R}^k$）。满足
$$\boldsymbol{R}_i = \boldsymbol{c}_1\boldsymbol{x}_i(\boldsymbol{D}\boldsymbol{V}^{\mathrm{T}}) + \boldsymbol{n}_i \tag{7-53}$$

其中，$\boldsymbol{D}$、$\boldsymbol{V}$ 为用户评分矩阵 $\boldsymbol{R}$ 的 SVD；$\boldsymbol{n}_i$ 是随机噪声矢量 $\boldsymbol{n}_i\in\mathbf{R}^m$；$c_1$ 是常数，$c_1 = \sigma_n\sqrt{k|\boldsymbol{D}|^2}$，$\sigma_n$ 可由 $\boldsymbol{R}_i$ 估计得到。假设 $\boldsymbol{x}_i\in\mathbf{R}^k$，$\boldsymbol{n}_i$ 服从高斯分布，（$\boldsymbol{x}_i,\boldsymbol{n}_i$）的联合密度函数为 $c_2\exp(-|\boldsymbol{x}_i|^2/(2\sigma_x^2))\exp(-|\boldsymbol{n}_i|^2/(2\sigma_n^2))$。已知用户 i 的评分矩阵 $\boldsymbol{R}_i$，最可能的（$\boldsymbol{x}_i,\boldsymbol{n}_i$）满足 $|\boldsymbol{x}_i|^2/(2\sigma_x^2)+|\boldsymbol{n}_i|^2/(2\sigma_n^2)$ 最小，代入 $\boldsymbol{n}_i = \boldsymbol{R}_i - c_1(\boldsymbol{x}_i^{\mathrm{T}}(\boldsymbol{D}\boldsymbol{V}^{\mathrm{T}}))$，最小化上式得
$$\boldsymbol{x}_i = \boldsymbol{R}_i\boldsymbol{B}^{\mathrm{T}}(\boldsymbol{I}+\boldsymbol{B}\boldsymbol{B}^{\mathrm{T}})^{-1} \tag{7-54}$$
其中
$$\boldsymbol{B} = \frac{1}{2}\boldsymbol{G}(\boldsymbol{I}-\boldsymbol{A}^{\mathrm{T}}\boldsymbol{A})^{-1}\boldsymbol{A}^{\mathrm{T}} \tag{7-55}$$
$\boldsymbol{B}$ 表示 $c_1\boldsymbol{D}\boldsymbol{V}^{\mathrm{T}}$ 到用户 i 的静态评分矢量 $\boldsymbol{x}_i$ 的限制。根据特征值分解，$\boldsymbol{B}$ 可表示为 $\boldsymbol{B}=\boldsymbol{W}\boldsymbol{K}\boldsymbol{W}^{\mathrm{T}}$，其中 $\boldsymbol{K}$ 是对角矩阵，对角线为特征值，$\boldsymbol{W}$ 各列为特征值对应的特征矢量。分解 $\boldsymbol{B}$ 得 $\boldsymbol{W}$、

$\boldsymbol{K}$，根据

$$\boldsymbol{D}^2=\boldsymbol{K},\ \boldsymbol{V}=\boldsymbol{W}^{\mathrm{T}}\boldsymbol{A} \tag{7-56}$$

计算得到 $\boldsymbol{D}$、$\boldsymbol{V}$，然后由

$$c_1\boldsymbol{x}_i(\boldsymbol{D}\boldsymbol{V}^{\mathrm{T}}) \tag{7-57}$$

即可预测出用户 i 的评分矩阵 $\boldsymbol{R}_i$。

算法流程 7-34　利用矩阵 $\boldsymbol{A}$ 对用户 i 的评分矩阵 $\boldsymbol{R}_i$ 进行预测

输入：$\boldsymbol{A}'$，$\boldsymbol{G}'$。

输出：$\boldsymbol{R}_i$ 的评分预测值 $c_1\boldsymbol{x}_i$（$\boldsymbol{D}\boldsymbol{V}^{\mathrm{T}}$）（$i=1,\cdots,n$）。

1. 服务器利用通过共轭梯度法收敛后得到的矩阵 $\boldsymbol{A}'$和此时的梯度 $\boldsymbol{G}'$，计算：

$$\boldsymbol{B}=\frac{1}{2}\boldsymbol{G}'(\boldsymbol{I}-(\boldsymbol{A}')^{\mathrm{T}}\boldsymbol{A}')^{-1}(\boldsymbol{A}')^{\mathrm{T}} \tag{7-58}$$

分解 $\boldsymbol{B}=\boldsymbol{W}\boldsymbol{K}\boldsymbol{W}^{\mathrm{T}}$，得到 $\boldsymbol{W}$、$\boldsymbol{K}$，根据：

$$\boldsymbol{D}^2=\boldsymbol{K},\ \boldsymbol{V}=\boldsymbol{W}^{\mathrm{T}}\boldsymbol{A}' \tag{7-59}$$

计算得到 $\boldsymbol{D}$、$\boldsymbol{V}$。$\boldsymbol{B}$、$\boldsymbol{D}$、$\boldsymbol{V}$ 在 n 个用户间共享。

2. 用户 $i(i=1,\cdots,n)$ 计算：

$$\boldsymbol{x}_i=\boldsymbol{R}_i\boldsymbol{B}^{\mathrm{T}}(\boldsymbol{I}+\boldsymbol{B}\boldsymbol{B}^{\mathrm{T}})^{-1} \tag{7-60}$$

进而计算：

$$c_1\boldsymbol{x}_i(\boldsymbol{D}\boldsymbol{V}^{\mathrm{T}}) \tag{7-61}$$

即为用户 $i(i=1,\cdots,n)$ 的评分预测值。

3. 完整算法流程

基于矩阵的联邦协同过滤算法的完整步骤如算法流程 7-35 所示（采用 EIGamal 加密）。

算法流程 7-35　基于矩阵的联邦协同过滤算法

输入：$\boldsymbol{A}^{(0)}$，$\boldsymbol{R}_i(i=1,\cdots,n)$，$h_{ij}^{(i)}(j=1,\cdots,km)$。

输出：$\boldsymbol{R}_i$ 的评分预测值 $c_1\boldsymbol{x}_i(\boldsymbol{D}\boldsymbol{V}^{\mathrm{T}})$（$i=1,\cdots,n$）。

Step1：矩阵 $\boldsymbol{A}$ 随机初始化，记为 $\boldsymbol{A}^{(0)}$。

Step2：采用共轭梯度法更新矩阵 $\boldsymbol{A}^{(0)}$，直至收敛，得到矩阵 $\boldsymbol{A}'$。

具体地，在第 $i+1$ 轮迭代中，更新 $\boldsymbol{A}^{(i)}$ 得到 $\boldsymbol{A}^{(i+1)}$，算法如下：

[n 个用户更新梯度]

1. 用户 $i(i=1,\cdots,n)$ 计算更新的梯度：

$$G_i^{(i+1)} = A^{(i)} R_i^{\mathrm{T}} R_i (I - (A^{(i)})^{\mathrm{T}} A^{(i)}) \tag{7-62}$$

$G_i^{(i+1)} \in \mathbf{R}^{k \times m}$，将$G_i^{(i+1)}$视为 km 维矢量：

$$G_i^{(i+1)} = (G_{i1}^{(i+1)}, \cdots, G_{i(km)}^{(i+1)})$$

2. 用户 $i(i=1,\cdots,n)$ 计算$G_i^{(i+1)}$的 EIGamal 加密。

从 $\mathbf{Z}_q$ 中选取 km 个随机值$h_{ij}^{(i+1)}(j=1,\cdots,km)$，得到

$$[[G_i^{(i+1)}]] = (\Gamma_{i1}^{(i+1)}, \cdots, \Gamma_{i(km)}^{(i+1)})$$

具体而言，有

$$\Gamma_{ij}^{(i+1)} = (x_{ij}^{(i+1)}, y_{ij}^{(i+1)}) = (g^{h_{ij}(i+1)}, \gamma^{G_{ij}(i+1)} h^{h_{ij}(i+1)}) (\bmod p), j=1,\cdots,km \tag{7-63}$$

3. 用户 $i(i=1,\cdots,n)$ 把$[[G_i^{(i+1)}]]$发送给服务器。

4. 服务器计算 $G^{(i+1)} = \sum_{i=1}^{n} G_i^{(i+1)}$ 的 EIGamal 加密，得到

$$[[G^{(i+1)}]] = ((X_1^{(i+1)}, Y_1^{(i+1)}), (X_2^{(i+1)}, Y_2^{(i+1)}), \cdots, (X_{km}^{(i+1)}, Y_{km}^{(i+1)}))$$

具体原理如下：服务器利用 n 个用户的$[[G_i^{(i+1)}]]$，其中

$$[[G_i^{(i+1)}]] = (\Gamma_{i1}^{(i+1)}, \cdots, \Gamma_{i(km)}^{(i+1)}),\ \Gamma_{ij}^{(i+1)} = (x_{ij}^{(i+1)}, y_{ij}^{(i+1)}),\quad j=1,\cdots,km$$

计算：

$$X_j^{(i+1)} = \prod_{i=1}^{n} x_{ij}^{(i+1)}$$

$$Y_j^{(i+1)} = \prod_{i=1}^{n} y_{ij}^{(i+1)} \bmod p \tag{7-64}$$

其中，$Y_j^{(i+1)} = \gamma^{T_j(i+1)} h^{Q_j(i+1)}$，$X_j^{(i+1)} = g^{Q_j(i+1)}$，$T_j^{(i+1)} = \sum_{i=1}^{n} G_{ij}^{(i+1)}$，$Q_j^{(i+1)} = \sum_{i=1}^{n} h_{ij}^{(i+1)}$。

由 EIGamal 加密的同态性知：

$$[[T_j^{(i+1)} = \sum_{i=1}^{n} G_{ij}^{(i+1)}]] = (X_j^{(i+1)}, Y_j^{(i+1)}) \tag{7-65}$$

$$[[G_i^{(i+1)}]] = ((X_1^{(i+1)}, Y_1^{(i+1)}), (X_2^{(i+1)}, Y_2^{(i+1)}), \cdots, (X_{km}^{(i+1)}, Y_{km}^{(i+1)})) \tag{7-66}$$

5. 服务器把$[[G_i^{(i+1)}]]$发送给 n 个用户。

[n 个用户计算对（c,a,b）的贡献]

6. 用户 $i(i=1,\ \cdots,\ n)$ 解密得到 $G^{(i+1)}$，计算$(c_i^{(i+1)}, a_i^{(i+1)}, b_i^{(i+1)})$：

$$\begin{aligned} c_i^{(i+1)} &= -2\mathrm{tr}(R_i (G^{(i+1)})^{\mathrm{T}} A^{(i)} R_i^{\mathrm{T}}) \\ a_i^{(i+1)} &= -\mathrm{tr}(R_i (G^{(i+1)})^{\mathrm{T}} G^{(i+1)} R_i^{\mathrm{T}}) \\ b_i^{(i+1)} &= \mathrm{tr}(R_i (A^{(i)})^{\mathrm{T}} G^{(i+1)} (G^{(i+1)})^{\mathrm{T}} A^{(i)} R_i^{\mathrm{T}}) \end{aligned} \tag{7-67}$$

7. 用户 $i(i=1,\cdots,n)$ 计算$(c_i^{(i+1)}, a_i^{(i+1)}, b_i^{(i+1)})$的 EIGamal 加密（方法同算法流程7-32中的第 2 步）。

8. 用户 $i(i=1,\cdots,n)$ 把$[[(c_i^{(i+1)}, a_i^{(i+1)}, b_i^{(i+1)})]]$发送给服务器。

9. 服务器计算$(c^{(i+1)},a^{(i+1)},b^{(i+1)})=\sum_{i=1}^{n}(c_i^{(i+1)},a_i^{(i+1)},b_i^{(i+1)})$的EIGamal加密，方法同算法流程7-32中的第4步。

10. 服务器把$[[(c^{(i+1)},a^{(i+1)},b^{(i+1)})]]$发送给$n$个用户。

[服务器更新矩阵$\boldsymbol{A}$]

11. 用户$i(i=1,\cdots,n)$解密得到$(c^{(i+1)},a^{(i+1)},b^{(i+1)})$，计算：

$$t_i^{(i+1)}=-c^{(i+1)}/[2(a^{(i+1)}+b^{(i+1)})] \tag{7-68}$$

12. 用户$i(i=1,\cdots,n)$把$t_i^{(i+1)}$发送给服务器。

13. 服务器计算n个$t_i^{(i+1)}$的中位数得到$t^{(i+1)}$，计算：

$$\boldsymbol{A}_0^{(i+1)}=\boldsymbol{A}^{(i)}+t^{(i+1)}\boldsymbol{G}^{(i+1)}-\frac{1}{2}(t^{(i+1)})^2\boldsymbol{G}^{(i+1)}(\boldsymbol{G}^{(i+1)})^{\mathrm{T}}\boldsymbol{A}^{(i)} \tag{7-69}$$

将$\boldsymbol{A}_0^{(i+1)}$正交化（比如利用Gramm-Schmitt正交化方法得到$\boldsymbol{A}^{(i+1)}$）。

Step3：利用收敛的矩阵$\boldsymbol{A}'$和$\boldsymbol{G}'$对用户i进行评分预测。

14. 服务器计算：

$$\boldsymbol{B}=\frac{1}{2}\boldsymbol{G}'(\boldsymbol{I}-(\boldsymbol{A}')^{\mathrm{T}}\boldsymbol{A}')^{-1}(\boldsymbol{A}')^{\mathrm{T}} \tag{7-70}$$

分解$\boldsymbol{B}=\boldsymbol{W}\boldsymbol{K}\boldsymbol{W}^{\mathrm{T}}$，得到$\boldsymbol{W}$、$\boldsymbol{K}$，根据：

$$\boldsymbol{D}^2=\boldsymbol{K},\ \boldsymbol{V}=\boldsymbol{W}^{\mathrm{T}}\boldsymbol{A}' \tag{7-71}$$

计算得到$\boldsymbol{D}$、$\boldsymbol{V}$。$\boldsymbol{B}$、$\boldsymbol{D}$、$\boldsymbol{V}$在n个用户间共享。

15. 用户$i(i=1,\cdots,n)$计算：

$$\boldsymbol{x}_i=\boldsymbol{R}_i\boldsymbol{B}^{\mathrm{T}}(\boldsymbol{I}+\boldsymbol{B}\boldsymbol{B}^{\mathrm{T}})^{-1} \tag{7-72}$$

进而计算：

$$c_1\boldsymbol{x}_i(\boldsymbol{D}\boldsymbol{V}^{\mathrm{T}}) \tag{7-73}$$

即为用户$i(i=1,\cdots,n)$的评分预测值。

7.5 矩阵分解算法

矩阵分解算法也是一种重要的推荐算法，它的出现促进了推荐系统的大规模产业化落地，推动了推荐系统的发展。矩阵分解算法的核心思想是将用户-物品交互矩阵$\boldsymbol{R}$分解成用户隐因子矩阵$\boldsymbol{U}$和物品隐因子矩阵$\boldsymbol{V}$。

7.5.1 基于SGD的联邦矩阵分解算法

1. 基于SGD的无加密联邦矩阵分解算法

由于在实际场景中，每个用户只与很少的物品有交互关系，用户-物品交互矩阵往往是一个高维稀疏矩阵，因此，本算法的目标在于对无交互的项进行预测，并做相应的推荐。本小节介绍一种低秩分解因子方法[56]，将用户－物品交互矩阵分解为用户因子矩阵以及商品因子矩阵，最终将这两个矩阵相乘以得到预测值，即

$$\boldsymbol{R} \sim \boldsymbol{U}^{\mathrm{T}}\boldsymbol{V} \tag{7-74}$$

将矩阵 $\boldsymbol{R}$ 表示秩为 K 的低维因子矩阵 $\boldsymbol{R} \in \mathbf{R}^{n \times m}$、$\boldsymbol{U} \in \mathbf{R}^{K \times n}$、$\boldsymbol{V} \in \mathbf{R}^{K \times m}$，这里假设有 n 个用户以及 m 个商品。r_{ij}表示用户 i 和物品 j 的交互项，该交互项通常有显式评分以及隐式反馈，这里主要设定为隐式反馈次数。同时令 p_{ij}表示用户 i 对物品 j 的喜欢程度，如下：

$$p_{ij} = \begin{cases} 1, & r_{ij} > 0 \\ 0, & r_{ij} = 0 \end{cases} \tag{7-75}$$

但是，仅通过隐性反馈进行判断并不准确，比如顾客买了一次某个物品，并不等于顾客喜欢这个物品，所以还要增加一个置信度 $c_{ij} = 1 + \alpha r_{ij}$来进一步衡量喜欢程度，隐形反馈次数越多，代表用户越喜欢。因此，最终的目标函数如下：

$$\begin{aligned} J &= \sum_i \sum_j c_{ij}(p_{ij} - \boldsymbol{u}_i^{\mathrm{T}}\boldsymbol{v}_j)^2 + \lambda\left(\sum\nolimits_i \|\boldsymbol{u}_i\|^2 + \sum\nolimits_j \|\boldsymbol{v}_j\|^2\right) \\ \frac{\partial J}{\partial \boldsymbol{u}_i} &= -2\sum_j \left[c_{ij}(p_{ij} - \boldsymbol{u}_i^{\mathrm{T}}\boldsymbol{v}_j)\right]\boldsymbol{v}_j + 2\lambda \boldsymbol{u}_i \\ \frac{\partial J}{\partial \boldsymbol{v}_j} &= -2\sum_i \left[c_{ij}(p_{ij} - \boldsymbol{u}_i^{\mathrm{T}}\boldsymbol{v}_j)\right]\boldsymbol{u}_i + 2\lambda \boldsymbol{v}_j \end{aligned} \tag{7-76}$$

则最优解为：

$$\boldsymbol{u}_i^* = (\boldsymbol{V}\boldsymbol{C}^i\boldsymbol{V}^{\mathrm{T}} + \lambda\boldsymbol{I})^{-1}\boldsymbol{V}\boldsymbol{C}^i\boldsymbol{p}(i) \tag{7-77}$$

$$\boldsymbol{v}_j^* = (\boldsymbol{U}\boldsymbol{C}^j\boldsymbol{U}^{\mathrm{T}} + \lambda\boldsymbol{I})^{-1}\boldsymbol{U}\boldsymbol{C}^j\boldsymbol{p}(j) \tag{7-78}$$

其中，$\boldsymbol{C}^i$ 是一个对角矩阵，$\boldsymbol{C}^i \in \mathbf{R}^{m \times m}$且元素为 $C_{jj}^i = c_{ij}$；$\boldsymbol{p}(\boldsymbol{i}) \in \mathbf{R}^{m \times 1}$，包含用户 i 的值；$\boldsymbol{C}^j$ 是一个对角矩阵，$\boldsymbol{C}^j \in \mathbf{R}^{n \times n}$且元素为 $C_{ii}^j = c_{ij}$；$\boldsymbol{p}(j) \in \mathbf{R}^{n \times 1}$包含物品 j 的值。

但由于物品因子矩阵 $\boldsymbol{V}$ 的最优解需要用到用户因子矩阵 $\boldsymbol{U}$ 的信息，不能直接计算，因此采用了 SGD 方法，如下：

$$\boldsymbol{v}_j = \boldsymbol{v}_j - \gamma \frac{\partial J}{\partial \boldsymbol{v}_j} \tag{7-79}$$

$$f(i,j) = \left[c_{ij}(p_{ij} - \boldsymbol{u}_i^{\mathrm{T}}\boldsymbol{v}_j)\right]\boldsymbol{u}_i \tag{7-80}$$

$$\frac{\partial J}{\partial \boldsymbol{v}_j} = -2\sum_i f(i,j) + 2\lambda \boldsymbol{v}_j \tag{7-81}$$

因此，$f(i,j)$ 可以在每个用户本地进行计算并传输。相应的，由于在联邦框架中，$\boldsymbol{V}$ 是共享的，因此 $\boldsymbol{U}$ 的最优解可直接计算，最终每个训练轮数更新一次 $\boldsymbol{U}$ 的最优解以及多次 $\boldsymbol{V}$ 的 SGD 更新。

基于 SGD 的无加密联邦矩阵分解算法的参数及含义见表 7－8。算法流程如下：

① 参与方在本地计算局部结果（见算法流程 7－36）；

② 服务器聚合梯度信息并更新参数（见算法流程 7－37）。

表 7－8　基于 SGD 的无加密联邦矩阵分解算法的参数及含义

参　数	含　义
n	用户数量
m	物品数量
K	低维因子矩阵的秩
i	用户编号，$i=1,\cdots,n$
j	物品编号，$j=1,\cdots,m$
r_{ij}	用户 i 和物品 j 的交互项
$\boldsymbol{R}$	用户－物品交互矩阵
$\boldsymbol{U}$	用户隐因子矩阵
$\boldsymbol{V}$	物品隐因子矩阵
p_{ij}	用户 i 对物品 j 的喜欢程度
c_{ij}	用户 i 对物品 j 的喜欢置信度
$\boldsymbol{C}^i$	对角元素为 $c_{ij}(j=1,\cdots,m)$ 的对角矩阵
$\boldsymbol{C}^j$	对角元素为 $c_{ij}(i=1,\cdots,n)$ 的对角矩阵
$\boldsymbol{p}(i)$	值为 p_{ij} 的用户 i 矢量
$\boldsymbol{p}(j)$	值为 p_{ij} 的物品 j 矢量
$f(i,j)$	关于用户 i 的物品 j 部分梯度信息
$\nabla\boldsymbol{V}^{(i)}$	用户 i 的物品梯度矢量
λ	正则化系数

算法流程 7－36　参与方在本地计算局部结果

假设每个用户即为一个参与方，每个参与方 $i(i=1,\cdots,n)$ 在本地分别计算（一轮训练）：

输入： $\boldsymbol{V}$。

输出： $\nabla\boldsymbol{V}^{(n)}$。

1. 从服务器接收当前 $\boldsymbol{V}$，根据式（7－77）更新一次当前最优用户因子矢量 $\boldsymbol{u}_i$。

2. 多次 $\boldsymbol{V}$ 的 SGD 更新：

    从服务器接收当前 $\boldsymbol{V}$；

    根据式（7－81）计算每个物品因子 $\boldsymbol{V}^{(i)}$ 的梯度 $\nabla\boldsymbol{V}^{(i)}$。

3. 将 $\nabla\boldsymbol{V}^{(i)}$ 发送给服务器

算法流程 7-37 服务器聚合梯度信息并更新参数

初始化参数 $\boldsymbol{V}$

输入：$\nabla \boldsymbol{V}^{(i)}(i=1,\cdots,n)$。

输出：$\boldsymbol{V}$。

遍历每个参与方 $i=1,\cdots,n$，执行：

$$\boldsymbol{V}=\boldsymbol{V}-\gamma\sum_i \nabla \boldsymbol{V}^{(i)}$$

将更新后的 $\boldsymbol{V}$ 发送给 n 个参与方。

总的来说，基于 SGD 的无加密联邦矩阵分解算法就是在每个参与方本地进行更新 $\boldsymbol{U}$，并计算 $\boldsymbol{V}$ 的梯度传给服务器，服务器对梯度 $\boldsymbol{V}$ 进行聚合，并对 $\boldsymbol{V}$ 进行更新。

2. 基于 SGD 的同态加密联邦矩阵分解算法

上述无加密方法是有漏洞的，即将 $\boldsymbol{V}$ 梯度共享会泄露矩阵 $\boldsymbol{R}$ 的信息。下面介绍的基于 SGD 的同态加密联邦矩阵分解算法在无加密方法的基础上增加了加法同态加密[57]，目标函数如下：

$$\min_{\boldsymbol{U},\boldsymbol{V}}\frac{1}{m}(r_{i,j}-\langle \boldsymbol{u}_i,\boldsymbol{v}_j\rangle)^2+\lambda\|\boldsymbol{U}\|_2^2+\mu\|\boldsymbol{V}\|_2^2 \tag{7-82}$$

第 t 次参数更新如下：

$$\boldsymbol{u}_i^t=\boldsymbol{u}_i^{t-1}-\gamma\nabla_{\boldsymbol{u}_i}F(\boldsymbol{U}^{t-1},\boldsymbol{V}^{t-1})$$

$$\boldsymbol{v}_j^t=\boldsymbol{v}_j^{t-1}-\gamma\nabla_{\boldsymbol{v}_j}F(\boldsymbol{U}^{t-1},\boldsymbol{V}^{t-1})$$

$$\nabla_{\boldsymbol{u}_i}F(\boldsymbol{U},\boldsymbol{V})=-2\sum\nolimits_{j:(i,j)}\boldsymbol{v}_j(r_{ij}-\langle \boldsymbol{u}_i,\boldsymbol{v}_j\rangle)+2\lambda\boldsymbol{u}_i \tag{7-83}$$

$$\nabla_{\boldsymbol{v}_j}F(\boldsymbol{U},\boldsymbol{V})=-2\sum\nolimits_{i:(i,j)}\boldsymbol{u}_i(r_{ij}-\langle \boldsymbol{u}_i,\boldsymbol{v}_j\rangle)+2\lambda\boldsymbol{v}_j \tag{7-84}$$

从式（7-83）和式（7-84）可以看出，每个用户在本地进行 $\boldsymbol{U}$ 的更新，其中在传输物品矩阵 $\boldsymbol{V}$ 的梯度∇_{v_j}时，采用加密传输；服务器对 $\boldsymbol{V}$ 的更新是加密后进行，发送给用户后，用户在本地先对加密后的 $\boldsymbol{V}$ 进行解密，再进行 $\boldsymbol{U}$ 的更新，也就是说，服务器只能得知加密后的 $\boldsymbol{V}$。

基于 SGD 的同态加密联邦矩阵分解算法的参数及含义见表 7-9。

表 7-9 基于 SGD 的同态加密联邦矩阵分解算法的参数及含义

参 数	含 义
n	用户数量
m	物品数量
K	低维因子矩阵的秩

续表

参　数	含　义
i	用户编号，$i=1,\cdots,n$
j	物品编号，$j=1,\cdots,m$
r_{ij}	代表用户 i 和物品 j 的交互项
$\boldsymbol{R}$	用户－物品交互矩阵
$\boldsymbol{U}$	用户隐因子矩阵
$\boldsymbol{V}$	物品隐因子矩阵
$\boldsymbol{u}_i$	用户 i 的隐因子矢量
$\boldsymbol{v}_j$	物品 j 的隐因子矢量
λ、μ	正则化系数
$\boldsymbol{C}_{\boldsymbol{V}}$	加密后的物品隐因子矩阵
∇	物品梯度
$\boldsymbol{C}_{\boldsymbol{G}}$	加密后的物品梯度
t	迭代次数

算法流程 7－38　基于 SGD 的同态加密联邦矩阵分解算法

输入： 每个本地用户的评分信息 r_{ij}。

输出： 服务器输出加密后的物品隐因子矩阵 $\boldsymbol{C}_{\boldsymbol{V}}$。

1. 服务器初始化物品隐因子矩阵 $\boldsymbol{V}$，并采用公钥对初始的 $\boldsymbol{V}$ 进行加密，得到加密后的信息为 $\boldsymbol{C}_{\boldsymbol{V}}$，供所有用户下载。
2. 每个用户从服务器下载最新的 $\boldsymbol{C}_{\boldsymbol{V}}$，并且采用私钥进行解密，得到明文 $\boldsymbol{V}$ 后进行本地更新，并根据式（7－84）计算梯度∇。同时，将梯度∇采用公钥进行加密，获得密文 $\boldsymbol{C}_{\boldsymbol{G}}$，并将其发送给服务器。
3. 服务器每收到一个用户传来的加密梯度 C_G，便对物品隐因子矩阵进行更新 $\boldsymbol{C}_{\boldsymbol{V}}^{t+1}=\boldsymbol{C}_{\boldsymbol{V}}^{t}-\boldsymbol{C}_{\boldsymbol{G}}$，遍历每个用户后，最新的 $\boldsymbol{C}_{\boldsymbol{V}}$ 将被用户下载。
4. 重复步骤 2、步骤 3，直至收敛。

7.5.2　基于多视图的联邦矩阵分解算法

1. 算法原理

不同于 7.5.1 节中介绍的两种方法仅对用户－物品交互评分矩阵进行分解，基于多视图的联邦矩阵分解算法[58]还对用户特征矩阵以及物品特征矩阵进行分解

（见图7－11），即做如下分解：

$$\boldsymbol{R} \sim \boldsymbol{P}\boldsymbol{Q}^{\mathrm{T}},\ \boldsymbol{X} \sim \boldsymbol{P}\boldsymbol{U}^{\mathrm{T}},\ \boldsymbol{Y} \sim \boldsymbol{Q}\boldsymbol{V}^{\mathrm{T}} \tag{7-85}$$

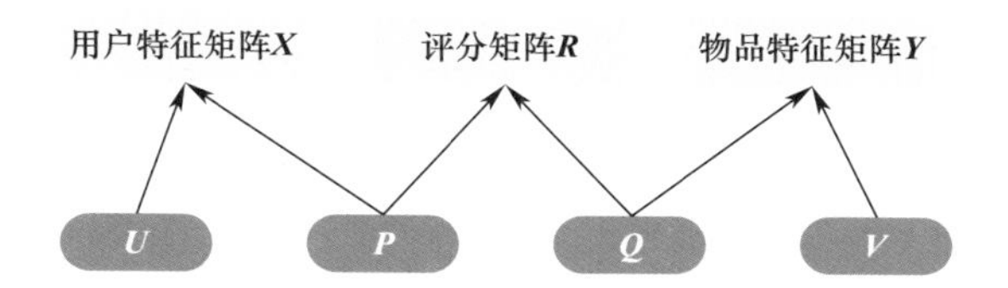

图7－11 基于多视图的联邦矩阵分解算法原理

其中，$\boldsymbol{R} \in \mathbf{R}^{N_u \times N_v}$、$\boldsymbol{X} \in \mathbf{R}^{N_u \times D_u}$、$\boldsymbol{Y} \in \mathbf{R}^{N_v \times D_v}$，即有 N_u 个用户以及 N_v 个物品，并分别有 D_u、D_v 维特征。

根据低秩分解法，分解后的矩阵维数分别为 $\boldsymbol{P} \in \mathbf{R}^{N_u \times K}$、$\boldsymbol{Q} \in \mathbf{R}^{N_v \times K}$、$\boldsymbol{U} \in \mathbf{R}^{D_u \times K}$、$\boldsymbol{V} \in \mathbf{R}^{D_v \times K}$。此外，令 x_{i,d_u}表示第 i 个用户的第 d_u 个特征值，y_{j,d_v}表示第 j 个物品的第 d_v 个特征值，$r_{i,j}$表示第 i 个用户与第 j 个物品的交互值（如评分等），则目标函数如下：

$$\begin{aligned} J = & \sum_i \sum_j c_{i,j}(r_{i,j} - \boldsymbol{p}_i \boldsymbol{q}_j^{\mathrm{T}})^2 + \lambda_1 (\sum_i \sum_{d_u} (x)_{i,d_u} - \boldsymbol{p}_i \boldsymbol{u}_{d_u}^{\mathrm{T}})^2 \\ & + \sum_j \sum_{d_v} (y_{j,(d)_v} - \boldsymbol{q}_j \boldsymbol{v}_{d_v}^{\mathrm{T}})^2) + \lambda_2 (\sum_i \| \boldsymbol{p}_i \|^2 + \sum_j \| \boldsymbol{q}_j \|^2 \\ & + \sum_{d_u} \| \boldsymbol{u}_{d_u} \|^2 + \sum_{d_v} \| \boldsymbol{v}_{d_v} \|^2) \end{aligned} \tag{7-86}$$

其中，$c_{i,j}$表示用户 i 对物品 j 的喜欢置信度，有 $c_{i,j} = 1 + \alpha r_{i,j}$，用于进一步衡量喜欢程度，隐形反馈次数越多，代表用户越喜欢。

（1）求解矩阵 $\boldsymbol{U}$

根据式（7－86）可得，$\boldsymbol{u}_{d_u}$的最优解为（导数等于0求解）：

$$\boldsymbol{u}_{d_u}^* = (x_{d_u} \boldsymbol{P}) \left(\boldsymbol{P}^{\mathrm{T}} \boldsymbol{P} + \frac{\lambda_2}{\lambda_1} \boldsymbol{I} \right)^{-1} \tag{7-87}$$

但由于其中需要利用 $\boldsymbol{P}$ 的信息，而 $\boldsymbol{P}$ 是用户评分的隐因子矩阵，与用户信息相关，不能共享，因此采用SGD方法进行矩阵 $\boldsymbol{U}$ 中的参数迭代，其中有

$$\boldsymbol{u}_{d_u} = \boldsymbol{u}_{d_u} - \gamma \frac{\partial J}{\partial \boldsymbol{u}_{d_u}} \tag{7-88}$$

$$f(i, d_u) = [(x_{i,d_u} - \boldsymbol{p}_i \boldsymbol{u}_{d_u}^{\mathrm{T}})] \boldsymbol{p}_i \tag{7-89}$$

$$\frac{\partial J}{\partial \boldsymbol{u}_{d_u}} = -2 \sum_i f(i, d_u) + 2\lambda_2 \boldsymbol{u}_{d_u} \tag{7-90}$$

对于$f(i, d_u)$的计算可在每个用户本地独立进行，再将其上传到服务器。

（2）求解矩阵 $\boldsymbol{Q}$

与 $\boldsymbol{U}$ 的求解过程类似，根据式（7－88）可算得，$\boldsymbol{q}_j$ 的最优解为

$$\boldsymbol{q}_j^* = (r(j) \boldsymbol{C}^j \boldsymbol{P} + \lambda_1 y_j \boldsymbol{V}) (\boldsymbol{P}^{\mathrm{T}} \boldsymbol{C}^j \boldsymbol{P} + \lambda_1 \boldsymbol{V}^{\mathrm{T}} \boldsymbol{V} + \lambda_2 \boldsymbol{I})^{-1} \tag{7-91}$$

其中，$\boldsymbol{C}^j \in \mathbf{R}^{N_u \times N_u}$，是一个对角矩阵，且元素为 $C_{jj}^i = c_{ij}$；$r(i) \in \mathbf{R}^{1 \times N_u}$，包含用户 i 的值 r_{ij}。

但由于其中需要利用 $\boldsymbol{P}$ 的信息，而 $\boldsymbol{P}$ 是用户评分的隐因子矩阵，与用户信息有关，

不能共享，因此采用 SGD 方法进行矩阵 $\boldsymbol{Q}$ 中的参数迭代，其中有

$$\boldsymbol{q}_j=\boldsymbol{q}_j-\gamma\frac{\partial J}{\partial \boldsymbol{q}_j} \tag{7-92}$$

$$f(i,j)=[c_{ij}(r_{i,j}-\boldsymbol{p}_i\boldsymbol{q}_j^{\mathrm{T}})]\boldsymbol{p}_i \tag{7-93}$$

$$f(j,d_v)=[(y_{j,d_v}-\boldsymbol{v}_{d_v}\boldsymbol{q}_j^{\mathrm{T}})]\boldsymbol{v}_{d_v} \tag{7-94}$$

$$\frac{\partial J}{\partial \boldsymbol{q}_j}=-2\sum_i f(i,j)-2\lambda_1\sum_{d_v}f(j,d_v)+\lambda_2\boldsymbol{q}_j \tag{7-95}$$

对 $f(i,j)$ 的计算可在每个用户本地独立进行（这里假设关于物品的矩阵 $\boldsymbol{Q}$ 不涉及隐私，可共享），再将其上传到中央服务器。而 $f(j,d_v)$ 可在物品服务方进行计算，并上传至中央服务器进行加和。

（3）矩阵 $\boldsymbol{P}$ 的本地求解

根据式（7－86）可求得 $\boldsymbol{p}_i$ 的最优解为

$$\boldsymbol{p}_i^*=(r(i)\hat{\boldsymbol{C}}^{(i)}\boldsymbol{Q}+\lambda_1x_i\boldsymbol{U})(\boldsymbol{Q}^{\mathrm{T}}\boldsymbol{C}^{(i)}\boldsymbol{Q}+\lambda_1\boldsymbol{U}^{\mathrm{T}}\boldsymbol{U}+\lambda_2\boldsymbol{I})^{-1} \tag{7-96}$$

由于其中每个用户计算 $\boldsymbol{p}_i^*$ 时，只需利用本地自带的信息以及共享的矩阵 $\boldsymbol{Q}$、$\boldsymbol{U}$，因此每个用户均可在本地独立进行最优解 $\boldsymbol{p}_i^*$ 的计算。

（4）矩阵 $\boldsymbol{V}$ 的本地求解

根据式（7－86）可求得，$\boldsymbol{v}_{d_v}$ 的最优解为

$$\boldsymbol{v}_{d_v}^*=(y_{d_v}\boldsymbol{Q})(\boldsymbol{Q}^{\mathrm{T}}\boldsymbol{Q}+\frac{\lambda_2}{\lambda_1}\boldsymbol{I})^{-1} \tag{7-97}$$

由于其中每个物品计算 $\boldsymbol{v}_{d_v}^*$ 无须利用隐私信息，因此均可在本地独立进行。

2. 总体框架及参数

基于多视图的联邦矩阵分解算法的总体框架如图 7－12 所示，参数及含义见表 7－10。

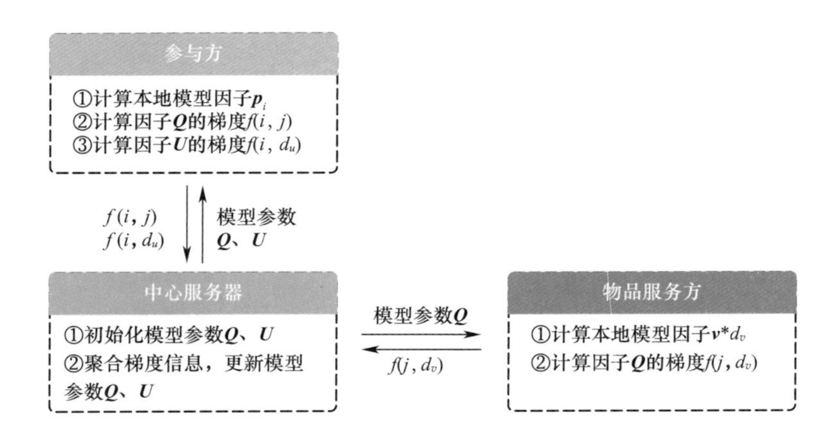

图 7－12　基于多视图的联邦矩阵分解算法的总体框架

表 7-10 基于多视图的联邦矩阵分解算法的参数及含义

参 数	含 义
N_u	用户数量
N_v	物品数量
D_u	用户特征数量
D_v	物品特征数量
K	低维因子矩阵的秩
i	用户编号
j	物品编号
d_u	用户特征编号
d_v	物品特征编号
$r_{i,j}$	用户 i 和物品 j 的交互项
$c_{i,j}$	用户 i 对物品 j 的喜欢置信度
$\boldsymbol{R}$	用户 - 物品交互矩阵
$\boldsymbol{P}$	用户评分隐因子矩阵
$\boldsymbol{Q}$	物品评分隐因子矩阵
$\boldsymbol{X}$	用户特征矩阵
$\boldsymbol{U}$	用户特征隐因子矩阵
$\boldsymbol{Y}$	物品特征矩阵
$\boldsymbol{V}$	物品特征隐因子矩阵
x_{i,d_u}	第 i 个用户的第 d_u 个特征值
y_{j,d_v}	第 j 个物品的第 d_v 个特征值
λ_1、λ_2	正则化系数
$\boldsymbol{u}_{d_u}$	第 d_u 个用户特征的隐因子矢量
$\boldsymbol{v}_{d_v}$	第 d_v 个物品特征的隐因子矢量
$\boldsymbol{p}_i$	第 i 个用户评分的隐因子矢量
$\boldsymbol{q}_j$	第 j 个物品评分的隐因子矢量
$\boldsymbol{C}^j$	对角元素为 $c_{ij}(i=1,\cdots,N_u)$ 的对角矩阵
$\boldsymbol{r}(i)$	值为 r_{ij} 的用户 i 矢量
$\boldsymbol{u}_{d_u}^*$	$\boldsymbol{u}_{d_u}$ 的最优解
$\boldsymbol{q}_j^*$	$\boldsymbol{q}_j$ 的最优解
$\boldsymbol{p}_i^*$	$\boldsymbol{p}_i$ 的最优解
$\boldsymbol{v}_{d_v}^*$	$\boldsymbol{v}_{d_v}$ 的最优解

3. 算法流程

基于多视图的联邦矩阵分解算法的流程如算法流程 7－39～算法流程 7－41 所示。

算法流程 7－39　基于多视图的联邦矩阵分解算法（中央服务器）

已知物品数量 N_v，用户特征数量 D_u，因子矩阵的维数 K。

初始化模型参数 $\boldsymbol{Q}$、$\boldsymbol{U}$，并设定梯度更新临界值 Θ。

while true do

　　发送 $\boldsymbol{Q}$、$\boldsymbol{U}$ 给用户 $i \in [1, N_u]$

　　发送 $\boldsymbol{Q}$ 给物品服务方

　　接收因子 $\boldsymbol{Q}$ 梯度信息 $f(i,j)$，$\forall j \in [1, N_v]$，$\forall i \in [1, N_u]$

　　接收因子 $\boldsymbol{Q}$ 梯度信息 $f(j,d_v)$ for $d_v \in [1, D_v]$，$\forall j \in [1, N_v]$

　　接收因子 $\boldsymbol{U}$ 梯度信息 $f(i,d_u)$，$\forall d_u \in [1, D_u]$，$\forall i \in [1, N_u]$

　　if 梯度更新值 $\geqslant \Theta$ then

　　　　采用式（7－90）更新参数 $\boldsymbol{U}$

　　　　采用式（7－95）更新参数 $\boldsymbol{Q}$

　　end if

end while

算法流程 7－40　基于多视图的联邦矩阵分解算法（参与方）

while true do

　　接收模型参数 $\boldsymbol{Q}$、$\boldsymbol{U}$

　　采用式（7－96）计算本地模型因子 $\boldsymbol{p}_i^*$

　　生成推荐 $r_{i,j} = \boldsymbol{p}_i \times \boldsymbol{Q}^{\mathrm{T}}$，$\forall j \in [1, N_v]$

　　采用式（7－93）计算因子 $\boldsymbol{Q}$ 的梯度 $f(i,j)$

　　采用式（7－89）计算因子 $\boldsymbol{U}$ 的梯度 $f(i,d_u)$

　　发送 $f(i,j)$、$f(i,d_u)$ 给中央服务器

end while

算法流程 7－41　基于多视图的联邦矩阵分解算法（物品服务方）

while true do

　　接收模型参数 $\boldsymbol{Q}$

　　采用式（7－97）计算本地模型因子 $\boldsymbol{v}_{d_v}^*$

采用式（7-94）计算因子 $\boldsymbol{Q}$ 的梯度 $f(j,d_v)$

发送 $f(j,d_v)$ 给中央服务器

end while

7.5.3 兴趣点推荐算法

兴趣点推荐算法[59]的主要思想也是对评分矩阵的分解，但它是在每个用户中均训练出一个物品矩阵，因此每个用户均有一个模型。其中对每个用户模型的训练采用了邻近（地理信息）的用户样本。同时，该算法中每个用户的训练不仅邻居要参与，邻居的邻居也要参与，因此采用了随机游走的方法构建邻接矩阵。

在服务器进行训练需要很高的算力以及很大的存储空间，同时还会泄露隐私，如果每个用户都在本地训练一个自己的模型，就可以减少服务器的计算与存储，并起到隐私保护的作用，这就是兴趣点推荐算法的优势。同时，该算法的不同之处在于每个用户不仅有独特的用户分解矩阵，同时还有独特的物品分解矩阵，即物品隐因子矩阵并不是所有用户都相同。因此，可将物品矩阵分解为两个部分的总和，分别为全局物品信息以及局部物品信息。兴趣点推荐算法的目标函数如下：

$$\min_{\boldsymbol{u}_i,\boldsymbol{v}_j^i\in\mathbf{R}^K} L = \sum_{i=1}^{n} l(r,\boldsymbol{u}_i,\boldsymbol{v}^i) + \frac{\alpha}{2}\sum_{i=1}^{n}\|\boldsymbol{u}_i\|_F^2 + \frac{\beta}{2}\sum_{j=1}^{m}\|\boldsymbol{p}_j\|_F^2 + \frac{\gamma}{2}\sum_{i=1}^{n}\sum_{j=1}^{m}\|\boldsymbol{q}_j^i\|_F^2 \tag{7-98}$$

$$\text{s.t.}\quad \boldsymbol{v}_j^i = \boldsymbol{p}_j + \boldsymbol{q}_j^i$$

其中，$l(r,\boldsymbol{u}_i,\boldsymbol{v}^i)$ 为最小二乘损失，$l(r,\boldsymbol{u}_i,\boldsymbol{v}^i)=\frac{1}{2}\sum_{j=1}^{m}(r_{ij}-\boldsymbol{u}_i^{\mathrm{T}}\boldsymbol{v}_j^i)^2$；$\boldsymbol{v}_j^i$ 为用户 i 中关于物品 j 的隐因子矢量，它由两部分组成，即 $\boldsymbol{v}_j^i=\boldsymbol{p}_j+\boldsymbol{q}_j^i$，$\boldsymbol{p}_j$ 为关于物品 j 的全局物品隐因子矢量，$\boldsymbol{q}_j^i$ 为用户 i 独有的本地物品隐因子矢量。相应地，$\boldsymbol{u}_i$ 为用户 i 的隐因子矢量。因此，$\boldsymbol{p}_j$ 依赖于所有用户的信息，而 $\boldsymbol{q}_j^i$ 只依赖于用户 i 的信息。实际上，对于每个用户 i，都会保存 $\boldsymbol{p}_j$ 的信息，我们将其相应地标记为 $\boldsymbol{p}_j^i$，即 $\boldsymbol{v}_j^i=\boldsymbol{p}_j^i+\boldsymbol{q}_j^i$，则对于每个用户 i，相应的梯度为

$$\frac{\partial L}{\partial \boldsymbol{u}_i} = -(r_{ij}-\boldsymbol{u}_i^{\mathrm{T}}\boldsymbol{v}_j^i)\boldsymbol{v}_j^i + \alpha\boldsymbol{u}_i \tag{7-99}$$

$$\frac{\partial L}{\partial \boldsymbol{p}_j^i} = -(r_{ij}-\boldsymbol{u}_i^{\mathrm{T}}\boldsymbol{v}_j^i)\boldsymbol{u}_i + \beta\boldsymbol{p}_j^i \tag{7-100}$$

$$\frac{\partial L}{\partial \boldsymbol{q}_j^i} = -(r_{ij}-\boldsymbol{u}_i^{\mathrm{T}}\boldsymbol{v}_j^i)\boldsymbol{u}_i + \gamma\boldsymbol{q}_j^i \tag{7-101}$$

实际上可以看到，由于 $\boldsymbol{u}_i$、$\boldsymbol{q}_j^i$ 只与用户 i 相关，因此其更新只需用到本地用户的信息，而对于 $\boldsymbol{p}_j^i$ 的更新，则需要联合其他信息。因此，该算法采用了邻接矩阵构建用户的邻近距离，实际上由于评分和社会关系通常不可用，因此采用了地理信息去构建用户的关系图。同时，由于该算法不仅需要考虑样本的邻居，同时还需考虑邻居的邻居，因此采用了随机游走的方法建立用户的关系度，最终生成用户的邻接矩阵 $\boldsymbol{W}$（这部分本书不再详述）。

兴趣点推荐算法的参数及含义见表 7－11。

表 7－11　兴趣点推荐算法的参数及含义

参　数	含　义
n	用户数量
m	物品数量
K	低维因子矩阵的秩
i	用户编号
j	物品编号
r_{ij}	用户 i 和物品 j 的交互项
$\boldsymbol{u}_i$	用户 i 的隐因子矢量
$\boldsymbol{v}_j^i$	用户 i 中关于物品 j 的隐因子矢量
$\boldsymbol{p}_j$	物品 j 的全局隐因子矢量
$\boldsymbol{q}_j^i$	用户 i 独有的关于物品 j 的隐因子矢量
α、β、γ	正则化系数
$\boldsymbol{W}$	用户的邻接矩阵
$N^d(i)$	用户 i 的第 d 次序的邻居（$d \in \{1,2,\cdots,D\}$），即 $N^1(i)$ 为直接邻居（可能有多个）
d	次序编号
t	迭代次数
D	最大随机游走距离
O	训练集评分样本
θ	学习率
T	最大迭代次数

更新 $\boldsymbol{p}_j^i$ 时，该算法会遍历最大随机游走距离 D 及之前的邻居样本，同时由于 $\boldsymbol{p}_j^i$ 是全局信息，关于它的梯度可以公开，因此用户可进行 $\boldsymbol{p}_j^i$ 梯度的传递。兴趣点推荐算法的最终流程如算法流程 7－42 所示。

算法流程 7－42 兴趣点推荐算法

输入：训练集评分样本 O，学习率 θ，用户邻接矩阵 $\boldsymbol{W}$，正则项系数 α、β、γ，最大随机游走距离 D，最大迭代次数 T。

输出：用户因子矢量 $\boldsymbol{u}_i$，物品 j 的全局隐因子矢量 $\boldsymbol{p}_j^i$，用户 i 独有的关于物品 j 的隐因子矢量 $\boldsymbol{q}_j^i$。

遍历用户 $i=1,\cdots,n$，执行：

　初始化 $\boldsymbol{u}_i$、$\boldsymbol{p}_j^i$、$\boldsymbol{q}_j^i$

迭代 $t=1,\cdots,T$，执行：

　随机打乱训练样本 O，根据样本 r_{ij} 相应更新 $\boldsymbol{u}_i$、$\boldsymbol{p}_j^i$、$\boldsymbol{q}_j^i$

　遍历样本 O 中的 r_{ij}，执行：

　　根据式（7－99）计算梯度 $\dfrac{\partial L}{\partial \boldsymbol{u}_i}$

　　根据式（7－100）计算梯度 $\dfrac{\partial L}{\partial \boldsymbol{p}_j^i}$

　　根据式（7－101）计算梯度 $\dfrac{\partial L}{\partial \boldsymbol{q}_j^i}$

　更新 $\boldsymbol{u}_i$，$\boldsymbol{u}_i \leftarrow \boldsymbol{u}_i - \theta \dfrac{\partial L}{\partial \boldsymbol{u}_i}$

　更新 $\boldsymbol{p}_j^i$，$\boldsymbol{p}_j^i \leftarrow \boldsymbol{p}_j^i - \theta \dfrac{\partial L}{\partial \boldsymbol{p}_j^i}$

　更新 $\boldsymbol{q}_j^i$，$\boldsymbol{q}_j^i \leftarrow \boldsymbol{q}_j^i - \theta \dfrac{\partial L}{\partial \boldsymbol{q}_j^i}$

　遍历 $N^d(i)$，$d \in \{1,2,\cdots,D\}$）中的用户 i，执行：

　　从用户 i 中获取 $\dfrac{\partial L}{\partial \boldsymbol{p}_j^i}$

　　更新 $\boldsymbol{p}_j^{i'}$、$\boldsymbol{p}_j^{i'} \leftarrow \boldsymbol{p}_j^{i'} - \theta \,|N^d(i)|\, \boldsymbol{W}_{ii'} \dfrac{\partial L}{\partial \boldsymbol{p}_j^i}$

返回 $\boldsymbol{u}_i$、$\boldsymbol{p}_j^i$、$\boldsymbol{q}_j^i$。

7.5.4 基于差分隐私的联邦矩阵分解算法

基于差分隐私的联邦矩阵分解算法[60]主要是在矩阵分解时加入了差分扰动，从而起到了保护隐私、减少计算量的作用，最终使得物品隐因子矩阵 $\boldsymbol{V}$ 满足 ε 差分隐私。

该算法中矩阵分解采用的是扰动目标函数而不是扰动输出的方式，因此目标函数如下：

$$\min_{V} \widetilde{C}(V) = \frac{1}{M}\sum_{(i,j)\in\mathcal{M}}(r_{ij} - \boldsymbol{u}_i^{\mathrm{T}}\boldsymbol{v}_j)^2 + \lambda\sum_{i\in[n]}\|\boldsymbol{u}_i\|_2^2 + \mu\sum_{j\in[m]}\|\boldsymbol{v}_j\|_2^2 + \frac{1}{M}\sum_{j=1}^{m}\boldsymbol{\eta}_j^{\mathrm{T}}\boldsymbol{v}_j \tag{7-102}$$

其中，$\boldsymbol{N}$ 是一个扰动矩阵，$\boldsymbol{N} = [\boldsymbol{\eta}_j]_{K\times m}$（$K$ 为低维因子矩阵的秩），该矩阵包含用户个数 n 和商品个数 m；$\mathcal{M}$ 为产生评分的用户－物品对，即若 $(i,j)\in\mathcal{M}$，则代表用户 i 对物品 j 进行了评分，且评分记为 r_{ij}，M 为集合 $\mathcal{M}$ 的个数。矩阵 $\boldsymbol{U}$ 为分解出的用户隐因子矩阵，矩阵 $\boldsymbol{V}$ 则为物品隐因子矩阵。基于差分隐私的联邦矩阵分解算法参数及含义见表 7－12。

表 7－12 基于差分隐私的联邦矩阵分解算法的参数及含义

参数	含义
n	用户数量
m	物品数量
K	低维因子矩阵的秩
i	用户编号
j	物品编号
r_{ij}	代表用户 i 和物品 j 的交互项
$\boldsymbol{R}$	用户－物品交互矩阵
$\boldsymbol{U}$	用户隐因子矩阵
$\boldsymbol{V}$	物品隐因子矩阵
$\boldsymbol{u}_i$	用户 i 的隐因子矢量
$\boldsymbol{v}_j$	物品 j 的隐因子矢量
λ、μ	正则化系数
$\boldsymbol{N}$	扰动矩阵
$\boldsymbol{\eta}_j$	扰动矩阵中第 j 列矢量
$\mathcal{M}$	产生评分的用户－物品对
M	集合 $\mathcal{M}$ 的个数
t	第 t 次迭代
k_j	对物品 j 评分的用户数量
i_s	对物品 j 进行评分的第 s 个用户编号
$\boldsymbol{\eta}_j^{i_s}$	第 i_s 个用户生成的关于物品 j 的扰动矢量
$\nabla_{\boldsymbol{v}_j}^{i_s}(t)$	第 t 次迭代中 $\boldsymbol{v}_j$ 的梯度信息

续表

参　数	含　义
$\hat{\nabla}_{v_j}(t)$	第 t 次迭代中加入固定扰动项的 $\boldsymbol{v}_j$ 全局梯度信息
$\hat{\nabla}_{v_j}^{i_s}(t)$	用户 i_s 拥有的第 t 次迭代中加入固定扰动项的 $\boldsymbol{v}_j$ 梯度信息
$\rho_j^{i_s}(t)$	用户 i_s 在第 t 次迭代中产生的关于物品 j 的扰动项
$\tilde{\nabla}_{v_j}(t)$	在 $\hat{\nabla}_{v_j}(t)$ 基础上加入扰动 $\rho_j^{i_s}(t)$ 的局部梯度信息
$\tilde{\nabla}_{v_j}^{i_s}(t)$	在 $\hat{\nabla}_{v_j}^{i_s}(t)$ 基础上加入扰动 $\rho_j^{i_s}(t)$ 的局部梯度信息
$\tilde{\rho}_j^{i_s}(t)$	和满足 ε 差分隐私的用户 i_s 在第 t 次迭代中产生的关于物品 j 的扰动项
P	噪声产生的最大范围
$\boldsymbol{\psi}_j^{i_s}(t)$	用户 i_s 在第 t 次迭代中产生的关于物品 j 的随机噪声
$\phi_j^{i_s}(t)$	在 $\tilde{\nabla}_{v_j}^{i_s}(t)$ 的基础上加上 $\boldsymbol{\psi}_j^{i_s}(t)$
$\phi_j(t)$	关于用户对 $\phi_j^{i_s}(t)$ 求和

从目标函数可以看出，基于差分隐私的联邦矩阵分解算法只对物品项做了扰动，这是由于矩阵 $\boldsymbol{U}$ 需要保密，而矩阵 $\boldsymbol{V}$ 需要公开。根据目标函数，采用 SGD 方法，则 $\boldsymbol{u}$、$\boldsymbol{v}$ 相应地更新如下：

$$
\begin{aligned}
\boldsymbol{u}_i(t) &= \boldsymbol{u}_i(t-1) - \gamma(\nabla_{\boldsymbol{u}_i}(\boldsymbol{U}(t-1),\boldsymbol{V}(t-1)) + 2\lambda\boldsymbol{u}_i(t-1)) \\
\boldsymbol{v}_j(t) &= \boldsymbol{v}_i(t-1) - \gamma(\nabla_{\boldsymbol{v}_j}(\boldsymbol{U}(t-1),\boldsymbol{V}(t-1)) + 2\mu\boldsymbol{v}_j(t-1) + \boldsymbol{\eta}_j)
\end{aligned}
\tag{7-103}
$$

其中 $\gamma>0$，相应地，有

$$
\begin{aligned}
\nabla_{\boldsymbol{u}_i}(\boldsymbol{U},\boldsymbol{V}) &= -2\sum_{j:(i,j)\in\mathcal{M}}\boldsymbol{v}_j(r_{ij} - \boldsymbol{u}_i^{\mathrm{T}}\boldsymbol{v}_j) \\
\nabla_{\boldsymbol{v}_j}(\boldsymbol{U},\boldsymbol{V}) &= -2\sum_{i:(i,j)\in\mathcal{M}}\boldsymbol{u}_i(r_{ij} - \boldsymbol{u}_i^{\mathrm{T}}\boldsymbol{v}_j)
\end{aligned}
\tag{7-104}
$$

由以上公式可以发现，由于 $\boldsymbol{V}$ 为公开矩阵，所以每个用户均可在本地进行 $\boldsymbol{u}_i$ 的迭代，而对于 $\boldsymbol{v}_j$ 的迭代，则需要联合用户的信息。因此，接下来主要介绍如何在不泄露信息的情况下进行 $\boldsymbol{v}_j$ 的求解。

为了使用户都能计算部分信息，将 $\boldsymbol{v}_j(t)$ 的迭代公式进行拆解。令 $\mathrm{User}_j=\{i_1,i_2,\cdots,i_{k_j}\}$ 代表评分过物品 j 的 k_j 个用户。令 $\hat{\nabla}_{v_j}(t)=\nabla_{v_j}(\boldsymbol{U}(t-1),\boldsymbol{V}(t-1))+\boldsymbol{\eta}_j$，则对于每个用户 i_s 有 $\hat{\nabla}_{\boldsymbol{v}_j}^{i_s}(\boldsymbol{t})=\nabla_{v_j}^{i_s}(t)+\boldsymbol{\eta}_j^{i_s}$，$\nabla_{v_j}^{i_s}(t)=-2\boldsymbol{u}_i(t)(r_{ij}-\boldsymbol{u}_i(t)^{\mathrm{T}}\boldsymbol{v}_j(t))$，并且有 $\sum_{s=1,2,\cdots,k_j}\boldsymbol{\eta}_j^{i_s}=\boldsymbol{\eta}_j$。因此，每个用户都采用同样的机制生成 $\boldsymbol{\eta}_j^{i_s}$，并使得它们的和 $\boldsymbol{\eta}_j$ 满足 ε 差分隐私。通过每个用户本地计算部分梯度，再由中央服务器进行加和则可对 $\boldsymbol{v}_j$ 进行迭代。

但上述方法会面临一个问题，即由于每个用户本地生成的$\boldsymbol{\eta}_j^{i_s}$是固定的，则可以通过作差来得到每个用户真正的梯度差，产生隐私泄露风险：

$$\begin{aligned}&\hat{\nabla}_{\boldsymbol{v}_j}^{i_s}(\boldsymbol{u}_{i_s}(t),\boldsymbol{v}_j(t))-\hat{\nabla}_{\boldsymbol{v}_j}^{i_s}(\boldsymbol{u}_{i_s}(t-1),\boldsymbol{v}_j(t-1))\\&=\nabla_{\boldsymbol{v}_j}^{i_s}(\boldsymbol{u}_{i_s}(t),\boldsymbol{v}_j(t))-\nabla_{\boldsymbol{v}_j}^{i_s}(\boldsymbol{u}_{i_s}(t-1),\boldsymbol{v}_j(t-1))\end{aligned}\tag{7-105}$$

为了解决这个问题，该算法在梯度的基础上，又增加了一个扰动。同时，该扰动并不是一成不变的，每次迭代都会更新，则有

$$\tilde{\nabla}_{\boldsymbol{v}_j}^{i_s}(t)=\nabla_{\boldsymbol{v}_j}^{i_s}(t)+\boldsymbol{\eta}_j^{i_s}+\rho_j^{i_s}(t)\tag{7-106}$$

但若每个用户都产生一个满足ε差分隐私的$\rho_j^{i_s}(t)$，则最终相加起来的扰动对结果精确度的影响会很大，因此与生成$\boldsymbol{\eta}_j^{i_s}$的机制一样，每个用户采用同样的机制产生$\tilde{\rho}_j^{i_s}(t)$，使得$\sum_{s=1,2,\cdots,k_j}\tilde{\rho}_j^{i_s}(t)$满足$\varepsilon$差分隐私。同时，加入一个半诚实的第三方，最终对$\boldsymbol{v}_j$的迭代流程如算法流程7-43所示。

算法流程7-43　基于差分隐私的联邦矩阵分解算法中$\boldsymbol{v}_j$的迭代流程

1. 在第t次迭代过程中，当用户i_s向推荐方发起$\boldsymbol{v}_j(t)$的请求时，推荐方产生一个独立同分布的$[0,P]$区间内的随机噪声矢量$\boldsymbol{\psi}_j^{i_s}(t)$，其中$P$为一个大整数，并将$\boldsymbol{v}_j(t)$、$\boldsymbol{\psi}_j^{i_s}(t)$发送给用户$i_s$；
2. 用户i_s首先计算$\tilde{\nabla}_{\boldsymbol{v}_j}^{i_s}(t)=\nabla_{\boldsymbol{v}_j}^{i_s}(t)+\boldsymbol{\eta}_j^{i_s}+\tilde{\rho}_j^{i_s}(t)$，从而计算$\phi_j^{i_s}(t)=\tilde{\nabla}_{\boldsymbol{v}_j}^{i_s}(t)+\boldsymbol{\psi}_j^{i_s}(t)\bmod P$，并将其发送给第三方；
3. 第三方将用户j的结果进行聚合，计算$\phi_j(t)=\sum_{s=1}^{k_j}\phi_j^{i_s}(t)\bmod P$，将结果发送给推荐方；
4. 推荐方计算$\tilde{\nabla}_{\boldsymbol{v}_j}(t)=\phi_j(t)-\sum_{s=1}^{k_j}\boldsymbol{\psi}_j^{i_s}(t)\bmod P$，并进行$\boldsymbol{v}_j(t)$的更新。

需要说明的是，该方法的特点主要是在传递与用户信息有关的梯度时加入了差分扰动，而不是采用加密的方法。

7.5.5　基于混淆电路的联邦矩阵分解算法

基于混淆电路的联邦矩阵分解算法[61]结合了加密技术以及混淆电路两种方法进行矩阵分解。该算法的主要优势在于其中耗时较长的计算过程可以采用并行计算，从而提高计算效率。由于加入了混淆电路，因此该算法在多方中加入了一个加密服务提供方，它主要用于隐私计算，而RecSys端主要用来收集加密后的用户信息，并且与加密服务提供方进行交互计算，最终得到物品隐因子矩阵$\boldsymbol{V}$，框架如图7-13所示。

具体地，矩阵分解的目标函数为

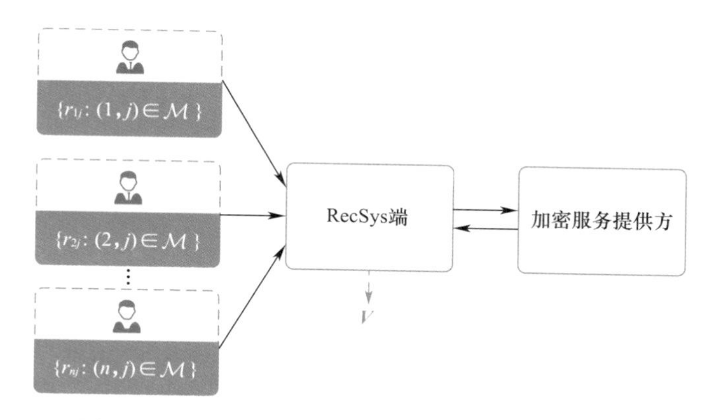

图 7 – 13 基于混淆电路的联邦矩阵分解算法的框架

$$\min_{\boldsymbol{U},\boldsymbol{V}} \frac{1}{M}\sum_{(i,j)\in\mathcal{M}}(r_{ij}-\boldsymbol{u}_i^{\mathrm{T}}\boldsymbol{v}_j)^2+\lambda_1\sum_{i\in[n]}\|\boldsymbol{u}_i\|_2^2+\lambda_2\sum_{j\in[m]}\|\boldsymbol{v}_j\|_2^2 \tag{7-107}$$

其中，n 为用户数量，m 为商品数量，$\mathcal{M}$为产生评分的用户 – 物品对。若 $(i,j)\in\mathcal{M}$，则代表用户 i 对物品 j 进行了评分，且评分记为 r_{ij}。最终通过最小化该目标函数对 $\boldsymbol{u}$、$\boldsymbol{v}$ 进行求解后，即可对评分进行预测：

$$\hat{r}_{ij}=\langle\boldsymbol{u}_i,\boldsymbol{v}_j\rangle,\ i\in[n],\ j\in[m]$$

若采用梯度下降法进行计算，则相应的迭代过程则为（$\gamma>0$）：

$$\boldsymbol{u}_i(t)=\boldsymbol{u}_i(t-1)-\gamma\nabla_{\boldsymbol{u}_i}F(\boldsymbol{U}(t-1),\boldsymbol{V}(t-1)) \tag{7-108}$$

$$\boldsymbol{v}_j(t)=\boldsymbol{v}_j(t-1)-\gamma\nabla_{\boldsymbol{v}_j}F(\boldsymbol{U}(t-1),\boldsymbol{V}(t-1)) \tag{7-109}$$

$$\nabla_{\boldsymbol{u}_i}F(\boldsymbol{U},\boldsymbol{V})=-2\sum_{j:(i,j)\in\mathcal{M}}\boldsymbol{v}_j(r_{ij}-\langle\boldsymbol{u}_i,\boldsymbol{v}_j\rangle)+2\lambda_1\boldsymbol{u}_i \tag{7-110}$$

$$\nabla_{\boldsymbol{v}_j}F(\boldsymbol{U},\boldsymbol{V})=-2\sum_{i:(i,j)\in\mathcal{M}}\boldsymbol{u}_i(r_{ij}-\langle\boldsymbol{u}_i,\boldsymbol{v}_j\rangle)+2\lambda_2\boldsymbol{v}_i \tag{7-111}$$

但是，由于计算在混淆电路的场景下进行，若直接采用式（7 – 110）、式（7 – 111）进行计算，则复杂度较高，因此下面介绍一种在混淆电路下的高效方法。

下面首先介绍整体的通信流程，然后介绍在加密服务提供方计算矩阵分解的高效方法。

1. 通信流程

首先，每个参与方采用加密服务提供方的公钥（满足部分同态）进行信息的加密，即将 (i,j,r_{ij}) 加密为 (i,c)，$c=\varepsilon_{\mathrm{pk}_{\mathrm{csp}}}(j,r_{ij})$，并将其发送给 RecSys 端，用户完成传输后即可下线。

RecSys 端收集到用户信息后，在加密信息中加入一个掩码 μ，有 $\hat{c}=c\oplus\mu$，并将 $\hat{c}$ 结合混淆电路发送给加密服务提供方。

加密服务提供方接收到加密信息后，对其进行解密，得到$(i,(j,r_{ij})\oplus\mu)$，并且构造姚氏混淆电路如下：

① 将掩码的混淆值作为输入，记为 GI(μ)；

② 将掩码 μ 移除，得到元组（i,j,r_{ij}）；

③ 进行矩阵分解，并最终输出物品隐因子矩阵 $\boldsymbol{V}$。

2. 参数及含义

基于混淆电路的联邦矩阵分解算法的参数及含义见表 7－13。

表 7－13 基于混淆电路的联邦矩阵分解算法的参数及含义

参　数	含　义
n	用户数量
m	物品数量
K	低维因子矩阵的秩
i	用户编号，$i=1,\cdots,n$
j	物品编号，$j=1,\cdots,m$
r_{ij}	用户 i 对物品 j 的评分
$\hat{r}_{ij}$	用户 i 对物品 j 的预测评分
$\boldsymbol{R}$	用户－物品交互矩阵
$\boldsymbol{U}$	用户隐因子矩阵
$\boldsymbol{V}$	物品隐因子矩阵
$\boldsymbol{u}_i$	用户 i 的隐因子矢量
$\boldsymbol{v}_j$	物品 j 的隐因子矢量
λ_1、λ_2	正则化系数
$\mathcal{M}$	产生评分的用户－物品对
M	集合 $\mathcal{M}$ 的个数
t	第 t 次迭代
c	对（j,r_{ij}）加密后的信息
μ	掩码
$\hat{c}$	在加密信息 c 中加入掩码后生成的信息
GI(μ)	掩码的混淆值
γ	学习率

续表

参　数	含　义
T	最大迭代次数
$\boldsymbol{S}$	关于用户、物品及评分信息的矩阵
$\boldsymbol{s}_{1,k}$	矩阵 $\boldsymbol{S}$ 中的第 1 行矢量：关于［n］个用户的用户标识
$\boldsymbol{s}_{2,k}$	矩阵 $\boldsymbol{S}$ 中的第 2 行矢量：关于［m］个物品的物品标识
$\boldsymbol{s}_{3,k}$	矩阵 $\boldsymbol{S}$ 中的第 3 行矢量：二元值，显示元组是用户/物品元组还是评分信息元组
$\boldsymbol{s}_{4,k}$	矩阵 $\boldsymbol{S}$ 中的第 4 行矢量：评分信息元组的评分值
$\boldsymbol{s}_{5,k}$	矩阵 $\boldsymbol{S}$ 中的第 5 行矢量：用户隐因子矢量
$\boldsymbol{s}_{6,k}$	矩阵 $\boldsymbol{S}$ 中的第 6 行矢量：物品隐因子矢量
i_s	第 s 个评分对的用户编号
j_s	第 s 个评分对的物品编号

3. 梯度下降

高效矩阵分解电路算法的流程，如算法流程 7－44 所示。

算法流程 7－44　高效矩阵分解电路

输入： 元组 (i,j,r_{ij})，学习率 γ，正则化参数 λ_1、λ_2，最大迭代次数 T。

输出： $\boldsymbol{V}$。

1. 初始化矩阵 $\boldsymbol{S}\in\mathbf{R}^{6\times(n+m+M)}$（具体说明见下文）。
2. 根据矩阵 $\boldsymbol{S}$ 的第 1 行及第 3 行进行元组的排序（由小到大）。
3. 复制用户隐因子矢量。

   for $k=2,\cdots,M+m$，执行：

$$\boldsymbol{s}_{5,k}\leftarrow\boldsymbol{s}_{3,k}\cdot\boldsymbol{s}_{5,k-1}+(1-\boldsymbol{s}_{3,k})\cdot\boldsymbol{s}_{5,k}$$

4. 根据矩阵 $\boldsymbol{S}$ 第 2 行和第 3 行排序元组（由小到大）。
5. 复制物品隐因子矢量。

   for $k=2,\cdots,M+m$，执行：

$$\boldsymbol{s}_{6,k}\leftarrow\boldsymbol{s}_{3,k}\cdot\boldsymbol{s}_{6,k-1}+(1-\boldsymbol{s}_{3,k})\cdot\boldsymbol{s}_{6,k}$$

6. 计算梯度贡献。

   $\forall k<M+m$，执行：

$$\begin{matrix}\boldsymbol{s}_{5,k}\\ \leftarrow\\ \boldsymbol{s}_{6,k}\end{matrix}\begin{matrix}\boldsymbol{s}_{3,k}\cdot 2\gamma\boldsymbol{s}_{6,k}(\boldsymbol{s}_{4,k}-<\boldsymbol{s}_{5,k},\boldsymbol{s}_{6,k}>)+(1-\boldsymbol{s}_{3,k})\cdot\boldsymbol{s}_{5,k}\\ \\ \boldsymbol{s}_{3,k}\cdot 2\gamma\boldsymbol{s}_{5,k}(\boldsymbol{s}_{4,k}-<\boldsymbol{s}_{5,k},\boldsymbol{s}_{6,k}>)+(1-\boldsymbol{s}_{3,k})\cdot\boldsymbol{s}_{6,k}\end{matrix}$$

7. 更新物品隐因子矢量。

for $k = M+m-1,\cdots,1$，执行：

$$s_{6,k} \leftarrow s_{6,k} + s_{3,k+1} \cdot s_{6,k+1} + (1-s_{3,k}) \cdot 2\gamma\lambda_2 s_{6,k}$$

8. 根据矩阵 $\boldsymbol{S}$ 第 1 行和第 3 行排序元组（由小到大）。

9. 更新用户隐因子矢量。

for $k = M+n-1,\cdots,1$，执行：

$$s_{5,k} \leftarrow s_{5,k} + s_{3,k+1} \cdot s_{5,k+1} + (1-s_{3,k}) \cdot 2\gamma\lambda_1 s_{5,k}$$

10. 若迭代次数小于 T，重新进入第 3 步。

11. 根据矩阵 $\boldsymbol{S}$ 第 3 行和第 2 行排序元组（由小到大）。

12. 输出物品隐因子矢量 $s_{6,k}$，$k=1,\cdots,m$。

该算法在加密服务提供方完成，电路输入为元组 (i,j,r_{ij})，输出为物品隐因子矩阵 $\boldsymbol{V}$。

首先，进行初始化。构造矩阵 $\boldsymbol{S}$ 的初始值如下：

$$\begin{pmatrix} 1: & 1 & \cdots & n & \perp & \cdots & \perp & i_1 & \cdots & i_M \\ 2: & \perp & \cdots & \perp & 1 & \cdots & m & j_1 & \cdots & j_M \\ 3: & 0 & \cdots & 0 & 0 & \cdots & 0 & 1 & \cdots & 1 \\ 4: & \perp & \cdots & \perp & \perp & \cdots & \perp & r_{i_1j_1} & \cdots & r_{i_Mj_M} \\ 5: & \boldsymbol{u}_1 & \cdots & \boldsymbol{u}_n & \perp & \cdots & \perp & \perp & \cdots & \perp \\ 6: & \perp & \cdots & \perp & \boldsymbol{v}_1 & \cdots & \boldsymbol{v}_m & \perp & \cdots & \perp \end{pmatrix}$$

矩阵 $\boldsymbol{S}$ 的前 n 列为 n 个用户信息，对于每个用户 $i \in [n]$，构造每一列的元组为 $(i,\perp,0,\perp,\boldsymbol{u}_i,\perp)$，其中 $\perp$ 为占位符，排序时视为无穷大，$\boldsymbol{u}_i$ 为用户隐因子矢量。第 $n+1 \sim n+m$列为 m 个用户信息，对于每个物品 $j \in [m]$，构造每一列的元组为$(\perp,j,0,\perp,\perp,\boldsymbol{v}_j)$。最后 M 列为评分信息，即对于每个评分对 $(i,j) \in \mathcal{M}$，相应的元组为$(i,j,1,r_{ij},\perp,\perp)$，并将其命名为评分信息元组。因此，矩阵 $\boldsymbol{S}$ 中的 i_1、j_1 表示第一个评分对 (i,j) 中用户及物品的序号 $[i,j \in \mathcal{M}]$。

然后，进行梯度下降。对于构造的矩阵 $\boldsymbol{S}$，梯度下降的最终目的是使得第 5 行及第 6 行的每个用户、物品各自的隐因子矢量得到更新，其中主要分为三大部分：将 $\boldsymbol{u}$、$\boldsymbol{v}$ 复制到相应的评分信息元组$(i,j,1,r_{ij},\perp,\perp)$，计算梯度，更新矩阵 $\boldsymbol{S}$ 第 5 行及第 6 行的参数。

（1）算法流程 7－44 中第 2、3 步的目的是将用户的 $\boldsymbol{u}_i$ 复制到相应的评分信息元组 $(i,j,1,r_{ij},\perp,\perp)$，使其变为$(i,j,1,r_{ij},\boldsymbol{u}_i,\perp)$。同理，第 4、5 步是为了将物品的 $\boldsymbol{v}_j$ 复制

到相应的评分信息元组 $(i,j,1,r_{ij},\boldsymbol{u}_i,\perp)$，使其变为 $(i,j,1,r_{ij},\boldsymbol{u}_i,\boldsymbol{v}_j)$，便于之后的梯度计算。

（2）算法流程7－44中的第6步是进行部分梯度的计算，令评分信息元组里的 $\boldsymbol{u}_i$、$\boldsymbol{v}_j$ 相应更新为 $\boldsymbol{v}_j(r_{ij}-\langle\boldsymbol{u}_i,\boldsymbol{v}_j\rangle)$ 以及 $\boldsymbol{u}_i(r_{ij}-\langle\boldsymbol{u}_i,\boldsymbol{v}_j\rangle)$。

（3）算法流程7－44中的第7步是对物品信息元组的 $\boldsymbol{v}_j$ 参数进行更新，由式（7－110）和式（7－111），遍历加和所有用户相应的物品 j 在算法流程7－44中第6步更新的评分信息元组信息。同理，算法流程7－44中的第8、9步则是对用户信息元组的参数 $\boldsymbol{u}_i$ 进行更新。

（4）重复迭代，直至收敛，最终输出物品隐因子矢量结果 $\boldsymbol{s}_{6,k}$。

基于混淆电路的联邦矩阵分解算法高效的地方在于：在进行排序时，可采用排序网络，使得排序过程可以并行，同时在计算梯度时，也可采用并行计算，从而提高了效率。同时，该算法最终输出物品隐因子结果，而不对用户的结果进行输出，使得RecSys端只能学习到矩阵 $\boldsymbol{V}$，从而保证了隐私性。当用户接收到矩阵 $\boldsymbol{V}$ 时，可通过最小二乘法对自身的 $\boldsymbol{u}_i$ 进行求解。该算法还可进一步优化，本书不再赘述，有兴趣的读者可自行查阅相关文献。

7.5.6　基于相似度的联邦矩阵分解算法

基于相似度的联邦矩阵分解算法主要是在隐私保护的情况下计算协方差矩阵，再利用后续的聚类方法或SVD方法完成推荐。本书首先介绍无隐私保护的情况下计算协方差矩阵的方法，然后介绍加入差分隐私情况下的计算方法。基于相似度的联邦矩阵分解算法的参数及含义见表7－14。

表7－14　基于相似度的联邦矩阵分解算法的参数及含义

参　数	含　义
i	用户编号
j	物品编号
r_{ij}	用户 i 对物品 j 的评分
$\boldsymbol{r}_i$	用户 i 的评分矢量
e_{ij}	01二元值，代表用户 i 是否对物品 j 进行评分
$\boldsymbol{e}_i$	用户 i 的01评分矢量
MSum_j	物品 j 的评分和
MCnt_j	物品 j 的评分数量

续表

参　数	含　义
G	全局平均值
MAvg_j	平稳均值
β	对全局平均的衰减超参数
w_i	用户 i 的贡献权重
$\mathrm{Cov}_{j_1j_2}$	物品对（j_1, j_2）的加权评分协方差值
$\mathrm{Wgt}_{j_1j_2}$	物品对（j_1, j_2）的加权 01 评分协方差值
$\mathrm{Avg}_{j_1j_2}$	物品对（j_1, j_2）的平均加权评分协方差值
GSum	全局评分和
GCnt	全局评分数量
d	物品维度
β	衰减因子
β_{p}	用户衰减因子
c_i	用户 i 的评分数
$\bar{r}_i$	用户 i 的稳定平均评分
B	用户评分校正后的最大范围
$\hat{r}_{ij}$	用户 i 对物品 j 的校正评分
Cov	电影的加权评分协方差矩阵
Wgt	电影的加权 01 评分协方差矩阵
$\overline{\mathrm{Cov}_{ij}}$	降噪后的协方差矩阵 **Cov** 中第（i,j）个元素
avg **Cov**	Cov_{ij}遍历 ij 的求和平均
avg **Wgt**	Wgt_{ij}遍历 ij 的求和平均

1. 无隐私保护情况

设评分为 r，r_{ij}为用户 i 对物品 j 的评分，$\boldsymbol{r}_i$ 为用户 i 的评分矢量（$\boldsymbol{r}_i \in \mathbf{R}^{d\times 1}$），并采用 e_{ij}以及 $\boldsymbol{e}_i \in \mathbf{R}^{d\times 1}$（$d$ 为物品维度）表示是否有过评分，即为 01 二元值。常见的第一步是通过计算和减去用户和物品的平均评分来集中评分。

算法流程 7-45　物品评分计算

1. 对每个物品 j 计算总评分以及被评论数量：

（1）令 $\mathrm{MSum}_j = \sum_i r_{ij}$；

（2）令 $\mathrm{MCnt}_j = \sum_i e_{ij}$。

2. 计算全局平均值 $G = \sum_j \mathrm{MSum}_j / \sum_j \mathrm{MCnt}_j$。

3. 对每个物品 j 计算平稳均值 $\mathrm{MAvg}_j = (\mathrm{MSum}_j + \beta G)/(\mathrm{MCnt}_j + \beta)$。

4. 对每个评分 r_{ij}减去平稳均值，即 $r_{ij} = r_{ij} - \mathrm{MAvg}_j$。

首先考虑的是物品的影响，由算法流程 7-45 可以发现，第 3 步计算物品的平稳均值时，算法加入了全局平均值（即对所有评分做了平均），相当于做了平滑处理，提高了稳定性。

同时，采用与算法 7-45 相同的操作计算用户的平均评分，并将评分减去用户平稳均值。

对评分做以上处理后，下一步则是计算协方差矩阵，并使用权重 $w_i(0 \leqslant w_i \leqslant 1)$ 对每个用户 i 的贡献进行加权组合。

算法流程 7-46 计算协方差矩阵

对每个物品对 (j_1, j_2)：

（1）令 $\mathrm{Cov}_{j_1 j_2} = \sum_i w_i r_{ij_1} r_{ij_2}$；

（2）令 $\mathrm{Wgt}_{j_1 j_2} = \sum_i w_i e_{ij_1} e_{ij_2}$；

（3）令 $\mathrm{Avg}_{j_1 j_2} = \mathrm{Cov}_{j_1 j_2} / \mathrm{Wgt}_{j_1 j_2}$。

2. 加入差分隐私

下面考虑多方用户的场景，联合多方用户进行协方差矩阵的计算。

（1）物品评分计算

首先，计算所有评分的平均值并加入差分扰动。在多方用户的情况下，每个用户可根据相同的机制加入差分扰动，使得所有用户的扰动和满足 ε 差分隐私。最终可将所有用户加入差分扰动后的评分进行加和，得到以下值：

$$
\begin{aligned}
\mathrm{GSum} &= \sum_{i,j} r_{ij} + \mathrm{Noise} \\
\mathrm{GCnt} &= \sum_{i,j} e_{ij} + \mathrm{Noise}
\end{aligned}
\tag{7-112}
$$

根据式（7-112）即可得到全局平均值，即 $G = \mathrm{GSum}/\mathrm{GCnt}$。

接下来，计算每部物品的评分及其数量。同理，对每个用户在评分中加入差分扰动，使得扰动和满足差分隐私。最终可对所有用户加入差分扰动后的评分及 01 评分矢量分别进行加和，得到以下值（映射到 d 维空间）：

$$\begin{aligned} \text{MSum} &= \sum_i \boldsymbol{r}_i + \text{Noise}^d \\ \text{MCnt} &= \sum_i \boldsymbol{e}_i + \text{Noise}^d \end{aligned} \tag{7-113}$$

为了产生每个物品的稳定平均评分，加入全局平均并引入衰减因子 β：

$$\text{MAvg}_j = \frac{\text{MSum}_j + \beta G}{\text{MCnt}_j + \beta} \tag{7-114}$$

由于该平均值无法窥探到原始数据，因此可以公开，便于后续的计算。

（2）用户评分计算

上一步计算了物品的稳定平均效应，接下来计算用户的平均效应。首先用所有评分减去物品的平均评分，从而计算用户的平均评分。令 $c_i = \| \boldsymbol{e}_i \|_1$，并加入衰减因子 β，则最终的用户稳定平均评分为（每个用户在本地进行计算）：

$$\bar{r}_i = \frac{\sum_j (r_{ij} - \text{MAvg}_j) + \beta G}{c_i + \beta} \tag{7-115}$$

与物品不同的是，该算法不输出平均值，而是由每个用户在本地进行评分的相减。该算法还将结果集中的评级夹在区间 $[-B, B]$ 中，以降低测量的敏感性，代价是相对较少的大数量值：

$$\hat{r}_{ij} = \begin{cases} -B & r_{ij} - \bar{r}_i < -B \\ r_{ij} - \bar{r}_i & -B \leqslant r_{ij} - \bar{r}_i < B \\ B & B \leqslant r_{ij} - \bar{r}_i \end{cases} \tag{7-116}$$

（3）协方差矩阵计算

采用权重 w_i 为 $\| \boldsymbol{e}_i \|_1$ 的倒数，并且每个用户在本地计算 $\hat{\boldsymbol{r}}_i \hat{\boldsymbol{r}}_i^{\mathrm{T}}$，并采用同样的机制加入差分扰动，使所有用户的扰动和满足差分隐私，计算结果如下（矩阵 **Wgt** 的计算同理）：

$$\begin{aligned} \textbf{Cov} &= \sum_i w_i \hat{\boldsymbol{r}}_i \hat{\boldsymbol{r}}_i^{\mathrm{T}} + \text{Noise}^{d \times d} \\ \textbf{Wgt} &= \sum_i w_i \boldsymbol{e}_i \boldsymbol{e}_i^{\mathrm{T}} + \text{Noise}^{d \times d} \end{aligned} \tag{7-117}$$

由于在计算协方差的过程中加入了一些噪声，我们可以采用一些方法进行降噪。本节采用的方法为“缩小至平均水平”（Shrinking to the Average），如下：

$$\overline{\text{Cov}}_{ij} = \frac{\text{Cov}_{ij} + \beta \cdot \text{avg Cov}}{\text{Wgt}_{ij} + \beta \cdot \text{avg Wgt}} \tag{7-118}$$

相关实验的结果表明，降噪后精确度有一定的提高。

7.5.7 基于因子分析的联邦矩阵分解算法

基于因子分析的联邦矩阵分解算法的参数及含义见表7-15。

表7-15 基于因子分析的联邦矩阵分解算法的参数及含义

参数	含义
n	用户数量
m	物品数量
i	用户编号，$i=1,\cdots,n$
j	物品编号，$j=1,\cdots,m$
$\boldsymbol{Y}$	n 个用户对 m 个物品的喜爱程度矩阵，$\boldsymbol{Y}\in\mathbf{R}^{m\times n}$
$\boldsymbol{Y}_m$	物品 m 的评分矢量
$\boldsymbol{X}$	n 个用户的 k 维潜在喜好，$\boldsymbol{X}\in\mathbf{R}^{k\times n}$
$\boldsymbol{X}_k$	第 k 维用户喜好
$\boldsymbol{\Lambda}$	$m\times k$ 维变换矩阵
$\boldsymbol{N}$	噪声矩阵
$\boldsymbol{N}_m$	物品 m 的噪声矢量
ψ	噪声矢量 $\boldsymbol{N}_j(j=1,\cdots,m)$ 的方差
p	迭代次数
$\boldsymbol{M}$	$k\times k$ 维中间结果矩阵
$\boldsymbol{y}_i$	用户 i 的 m 个评分（需要进行预处理，即将评分减去物品平均评分或用户平均评分）
$\boldsymbol{x}_i$	用户 i 的喜好空间
$\boldsymbol{D}_i$	$m\times m$ 维修剪对角矩阵
m_i	用户 i 实际评分的物品个数

因子分析法[62]的实质是认为 m 个 n 维特征的训练样例 $\boldsymbol{x}^{(i)}(x_1^{(i)},x_2^{(i)},\cdots,x_n^{(i)})$ 的产生过程如下：

（1）在一个 k 维的空间中按照多元高斯分布生成 m 个 $\boldsymbol{z}^{(i)}$（k 维矢量），即 $\boldsymbol{z}^{(i)}\sim\boldsymbol{N}(0,1)$。

（2）存在一个变换矩阵 $\boldsymbol{\Lambda}\in\mathbf{R}^{n\times k}$，将 $\boldsymbol{z}^{(i)}$ 映射到 n 维空间中，即 $\boldsymbol{\Lambda z}^{(i)}$，因为 $\boldsymbol{z}^{(i)}$ 的均值是0，映射后仍然是0。

（3）将 $\boldsymbol{\Lambda z}^{(i)}$ 加上一个均值 $\boldsymbol{\mu}$（n 维矢量），即 $\boldsymbol{\mu}+\boldsymbol{\Lambda z}^{(i)}$，其含义是将变换后的 $\boldsymbol{\Lambda z}^{(i)}$（$n$

维矢量）移动到样例 $\boldsymbol{x}^{(i)}$ 的中心点 $\boldsymbol{\mu}$。

（4）由于真实样例 $\boldsymbol{x}^{(i)}$ 与上述模型生成的样例有误差，因此继续加上误差 $\boldsymbol{\varepsilon}$（n 维矢量），且 $\boldsymbol{\varepsilon}$ 符合多元高斯分布，即 $\boldsymbol{\varepsilon} \sim \boldsymbol{N}(0,\boldsymbol{\Psi})$。

（5）最后的结果是真实训练样例 $\boldsymbol{x}^{(i)}$ 的生成公式，即 $\boldsymbol{x}^{(i)} = \boldsymbol{\mu} + \boldsymbol{\Lambda} \boldsymbol{z}^{(i)} + \boldsymbol{\varepsilon}$。

针对协同过滤，我们考虑将因子分析法应用在评分矩阵的分解上，令 $\boldsymbol{Y} = (Y_1,\cdots,Y_m)$ 表示 n 个用户对 m 个物品的喜爱程度，$\boldsymbol{Y} \in \mathbf{R}^{m\times n}$；令 $\boldsymbol{X} = (X_1,\cdots,X_k)$ 表示 n 个用户的 k 维潜在且不可观测的喜好，$\boldsymbol{X} \in \mathbf{R}^{k\times n}$。由于 $\boldsymbol{X}$ 不可观测，采用因子分析法，假设：

$$\boldsymbol{Y} = \boldsymbol{\Lambda X} + \boldsymbol{N} \tag{7-119}$$

其中，$\boldsymbol{\Lambda}$ 为 $m \times k$ 维矩阵；$N = (N_1,\cdots,N_m)$，是一个代表噪声的随机变量，假设 $\boldsymbol{X}$、$\boldsymbol{Y}$ 满足正态分布，$\mathrm{VAR}(N_i) = \psi$。因此，需要对 $\boldsymbol{\Lambda}$、ψ、$\boldsymbol{X}$ 进行求解，最后通过计算 $\boldsymbol{\Lambda X}$ 即可得到最终的预测评分。

由于评分矩阵大多都是稀疏矩阵，而期望最大化（Expection Maximization，EM）算法较适用于稀疏数据，因此采用 EM 算法求解参数。

当评分矩阵中全都有评分时，参数的第 p 次迭代过程如下（由于 EM 算法的求解过程较为复杂，此处省略）：

$$\begin{gathered}
\boldsymbol{M} = (\psi \boldsymbol{I} + \boldsymbol{\Lambda}^{\mathrm{T}} \boldsymbol{\Lambda})^{-1} \\
\boldsymbol{X} = \boldsymbol{M} \boldsymbol{\Lambda}^{\mathrm{T}} \boldsymbol{Y} \\
\boldsymbol{\Lambda}^{(p)} = \boldsymbol{Y} \boldsymbol{X}^{\mathrm{T}} \left(\boldsymbol{X}\boldsymbol{X}^{\mathrm{T}} + m\psi \boldsymbol{M}\right)^{-1} \\
\psi^{(p)} = \left(\frac{1}{nm}\right) \mathrm{trace}(\boldsymbol{Y}\boldsymbol{Y}^{\mathrm{T}} - \boldsymbol{\Lambda}^{(p)} \boldsymbol{X} \boldsymbol{Y}^{\mathrm{T}})
\end{gathered} \tag{7-120}$$

上述过程为一次迭代，当最终参数无明显变化时，即可停止迭代。但由于评分矩阵常为稀疏矩阵，因此需要考虑评分不存在的情况，同时考虑在多参与方场景下进行训练。

由于用户不会对所有物品都进行评分，因此引入一个 $m \times m$ 维修剪矩阵 $\boldsymbol{D}_i$，$\boldsymbol{D}_i$ 是一个对角矩阵，当用户 i 对物品 j 有评分时，(i,j) 位置取值为 1，其他位置取值为 0。该矩阵将计算过程限制在已评分的区域。完整的 EM 迭代流程如下：

$$\begin{gathered}
\boldsymbol{\Lambda}|_i = \boldsymbol{D}_i \boldsymbol{\Lambda} \\
\boldsymbol{M}|_i = (\psi \boldsymbol{I} + \boldsymbol{\Lambda}^{\mathrm{T}} \boldsymbol{D}_i \boldsymbol{\Lambda})^{-1} \\
\boldsymbol{x}_i = \boldsymbol{M}|_i \boldsymbol{\Lambda}|_i^{\mathrm{T}} \boldsymbol{y}_i
\end{gathered} \tag{7-121}$$

$$L(\boldsymbol{\Lambda}^{(p)}) = \left[\sum_{i=1}^{n} \frac{1}{m_i} \boldsymbol{D}_i \otimes (\boldsymbol{x}_i \boldsymbol{x}_i^{\mathrm{T}} + \psi \boldsymbol{M}|_i)^{-1} \sum_{i=1}^{n} \frac{1}{m_i} L(\boldsymbol{D}_i \boldsymbol{y}_i \boldsymbol{x}_i^{\mathrm{T}})\right] \tag{7-122}$$

$$\psi^{(p)} = \frac{1}{n} \sum_{i=1}^{n} \frac{1}{m_i} (\boldsymbol{y}_i^{\mathrm{T}} \boldsymbol{D}_i \boldsymbol{y}_i - \mathrm{trace}(\boldsymbol{\Lambda}^{(p)} \boldsymbol{x}_i \boldsymbol{y}_i^{\mathrm{T}} \boldsymbol{D}_i)) \tag{7-123}$$

其中，⊗为克罗内克积；L 为对矩阵的展开，即按列进行堆积。因此，实际上式(7－122)是对 $\boldsymbol{\Lambda}$ 的求解。

由于 $\boldsymbol{\Lambda}$ 不涉及隐私数据，可以公开。因此，式（7－121）可由每个用户在本地进行求解，而式（7－122）和式（7－123）则因涉及用户间的交流，需要加入加密方法。

每个用户 i 进行以下计算：

$$\begin{aligned}
\boldsymbol{A}_i &= \frac{1}{m_i}\boldsymbol{D}_i \otimes (\boldsymbol{x}_i \boldsymbol{x}_i^{\mathrm{T}} + \psi \boldsymbol{M}|_i) \\
\boldsymbol{B}_i &= \frac{1}{m_i}\boldsymbol{D}_i \boldsymbol{y}_i \boldsymbol{x}_i^{\mathrm{T}} \\
\boldsymbol{C}_i &= \frac{1}{m_i}\boldsymbol{y}_i^{\mathrm{T}} \boldsymbol{D}_i \boldsymbol{y}_i
\end{aligned} \tag{7－124}$$

并对相应结果进行加密，发送到中央服务器。

中央服务器进行以下计算：

$$\begin{aligned}
L(\boldsymbol{\Lambda}^{(p)}) &= \sum_{i=1}^{n} (\boldsymbol{A}_i)^{-1} \sum_{i=1}^{n} L(\boldsymbol{B}_i) \\
\psi^{(p)} &= \frac{1}{n} \sum_{i=1}^{n} (\boldsymbol{C}_i - \mathrm{trace}(\boldsymbol{\Lambda}^{(p)} \boldsymbol{B}_i))
\end{aligned} \tag{7－125}$$

并对最终结果进行解密，发送给所有用户，进行下一步迭代。

最终迭代完成后，即可得到 $\boldsymbol{\Lambda}$、ψ 的值，因此用户 i 均可在本地计算 $\boldsymbol{x}_i$，同时通过计算 $\boldsymbol{\Lambda x}_i$ 即可得到最终的预测评分。

7.5.8 基于深度学习的联邦矩阵分解算法

基于深度学习的联邦矩阵分解算法[63]主要是针对新闻做推荐，由于新闻一直在变化，当训练好模型上线时，测试的数据往往都是更新的新闻，因此将物品视为常量的矩阵分解方法的效果往往较差。针对该问题，本节介绍一种利用联邦思想完成长短期记忆(Long Short Term Memory，LSTM）模型训练的方法，根据用户的历史行为，同时学习用户长期、短期兴趣，实现用户模型训练。

该算法采用了联邦学习的机制，联合多方用户进行模型的训练，同时每个用户都会在本地复制中央服务器的模型，同时用户利用本地信息计算损失值（Loss），并求出梯度，且由于梯度可能会暴露隐私信息，因此利用截断函数将梯度限制在某一个范围，并加入差分扰动后发送给中央服务器。中央服务器聚合用户的梯度，对模型参数进行更新，并将更新后的参数发放给用户，从而不断迭代直至收敛。其中，每个用户都会训练两个模型，分别为新闻模型以及用户模型。

新闻模型从新闻标题和一级、二级类目中学习新闻的标识，并使用注意力机制来选择重要的词；用户模型从用户 id 的映射中学习长期用户兴趣，并使用门控循环单元（Gated Recurrent Unit，GRU）网络从用户最近浏览的新闻中学习短期用户兴趣。

基于深度学习的联邦矩阵分解算法的参数及含义见表 7－16。

表 7－16　基于深度学习的联邦矩阵分解算法的参数及含义

参　数	含　义
u	用户编号
t	新闻编号
i	点击编号
H	与被点击的新闻在同一显示下但未被点击的新闻个数
j	与被点击的新闻在同一显示下但未被点击的新闻编号
t_i^c	第 i 个被点击的新闻
$t_{i,j}^{nc}$	与第 i 个被点击的新闻在同一显示下但未被点击的第 j 个新闻
$\mathcal{B}_u$	用户 u 的点击次数
Θ	模型参数
$s(u,t)$	用户 u 对新闻 t 的排序预测分数
$\mathcal{B}_u$	用户 u 的累计行为
g_u	用户 u 的本地梯度
$\tilde{g}_u$	加入差分扰动的用户 u 的本地梯度
U	随机选取的用户集合
$\bar{g}$	平均梯度

具体训练流程如下。

（1）模型训练

该算法均采用点击和未点击的行为来训练模型。其中，对于每个用户 u 的每个新闻 t_i^c 的点击，随机挑选 H 个在同一显示下但未被点击的新闻。假设该用户总共有 B_u 次点击，则含有模型参数 Θ 的损失函数为

$$L_u(\Theta) = \sum_{i=1}^{B_u} l^i \tag{7-126}$$

$$l^i = -\log\left(\frac{\exp(s(u,t_i^c))}{\exp(s(u,t_i^c)) + \sum_{j=1}^{H}\exp(s(u,t_{i,j}^{nc}))}\right) \tag{7-127}$$

其中，$s(u,t) = \boldsymbol{u}^{\mathrm{T}}\boldsymbol{t}$。

（2）用户在本地的计算

每个用户可以根据本地信息来计算梯度。进一步假设用户 u 的平台上已有累计的一系列行为（记为$\mathcal{B}_u$），并根据式（7－126）计算本地模型梯度$g_u = \frac{\partial L_u}{\partial \Theta}$。尽管本地模型梯度$g_u$ 是根据一系列行为（而不是单个行为）进行计算，但它仍可能包含一些用户的隐私信息，因此对其采用了本地差分隐私技术进行隐私保护：

$$\mathcal{M}(g_u) = \mathrm{clip}(g_u, \delta) + n, \quad n \sim \mathrm{La}(0, \lambda) \tag{7-128}$$

通过该方法，可将g_u 转化为$\tilde{g}_u = \mathcal{M}(g_u)$。其中，$n$ 为均值为 0 的拉普拉斯噪声，参数 λ 控制拉普拉斯噪声的强度，其值越大，隐私保护效果就越好。而截断函数 clip（x,y）的作用则是将 x 限制在 y 的尺度范围内，一些研究表明，在梯度应用截断函数能有效地避免梯度爆炸。

（3）在中央服务器的计算。在每一轮迭代过程中，中央服务器随机选择占比为 r（为百分数）的用户，将当前中央服务器的新闻推荐模型发送给被选中的用户，并收集相应的本地模型梯度进行聚合：

$$\bar{g} = \frac{1}{\sum_{u \in U} |\mathcal{B}_u|} \sum_{u \in U} |\mathcal{B}_u| \cdot \tilde{g}_u \tag{7-129}$$

其中，U 为被选中的用户集合，$\mathcal{B}_u$ 为用户 u 的一系列行为。然后，中央服务器对参数进行更新（$\Theta = \Theta - \eta \bar{g}$），最终将更新后的参数发送给用户，用于更新本地模型。

7.6 本章小结

作为一种信息过滤的模型，推荐模型利用整个社区的用户画像和习惯，给特定用户呈现其可能感兴趣的、相关度最高的内容。本章主要介绍了不同的联邦推荐算法，这些算法能够联合多方机构，在保护各方数据安全和用户隐私的情况下，构建新的推荐系统，提升推荐效果。

值得探讨的问题是，建立实用的隐私保护和安全的推荐系统需要什么，以及我们怎样才能建立高精准度和低通信成本的系统。因此，如何在联邦学习框架下设计高效、精确的推荐算法，是一项很有挑战性的研究，希望本章内容可以带给读者一些启发。

第8章 联邦学习系统的隐私与安全

本章聚焦联邦学习系统的隐私与安全问题，通过介绍联邦学习系统主要面临的隐私和安全威胁，引入并阐释联邦学习隐私保护技术和安全防护技术。

8.1 问题描述与安全模型

本章讨论的联邦学习的隐私保护，是指使联邦学习系统的各个角色（服务器、用户端等）无法获得自身拥有范围之外的数据集、模型参数等有效信息的方法和能力。而联邦学习的安全防护，是指从隐私计算生态建设与运营的角度，防范外部攻击者对联邦学习系统的机密性和完整性等进行破坏的方法和能力。

在隐私计算领域，通常把对攻击者能力的假设和刻画称为敌手模型。联邦学习系统涉及的敌手模型通常有两种：半诚实敌手和恶意敌手。下面具体介绍这两种模型。

1. 半诚实敌手

半诚实敌手又称为诚实但好奇（Honest but Curious）的敌手，这种敌手模型诚实地遵守协议，但会尝试从接触到的信息中提取或挖掘自身拥有范围之外的信息。该类型敌手主要的攻击类型包括模型反演攻击和成员推理攻击。

（1）模型反演攻击。敌手被假设拥有对模型的白盒访问权限或黑盒访问权限。拥有白盒访问权限的敌手可以直接获取模型的明文内容，拥有黑盒访问权限的敌手只能对模型进行预测查询和结果收集。这类攻击的目标是获取训练数据中的敏感信息。

（2）成员推理攻击。敌手被假设至少拥有对模型的黑盒访问权限，并拥有一个特定样本作为先验知识。这类攻击的目标是确定模型的训练集中是否包含特定的样本。

2. 恶意敌手

恶意敌手不遵守协议，可执行任意类型的恶意攻击。特别地，恶意敌手可以对系统的以下方面和环节进行攻击。

（1）身份仿冒攻击。恶意敌手可能尝试冒充合法的用户端或服务器，从而获取训练数据、模型参数等敏感信息，或者对数据或训练过程进行“投毒”攻击。

（2）通信窃听与篡改。联邦学习的训练过程涉及用户端与服务器之间的多轮通信，恶意敌手可针对通信过程发动窃听攻击、中间人攻击等。中间人攻击也可成为身份仿冒攻击的前序攻击手段。

（3）存储窃取与泄露。恶意敌手针对在联邦学习系统内部存储的数据发起攻击，敌手可能尝试以口令爆破、系统漏洞等方式侵入联邦学习参与方所使用的计算机系统（包括可能的云端设备），直接盗取训练数据或模型相关参数。

（4）针对运行环境的攻击。恶意敌手被假设拥有入侵联邦学习计算过程所处的操作系统的能力，敌手可能尝试对本地的数据或模型进行篡改或替换，甚至直接对系统内存发起攻击。

本章介绍的隐私保护技术，主要针对半诚实敌手进行隐私保护；而本章介绍的安全防护技术，拥有对外部的恶意敌手进行防护的能力（由于联邦学习各参与方的整体利益高度一致，内部的恶意敌手不在本章讨论范围内）。隐私保护技术与隐私保护的机器学习（Privacy - Preserving Machine Learning，PPML）存在相关性，同时安全防护技术与安全机器学习（Secure Machine Learning）存在一定区别。

8.2 联邦学习隐私保护技术

本节介绍可用于联邦学习系统的若干隐私保护技术的原理和应用，包括秘密共享、不经意传输、混淆电路、同态加密、差分隐私。前三者通常被认为是构建安全多方计算协议的经典技术，而同态加密技术随着自身的不断发展也展现出作为广义的安全多方计算基本单元的潜力。联邦学习系统的隐私保护方案通常需视问题的类型选择上述技术中的一种或几种组合来进行构建。

8.2.1 秘密共享

秘密共享（Secret Sharing，SS）是指在一组参与者之间分发一个秘密的方法，其中每一个参与者获得该秘密的一部分（称为一个秘密分片）。秘密分片无法被单独用于恢复原始秘密，只有当集齐足够数量的秘密分片时，该秘密信息才可被恢复。在一个典型的秘密共享方案中，存在一个分发者和 n 个参与者。分发者通过特定的方式向 n 个参与者分别分发一个秘密分片，使得任意 t 个及以上的参与者均可协作恢复原始秘密，而任意不足 t 个参与者均无法恢复原始秘密。这样的系统被称为一个（t,n）门限秘密共享方案。典型的秘密共享方案包括基于多项式的秘密共享和基于孙子剩余定理的秘密共享。

（1）Shamir 秘密共享方案

Shamir 秘密共享方案是一种基于多项式的秘密共享方案。在该方案中，n 个秘密分片中的任意 t 个均可用于恢复原始秘密。该方案的基础思想是：已知位于多项式上的 t 个不同的点可以唯一确定一个 $t-1$ 阶多项式，例如通过拉格朗日插值法。Shamir 秘密共享方案首先需要创建一个 $t-1$ 阶多项式，将待共享的秘密值设为多项式的常数项，并随机选取多项式的其他系数；然后分发者找出该多项式曲线上的 n 个不同的点，并将它们作为秘密分片分发给 n 个参与者。当 n 个参与者中的任意不少于 t 个进行协作时，他们所拥有的信息可唯一确定原始的 $t-1$ 阶多项式，进而获知常数项，即原始秘密值。

（2）Asmuth－Bloom 秘密共享方案

这是一种基于孙子剩余定理构造的方案。设待共享的原始秘密值为 s，选择一个大于 s 的大素数 p，然后选择 n 个整数（$m_1,m_2,\cdots,m_n$），满足以下条件：

① $m_1<m_2<\cdots<m_n$；

② $m_1,m_2,\cdots,m_n$ 两两互素，且均与 p 互素；

③ $m_1m_2\cdots m_t>pm_{n-t+2}m_{n-t+3}\cdots m_n$。

产生秘密分片的方式如下：令 $m=m_1m_2\cdots m_t$，则 m/p 大于任意 $t-1$ 个 m_i 之积。在 $[0,(m/p)-1]$ 中随机选取一个整数 r，计算 $s'=s+rp$，则 $s'\in[0,m-1]$，进而令 n 个秘密分片为 $s_i\equiv s'(\bmod\ m_i)$，$i=1,2,\cdots,n$。

通过任意不少于 t 个秘密分片恢复原始秘密的方式如下：假设 t 个秘密分片为 $s_1,s_2,\cdots,s_t$，根据孙子剩余定理可得同余方程组：

$$\begin{cases} x\equiv s_1(\bmod\ m_1) \\ x\equiv s_2(\bmod\ m_2) \\ \qquad\cdots \\ x\equiv s_t(\bmod\ m_t) \end{cases} \tag{8-1}$$

由孙子剩余定理可知，方程组在 $[0,m_1m_2\cdots m_t]$ 内有唯一解；又由前可知 $s'\leqslant m-1<m_1m_2\cdots m_t$，因此可以唯一确定 s'，进而恢复原始秘密 $s=s'-rp$。

下面以谷歌（Google）的安全聚合算法[64]为例，展示秘密共享技术在联邦学习中的部分应用。考虑通过联邦学习的方式训练一个深度神经网络，以预测用户在撰写文本消息时将键入的下一个单词，用于提高人们在手机屏幕上打字的效率。为保护手机用户的隐私，每个用户都在自己的移动设备上安全地维护其文本消息的私有数据库，并且在中央服务器的协调下，基于高度处理过的、最小限度的、短暂的来自用户的更新，训练一个共享的全局模型。中央服务器无须访问任何单个用户的更新即可执行随机梯度下降算法，它仅需要对用户的随机子集获取更新矢量的逐元素加权平均值。使用安全聚合算法来计算这些加权平均值，可确保中央服务器仅能获知该随机选择的子集中的一个或多个用户输入了给定单词，而无法确定具体的用户。

假设每次聚合所涉及的用户集合为$\mathcal{U}$，其中的用户 u 的更新矢量为 x_u，则中央服务器本次的运算目标为$\sum_{u\in\mathcal{U}}\boldsymbol{x}_u$。考虑一种对 $\boldsymbol{x}_u$ 进行掩码的方式来保证该计算过程的安全：假设用户是有序的，每一对用户（u,v）（其中 $u<v$）均就某个随机矢量 $\boldsymbol{s}_{u,v}$ 协商一致，用户 u 对更新矢量加掩码如下：

$$\boldsymbol{y}_u=\boldsymbol{x}_u+\sum_{v\in\mathcal{U}:u<v}\boldsymbol{s}_{u,v}-\sum_{v\in\mathcal{U}:u>v}\boldsymbol{s}_{v,u} \tag{8-2}$$

并将 $\boldsymbol{y}_u$ 发送给中央服务器，则中央服务器可按下式计算聚合结果 $\boldsymbol{z}$：

$$\begin{aligned}\boldsymbol{z}&=\sum_{u\in\mathcal{U}}\boldsymbol{y}_u\\&=\sum_{u\in\mathcal{U}}\left(\boldsymbol{x}_u+\sum_{v\in\mathcal{U}:u<v}\boldsymbol{s}_{u,v}-\sum_{v\in\mathcal{U}:u>v}\boldsymbol{s}_{v,u}\right)\\&=\sum_{u\in\mathcal{U}}\boldsymbol{x}_u\end{aligned} \tag{8-3}$$

进一步地，为了减少通信量，安全聚合算法将用户（u,v）之间需协商的内容由完整的掩码矢量 $\boldsymbol{s}_{u,v}$ 替换为一个较短的伪随机数生成器（Pseudo Random Generator，PRG）种子，用户可使用 PRG 根据该共同的种子生成相同的掩码矢量。共同的种子由用户通过 DH（Diffie-Hellman）密钥协商算法进行计算。

另外需要解决的就是用户意外退出的问题：移动设备的电源供应和网络连接是不稳定的，如果用户 u 在与其他用户共享种子之后、提交 $\boldsymbol{y}_u$ 之前意外退出了，中央服务器将无法在计算 $\boldsymbol{z}$ 的过程中消除与 u 相关的掩码项。安全聚合算法通过使用阈值秘密共享技术解决这个问题。每个用户将其由 DH 密钥协商算法计算出的秘密（即种子）用阈值秘密共享拆分，把秘密分片发送给所有其他用户。如果聚合过程中用户 u 意外退出，中央服务器只需从剩余的用户中收集超过阈值的分片数，即可恢复用户 u 的种子，进而消除运算结果中的相关掩码项。由于采用了阈值秘密共享技术，该算法可以防范多个用户意外退出造成的失效。

8.2.2 不经意传输

不经意传输（Oblivious Transfer，OT）是密码学中的一种通信协议，发送者向接收者发送若干条消息中的某一条，但是发送者自身无法确定哪一条消息被发送了。最早的不经意传输方案是由 Rabin 在 1981 年提出的[65]，在该方案中，发送者以 1/2 的概率向接收者发送一条消息，同时发送者无法确定接收者是否接收了此消息。服务于安全多方计算的需求，Shimon 等人后来发展出了 2 取 1（1 out of 2）的不经意传输，并可以进一步推广至 n 取 1（1 out of n）的不经意传输[66]。在 n 取 1 的不经意传输方案中，用户可以精确地获取数据库中的一个条目，且不被服务器知晓其请求了哪一个条目，同时用户对其未请求的条目一无所知。

（1）2 取 1 不经意传输协议

2 取 1 不经意传输协议的步骤如下。

① A 方有两条消息 m_0 和 m_1，想将其中之一发送给 B 方。B 方不希望 A 方知道自己接收到的是哪一条。

② A 方生成一个 RSA 密钥对，包含模数 N、公钥 e 和私钥 d。

③ A 方还生成了两个随机数 x_0 和 x_1，将它们与模数 N、公钥 e 一并发送给 B 方。

④ B 方选择一个 b（其值为 0 或 1），然后依据 b 选定了 x_0 和 x_1 之中的 x_b。

⑤ B 方生成一个随机数 k，通过计算 $v=(x_b+k^e) \bmod N$ 对 x_b 进行盲化，并将 v 发送给 A 方。

⑥ A 方不知道 B 方选取的是 x_0 与 x_1 中的哪一个，通过尝试使用 x_0 和 x_1 得到 k 的两个可能值，分别记作 $k_0=(v-x_0)^d \bmod N$ 和 $k_1=(v-x_1)^d \bmod N$。

⑦ A 方将 m_0 和 m_1 分别与 k_0 和 k_1 结合，得到 $m_0'=m_0+k_0$ 和 $m_1'=m_1+k_1$，将它们发送给 B 方。

⑧ B 方知道 m_0' 和 m_1' 中哪个可被 k 去盲化，因而能够正确地计算下标为 b 的消息 $m_b=m_b'-k$。

（2）n 取 1 不经意传输协议

n 取 1 不经意传输协议可以看作对 2 取 1 传输协议的自然推广。具体来说，一个发送者拥有 n 条消息，而接收者拥有一个索引 i。接收者希望获取发送者的第 i 条消息，同时不暴露 i 的值；发送者希望确保接收者只获取了 n 条消息中的一条。

（3）不经意传输扩展

经典的不经意传输使用公钥密码学作为隐私保障的基础，但公钥密码的运算比较耗时。一种提高效率的做法是对不经意传输进行“扩展”，主要思想是仅将公钥密码用于生成少量的“种子”参数，在“种子”的基础上经过密钥扩展后，可使用对称密码的方式来支持任意数量的不经意传输。目前，不经意传输扩展被广泛应用于注重效率的安全多方计算场景中。

大多数基于安全多方计算的联邦学习采用了“双服务器”模型。该模型包含两个阶段：离线阶段和在线阶段。在离线（配置）阶段，多个数据拥有者（即用户端）对数据进行预处理，将数据以加密或秘密分享的方式在两个非共谋的服务器之间进行分发。在线（计算）阶段，两个服务器基于多个用户端的联合数据对模型进行训练，且无法获得用户端的原始数据。

Payman 等人提出的 SecureML[67] 系统采用了上述双服务器、两阶段模型，设计了高效的线性回归、逻辑回归和神经网络的模型训练方案。该方案使用了不经意传输技术以支持离线阶段的乘法三元组的生成。为了获得更高的运算效率，该方案采用了不经意传输扩展。与经典的不经意传输相比，典型的不经意传输扩展允许发送者和接收者以 λ 次基本不经意传输（公钥算法、慢速）和 $O(m)$ 次快速不经意传输（基于对称算法）的代价执行 m 次不经意传输，其中 λ 是一个安全参数。该方案采用了一种称为相关不经意传输（Correlated OT，COT）的变体。在 COT 中，发送者对不经意传输的两个输入不是独立的：其中一个为随机值 s_0，另一个值 s_1 是 s_0 的相关性函数。其中，一个长度为 L 比特的消息进行 COT 所需的通信量是 $\lambda + L$ 比特，运算会包含 3 次 Hash 运算。

8.2.3 混淆电路

混淆电路（Garbled Circuit，GC）是一种支持两方安全计算的密码学协议。依此协议，互不信任的双方可以在不存在可信第三方的情况下，以不泄露自身输入的方式共同计算一个可表示为布尔电路的函数的值。混淆电路最初被姚期智提出用于解决姚氏百万富翁问题[68]，即两个百万富翁如何在不暴露自身财富的前提下比较谁更富有。混淆电路可被推广用于解决安全多方计算问题。

（1）单个逻辑门的混淆

下面以单个逻辑门的情形说明混淆电路的工作原理。假设 A、B 两方想通过混淆电路的方式完成一个逻辑与门的运算。如图 8－1 所示，与门有两条输入线路 w_a 和 w_b，一条输出线路 w_c。A 方通过如下的方式生成混淆电路：首先为每条线路的两个布尔值 0 和 1 分别生成一个随机的字符串，称其为标签（该标签的长度为 k 比特，k 被称为安全参数，常见值为 128）；然后用标签值替换真值表中对应的布尔值。对于替换后的真值表中的每一行，A 方用两个输入标签作为密钥对输出标签进行双重对称加密，随后对加密

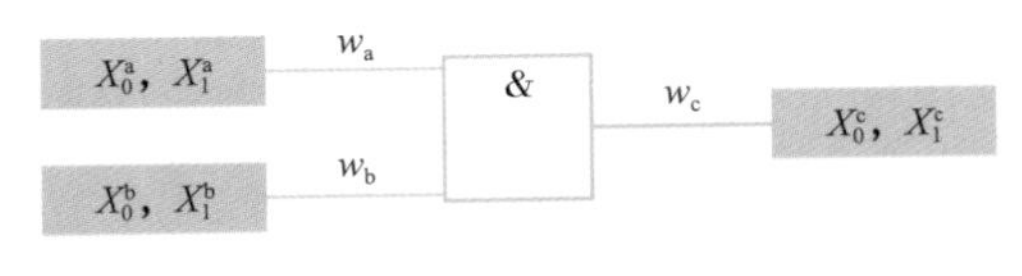

图 8－1 以混淆电路的方式完成一个逻辑与门的运算

表中的各行进行随机置换，使得由混淆表的行号无法推断出对应的真实布尔值。混淆过程见表 8 - 1。

表 8 - 1　混淆过程

a	b	c	a	b	c	加密表	混淆表
0	0	0	X_0^a	X_0^b	X_0^c	$E_{X_0^a}(E_{X_0^b}(X_0^c))$	$E_{X_1^a}(E_{X_1^b}(X_1^c))$
0	1	0	X_0^a	X_1^b	X_0^c	$E_{X_0^a}(E_{X_1^b}(X_0^c))$	$E_{X_0^a}(E_{X_0^b}(X_0^c))$
1	0	0	X_1^a	X_0^b	X_0^c	$E_{X_1^a}(E_{X_0^b}(X_0^c))$	$E_{X_0^a}(E_{X_1^b}(X_0^c))$
1	1	1	X_1^a	X_1^b	X_1^c	$E_{X_1^a}(E_{X_1^b}(X_1^c))$	$E_{X_1^a}(E_{X_0^b}(X_0^c))$

A 方将上述混淆表和自身的输入 i（$i \in \{0,1\}$）所对应的标签 X_i^a 发送给 B 方。假设 B 方的输入为 j（$j \in \{0,1\}$），他可通过 2 取 1 不经意传输协议从 A 方获取该输入所对应的标签 X_j^b。B 方以 X_i^a 和 X_j^b 作为密钥尝试对混淆表进行逐行解密，并最终成功解密其中一行（通过一些简单的设置可允许 B 方分辨解密是否成功），得到逻辑门的输出所对应的标签 X_r^c（$r \in \{0,1\}$）。注意，B 方此时不知道 r 的真实布尔值。

（2）复杂电路的混淆

对于由多个逻辑门组成的复杂布尔电路，A 方为每一个逻辑门生成一个混淆表，并把所有的混淆表和自身的输入对应的标签发送给 B 方。B 方通过多次执行 2 取 1 不经意传输协议，从 A 方获取自身（B 方）所有输入对应的标签。从第一级逻辑门开始，B 方可以按照前述方式逐级解密出每个逻辑门的输出标签，最终得到整个电路的最后一级输出的标签。B 方将此标签发送回 A 方，A 方即可确定整个电路的真实输出结果，并可选择将输出结果共享给 B 方。至此，A 方和 B 方在不暴露自身真实输入的情况下共同完成了以布尔电路形式描述的函数的计算。

下面介绍一个混淆电路的典型应用。在基于深度学习的云服务中，云服务器拥有为特定应用程序训练的深度学习模型参数，而委托用户端拥有一个数据样本，它想为其安全地找到相应的分类标签。DeepSecure[69] 能够以可证明的安全设置计算相关的数据推断标签，同时保持深度学习模型的参数和数据样本的私密性。为了执行特定的数据推断，应在执行 GC 协议之前生成公共已知深度学习体系结构的网表。GC 协议的执行涉及 4 个主要步骤：

（1）用户端（数据所有者）对深度学习体系结构的电路进行混淆。

（2）用户端将第一步计算出的乱码表及其输入线路标签一起发送到云服务器。然后，用户端和云服务器都会采用 2 取 1 的不经意传输协议，隐性地传输与云服务器的输入关联的线路标签。

（3）云服务器评估混淆电路并计算相应的加密数据推断。

（4）将加密结果发送回用户端并用混淆密钥进行解密，从而获得真正的分类标签（推断结果）。

8.2.4 同态加密

同态加密（Homomorphic Encryption，HE）是一种允许直接在密文数据上进行运算而无须先行解密的加密方式。上述密文数据运算的结果也是密文，其解密后的结果与直接在明文数据上进行运算得到的结果相同。这里的同态是指代数意义上的同态，即加密和解密函数可被当作明文、密文空间之间的同态。同态加密方案中对密文进行的运算被表示为布尔电路或算术电路的形式。要实现任意的函数计算只需要加法和乘法操作，因此根据同态加密方案对加法和乘法运算的支持程度可将其划分为三大类：部分同态加密（Partially Homomorphic Encryption，PHE）、些许同态加密（Somewhat Homomorphic Encryption，SHE）和全同态加密（Fully Homomorphic Encryption，FHE）。

（1）部分同态加密

部分同态加密只支持由单一类型门构成的电路的运算，例如乘法同态或加法同态。

典型的乘法同态的例子是 RSA 算法。RSA 算法中的公钥具有模数 n 和指数 e，对一条消息 m 的加密操作形如 $\varepsilon(m)=m^e \bmod n$，则乘法同态性体现为

$$\begin{aligned}\varepsilon(m_1)\cdot\varepsilon(m_2)&=m_1^e m_2^e \bmod n\\&=(m_1 m_2)^e \bmod n\\&=\varepsilon(m_1\cdot m_2)\end{aligned}\tag{8-4}$$

典型的加法同态的例子是 Paillier 算法，假设其公钥为模数 n 和基底 g，对一条消息 m 的加密操作形如 $\varepsilon(m)=g^m r^n \bmod n^2$，其中随机数 $r\in\{0,\cdots,n-1\}$，则加法同态性体现为

$$\begin{aligned}\varepsilon(m_1)\cdot\varepsilon(m_2)&=(g^{m_1}r_1^n)(g^{m_2}r_2^n)\bmod n^2\\&=g^{m_1+m_2}(r_1 r_2)^n \bmod n^2\\&=\varepsilon(m_1+m_2)\end{aligned}\tag{8-5}$$

（2）些许同态加密

些许同态加密是指同态加密方案中的某些运算操作（如加法和乘法）只能被有限次地执行。这是由于些许同态加密方法引入了噪声数据以保证安全性，而密文上的操作会增加噪声，当噪声累积超过上限时，将导致解密操作无法正确进行。因此，些许同态加密中的操作次数是受限的。

（3）全同态加密

全同态加密允许对密文数据进行不限次数的加法操作和乘法操作，可以真正意义上地实现任意函数的计算。首个全同态加密方案是由 Gentry 在 2009 年基于格密码（Lattice - based Cryptography）提出的。全同态加密至今已经经过了数代的发展，研究人员主要努力的方向是提高全同态加密的运算效率。主要的全同态加密方案包括 BFV（the Brakerski/Fan - Vercauteren Cryptosystem）、BGV（the Brakerski - Gentry - Vaikuntanathan Cryptosystem）、CKKS（the Cheon - Kim - Kim - Song Cryptosystem）、FHEW、TFHE（Fast Fully Homomorphic Encryption）等。主流的全同态加密算法库包括 IBM 的 HElib 和微软的 Microsoft SEAL 等。

图 8－2 描绘了一个典型的跨仓库联邦学习系统[70]，其中同态加密被实现为用户端上的可插拔模块。聚合器是服务器，用于协调用户端并聚合其加密的梯度。注意，在这个系统中，我们假设聚合器是诚实但好奇的，这是现有联邦学习文献中常用的威胁模型。

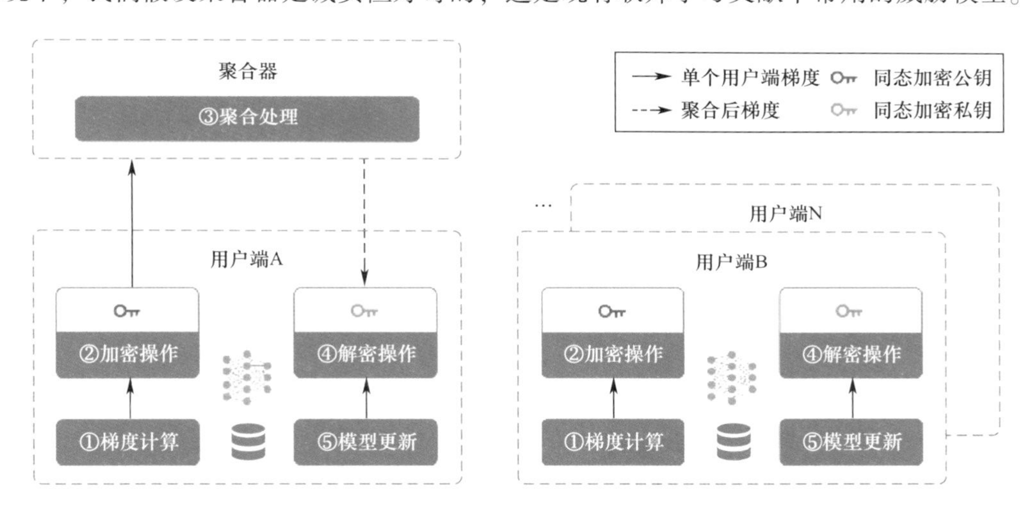

图 8－2 一个典型的跨仓库联邦学习系统

各方（用户端和聚合器）之间的通信由 SSL/TLS 等加密协议保护，因此，任何第三方都无法了解正在传输的消息。在训练开始之前，聚合器会随机选择一个用户端作为领导者，该用户端将生成同态加密密钥对，并将其同步到所有其他用户端。领导者还初始化机器学习模型，并将初始权重发送给所有其他用户端。收到同态加密密钥对和初始权重后，用户端开始训练。在迭代中，每个用户端计算局部梯度更新，使用公钥对其进行加密，然后将结果发送到聚合器。聚合器会在收到所有用户端的更新后，对它们进行聚合处理，并将结果分发给所有用户端。然后，用户端解密聚合梯度，并使用它来更新局部模型。

8.2.5 差分隐私

差分隐私是一种用于公开共享一个数据集的有关信息的系统，能够在不泄露数据集中个体成员信息的情况下，对数据集中群体的模式进行描述。差分隐私背后的思想是，如果对数据集中的任何单一数据进行替换所造成的影响足够小，使得针对数据集的查询结果无法被用于推断关于任何单一个体的较多信息，则（个体的）隐私得到了保障。差分隐私的另一种描述方式是对用于发布有关一个统计数据库的聚合信息算法施加的一种约束，这种约束能够限制数据库中记录所包含的个人信息的泄露。简单的说，如果对一个算法输出的观察不足以确定一个特定个体的信息是否参与了运算则这个算法可以被称为是差分隐私的。

（1）ε 差分隐私

ε 差分隐私的概念是由 Dwork[71] 等人在 2006 年引入的，是一种对从一个统计数据库中提取任何数据所造成的隐私损失的数学定义。设 ε 是一个正实数，A 是一个以某个数据集为输入的随机化算法（代表着持有数据的受信方的操作）。用 $\mathrm{im}\ A$ 表示 A 的像。如果对于所有两个仅存在单个元素（即一个人的数据）差异的数据集 D 和 D'，以及 $\mathrm{im}\ A$ 的所有子集 S，有

$$\Pr[A(D)\in S]\leqslant \Pr[A(D')\in S]\cdot \mathrm{e}^{\varepsilon} \tag{8-6}$$

则算法 A 被认为能够提供 ε 差分隐私。这样的 D 和 D' 被称为相邻数据集，同时把

$$\ln\frac{\Pr[A(D)\in S]}{\Pr[A(D')\in S]} \tag{8-7}$$

称为隐私损失。

（2）ε 差分隐私机制

由于差分隐私是一个概率性的概念，任何差分隐私机制都应该是随机化的。一些方法是向待计算的函数添加受控噪声，例如拉普拉斯机制；另一些则依赖于问题相关的分布族，如指数机制和后验抽样机制。下面简单介绍拉普拉斯机制。

为理解拉普拉斯机制，需要先了解灵敏度的概念。设 d 为正整数，D 为一个数据集的集合，f: $D\rightarrow \mathbf{R}^d$ 是一个函数。一个函数的灵敏（敏感）度，记为 Δf，被定义为

$$\Delta f=\max\|f(D_1)-f(D_2)\|_1 \tag{8-8}$$

其中，最大值的选取范围是 D 中所有的相邻数据集，$\|\cdot\|_1$ 代表 l_1 范数。

拉普拉斯机制通过向函数添加拉普拉斯噪声以实现差分隐私。拉普拉斯噪声即取自拉普拉斯分布的噪声，该噪声可用概率密度函数 $\mathrm{noise}(y)\propto \exp(-|y|/\lambda)$ 描述，其均值为 0，

标准差为$\sqrt{2}\lambda$。在此定义算法A的输出函数为一个实值函数，形如$\mathcal{T}_A(x)=f(x)+Y$，其中f是原始的拟在数据集上执行的实值函数，$Y\sim\text{Lap}(\lambda)$。此时$\mathcal{T}_A(x)$可被看作一个连续随机变量，有

$$\frac{\text{pdf}(\mathcal{T}_{A,D_1}(x)=t)}{\text{pdf}(\mathcal{T}_{A,D_2}(x)=t)}=\frac{\text{noise}(t-f(D_1))}{\text{noise}(t-f(D_2))} \tag{8-9}$$

套用前述灵敏度的概念和拉普拉斯噪声的形式，则有式（8-9）的最大值为

$$\mathrm{e}^{\frac{|f(D_1)-f(D_2)|}{\lambda}}\leqslant\mathrm{e}^{\frac{\Delta f}{\lambda}} \tag{8-10}$$

把$\frac{\Delta f}{\lambda}$看作隐私因子ε，则输出函数$\mathcal{T}$满足ε差分隐私机制。

（3）(ε,δ)-差分隐私

ε差分隐私在有些应用中被认为过于严格，常用的一个更为宽泛的版本是所谓的(ε,δ)-差分隐私，形如：

$$\Pr[A(D)\in S]\leqslant\Pr[A(D')\in S]\cdot\mathrm{e}^{\varepsilon}+\delta \tag{8-11}$$

通常可以通过向函数添加高斯噪声或二项式噪声来保证(ε,δ)-差分隐私。我们在此给出高斯机制的形式：对于任意的

$$\delta\in(0,1),\ \sigma>\frac{\sqrt{2\ln\left(\frac{1.25}{\delta}\right)}\Delta f}{\varepsilon} \tag{8-12}$$

有噪声$Y\sim N(0,\sigma^2)$满足(ε,δ)-差分隐私，其中的灵敏度为l_2范数。

下面介绍一个差分隐私的典型应用。假设在联邦学习模型[72]中第i个用户端的未经扰乱的训练参数为w_i，且存在一个阈值C使得$\|w_i\|\leqslant C$。假设本地训练的批量规模等于训练样本数，则可将第i个用户端的本地训练过程定义如下：

$$\begin{aligned}s_U^{D_i}&\triangleq w_i=\arg\min_w F_i(w,D_i)\\&=\frac{1}{|D_i|}\sum_{j=1}^{|D_i|}\arg\min_w F_i(w,D_{i,j})\end{aligned} \tag{8-13}$$

其中，D_i是第i个用户端的数据库，$D_{i,j}$是数据库D_i中的第j个样本，w是上一轮聚合后服务器下发的最新参数。

根据式（8-8）的定义，$s_U^{D_i}$的敏感度可以表示为

$$\Delta s_U^{D_i}=\max_{D_i,D_i'}\|s_U^{D_i}-s_U^{D_i'}\|=\frac{2C}{|D_i|} \tag{8-14}$$

则全局的敏感度可定义为

$$\Delta s_U\triangleq\max\{\Delta s_U^{D_i}\},\ \forall i \tag{8-15}$$

为降低全局敏感度，用户端的训练集应尽可能大。假设本地训练集的最小规模为 m，则 $\Delta s_U = \frac{2C}{m}$。由此，为了保证用户端上传参数的$(\varepsilon,\delta)$－差分隐私，高斯噪声的标准差选取应符合：

$$\sigma > \frac{2C\sqrt{2\ln\left(\frac{1.25}{\delta}\right)}}{m\varepsilon} \tag{8-16}$$

8.3 联邦学习安全防护技术

本节主要介绍的是面向联邦学习系统外部恶意敌手的各种安全防护技术。首先介绍安全防护技术的底层理论和方法基础（同时也是某些隐私保护技术的理论基础），即密码算法的相关知识；然后，针对系统实现中的主要安全风险，如身份安全、通信安全、存储安全、运行安全等涉及的风险，介绍相应的主流防护技术。

8.3.1 密码算法

密码算法是信息安全技术的基础，适用于联邦学习的各类安全防护技术基本都是依托密码算法构建的。密码技术可以实现数据机密性、数据完整性、消息源鉴别、抗抵赖性等基础安全功能。常用的密码算法包括密码杂凑算法、对称密码算法和公钥密码算法三大类。

1. 密码杂凑算法

密码杂凑算法又称为密码杂凑函数，可以为任意长度的消息计算生成固定长度的消息摘要。密码杂凑算法的计算是单向的，从给定的消息摘要计算原始的消息是不可行的。输入消息的微小变化，会导致密码杂凑算法输出的巨大变化，因此密码杂凑算法通常被用于实现数据完整性的校验。具体来说，密码杂凑算法应该具有如下性质。

（1）单向性（抗原像攻击）：对于输入消息 M，计算摘要 $h=H(M)$ 是容易的；但给定输出的消息摘要 h，想要通过 h 反推出满足 $h=H(M)$ 的输入消息 M，在计算上是困难的、不可行的。

（2）弱抗碰撞性（抗第二原像攻击）：给定消息 M_1，找出能够映射到相同的消息摘要的另一个消息 M_2，满足 $H(M_2)=H(M_1)$，在计算上是困难的、不可行的。

（3）强抗碰撞性：找到能映射到相同消息摘要的两个不同消息 M_1 和 M_2，在计算上是困难的、不可行的。

常用的密码杂凑算法包括 MD5（Message Digest 5）算法、SHA（Secure Hash Algorithm）系列和中国国家标准 SM3 算法。SHA 系列包括 SHA-1、SHA-2 和 SHA-3。上述算法中的 MD5 算法和 SHA-1 算法由于存在快速碰撞攻击风险，现在已经不推荐使用。

SM3 算法是中国国家标准密码杂凑算法，参见《信息安全技术 SM3 密码杂凑算法》（GB/T 32905—2016）。SM3 算法输出的消息摘要长度是 256 位。

2. 对称密码算法

对称密码算法用于明文、密文数据的可逆变换，且变换和逆变换的密钥是相同的。明文到密文的变换，称为加密；密文到明文的变换，称为解密。加密、解密的秘密参数称为密钥，该算法名称中“对称”的含义就是指加密密钥与解密密钥是相同的。对称密码算法分为序列密码算法和分组密码算法两种。序列密码算法将密钥和初始矢量（Initial Vector，IV）作为输入，计算输出得到密钥流，然后将明文和密钥流进行异或运算，得到密文。分组密码算法每次处理一个分组长度（如 128 位）的明文，将明文和密钥作为输入，计算输出得到密文。分组密码的计算过程通常是由相同或者类似的多轮计算组成，逐轮处理明文，每一轮的输出是下一轮的输入，直至最后一轮输出结果。利用密钥扩展算法，从密钥计算得到多个轮密钥，每一个轮密钥用于一轮计算。

AES 分组密码算法是目前应用最广泛的对称密码算法，其分组长度是 128 位，密钥长度支持 128 位、192 位或者 256 位，分别用 AES-128、AES-192、AES-256 表示。许多 CPU 集成了专门的 AES 指令集用于为 AES 算法加速，例如英特尔（Intel）的 AES-NI 指令集，此类指令集实现的 AES 算法性能与软件实现相比提升显著。此外，分组密码算法有不同的工作模式，主要包括电码本（Electronic Code Book，ECB）模式、密文分组链接（Cipher Block Chaining，CBC）模式、密文反馈（Cipher Feedback，CFB）模式、输出反馈（Output Feedback，OFB）模式、计数器（Counter，CTR）模式，其中 CBC 模式最为常用。

SM4 算法是中国国家标准分组密码算法，参见《信息安全技术 SM4 分组密码算法》（GB/T 32907—2016）。SM4 算法的分组长度是 128 位，密钥长度是 128 位，迭代轮数是 32 轮。SM4 算法的加密和解密过程相同，只是轮密钥使用顺序相反。

3. 公钥密码算法

公钥密码算法又称为非对称密码算法，同样用于明密文数据的变换。公钥密码算法的变换和逆变换使用不同的密钥，用于加密的公开密钥称为公钥（Public Key），用于解密的私有密钥成为私钥（Private Key）。公钥和私钥配对使用，可以根据私钥计算推导得到公钥，但是从公钥推导私钥在计算上是不可行的。为达成这一特性，公钥密码算法的设计一般基于计算困难的数学问题，包括大整数因子分解问题、素域离散对数问题、椭圆曲线离散对数问题等。常用的公钥密码算法有 RSA 算法、数字签名算法（Digital Signature Algorithm，DSA）、椭圆曲线数字签名算法（Elliptic Curve Digital Signature Algorithm，ECDSA），以及我国的 SM2 和 SM9 算法等。公钥密码算法最典型的用途有 3 种，分别是加解密、数字签名、密钥协商。

（1）加解密

发送方查找接收方的公钥，然后使用该公钥加密要保护的消息；当接收方收到消息后，用自己的私钥解密，得到消息。公钥密码算法的加解密速度一般远低于对称密码算法，因此公钥密码算法主要用于少量关键数据的加解密，例如使用公钥算法加密对称密码算法的密钥，再用对称密码算法对后续通信进行加密。这种根据特点组合使用公钥算法和对称算法的方式称为混合加密，在 TLS 协议等重要安全组件中发挥着关键作用。

（2）数字签名

数字签名主要用于实现数据完整性、消息起源鉴别和抗抵赖性等。与公钥加解密中使用公钥、私钥的顺序不同，签名方（发送方）先使用自身的私钥对消息进行数字签名，验证方（接收方）使用对方的公钥对消息和数字签名进行验证。通常为了减少耗时计算，一般先使用密码杂凑算法计算消息的摘要，再对消息摘要（而非整个消息）进行数字签名。

（3）密钥协商

密钥协商算法用于通信双方在公开信道上联合生成共享密钥。1976 年 Whitfield Diffie 和 Martin Hellman 在论文“New Directions in Cryptography”中提出 DH（Diffie-Hellman）密钥协商算法，也是首个公开发表的公钥密码体制。简单的说，在 DH 密钥协商算法中，通信双方基于某些共同的公开参数，分别生成各自的“临时私钥”和“临时公钥”，双方交换临时公钥并与自身的临时私钥进行运算，可得到一个相同的运算结果，并在此基础上派生出一个共享的密钥。ECDH（Elliptic Diffie-Hellman）密钥协商算法是 DH 密钥协商算法在椭圆曲线上的扩展，在实现 DH 密钥协商算法功能的基础上兼具椭圆曲线密码算法强度高、密钥短、运算快的优点，是目前最主流的 DH 协议实现方式。

SM2 椭圆曲线公钥密码算法（简称 SM2 算法）是中国国家标准公钥密码算法，参见《信息安全技术　SM2 椭圆曲线公钥密码算法》（GB/T　32918）。SM2 算法的密钥长度为 256 位，包括了公钥加密、数字签名和密钥协商 3 类算法。2017 年 SM2 算法被国际标准化组织（International Organization for Standardization，ISO）采纳，成为国际标准 ISO/IEC　14888－3的一部分。

8.3.2　身份认证

由于联邦学习系统涉及网络信息通信，其安全防护的基本要求之一就是身份认证。身份认证的意义是确保联邦学习系统中各参与方身份的真实性，拒绝假冒的、不合法的攻击者参与系统交互，进而间接起到防止数据泄露和模型污染的效果。本节介绍两种成熟的身份认证技术方案：基于对称密码学的、使用票据认证的Kerberos协议和基于公钥密码学的公钥基础设施（Public Key Infrastructure，PKI）系统。在联邦学习系统中，可以方便地部署和应用这两种身份认证技术方案。

1. Kerberos 协议

Kerberos是一种计算机网络认证协议，它允许某实体经由非安全网络环境进行通信，向另一个实体以一种安全的方式证明自己的身份。该协议设计主要面向用户－服务器模型，并提供了一系列交互认证——用户和服务器都能验证对方的身份。Kerberos协议可以保护网络实体免受窃听和重放攻击。Kerberos协议基于对称密码学和一个可信第三方，同时，它的一些扩展可以为认证的某些阶段提供公钥密码学支持。

Kerberos协议以Needham-Schroeder协议为基础，其主要组件及描述见表8－2。它引入了一个被称为密钥分发中心（Key Distribution Center，KDC）的可信第三方。网络中的每个实体，无论用户还是服务器，均与KDC单独共享一套对称密钥，用于证明实体的身份。KDC用一个密钥数据库（Key Database）来存储其持有的上述共享密钥。对于两个实体间的通信，KDC为二者生成和分发一个会话密钥，用来加密它们之间的通信。Kerberos协议中的KDC还包括两个独立的逻辑组件：认证服务器（Authentication Server，AS）和票据授权服务器（Ticket Granting Server，TGS）。Kerberos协议工作在用于证明用户身份的“票据”的基础上。

表8－2　Kerberos的主要组件与描述

主要组件	描　述
KDC	密钥分发中心
AS	认证服务器
TGS	票据授权服务器
TGT	票据授权票据
SS	特定服务提供端

Kerberos协议的典型工作流程如图8－3所示，可以简化描述如下。

（1）用户发送自己的用户名到KDC以向AS进行认证。

（2）KDC 会生成相应的 TGT，打上时间戳，并用 TGS 的密钥对 TGT 进行加密，将结果发还给用户。同时，KDC 还生成一个会话密钥并用与用户之间的共享密钥加密返回给用户，供用户与 TGS 进行加密通信。TGT 有一定的有效期。

（3）当用户需要使用一些特定服务（Service Server，SS）的时候，该用户就用上一步骤中获得的会话密钥与 TGS 建立会话，发送 TGT 给 TGS。

（4）当该用户的 TGT 验证通过并且其有权访问所申请的服务时，TGS 组件会生成一个可用于该服务的票据和会话密钥，并发还给用户。

（5）用户将服务请求与该票据一并发送给相应的服务器，即可正常使用服务。

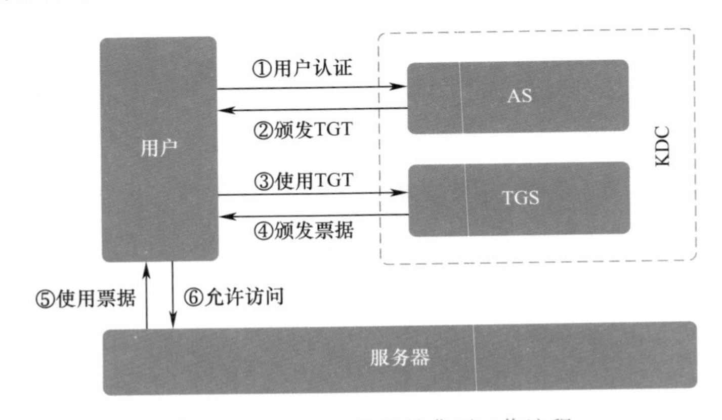

图 8－3　Kerberos 协议的典型工作流程

联邦学习系统可以选择 Kerberos 协议作为身份认证方案。Kerberos 协议的优点包括交互简单、天然的单点登录支持等，缺点在于需要部署专门的 KDC、对称密码系统缺乏对抗抵赖性的支持等。

2. PKI 系统

PKI 是一组由硬件、软件、参与者、管理政策与流程组成的基础架构，其目的在于创造、管理、分配、使用、存储以及撤销数字证书。密码学上，PKI 系统借助数字证书机构（Certificate Authority，CA）将用户的个人身份跟公钥链接在一起。对每个 CA 来说，用户的身份必须是唯一的。链接关系通过注册和发布过程创建，根据担保级别，链接关系可能由 CA 的各种软件或在人为监督下完成。PKI 系统里确定链接关系的这一角色称为注册管理中心（Registration Authority，RA）。RA 确保公钥和个人身份链接，可以抗抵赖。

在 PKI 技术的支持下，用户获取其他用户公钥的简化过程如下：

（1）B 方生成自己的公私密钥对，将公钥和自己的身份证明提交给 CA；

（2）CA 检查 B 方的身份证明后，为 B 方签发数字证书，证书中包含 B 方的身份信息和公钥，以及 CA 对证书的签名结果；

（3）当A方需要与B方进行保密通信时，就可以查找B方的证书，然后使用CA的公钥来验证证书上的数字签名是否有效，确保证书不是攻击者伪造的；

（4）验证证书之后，A方就可以使用证书上所包含的公钥与B方进行加密通信和身份鉴别等交互。

上述通信过程涉及了PKI系统的3个基本组件：CA、证书持有者和依赖方。

CA是一个权威的第三方。在PKI系统中，CA会用数字签名的方式为订户签发证书，签发证书的目的是发布订户的公钥，CA也有自己的公私钥对。

订户（User）即证书的持有者。在与A方的通信过程中，B方拥有自己的证书和与证书中公钥匹配的私钥，被称为证书持有者。证书持有者的身份信息和对应的公钥会出现在证书中。

在上述通信过程中，A方可以没有自己的公私密钥对和证书，与B方的安全通信依赖于CA给B方签发的证书以及CA的公钥。一般将PKI系统应用过程中使用其他人的证书来实现安全功能（机密性、身份鉴别等）的通信实体称为依赖方（Relying Party，或称证书依赖方），如上述过程中的A方。

为了能更好地提供服务，PKI系统中还包含注册机构（Registration Authority，RA）、资料库系统（Repository）、密钥管理系统、在线证书状态协议（Online Certificate Status Protocol，OCSP）服务器、CRL Issuer等辅助组件。

联邦学习系统可通过为系统中的每个参与方申请和部署数字证书来实现基于PKI系统的身份认证。数字证书的签发和验证依赖于广泛存在的CA，因此无须建设专用的可信第三方。同时，通过基于数字证书的数字签名算法的使用，还可为联邦学习过程中的关键操作提供抗抵赖性的支持。

8.3.3 通信安全

通信安全的主要内涵包括了通信对端的身份认证、传输过程的机密性和完整性。机密性能够防止被动窃听，完整性能够防止通信内容被篡改。因此，不论面向隐私保护的联邦学习采用了何种数据处理和传输方式，如同态加密或不经意传输，都应当从通信安全的角度采用专门的安全防护措施。在实践中，最主流、也可以说是最便捷的通信安全防护手段就是部署传输层安全（Transport Layer Security，TLS）协议。

1. TLS协议

TLS协议及其前身——安全套接层（Secure Sockets Layer，SSL）都属于安全协议，目的是为互联网通信提供机密性及数据完整性保障。浏览器、邮箱、即时通信、VoIP、网络传真等应用程序广泛支持 TLS 协议，一些主要的网站，如谷歌、脸书（Facebook）、百度等也使用 TLS 协议来创建安全连接。目前，TLS 协议已成为互联网上加密通信的工业标准。

TLS 协议采用参与方 - 服务器架构模型，用于在两个应用程序间透过网络创建起安全的连接，防止在交换数据时受到窃听及篡改。TLS 协议的优势是与上层的应用层协议（如 HTTP、FTP、Telnet 等）无耦合。应用层协议能透明地运行在 TLS 协议之上，由 TLS 协议进行创建加密通道需要的密钥协商和身份认证。应用层传送的数据经过 TLS 协议的处理都会被加密，从而保证通信的机密性。

由于 TLS 协议是可选的，参与方需要向服务器明示建立 TLS 连接的需求。主要有两种方式实现这一目标：一种是使用专门的 TLS 协议通信端口（如用于 HTTPS 的端口 443）；另一种方式是参与方向服务器发送一个特定的请求（视应用场景而定），用于将连接切换为 TLS 连接（如发送 STARTTLS 请求）。一旦参与方和服务器都同意使用 TLS 协议，它们就可以通过进行一个基于公钥密码学的握手过程，协商出若干密码配置和一个共享的会话密钥，用于创建安全连接。

（1）参与方连接到支持 TLS 协议的服务器，要求创建安全连接，并列出自身（参与方）支持的密码套件（密码算法和散列函数），握手开始。

（2）服务器从上述密码套件中选取同样支持的密码算法和散列函数，并告知参与方。

（3）服务器通常以数字证书的形式返回其身份，此证书通常包含服务器的名称、受信任的 CA 签名和服务器的公钥。

（4）参与方确认收到的服务器证书的有效性。

（5）为了生成会话密钥用于安全连接，参与方可使用以下两种方式之一。

方式一：使用服务器的公钥加密一个随机数，并将其发送到服务器，只有服务器才能使用自己的私钥解密。基于该随机数，双方生成用于数据加解密的共享对称密钥。

方式二：采用 DH 密钥协商算法，双方生成共享的对称密钥。由于密钥没有在双方之间传递，该方法提供了额外的前向安全性，即在服务器私钥后续发生泄露的极端情况下，敌手仍无法解密被该对称密钥所保护的会话内容。

（6）握手完毕，双方采用上述会话密钥加密后续通信过程，直到连接关闭。如果上述任何一个步骤失败，TLS 协议的握手过程就会失败，并且断开所有的连接。

TLS 协议从推出至今已经有 20 年历史，经历了 TLS 1.0 ~ TLS 1.3 数个版本，最新的 TLS 1.3 是 2018 年发布的。目前网络中的 TLS 连接仍有一多半为 TLS 1.2，上面的握手过程也是根据 TLS 1.2 的内容给出的。TLS 1.3 版本与 1.2 版本相比进行了重要的改进，带来了安全性和通信效率方面的可观提升，因此建议在条件允许的情况下采用 TLS 的最新版本，即 TLS 1.3。

2. DTLS 协议

DTLS（Datagram Transport Layer Security）协议即数据报传输层安全协议。由于 TLS 协议基于传输控制协议（Transmission Control Protocol，TCP），不能用来保证用户数据报协议（User Datagram Protocol，UDP）上传输数据的安全性，因此 DTLS 协议试图在现存的 TLS 协议架构上提出扩展，使之支持 UDP，即成为 TLS 的一个支持数据报传输的版本。DTLS v1.0 基于 TLS v1.1，DTLS v1.2 基于 TLS v1.2。

UDP 是不面向连接的不可靠协议，且没有对传输的报文段进行加密，不能保证通信双方的身份认证，消息传输过程中的按序接收、不丢失和加密传送。DTLS 在 UDP 提供的套接字（Socket）之上实现了参与方与服务器双方的握手连接，在握手过程中通过使用预共享密钥（Pre-Shared Key，PSK）或椭圆曲线密码（Elliptic Curves Cryptography，ECC）算法实现了加密；利用 Cookie 验证机制和证书实现了通信双方的身份认证；通过在报文段头部加上序号、缓存乱序到达的报文段和重传机制实现了可靠传送。在握手完成后，通信双方就可以实现应用数据的安全加密和可靠传输。

8.3.4 存储安全

数据在计算设备上的安全存储是数据安全防护的最后一道防线，对于联邦学习系统也是如此。特别地，联邦学习系统的参与方往往持有大量的用户个人数据，需要承担数据保护的义务。数据的存储安全通常通过加密存储的方式实现，尤其当数据存储和计算发生在公有云的主机上时，数据加密存储更加重要。存储加密的技术并不复杂，关键在于如何做好存储加密密钥和其他关键数据的访问控制，以及在特定场景下实现加密数据的安全共享。针对这两个关键问题，本节分别对基于属性的加密（Attribute Based Encryption，ABE）和代理重加密（Proxy Re-Encryption，PRE）进行介绍。

1. 基于属性的加密

通过基于属性的加密，消息发送者可以在不获取公钥证书的情况下对消息进行加密。在某些情况下，能使用不带证书的公钥加密数据解决这个问题。例如，用户 A 可以在没有 PKI 或在发送时不能连接收件人的情况下向收件人 B 发送加密消息。使用基于属性的加密，个体被视为一组描述性属性。仅在 ω 和 ω' 只有细微差异的情况下，具有对应属性为 ω 的私钥的用户可以解密用对应属性为 ω' 的公钥加密的数据，这个微小差异的阈值由某个指标 d 设定。假设发送者希望对具有某组特定属性的所有用户发送加密文件，例如，一个公交车队的负责人希望以加密的形式向司机传递信息。在这个情况下，数据将以以下格式的属性进行加密：{"bus fleet","Head","driver"}。具有这些属性的任何人都可以解开数据。这个算法的优势在于，加密文件可以通过开放信道传输，也可以被存放在不受保护的服务器上。

基于属性的加密由三方执行：数据所有者、接收者和第三方（称为可信中心）。可信中心的作用是为数据所有者和接收者生成用于加密和解密的密钥。公钥和主密钥由预定义的、完整的一组属性生成。如果系统新增了具有新属性的用户，那么这个新的属性将被添加进这组属性集合中，同时公钥和主密钥将重新生成。数据所有者使用公钥和某些属性对数据进行加密，用户接收到加密数据后，可以使用自己的私钥对数据进行解密。于是，该私钥相当于为用户提供一个可信中心，它检查用户私钥属性和加密数据属性之间的对应关系。如果匹配属性的数量大于预先确定的阈值 d，用户就可以使用私钥成功解密数据。否则，数据将无法解密。基于属性的加密，可分为密钥策略的基于属性加密和密文策略的基于属性加密。

2. 代理重加密

代理重加密是允许第三方（代理）更改原本面向某一方加密的密文，使其能被另一方解密的密码系统，如图 8-4 所示。代理重加密的基本使用场景可描述为：B 方想将其接收到的、被其（B 方）公钥加密的消息，透露给另一方（C 方），并且不向 C 方泄露自己的私钥。B 方可以指定一个代理来重新加密他要发送给 C 方的消息，且 B 方不希望代理获知消息的内容。代理对消息进行重加密并发给 C 方，使得 C 方可以用自身的密钥解密它。

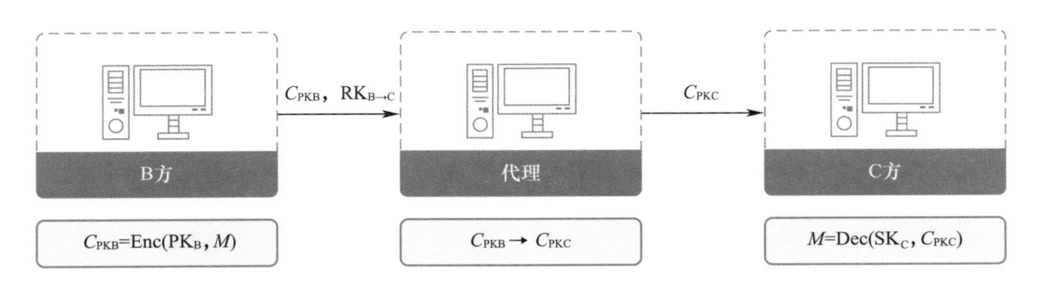

图 8-4 代理重加密示意图

这项技术有一系列的应用，例如邮件转发和内容分发。代理重加密方案和传统的对称或者非对称加密方案类似，但多了两个额外特性。

（1）授权（Delegation）

允许消息拥有者（密钥持有者）基于自己的私钥和被授权方（Delegated User）的密

钥生成用于重加密的密钥。在重加密功能中，这个重加密密钥作为输入被代理使用，该功能被代理执行来对密文进行转换。非对称代理重加密有双向（Bi-Directional）和单向（Uni-Directional）的区分。

在双向方案中，重加密是可逆的，也就是说可以使用重加密密钥来转换 B 方发给 C 方的消息，也可以转换 C 方发给 B 方的。这将视应用的不同造成一些安全后果。双向重加密中一个显著的特点就是必须结合授权方和被授权方（如 B 方和 C 方）的密钥来产生重加密密钥。

单向方案是单行的，B 方给 C 方的消息可以被重加密，但是不能反向加密。单向方案可以在不暴露被授权方私钥的情况下构建出来，例如 B 方可以通过组合他的私钥和 C 方的公钥来给 C 方授权。

（2）传递（Transitivity）

传递性的代理重加密（Transitive Proxy Re-Encryption）方案允许密文不限次数地进行重加密。例如，B 方向 C 方传递的密文可能被重加密，然后 C 方向 D 方传递时再次被重加密，依次类推。非传递性的方案（Non-Transitive Schemes）对于给定的密文仅允许一次（或者限定次数的）重加密。目前，唯一已知的单向、传递性的代理重加密是通过同态加密实现的。

代理重加密在云计算环境中可被用于安全的数据共享。在云场景下，重加密密钥被提供给云操作员或管理员。以 B、C、D 三方为例，云可以取代 C 方的位置，B 方产生一个重加密密钥提供给云。当 D 方下载 B 方的文件时，云操作员或管理员将 B 方的加密文件重加密成 D 方的文件。

8.3.5 可信计算

可信执行环境（Trusted Execution Environment，TEE）是主处理器上的一片安全区域，保证了加载到该环境内部的代码和数据的机密性以及完整性，可与操作系统并行运行。TEE 提供了一个隔离的执行环境，提供的安全特征包含隔离执行、可信应用的完整性、可信数据的机密性、安全存储等。一般而言，TEE 比常见的用户操作系统所提供的执行空间有更高级别的安全性，比安全单元（Secure Element，SE，如智能卡、SIM 卡等）提供更多的功能和更强的性能。

TEE 使用软硬件结合的方式保证了内部数据的安全性：硬件隔离保障了运行在富操作系统（Rich OS）上的用户应用程序不能访问那些只有 TEE 内部的可信应用才能访问的处理器、外设和内存等组件；软件隔离和密码隔离保障了 TEE 内部可信应用之间不能互相进行非授权访问。

常见的支持 TEE 的硬件包括英特尔的 SGX[73]（Software Guard Extensions，软件防护扩展）和 ARM 的 TrustZone[74] 等。英特尔 SGX 技术在计算平台上提供一个可信的空间，以保障用户关键代码和数据的机密性和完整性；ARM TrustZone 技术支持的物理处理器核心提供两个虚拟核心，其中一个为安全环境隔离所有片上操作系统（System on Chip，SoC）硬件和软件资源。

1. 英特尔 SGX

英特尔 SGX 是近几年来倍受工业界和学术界关注的、基于 CPU 硬件特性的隔离技术，如图 8－5 所示。SGX 是英特尔处理器的安全扩展，能够为应用程序提供可信的隔离执行环境，称为飞地（enclave），其安全性不依赖于操作系统、虚拟机监控器、外部设备等。SGX 能够有效阻止应用程序、操作系统、虚拟机监控器等对 enclave 内代码和数据的访问，在硬件层次上保障了 enclave 内代码和数据的机密性和完整性。SGX 已被应用于在本地计算机乃至云环境下保护应用程序和服务以及网络的安全。

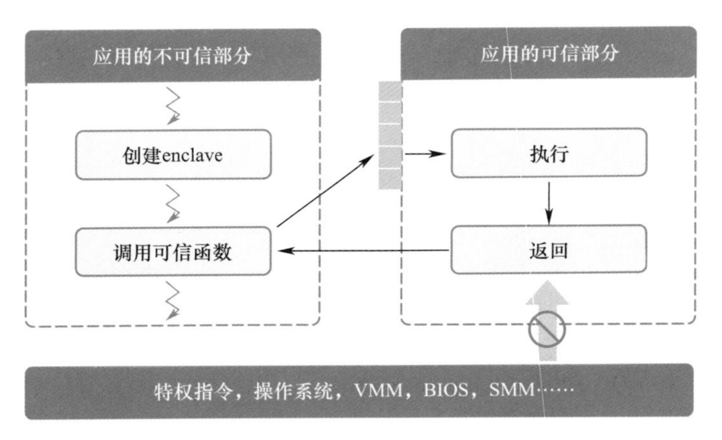

图 8－5　英特尔 SGX 示意图

英特尔 SGX 是一套 CPU 指令，可支持应用程序创建 enclave。在 enclave 中，用户级的敏感代码和敏感数据受隔离机制的保护，免受其他进程、操作系统甚至物理攻击者的修改或泄露。enclave 代码可通过专用指令启用，并被构建和加载成动态链接库文件。在 enclave 创建期间，enclave 的代码和数据以明文形式加载，即从非 enclave 内存加载。不受信任的应用程序代码通常使用由英特尔 SGX 提供的 EENTER（Enclave Enter）指令来启用初始化的 enclave，以将控制转移到驻留在受保护的 enclave 页面缓存（Enclave Page Cache，EPC）中的 enclave 代码。enclave 代码通过 EEXIT（Enclave Exit）指令返回到调用者。英特尔 SGX 为 enclave 提供了内存加密、隔离执行环境、断言证明、数据密封等安全保证。

2. ARM TrustZone

ARM TrustZone 技术是 ARM 处理器上的一个硬件安全拓展，它提供了 ARM 平台上系统维度、硬件层次的隔离，架构如图 8－6 所示。ARM TrustZone创建了一个隔离的安全域，可用于保证系统的机密性和完整性。Cortex-A8、Cortex-A9 和 Cortex-A15 等处理器均支持 TrustZone 技术的实现，主流芯片厂商的处理器也引入了 TrustZone 的特性，如飞思卡尔、德州仪器和三星。

图 8－6 ARM TrustZone 架构示意图

TrustZone 支持两种 CPU 状态：安全状态和非安全状态，分别对应安全域和普通域。两个 CPU 状态通过 CP15 寄存器控制。安全状态和非安全状态可以通过在 CP15 的安全配置寄存器（Secure Configuration Register，SCR）中配置 NS 位来区分，这个寄存器只能在安全状态下被改变。TrustZone 添加了一个新的特权模式——监视器模式（Monitor Mode），这个模式只运行于安全状态，作为管理两个状态之间切换的“看门员”。安全状态和非安全状态都可以调用特权级别指令，即安全监视器调用（Secure Monitor Call，SMC）指令来进入监视器模式，然后再切换到其他状态。此外，还有一个被称为虚拟机模式的虚拟机管理器模式被集成到 ARM Cortex-A15 处理器中来支持普通域中操作系统的虚拟化。

联邦学习系统可以借助 Intel SGX 技术和 ARM TrustZone 技术来分别实现在 PC 和手机（均属于参与方）上的程序可信执行。作为工业芯片产品中内嵌的成熟安全技术，它们的应用对于抵御针对操作系统和运行环境的攻击具有较高的实用性和可预期的效果。

8.4 本章小结

本章对联邦学习系统的安全模型、隐私保护技术和安全防护技术进行了基本介绍。

在安全模型中，本章将主要的敌手类型确定为半诚实的内部敌手和恶意的外部敌手，而不考虑恶意内部敌手的情形，这是因为诚实地遵守协议是对各方都有利的。在考虑恶意内部敌手的特殊情形下，其可能的攻击手段包括投毒攻击、对抗攻击、查询攻击等，相应的防御手段包括防御蒸馏、对抗训练、正则化等。这些攻击的目标通常是破坏机器学习模型的完整性和可用性，而非获取隐私信息。

在隐私保护技术方面，秘密共享、不经意传输、混淆电路和同态加密均可用于构建安全多方计算协议，进而实现联邦学习隐私保护。这些技术具备高安全保证，但在实用性方面都有各自的短板，例如秘密分享的高通信代价、同态加密的高计算开销、混淆电路一般只支持安全两方计算等，一般需要结合联邦学习的具体问题组合使用。对差分隐私技术而言，隐私保护的强度与机器学习的精度之间也不可避免地存在权衡。长期来看，联邦学习隐私保护的重要发展方向包括降低隐私保护技术的开销、探索更加适用于联邦学习场景的隐私模型等。

在安全防护技术方面，本章介绍了密码杂凑函数、对称密码算法和公钥密码算法的基本概念，以及相应的国产密码算法 SM3、SM4 和 SM2。随着《中华人民共和国密码法》于 2020 年 1 月 1 日起开始施行，密码应用领域的国产化替代进程将会加快，因此在联邦学习系统的设计和实施过程中对国产密码算法加以考虑是非常必要的。以上国产密码算法均已被国际标准接纳或处于接纳过程中，因此算法的安全强度和通用性都可以得到保障。同时，支持国产密码算法的服务器密码机、身份认证网关、SSL VPN 等专用硬件设备已经获得广泛应用，在系统部署时可以考虑直接集成上述类型的设备来实现相应功能。

第9章 联邦学习的服务质量

一项新技术的提出，必然伴随着对其服务于实际应用的思考。近年来，人们已经开始利用联邦学习技术服务于真实场景，为参与方解决数据孤岛问题，实现数据赋能。这也就引出了一项新的研究——联邦学习的服务质量。这项研究可以从服务于实际应用的角度加深对联邦学习的了解，以期在工程应用中作出最优选择，充分发挥联邦学习的服务价值。本章介绍联邦学习服务质量的定义、评估维度和理论体系，以及提升联邦学习服务质量的方法。

9.1 联邦学习服务质量的定义

在不同场景下，联邦学习的性能因服务资源需求、数据质量、模型稳定性、网络质量等因素的影响而表现各异，这会进一步体现在联邦学习创造价值时的表现中。为了更好地考量和评估联邦学习的效果，面对具体应用场景选择相对最优的联邦学习策略，我们引入联邦学习服务质量的概念。

9.1.1 联邦学习服务质量的由来

联邦学习的主要思想是由每个数据拥有方在本地训练模型，然后将模型参数上传至中央服务器，中央服务器通过聚合机制对全局模型进行更新，并将更新后的模型信息返回给参与方，以此完成多个本地模型的联合训练。在这一过程中，系统会设置相应的隐私保护机制，确保用户隐私信息不被泄露。基于以上思想，联邦学习技术所提供的服务能够较好地平衡数据共享与隐私保护的关系，解决现实场景中广泛存在的数据孤岛现象（见图9-1）。

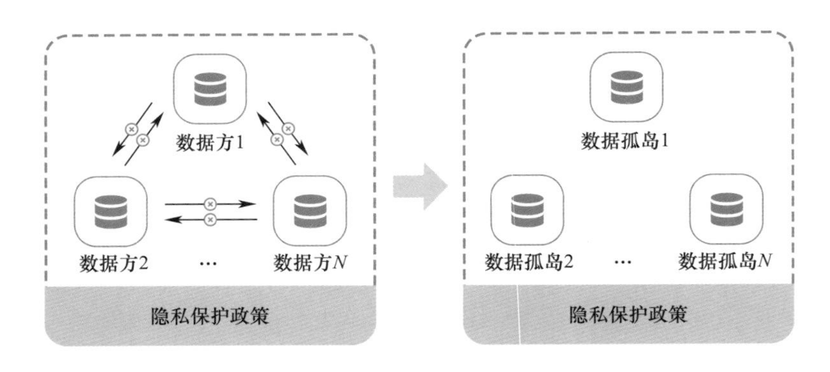

图 9-1　数据孤岛现象

不过，目前联邦学习技术所提供的服务仍然存在一些问题，例如服务资源开销过大、各参与方的数据分布不均衡、联合训练过程受网络性能制约明显、模型效果在不同加解密方式下存在偏差等。

具体来看，在服务资源的需求方面，由于联邦学习的建模过程会由多方参与，涉及本地模型的联合训练、高频次模型信息通信等任务，其过程往往伴随着大量的计算成本和通信开销，因此各参与方会产生较大的计算资源开销和数据传输需求。

在数据质量方面，需要分3个方向看：在横向联邦学习中，各参与方之间不共享数据且数据不出本地，其训练数据是根据本地环境和业务场景收集的，各数据集的数据体量、分布形式通常存在很大差异，它们并不满足独立同分布特征，且数据源的质量参差不齐。而联邦学习对数据是相当敏感的，模型训练的固有机制要求提取数据特征，利用数学理论映射出所提特征与技术表现的对应关系，这使得小体量和不均衡的数据会对联邦学习的模型质量产生严重影响。此外，带有假标签的污染或恶意攻击数据还可能导致模型中毒。同样的，在纵向联邦学习中，数据拥有不同的特征空间，各参与方在利用数据样本特征构建全局模型时，每一方都是聚合模型中的一部分，它们所拥有的数据质量和特征分布会对最终的模型更新产生影响。在联邦迁移学习中，各方数据和特征空间的重叠都比较少，模型性能会受各参与方数据多样性和完整性的影响。

在模型的稳定性方面，联邦学习通常不能保证其过程中所有数据不丢失。在每个通信回合中，设备可能会因为网络状态、设备电压失稳等不可抗因素毫无预兆地失去响应或连接，这样的突发状况会给联邦学习的联合训练过程带来一定的干扰，从而扰动各参与方之间的建模平衡。

在联邦学习质量方面，为了进一步加强数据安全，降低本地数据被反向推理的可能，研究人员通常会对联邦学习过程中的数据传输进行加解密操作。然而，这一操作会给传输的数据带来一定程度的偏差，虽然这些偏差在大部分情况下是微小可忽略的，但少数情况下仍会导致联邦学习的效果低于预期。同时，目前联邦学习的大部分研究基于“各参与方都是可信的”这一假设前提，而现实中它们也许并不可信。可以看出，联邦建模任务的效果不仅依赖于中央服务器与数据参与方间进行通信的加解密算法，而且取决于参与方的可信程度。

另外，建模过程中网络质量的好坏会影响各个数据参与方与中央服务器之间通信的效果。在网络质量不佳的情况下，存在时延和数据丢失的问题，这会对联邦学习效果产生不同程度的影响。因不同联邦学习参与方的设备异构而产生的运算性能差异，同样也会对联邦学习效果造成影响。

联邦学习提供的服务有其独特的优势，能够解决工程应用中存在的数据孤岛困境。不过，如果不预先对联邦学习的服务质量从多个维度进行深入考量和评估，将不利于联邦学习方式的选择和应用，无法有的放矢地对联邦建模过程进行干预。如此一来，联邦学习不仅不能带来模型性能的提升，还会造成通信和计算资源的损耗与浪费。因此，我们引入了联邦学习服务质量的概念，期望建立一套高效、可靠的联邦学习服务质量评价体系，以实现联邦学习服务质量的量化、可控，从而更好地理解与应用联邦学习技术服务。

9.1.2　什么是联邦学习服务质量评估

在构建联邦学习服务质量的评价体系之前，首先需要充分理解服务质量的含义，才能更好地分析服务质量的影响因素，进而制定服务质量评价指标和相应的优化方法。所谓服务，是指个体或组织机构依靠其自身特性或其自身拥有的某些工具、设备和手段等，为参与方提供满足其特定需求的一系列活动或行为的总和。服务质量是指组织或个人为参与方提供的服务能够满足规定和潜在需求的特征和特性的总和，是反映服务好坏程度的指标。服务质量的表示形式可以分为量化形式和非量化形式。量化形式的服务质量可以是一系列反映服务好坏的数值，非量化形式的服务质量可以是一段反映服务好坏的语言描述。

在联邦学习中，我们期望构建一套联邦学习服务质量评价体系，直观、定量地反映联邦学习服务质量的优劣。服务质量评估是联邦建模的“镜子”，是对联邦学习整体效果的评价，能够直观地反映出联邦建模相较单独建模的优势，一来可以为用户是否选择联邦学习提供参考意见和数据支撑，二来对联邦建模的参数优化具有重要指导意义。因此，我们将联邦学习服务质量定义为：在联邦建模过程中，可用于评价各参与方所建立满足自身需求规定的目标模型与实际模型间偏差的综合量度。

根据9.1节中介绍的联邦学习的服务优势和潜在问题，针对不同类型的联邦学习，我们归纳了影响联邦学习服务质量的多种因素。针对横向联邦学习，影响联邦学习服务质量的因素可总结为：各本地模型的性能，各个数据参与方所提供的数据体量、质量和价值，联邦学习中的网络性能、计算资源和通信成本等。针对纵向联邦学习，我们将影响联邦学习服务质量的因素总结为：聚合模型的性能，各个参与方数据特征分布的多样性，联邦学习中的网络性能、计算资源和通信成本等。针对联邦迁移学习，影响联邦学习服务质量的因素可总结为：目标模型的性能、联邦学习中的网络性能、计算资源和通信成本等。可以看到，由于联邦学习方式的差异，影响其服务质量的因素也存在区别，但存在一定共性。因此，可将影响联邦学习服务质量的因素宏观总结为：模型性能、数据处理效率、网络性能、计算资源和通信成本，以及联邦建模的鲁棒性、隐私保护技术的应用等。为了定量地分析以上每个因素在联邦学习的建模过程中对服务质量的影响程度，有针对性地从某一指标入手优化联邦学习的服务质量，本书定义了联邦学习中模型性能、网络性能、联邦建模的计算资源调度代价、计算精度的权重更新、联邦建模的抗干扰性等作为定量分析联邦学习服务质量的指标，同时给出与之对应的理论推导过程，并提出合理的优化方法与解决对策。

9.2 联邦学习服务质量的评估维度

评价联邦学习服务质量，首先要构建一套评价体系。以同样的标准进行评价，这样的评估结果才有可比较性。评价体系的建立要从明确评估维度入手，分析主要影响因素，确定比较有代表性的几个方面，尽量实现综合、全面的评估。本节将评估维度总结为5个方面，分别是联邦学习的模型性能、数据传输效率、网络性能、计算资源和联邦建模的鲁棒性。

9.2.1 模型性能

联邦学习是一种隐私保护下的联邦建模方式，能有效帮助多个数据参与方在满足国家法律、法规要求和数据隐私保护的前提下，进行数据的使用和建模。在联邦学习中，模型性能是反映联邦学习服务质量的关键指标，针对不同任务模型性能的评价指标又有区别。因此，本小节针对目前联邦学习主要应用的两类任务进行介绍：分类任务和回归任务。

在分类任务中，大多数情况下采用模型的整体分类精度（Overall Accuracy，OA）、平均分类精度（Average Accuracy，AA）和Kappa系数（k）作为模型性能的评价指标。不过针对不同的分类任务，如信息检索等，还有其他可以考虑的指标，如查准率、召回率、F_1 值、F_β 值等。其中，查准率反映的是所有被正确检索的样本占所有被检索样本的比例；召回率反映的是所有被正确检索的样本占所有本应被检索样本的比例；F_1 值反映的是查准率和召回率的调和平均；F_β 值反映的是将准确率和召回率以不同比例 β 混合的结果，在将两项指标合并的过程中，召回率的权重值是查准率权重值的 β 倍。

在回归任务中，主要采用的模型性能评价指标为均方误差（Mean Square Error，MSE）、均方根误差（Root Mean Square Error，RMSE）、平均绝对误差（Mean Absolute Error，MAE）、标准差（Standard Deviation，SD）、相关系数（Correlation Coefficient，CC）[又称皮尔逊相关系数（Person Correlation Coefficient，PCC）]。

9.2.2　数据传输效率

在联邦学习中，由于需要进行模型权重、梯度、损失值等数据传输，因此涉及数据传输的过程。在通信原理中，数据传输效率被定义为发送的应用层数据除以所发送的总数据（即应用层数据加上各种首部和尾部的额外开销）。在通信的过程中，数据传输效率会根据网络协议变化而表现出一定的差异，如使用 TCP 和使用 UDP 的数据传输效率存在差异。但是，联邦学习的数据传输的过程中所采用的网络传输协议相对来说是固定的，通常采用 TCP，不存在多种网络协议的选择方式，这也是综合考虑了安全性和数据传输效率后作出的选择。同时，由于联邦学习是一种基于数据安全和用户隐私保护的学习机制，在对参与方进行模型参数传输前，会使用隐私保护技术对信息进行加密处理。对同一参数而言，不同加密方式下的数据大小是不一样的，这也使得不同隐私保护技术会对联邦学习的数据传输过程造成影响。因此，我们定义了一种联邦学习中的数据处理效率，用来定量、直观地反映不同隐私保护技术与数据传输间的关联影响。

9.2.3　网络性能

网络性能能够反映网络质量的好坏程度。衡量网络性能的常用指标包括网络带宽、时延和带宽时延积等。其中，网络带宽是指在网络单位时间内可以传输的数据量，其基本单位为比特每秒（bit/s），可以用来表示通信线路传输数据的能力。时延是指数据等从网络（或者链路）的一端传送到另一端所需的时间。带宽时延积是指链路上的最大比特数，又称以比特为单位的链路长度，它是将带宽和时延相乘后得到的综合结果。在联邦学习中的联邦建模过程中，需要进行模型数据的传输，网络性能的好坏直接影响着联邦建模的效率。因此，在联邦学习中，我们需要参考上述 3 个指标对网络性能进行评价。

9.2.4 计算资源

联邦学习过程中，各数据参与方在本地建模时都会有不同程度的计算资源消耗，但计算资源消耗的接受程度在不同参与方间存在差异。对计算资源相对丰富的参与方而言，对计算资源消耗的接受程度较高；而对计算资源相对紧缺的数据参与方来说，其计算资源消耗的接受程度相对较低。计算资源消耗的接受程度会在一定程度上影响参与方进行联邦建模的积极性，决定其是否选用联邦学习技术。从理论上来说，数据参与方越多，联邦建模的效果就越好。因此，我们结合每个参与方计算资源的实际情况，定义一套衡量其本地资源调度代价的指标，以此评估各方联邦学习的服务质量。同样，结合各参与方的代价指标也能客观地反映出联邦建模的整体资源消耗。

9.2.5 联邦建模的鲁棒性

联邦学习的服务质量也取决于联邦建模的鲁棒性，如抗干扰性和模型的抗攻击性等。

1. 抗干扰性

抗干扰性是指当联邦建模过程中的一个或多个数据参与方因为网络状况、电池供电不足等突发情况，突然退出或中止建模过程时，联邦建模是否能够恢复或保持原有模型训练的链路过程。理论上来说，在突发状况发生后，联邦建模的模型性能波动越小，表明联邦建模的鲁棒性越强，模型受干扰后的波动与模型的鲁棒性呈负相关。因此，可以通过模型受到干扰后的波动情况来反映联邦建模的抗干扰性。

2. 抗攻击性

联邦学习这种交换模型参数而不交换具体数据的训练方式，可以有效地保护用户的隐私。不过，联邦学习依然面临着一定的安全风险，即来自参与用户的攻击。用户可能会提供虚假的模型参数来攻击和破坏训练过程，如果这些虚假参数未经过校验就与正常的参数进行聚合，将会影响整体模型的最终质量，甚至会导致整个联邦学习过程无法收敛成一个可用的模型从而训练失败。

由于联邦学习系统是一种安全模型，需要根据需求设定相应的安全假设。考虑密码学理论领域对安全模型的假设方式，我们将攻击性参与用户假设为半诚实但好奇的参与方（又称被动攻击方）和恶意的参与方（又称主动攻击方）。

半诚实但好奇的参与方很多时候是用户端，可以检测从服务器接收的所有消息，但是不能私自修改训练的过程。在一些情况下，安全包围或者可信执行环境（TEE）等安全计算技术的引入可以在一定程度上限制此类攻击的影响或者信息的可见性。也就是说，半诚实但好奇的参与方将会很难根据服务器传输回来的参数推断出别的参与方隐私信息，从而削弱其威胁程度。

另一方面，在设定联邦学习算法协议的时候，如果参与方假设为恶意的参与方，模型协议设定将会更加困难，安全性要求也会更强。由于恶意的参与方不会遵守任何协议，为了达到获取隐私数据的目的可以采取任何攻击手段，比如破坏协议的公平性、阻止协议的正常执行、拒绝参与协议、违反协议要求恶意替换自己的输入、提前终止协议等方式，这些攻击手段都会严重地影响整个联邦学习协议的设计以及训练的完成情况。恶意的参与方可以是用户端，也可以是服务器，还可以是恶意的分析师或者恶意的模型工程师。恶意的用户端可以检查所有参与联邦学习训练过程中与服务器通信的迭代模型参数并且进行任意修改，从而发动攻击。恶意的服务器可以检测每次从用户端发送过来的更新模型参数，违反协议要求随意修改训练过程从而发动攻击。恶意的分析师或者模型工程师可以访问联邦学习系统的输入和输出，并且进行各种恶意攻击。在这种恶意攻击方假设的情况下构造一个安全的联邦学习密码协议将会有很大的难度。通常情况下需要在每一个可能被攻击的环节中引入安全多方计算相关协议。因此在相同的需求业务场景下，对于恶意攻击方假设的情况，联邦学习计算和通信代价会大大增加，并且关于协议的设计难度和实现也会变得更加困难，甚至会出现联合训练的模型实际上无法使用的情况，影响最终的产品效果和用户体验。按照类型划分，对联邦学习的攻击可以分为中毒攻击、拜占庭攻击和女巫攻击。

（1）中毒攻击

中毒攻击一般是通过数据中毒发起的。数据中毒攻击方不能直接攻击发送给服务器的信息，而是通过替换本地数据的标签或特定的特征来操作用户端数据，从而发起攻击。当对手只能影响联邦学习系统边缘的数据收集过程，但不能直接破坏学习系统中的导出量（如模型更新）时，这种攻击模型可能更自然。数据中毒是一种比模型更新中毒更具限制性的攻击类型，但是这种攻击方式更具有隐秘性。由于联邦学习会假定参与方遵守协议、诚实地参与联邦训练，因此在实际部署中，检测有毒数据会是一项很有挑战性的工作。

（2）拜占庭攻击

拜占庭攻击主要考虑的是多用户的情况，并且攻击方控制了多个用户，我们将这些用户称为拜占庭用户。拜占庭用户可以给服务器发送任意参数，而不是发送本地更新后的模型参数。这种攻击会导致全局模型在局部最优处收敛，甚至会导致模型发散。假设拜占庭用户拥有了访问联邦学习模型的权限，或者是拥有非拜占庭用户更新的白盒访问权限，那么它们就能够通过正常的模型更新调整输出，使之具有相似的量级和方差，从而使其难以被系统检测。

（3）女巫攻击

在联邦学习中，联邦学习的架构由不同设备构建而成，联邦训练的参与方需要信任服务器的专用通信渠道，同时服务器也需要以公平和诚实的方式对待用户群。女巫攻击一般指网络中的单一节点可能具有多个身份标识并且通过其控制系统的大部分节点来削弱网络冗余备份的作用。比如在社交网络中，可以通过少数节点控制多个虚假的身份，然后利用这些身份控制或者影响网络的大量正常节点。女巫攻击方式包括直接通信、伪造或者盗用身份、同时攻击和非同时攻击等方式。在联邦学习的用户－服务器架构的训练模型中，发动恶意攻击的参与方可以控制服务器并且伪造大量的用户设备或者控制设备池中以前受到破坏的设备，从而发动女巫攻击。这种攻击破坏了联邦学习协议的安全性，与此同时，有的联邦学习协议基于隐私保护考虑会将参与方的输入进行混合"洗牌"，这样会导致诚实用户和恶意用户难以被区分，增加了抵御女巫攻击的难度。由于联邦学习系统不需要限制攻击者的数量，不需要训练过程以外的额外信息，并且对参与方以及它们的数据有更少的设定限制，现有的传统防御策略往往不足以抵御联邦学习过程中的女巫攻击。

在现实生活中，由于法律法规的约束以及业务场景中强力的监管机制，恶意攻击将会承受严厉的处罚，因此在构建联邦学习业务时，系统面临的潜在攻击更多地来自于半诚实但好奇的参与方。为了使联邦学习过程具有抵抗攻击的属性，可选取适用的隐私保护技术及方案，从而显著地提高系统的安全和隐私保护性能，满足用户需求，以提供优质的用户体验。

3. 隐私保护技术的适用性

为了保证联邦学习参数的隐私性和安全性，联邦建模中必然存在一些隐私保护技术，以降低参数被反向推理的可能性，这也是抵御参与方攻击的有效手段，是联邦学习服务质量的重要评估维度。另外，由于不同的隐私保护技术对数据处理的过程不一致，产生的联邦建模效果存在偏差。因此，我们需要对联邦学习采用的隐私保护技术进行评估，在起到防御作用的同时，更好地了解加解密算法在联邦学习中的影响方式，以选择更适用的隐私保护技术（具体介绍参见本书第 5 章）。

联邦学习的隐私保护技术是影响联邦学习服务质量的关键指标之一，定性地评估并选取合适的隐私保护技术，有助于联邦学习服务质量的提升，从而带来更好的用户体验和联合意愿。

9.3 联邦学习服务质量的理论体系

确定联邦学习服务质量的评估维度后，在实际执行评估前还需掌握其涉及的基础理论知识，在此基础上完成对服务质量的评估。联邦学习服务质量的理论体系包括模型性能的评价指标、联邦学习的通信指标、资源调度代价、联邦建模的鲁棒性、隐私保护技术的选取和权值更新方法。

9.3.1 模型性能的评价指标

在分类任务中，常用的模型性能评价指标有整体分类精度 OA、平均分类精度 AA 和 Kappa 系数（k）。它们的计算公式为

$$\mathrm{OA}=\frac{\sum_{i=1}^{L}t_i}{\sum_{i=1}^{L}s_i} \tag{9-1}$$

$$a_i=\frac{t_i}{s_i} \tag{9-2}$$

$$\mathrm{AA}=\frac{\sum_{i=1}^{L}a_i}{L} \tag{9-3}$$

$$p_{\mathrm{e}}=\frac{\sum_{i=1}^{L}t_i\cdot s_i}{\sum_{i=1}^{L}s_i\cdot\sum_{i=1}^{L}s_i} \tag{9-4}$$

$$k=\frac{\mathrm{OA}-p_{\mathrm{e}}}{1-p_{\mathrm{e}}} \tag{9-5}$$

其中，$t_i(i=1,2,\cdots,L)$表示在第 i 类中被正确识别的数量，$s_i(i=1,2,\cdots,L)$表示第 i 类的测试样本总数，L 表示数据集的样本所属的类别总数。

OA 的范围为［0,1］，AA 的范围为［0,1］，k 的范围为[−1,1]。这 3 项指标都能直接反映分类模型的分类性能，且这 3 项指标与模型的性能呈正相关，即数值越高，表明模型的分类性能越好。

信息检索任务中常用的模型性能评价指标有查准率 P、召回率 R、F_1 值和 F_β 值。它们的计算公式如下：

$$P=\frac{\mathrm{TP}}{\mathrm{TP}+\mathrm{FP}} \tag{9-6}$$

$$R=\frac{\mathrm{TP}}{\mathrm{TP}+\mathrm{FN}} \tag{9-7}$$

$$F_1=\frac{2\mathrm{PR}}{P+R} \tag{9-8}$$

$$F_\beta = \frac{(\beta^2+1)PR}{\beta^2 P + R} \tag{9-9}$$

其中，TP 表示实际为 L_1 类、预测为 L_1 类的数量；FP 表示实际为 L_2 类、预测为 L_1 类的数量；FN 表示实际为 L_1 类、预测为 L_2 类的数量。查准率与召回率呈互逆相关性。

在回归任务中，模型性能的评价指标有均方误差 MSE、均方根误差 RMSE 和平均绝对误差 MAE。它们的计算公式为

$$\mathrm{MSE} = \frac{1}{n}\sum_{i=1}^{n}(y_i - \hat{y}_i)^2 \tag{9-10}$$

$$\mathrm{RMSE} = \sqrt{\frac{1}{n}\sum_{i=1}^{n}(y_i - \hat{y}_i)^2} \tag{9-11}$$

$$\mathrm{MAE} = \frac{1}{n}\sum_{i=1}^{n}|y_i - \hat{y}_i| \tag{9-12}$$

其中，n 表示测试样本的总数，$y_i\ (i=1,2,\cdots,n)$ 表示第 i 个样本的真实标签，$\hat{y}_i(i=1,2,\cdots,n)$ 表示第 i 个样本的预测标签。

MSE、RMSE、MAE 与模型性能呈负相关，即指标值越小，表明模型的性能越好。

另外，回归任务中的模型性能的评价指标还有标准差 SD、相关系数 CC。它们的计算公式为

$$\bar{x} = \frac{1}{n}\sum_{i=1}^{n}x_i \tag{9-13}$$

$$s_x = \sqrt{\frac{1}{n-1}\sum_{i=1}^{n}(x_i - \bar{x})^2} \tag{9-14}$$

$$\bar{y} = \frac{1}{n}\sum_{i=1}^{n}y_i \tag{9-15}$$

$$s_y = \sqrt{\frac{1}{n-1}\sum_{i=1}^{n}(y_i - \bar{y})^2} \tag{9-16}$$

$$\mathrm{SD} = \sqrt{\frac{1}{n}\sum_{i=1}^{n}(x_i - \bar{x})^2} \tag{9-17}$$

$$\mathrm{CC} = \frac{1}{n-1}\sum_{i=1}^{n}\left(\frac{x_i - \bar{x}}{s_x}\right)\left(\frac{y_i - \bar{y}}{s_y}\right) \tag{9-18}$$

其中，n 表示测试样本的总数，$x_i(i=1,2,\cdots,n)$ 表示第 i 个测试样本值，$\bar{x}$ 表示测试样本的均值，s_x 表示测试样本的标准差，$y_i(i=1,2,\cdots,n)$ 表示第 i 个预测样本的值，$\bar{y}$ 表示预测样本的均值，s_y 表示预测样本的标准差。

SD、CC 与模型的性能呈正相关，即指标值越大，表明模型的性能越好。

9.3.2 联邦学习的通信指标

通信是联邦学习系统运作的基础，通信质量指标的量化是联邦学习服务质量评估的重要一步。通信的效率主要由两个因素决定：传输数据量和网络性能。联邦学习环境中的通信架构如图9-2所示（以横向联邦学习为例）。数据参与方向中央服务器传递加密后的本地模型参数，中央服务器向数据参与方传输加密后的全局模型参数。在整个过程中，各数据参与方的模型参数量级基本相同，且采用相同的隐私保护技术加密，因此可以认为各数据参与方上传过程中的数据量近似相等。此外，各数据参与方下载的全局参数相同，因而下载过程中各方涉及的数据量相等。综合以上考虑，可以通过网络性能来量化联邦学习的通信指标。

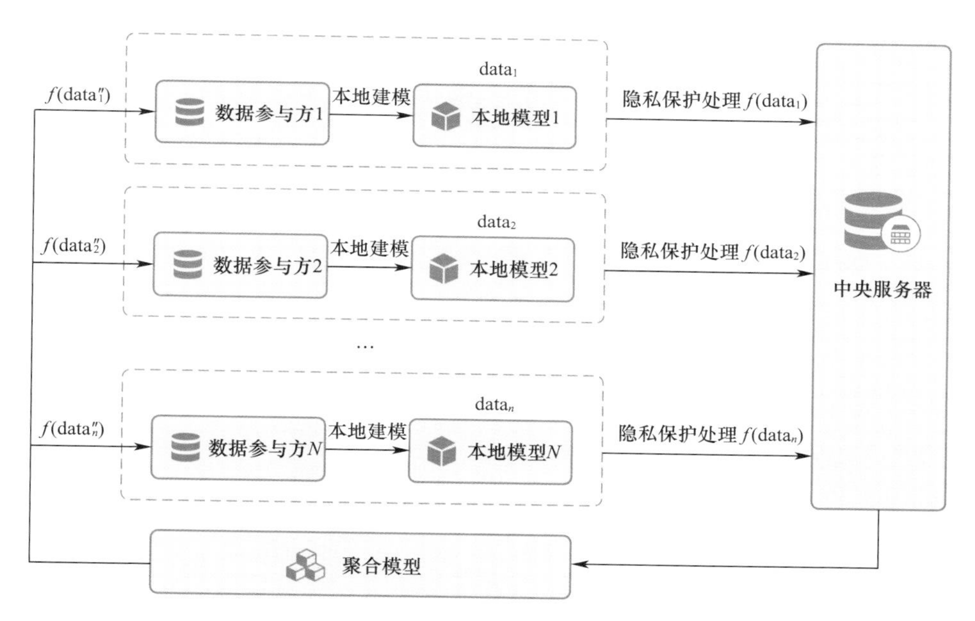

图9-2 联邦学习环境中的通信架构（以横向联邦学习为例）

在联邦学习中，我们可以用下列公式来反映网络性能：

$$n_{u_i,S}=\frac{B(\text{loss}_i)+B(\text{accuracy}_i)}{t_i} \tag{9-19}$$

$$Q_{\text{net}}(U,S)=\min_{i=1,2,\cdots,n}\left(\frac{n_{u_i,S}}{W\log_2(1+\text{SNR})}\right) \tag{9-20}$$

其中，$t_i(i=1,2,\cdots,n)$表示第i个数据参与方传输本地模型参数和精度数据所需的时间，n表示数据参与方的个数，$n_{u_i,S}$表示第i个数据参与方和中央服务器之间的信息传输速率，$B(\text{loss}_i)$和$B(\text{accuracy}_i)$分别表示第i个数据参与方在损失和准确率评估计算过程中占用的比特数，$Q_{\mathrm{net}}(U,S)$ 表示联邦学习中网络的整体性能，W 表示信道带宽，SNR 表示信号噪声比。

9.3.3 资源调度代价

联邦学习过程中，我们期望了解每个特定数据参与方实际拥有的计算资源情况，及其在联邦学习中需要占用的计算资源，以计算出其参与联邦学习需要付出的资源调度代价，从而推断其参与联邦学习的可能性。最终，将所有参与方的资源调度代价转化为联邦系统整体的资源调度代价。对于每个数据参与方，用其本地建模所需要的计算资源与其所拥有的计算资源总和的比值作为其资源调度代价，比值越大，说明资源调度代价越大。同时，对联邦学习的所有数据参与方的资源调度代价求和取平均，其值作为联邦学习整体的资源调度代价。资源调度代价的定义为

$$C_i = \frac{r_i}{r_i'} \tag{9-21}$$

$$C = \frac{1}{n}\sum_{i=1}^{n} C_n \tag{9-22}$$

其中，n 表示联邦学习中数据参与方的数量，$C_i(i=1,2,\cdots,n)$ 表示第 i 个数据参与方的资源调度代价，$r_i(i=1,2,\cdots,n)$ 表示第 i 个数据参与方本地建模所需要的计算资源，$r_i'(i=1,2,\cdots,n)$ 表示第 i 个数据参与方所拥有的计算资源总和，C 表示联邦学习整体的资源调度代价。

联邦学习的资源调度代价 C 的范围为 $(0,1]$。一般来说，C 与联邦学习的服务质量呈负相关，即 C 的值越小，联邦学习的服务质量越好。

9.3.4 联邦建模的鲁棒性

联邦建模的鲁棒性能够反映联邦学习的服务质量。一般而言，联邦建模的鲁棒性越强，联邦学习的服务质量越好。整体来说，在模型抗干扰性方面，联邦学习的联邦建模是一个稳健的过程，很少存在某一数据参与方因为断电、网络故障等情况突然退出联邦建模，但这种情况一旦发生，必定影响联邦建模的进程，从而影响联邦学习整体的服务质量。在模型抗攻击性方面，如果参与方对联邦系统的模型进行攻击，必然会影响所建立模型的性能。虽然在实际场景中，我们要求每个参与方诚实可靠，但是需要考虑包含参与方攻击情况下的服务质量评判。因此，我们需要对联邦建模的鲁棒性进行评估。

由于联邦建模过程中数据参与方中途突然退出或发起攻击的可能性较小，这里假设

概率 $P=0.01$。我们通过量化一个联邦学习的数据参与方突然退出建模过程或发起攻击对整个模型的影响来反映模型的鲁棒性，不再考虑多个模型突然同时退出联邦建模或多个参与方同时发起攻击的情况（$P=0.01^n$，当 $n\geqslant 2$ 时，事件发生的概率过小）。基于上述条件，采用模型的学习曲线衡量联邦学习所建模型的性能，及其随数据集变化的波动情况。

当开始训练时，记录训练过程中产生的训练数据集误差 $J_{\text{train}}(n)$、验证数据集误差 $J_{\text{cv}}(n)$ 和掺杂的噪声 ε，其中 n 为当前参与方的数量。由此，可以求得此时的泛化误差：

$$f(n)=\text{bias}^2(n)+\text{var}(n)+\varepsilon^2 \tag{9-23}$$

其中，$\text{bias}(n)$ 表示当参与方数量为 n 时，所得模型的偏差；$\text{var}(n)$ 表示当参与方数量为 n 时，所得模型的方差。

联邦建模过程中的某一数据参与方突然退出联邦建模后，学习曲线中的样本大小发生改变，则参与方改变后模型的训练数据集误差为 $J_{\text{train}}(n-1)$，验证数据集误差为 $J_{\text{cv}}(n-1)$。此时，稳定后模型的泛化误差为 $f(n-1)$。由此可以得到，参与方退出给模型训练带来的波动：

$$w=\frac{f(n)-f(n-1)}{f(n)}\times 100\% \tag{9-24}$$

可以看出，波动与退出参与方本地数据集的分布有关。当该参与方的数据分布已被其余数据分布覆盖时，波动值 w 较小，鲁棒性表现较强；当该参与方的数据分布与其余数据分布差异较大时，波动值 w 较大，鲁棒性表现较弱。

9.3.5 隐私保护技术的选取

在联邦学习中，可以采用多种隐私保护技术对数据进行处理，进而保护数据安全和用户隐私。可以肯定的是，采用不同的隐私保护技术会造成联邦建模效果之间的差异，这些差异最终会影响联邦学习的服务质量。但是，任何事物都是具有多面性的，相对而言，不同的隐私保护技术有利有弊。例如，加密算法中的对称加密算法的优点，在于加解密的高速度和使用长密钥时的难破解性，但它的安全性取决于加密密钥的保存情况，如果一个用户使用的密钥被入侵者获得，入侵者便可以读取该用户密钥加密的所有文档，安全性便难以得到保障。加密算法中，非对称加密算法的运行速度比对称加密算法的速度慢很多，但密钥的管理较容易，安全性高。因此，针对联邦学习中的不同任务，隐私保护技术的选择不是唯一的，不能用固定的指标一概而论。同时，为了方便联邦学习中隐私保护技术的选择、优化联邦学习的用户体验、提高联邦学习的服务质量，我们对不同隐私保护技术所涉及的加密算法进行横向比较，旨在提供联邦学习中隐私保护技术的最佳选择方式。

加密算法主要包括对称加密算法、非对称加密算法和散列算法，它们各自的比较见表9－1～表9－3，非对称算法与对称算法的比较见表9－4。

表9－1 对称加密算法的比较

算法名称	密钥长度	运算速度	安全性	资源消耗
DES	56位	较快	低	中
3DES	112位或168位	慢	中	大
AES	128位、192位、256位	快	高	小

表9－2 非对称加密算法的比较

算法名称	成熟度	运算速度	安全性*	资源消耗
RAS	高	慢	高	大
DSA	高	慢	高	只能用于数字签名
ECC	低	快	高	小(计算量小、存储空间占用小、带宽要求低)

*安全性取决于密钥长度。

表9－3 散列算法的比较

算法名称	安全性	运算速度
SHA－1	高	慢
MD5	中	快

表9－4 对称算法和非对称算法的比较

算法类型	密钥管理	安全性	运算速度
对称算法	比较难,不适合互联网,一般用于内部系统	中	快
非对称算法	密钥容易管理	高	慢

9.3.6 权值更新方法

在联邦学习的建模过程中，权值更新方法会直接作用于联邦模型的权重与偏置，其更新速度和产生的权值将影响模型的最终性能。不同的训练任务存在多种梯度下降方式，为了便于选择应用与评估服务，我们对适用于联邦学习的梯度下降方式进行横向对比。

（1）批量梯度下降（Batch Gradient Descent，BGD）算法：一次迭代所有的样本，当训练样本数量较多时，单次迭代所需的时间很长。

（2）随机梯度下降（Stochastic Gradient Descent，SGD）算法：每次只随机选取一个样本用于参数更新，由于每次只使用一个样本更新参数，参数的不稳定性高，因此模型的波动较大，同时模型也比较容易陷入局部最优解。

（3）小批量梯度下降（Mini-Batch Gradient Descent，MBGD）法：每次采用部分样本来更新参数，模型的波动较小，但需要设置超参数（mini_batch）的尺寸，需要对mini_batch进行调参。

（4）动量梯度下降（Momentum Optimization）算法：模拟物理学中动量的概念，积累之前的动量来替代真正的梯度，可以抑制振荡，从而加快模型收敛的速度，但是需要人工设置学习率，其值会影响模型性能。

（5）内斯特洛夫加速梯度（Nesterov Accelerated Gradient，NAG）算法：梯度更新时需要进行校正，在避免增速过快的基础上提高灵敏度，但该方法同样需要人工选取学习率。

（6）AdaGrad 算法：它是一种自适应学习率的方法，对学习率进行了约束，适合用在处理稀疏梯度上。

（7）RMSprop 算法：依赖于全局学习率，适合处理非平稳目标，对循环神经网络（RNN）的效果表现较为优异。

（8）Adam（Adaptive Moment Estimation）算法：利用梯度的一阶矩估计和二阶矩估计动态调整每个参数的学习率，计算参数整体平稳，适用于大数据集和高维空间。

9.4 提升联邦学习服务质量的方法

在掌握概念、明确评估维度及其背后涉及的理论体系的基础上，需要思考如何提升联邦学习服务质量。从模型算法的角度，可以通过算法优化来处理消极问题和差异对服务质量的制约。此外，联邦学习涉及大量参与方之间、参与方与服务器之间的信息传输，通信质量就成了限制联邦学习运行速度的一大因素。因此，从通信优化入手，也可以提升联邦学习服务质量。最后，考虑到各参与方本地模型性能、数据特征质量等方面的参与水平参差不齐，还可以通过末位淘汰的方法将参与水平落后的参与方筛除，避免其对服务质量造成负面影响。最后，本节还简要介绍了通过增强系统鲁棒性提升联邦学习服务质量的方法。

9.4.1 联邦学习的算法优化

与分布式学习相比，联邦学习拥有一些独有的属性，如通信较慢且不稳定；参与方设备异构，不同设备有不同的运算能力；更注重隐私安全等。目前，业界大部分研究是假设参与方和服务器是可信任的，而现实生活中，它们可能是不可信的。因此，在实现联邦学习的过程中，我们需要从优化联邦学习算法的层面出发，来改善消极问题和差异对联邦学习服务质量的制约。接下来，我们将从参与方选择和异构聚合角度给出算法优化方法，以提升联邦学习服务质量。

在介绍优化算法之前，我们先引入最传统的联邦学习算法——FedAvg 算法[75]，它是目前最常用的联邦学习优化算法。与常规的优化算法不同，FedAvg 算法的本质思想在于对数据持有方进行局部随机梯度下降以实现单机优化，在中央服务器[76]进行聚合操作。目标函数定义如下：

$$f(\omega^*)=\min\left\{f(\omega):=\frac{1}{M}\sum_{n=1}^{M}\mathbb{E}[f(\omega;x;x\in n)]\right\} \quad (9-25)$$

其中，M 表示参与联合建模的数据持有方（即参与方）数量，ω 表示模型当前的参数。FedAvg 算法是一种比较基础的联邦优化算法，其部署相对来说也比较简单，应用领域很广泛[77]，如算法流程 9-1 所示。

算法流程 9-1 FedAvg 算法

输入：从 N 个参与方中随机选择 M 个参与方；

循环次数 I；服务器提供的初始梯度 ω_0；

本地 SGD（随机梯度下降）法上的时段数 E。

$n=1,\cdots,M$;

中央服务器：

初始化 ω_0

从 $\tau=1,2,\cdots,T$:

中央服务器发送 ω_τ 给 M_τ：//中央服务器将梯度值发送给每个参与方

每个参与方 $n\in M_\tau$：

$\omega_{\tau+1}^n\leftarrow$ LocalUpdate (n,ω_τ) //参与方更新梯度值

$\omega_{\tau+1}\leftarrow\frac{1}{N}\sum_{n=1}^{M_\tau}\omega_{\tau+1}^n$ //根据目前已知的参与方梯度值求平均

LocalUpdate (n,ω)：

每个本地设备时段数 $1\sim E$：

根据学习率 η 和 ω_τ^n 更新 $\omega_{\tau+1}^n$

将 $\omega_{\tau+1}^n$ 反馈给中央服务器

输出：优化后的全局梯度参数 ω

1. 从参与方选择角度优化联邦学习算法

联邦学习的参与方设备具有异构性的特征，并且不同参与方的资源是有限的。通常，参与方是随机选择参与联邦学习的模型训练过程。因此，部分算法会考虑在联邦学习训练的过程中从参与方选择的角度来进行优化。

在联邦学习训练过程中，由于各参与方的网络速度、运算能力等都不相同，不同参与方拥有的数据分布也是不平衡的，如果让所有参与方都参与联邦学习的训练过程，将会导致落后状况出现，即部分参与方长时间无响应，从而导致整个系统无法完成联合训练。因此，需要考虑如何选择参与训练的参与方。FedAvg 算法通常是随机选择参与训练的参与方，但这样的方式无法在数据 non-IID 的情况下有效保证模型准确性，可能对整体模型性能造成一定的影响。

针对这种问题，FedCS 算法[78]提出在联合训练的每一次更新中，选择最快、最高效的参与方进行聚合，通过一种贪心算法的协议机制，在训练结束之前，即可选择最优的参与方群体进行聚合，从而优化整个联邦学习算法。不过，FedCS 算法只有在模型比较基础的情况下有好的表现，例如基础的动态神经网络。当模型变得复杂的时候，FedCS 算法将很难找到最优的参与方组合，并且训练过程中需要更多的通信次数。另外，由于基于 non-IID 的数据在 FedAvg 算法中的性能不好，而 Hybrid-FL 协议算法[79]使中央使服务器通过资源请求的步骤选择部分参与方，从而建立一种近似 IID 的数据集。对于 non-IID 数据类型，Hybrid-FL 协议算法要比 FedCS 算法的准确性更高。

2. 从异步聚合角度优化联邦学习算法

在 FedAvg 算法中，聚合都是同步的，每一次更新，中央服务器都是同步聚合模型参数，然后将聚合参数发送给每一个参与方。同步聚合的时候，中央服务器需要获得所有参与训练的参与方的参数之后才可以开始聚合，但是有的参与方运算传输快，有的参与方运算传输慢，为了避免出现落后现象，需要考虑是否可以用异步的方式进行聚合，从而优化联邦学习算法。

有一种在联邦训练中途加入参与方的异步聚合方法[80]可以用于异步方式聚合。当服务器接收到任何参与方的更新参数时，就会进行一次聚合。但是，当模型数据为 non-IID 类型时，模型的收敛会出现很大的问题。为了解决这种异步算法在 non-IID 数据上的适用问题，FedAsync 算法[81]被提出。通过加入一些加权的聚合机制，当服务器接收到参与方的参数后，这种算法会通过当前训练的更新次数去设计加权聚合，从而解决 non-IID 数据在异步聚合时的算法收敛问题。不过，虽然理论上证明了 FedAsync 算法在求解非凸性问题上具有收敛性，但是它在训练过程中还是需要复杂的调参来实现收敛。

9.4.2 联邦学习的通信优化

在联邦学习的过程中，出于对原数据的保护，所有本地数据会在本地设备上集成。一般来讲，简单的分布式机器学习的通信损耗与所提升的计算效率相比是很低的。但是在联邦系统中，联邦网络可能由大量的设备组成，甚至是数以百万计的设备，网络中的通信速度就会对整体速度有很大影响，甚至分布式的计算过程所提升的计算效率远不如通信产生的额外损耗高。因此，如何优化通信效率是联邦学习面临的重要挑战。降低通信损耗可以主要从两个角度进行考虑：减少通信传输的次数，即降低传输频率；减小每轮传输的消息大小，即减少传输信息量。

1. 降低传输频率

降低传输频率主要依靠减少各本地数据中心与中央服务器交换梯度的次数，以降低通信压力。例如，周期性地进行梯度交换就是一种典型的减少通信传输次数的方法。除此之外，有目的地挑选每次通信的对象[82]也可以有效减少通信次数，降低通信的损耗。

首先，机器学习算法（特别是复杂的深度学习算法）在训练过程中需要训练大量的参数。例如，CNN 可能需要训练上百万个参数，每一次更新过程也需要涉及上百万个参数。其次，网络通信的状态也可能导致很高的通信成本。例如，不稳定的网络情况以及参数上传和下载的速度不一致，都会导致整个算法的模型训练成本过高。因此，根据这些特性，首先考虑如何从优化联邦学习算法的角度去减少通信次数。

在联邦学习体系（如移动手机网络）中，有时终端节点只会在连接 WiFi 时参与联邦学习训练。未连接 WiFi 或者网络状况不佳时，更多的计算可以在本地进行，从而减少通信次数。例如，在每一轮参数更新时，通过增加参与方本地的参数更新计算次数[83]，可以降低通信成本，并且通过 IID 数据测试，与每次参与方更新都需要向中央服务器上传参数的 FedSGD 算法对比，采用这种方法可以明显减少通信次数。另外，由于联合训练的参与方数据、运算能力具有不均衡性，每次参数更新时，如果不同参与方参与运算的次数一致，将导致一些参与方始终处于落后状态。为了避免这种情况发生，优化通信效率，FedProx 算法[84]通过动态变化不同参与方每一轮需要的本地计算次数，可以让算法更适应参与方的数据分布 non-IID 特征。结果表明，FedProx 算法对 non-IID 数据优化效果更明显。

2. 减少传输信息量

减少传输信息量主要依靠减少每次梯度交换中本地与中央服务器所传输的中间参数

的大小。大规模的分布式训练需要大量带宽来完成梯度交换，因此需要昂贵的网络基础设施支持，这在很大程度上提高了参与联邦学习的门槛，降低了个人用户及小体量公司用户参与规模。然而，人们发现99.9%的分布式SGD梯度交换其实是冗余操作[85]，针对此问题，一种新的交换方式——深度梯度压缩被提出，可以有效减小通信带宽。深度梯度压缩通过筛选，只上报并交换重要性较高的梯度。同时，过于稀疏的更新将会严重影响收敛性能，深度梯度压缩中采用了动量校正和局部渐变裁剪以解决该问题。一种通过在深度神经网络（Deep Neural Network，DNN）中以不同频率聚合和更新参数的方法[86]被提出，该方法不仅在传输梯度过程中减少了交换的梯度数量，还更有效地集成了历史局部模型信息，增强了学习性能。

除了对梯度进行压缩，对由中央服务器传至数据持有方的更新模型进行压缩[87]也是一种减少传输信息量的方法。模型压缩技术可以实现每次参数更新时，减少所需传递的参数总量。文献[88]介绍了一种“Structured and Sketched Updates”方式，可以更新服务器参数，其中“Structured Updates”指通过提前定义上传模型参数的矩阵结构来上传模型，“Sketched Updates”指每次更新参数需要在参与方进行压缩编码，在牺牲一些准确率的情况下，通过二次抽样压缩、循环压缩、量化压缩均能取得更高的压缩率以及更快的收敛速度，并且参与方越多，压缩效果越好。另外，可以对中央服务器到参与方的模型参数传递过程进行优化[89]，通过有损压缩以及联邦Dropout的方式来减少从服务器到参与方需要传递的参数。

通信代价一直是实现联邦学习的过程中所面临的瓶颈。解决通信成本是非常重要的一个优化环节。优化可以从通信本身去考虑，有的优化以增加参与方的本地计算为代价，有的优化以降低整个模型准确性为代价，等等。在实际优化的过程中，可以根据实际的情况以及需求决定采用何种方式优化通信成本。

9.4.3 联邦学习的末位淘汰

联邦学习的思想是联合不同的数据参与方共同建模，各数据参与方需在本地构建模型。在联邦学习的不同方式中，本地模型的性能或者各参与方所提供的数据特征质量影响着联邦学习的服务质量。因此，可以通过建立末位淘汰机制，将联邦学习中本地模型性能较差或所提供的数据特征质量较差的数据参与方剔除，降低其对联邦学习中联邦建模的负面作用，从而提升联邦学习的服务质量。

对横向联邦建模方式来说，其模型的性能取决于各个数据参与方本地模型的性能。因此，需要采取某些手段对联邦学习的联邦建模进行跟踪，适时地指出横向联邦建模过程中本地模型性能较差的数据参与方。对于联邦学习中的分类任务，其具体的实现方式如算法流程 9-2 所示。对于联邦学习中的回归任务，其具体的实现方式如算法流程 9-3 所示。

算法流程 9-2　横向联邦学习分类任务的末位淘汰机制

输入： 联邦建模的最大迭代次数 M，进行模型性能判断的迭代次数间隔 m，各数据参与方迭代后的本地模型精度 OA（OA_i^j 表示第 i 个本地模型在第 j 次迭代后的模型精度）。

For $j <= M$:

　if $j\%m == 0$:

$F = \min_{i=1,2,\cdots,n} (OA_i^j)$

$\overline{OA} = \frac{1}{n}\sum_{i=1}^{n} OA_i$

　if $F < \overline{OA}$:

　　delete Model i

　end

end

end

输出： 最终参与联邦学习的数据参与方。

算法流程 9-3　横向联邦学习回归任务的末位淘汰机制

输入： 联邦建模的最大迭代次数 M，进行模型性能判断的迭代次数间隔 m，所有数据参与方迭代后的本地模型损失函数值 Loss（$loss_i^j$ 表示第 i 个本地模型在第 j 次迭代后的模型精度）。

For $j <= M$:

　if $j\%m == 0$:

　$F = \max_{i=1,2,\cdots,n} (loss_i^j)$

　$\overline{Loss} = \frac{1}{n}\sum_{i=1}^{n} loss_i$

　　if $F > \overline{Loss}$:

　　delete Model i

　　end

　end

end

输出： 最终参与联邦学习的数据参与方。

对于纵向联邦学习方式，理论上它可以使用的模型包括传统机器学习方法和深度学习方法。目前在纵向联邦学习中使用频率最高的是传统机器学习方法，如逻辑回归和树模型等。因此，本节重点介绍采用末位淘汰算法提升使用传统机器学习方法的纵向联邦学习服务质量上。在纵向联邦学习中，各数据参与方拥有不同的特征空间，且数据质量与联邦建模效果呈正相关。因此，可以在联邦学习的过程中对联邦建模进行动态跟踪，适时地剔除含数据特征较少、质量较差的数据参与方，减少其在联邦建模过程中产生的负面波动。

以纵向联邦学习中的逻辑回归模型为例，模型在训练的过程中会计算不同的特征权重。一般来说，特征的权重值越大，对模型的影响程度越大。如果特征质量好坏的评价维度是对整体模型的贡献度，那么可以直接用特征的权重值作为评价指标。不同的模型对特征质量有不同的评价标准。只要纵向联邦学习的建模过程有对具体特征的评价指标，就可以将该指标作为特征质量的评价依据，从而对数据参与方进行末位淘汰。选取特征质量的评价标准为特征的权重值，纵向联邦学习逻辑回归模型末位淘汰机制的具体实现方式如算法流程9－4所示。

算法流程9－4　纵向联邦学习逻辑回归模型的末位淘汰机制

1. 定义联邦建模的最大迭代次数 M、步长 m、被选出的特征的个数 N、阈值 H。
2. 当联邦建模的模型于迭代次数少于 M 时，每隔 m 次迭代对所有特征的权重进行比较，选出权重值最小的 N 个特征。
3. 当被选出的 N 个特征有超过比例为 H 的样本属于同一数据参与方时，将该数据参与方剔除。
4. 重复2、3步，直至联邦建模过程结束。

9.4.4 增强联邦学习系统的鲁棒性

增强系统鲁棒性是改善联邦学习服务质量的关键。与拥有数据中心的分布式机器学习相比，联邦学习系统往往更容易产生一些非恶意的系统故障（如数据参与方掉线、通信失败等）。因此，如何合理地处理这些故障，以增强联邦学习系统的鲁棒性，就成为联邦学习的一个重要优化方向。

一方面，若某一数据参与方突然退出联邦建模，会导致全局模型产生波动，影响联邦学习的服务质量。因此，应尽量避免数据参与方突然退出建模过程或者采取相应的数据保护手段。具体如下：

（1）做好数据参与方的断电保护机制，保证数据参与方断电后能快速启用备用电源供电，不中断当前进程；

（2）在每次数据传输时进行数据的有效性判断，对数据接收方收到的数据进行校准，如果发现数据残缺程度较高，则直接弃用本条数据，避免其对联邦建模产生负面影响。

另一方面，增强系统鲁棒性是分布式系统的基本考虑因素[90,91]。对于联邦学习来说，因为其系统的特点导致往往有大量的远程设备参与学习，因此容错就显得更加关键。提升容错能力最直观的想法就是简单忽略，但是，如果所忽略的设备本身在联合建模中具有重要意义，那么简单的忽略可能会直接影响模型质量。

除了简单忽略之外，编码计算也是一种增强系统鲁棒性的可行策略。编码计算的核心思想在于引入算法冗余来容忍设备故障。例如，存在掉队数据持有方的情况下，梯度编码及其变体在计算节点之间复制数据块（以及这些数据块上的梯度计算），以获得准确或不准确的真实梯度恢复。虽然这对于增强联邦学习系统鲁棒性来说是一种看起来很有前途的方法，但是这些方法在联邦网络中面临着基本挑战，因为由于隐私限制和网络的规模，跨设备共享或复制数据往往是不可行的。

9.5 本章小结

本章从联邦学习的技术本质和算法原理出发，对联邦学习服务质量给予定义与评估，详细介绍了服务质量在不同维度的内容含义及其理论支撑。在此基础上，本章还针对联邦学习服务质量的现存问题，全面论述了有效的提升方式。

联邦学习正处于快速发展的阶段，关于联邦学习的实际应用也有着大量的研究与讨论，但是联邦学习的实现过程面临着诸多难题和挑战，而服务质量的好坏正是联邦学习能否正常运行的关键。本章对此进行了系统而详尽地阐释，列举联邦学习中的通信与网络问题、系统与数据异构难题，以及鲁棒性增强方案等。

可以看到，联邦网络可能由大量的设备组成，网络的通信效率就会对整体速度产生较大的影响。因此在联邦学习服务质量中，如何提高通信效率显得尤为重要。通常可以从降低传输频率和减少每轮传输的信息量着手提高通信效率。降低传输频率主要靠减少参与方与中央服务器梯度的交换次数实现，为此可以适当提高单次全局迭代中参与方本地优化的次数；而减少信息量则主要依靠每次梯度交换中参与方与中央服务器的交换数量来实现，因此可以进行适当的梯度压缩或者量化，以减少通信所占用的带宽。联邦学习服务质量优化面临的另一大问题是众多参与方设备之间的异构性，这包括存储、CPU

计算能力、网络传输等多个方面的差异。这些异构性会带来设备计算时间的差异，甚至出现个别设备直接掉线的情况。设备本地更新的时间不同、中央服务器等待过久的问题，可以通过部署异步通信来解决。在分布式机器学习的研究中，异步通信已经获得了广泛应用。

此外，增强联邦学习系统的鲁棒性同样也能减少系统异构对联邦学习的影响。在众多设备参与的情况下，需要增强系统的容错能力，提升系统的冗余度。在联邦学习中，设备经常以非独立同分布的方式在网络中生成和收集数据，例如，移动电话用户在进行下一个单词预测任务时使用了不同的语言。另外，跨设备的数据持有方拥有的数据数量很可能分布不均匀。因此，许多常见的针对独立同分布数据假设的优化算法对联邦学习来说都是不适用的。如何使优化算法更加兼容联邦学习实际使用中复杂的数据结构，成为联邦学习未来的研究方向之一。

联邦学习服务质量的提升还可以从以下角度进一步探索。

（1）增加算法的联邦部署。传统机器学习与深度学习算法在联邦框架中的实现正处于发展阶段。使用联邦学习框架实现机器学习与深度学习算法是人工智能领域落地的一个可行方案，也是更高效、更全面的边缘数据利用方式。

（2）联邦学习的隐私性保证。数据隐私性的保证是联邦学习理念的关键点之一，这在当前重视数据安全的背景下非常重要。尽管目前已经有许多关于联邦学习隐私性的研究，但在实际应用中依然会面临许多复杂的隐私性挑战。联邦学习系统需要不断提升对各类不良攻击的防御能力，以保障用户数据的隐私性。

（3）联邦学习的多领域协同发展。联邦学习系统的发展与多个领域都有所关联，例如边缘计算、区块链、网络安全等。多领域的协同发展可以提升联邦学习的性能，同时更好地发挥联邦学习的便捷性、隐私性等优势。

第 10 章 联邦学习的研究趋势

自联邦学习的概念诞生以来，研究人员围绕联邦学习这一主题开展了大量的探索和研究。截至本书成稿之日，联邦学习的研究趋势主要集中在以下 3 个方面：从通信开销、统计异质性、结构异质性等技术瓶颈入手，进行联邦学习的优化研究，提升算法性能；联邦学习的安全和隐私研究，即研究传输模型参数导致间接隐私泄漏、参与者被劫持或恶意攻击等问题的解决方法；联邦学习的应用领域研究，即探索渗透于实际场景、创造价值的可行路径。本章分别展开介绍。

10.1 联邦学习的优化研究

联邦学习的框架算法的优化主要面临3 个关键瓶颈。第一，进行联邦训练时通信开销很大，通信耗费的时间远远大于本地模型训练的时间。同时，现在的数据生命周期短且数据迭代更新速度快，数据的及时性对模型效果也很重要。第二，传统的（隐式或显式）机器学习方法是假定数据独立同分布的，这种情况适合于收集所有数据进行中心化训练的方案。但是，由于数据是从各种设备或机构收集的，因此它不遵循完全独立分布（IID）的假设。第三，结构异质性。一方面，由于不同的设备使用芯片存在显著区别，因此计算能力因节点而异，这会导致训练时间不平衡。另一方面，参与方的网络环境不同，不可靠且不稳定的网络可能会导致设备掉线或被外部攻击。

对此，当前关于联邦学习的优化研究工作，主要集中在以下方向。

1. 通信开销

目前，为了减小联邦学习过程中的通信开销，业界已经展开了有效的工作，提出了减少通信次数、缩短通信时间等方法。

（1）减少通信次数。这类方法试图尽可能减少服务器和参与方之间的通信次数以缩短上传时间。McMahan H B 等人[92]的研究被认为是联邦学习的开拓性工作之一，它通过增加每个通信回合之间每个用户的计算量来提高通信效率。同时该研究还指出，增加并行度意味着可以在每个回合中激励更多的用户参加训练。

（2）缩短通信时间。即使优化了通信次数，如何加速模型更新的通信仍然是一个问题。最初，McMahan H B 等人[88]提出了两种缩短模型更新时间的策略：一种是结构化更新，这意味着可以仅通过低秩模型或以随机掩码的方式传输更新模型的一部分，达到通过减少通信内容缩短通信时间的目的；另一种是使用压缩更新模型。Jiang P 等人[93]设计了一种适用于本地训练的自适应方法。服务器根据训练时间和训练损失来决定本地训练的时间，这样当损失越来越小时，可以缩短训练的时间。

2. 统计异质性

对于统计异质性（non-IID）问题，一般的研究会关注该问题对全局模型聚合的影响，也有研究试图修改本地训练模式或者在数据预处理阶段添加一些额外的程序以解决该问题。具体方向如下。

（1）全局模型聚合。异质性的存在可能导致全局模型的收敛性出现问题，Wang X 等人[94]讨论了在数据非独立同分布背景下基于梯度下降的联邦学习收敛边界，并进一步提出了一种改进的自适应方法来减少资源预算约束下的损失。此外，Li X 等人[95]在非独立同分布的情况下，给出了 4 种具有不同参数设置或前提的 FedAvg 收敛定理。这些研究填补了联邦学习算法在收敛速度方面的理论空白。

（2）修改本地训练模式。解决统计异质性问题的另一种想法，是优化建模方式以实现单个设备的个性化，Smith V 等人[96]引入了多任务学习以利用数据之间的共享表示。Zhao Y 等人[97]做了类似的工作，他们通过在各本地模型之间共享一小组数据来解决非独立同分布的问题。

（3）添加额外的数据预处理程序。对于数据预处理，Huang L 等人[98]构建了基于社区的联邦学习方法，他们通过将独立的数据划分为不同的群集，然后在每个群集中处理联邦训练，由此解决非独立同分布的问题。不过，这种方案对于参数转换会有比较大的计算开销，不适合进行大规模数据训练。

3. 结构异质性

到目前为止，处理结构异质性的方法主要集中在异构设备的资源分配和设备脱机掉线的容错性上。

（1）资源分配。Chai Z 等人[99]考虑了各种资源（如 CPU、内存和网络资源等）的异质性对联邦学习训练时间的影响。在此基础上，Li T 等人[100]设计了衡量设备损耗的公平性指标，并制定了 q-Fair 优化目标以促进联邦学习中公平分配资源。

（2）容错能力。为了使联邦学习系统对因为脱机或掉线而脱离训练的设备具有鲁棒性，Hao M 等人[101]设计了安全的聚合协议，只要在线的用户数量足以加入联邦更新，该协议就可以容忍任意脱机情况的存在。Wu W 等人[102]利用缓存结构来存储那些不可靠的用户更新，从而减小了它们对全局模型的影响。

10.2　联邦学习的安全和隐私研究

尽管在联邦学习的设置中，数据不会离开本地存储，这可以缓解隐私和数据孤岛的问题。不过在实际的联邦过程中，传输模型参数可能间接导致隐私泄露，参与方也可能被劫持或恶意攻击。一般的攻击类型主要分为以下两类。

1. 模型中毒

模型中毒是指通过设计特定的输入使模型产生错误的结果。在联邦学习中，由于服务器无法获知本地数据和模型的更新模式，因此无法检测到异常。一些攻击可以通过替换本地模型等方法将恶意或损坏的模型插入联邦聚合环境中，从而使全局模型性能受到损失。Hagoji N 等人[103]的实验已经证明，少量的恶意攻击者攻击全局模型就会导致全局模型错误地将目标进行分类。

2. 推断攻击

这种攻击主要通过白盒或黑盒等手段从模型中恢复敏感训练数据，它可以分为跟踪攻击和重建攻击两种类型。Wang Z 等人[104]建立了一个称为 mGAN-AI 的通用攻击框架，该框架可以恢复目标参与方的私有敏感数据信息。

面对上述漏洞，现有的增强隐私保护的方法主要集中在将参与方的信息进行加密，或者改进服务器的安全聚合框架。对此，差分隐私是一种为用户保留隐私的常用手段，它通过引入噪声来模糊原始数据，以减少特定数据被推断出来的可能。Geyer R 等人[105]利用差分隐私来隐藏特定用户是否参加了训练过程。此外，同态加密也经常应用在联邦学习中。从本质上讲，它是一种加密机制，在对数据进行加法或乘法运算之前对其进行编码加密，使得以密文形式进行运算的结果解密后与直接以非密文形式进行运算的结果相同。一般来说，由于联邦学习服务器需要进行加权聚合，因此可以使用加法同态加密使参与方仅需传输加密后的本地模型，大大减少传输过程中受到攻击的机会[106]。不过，使用加密手段的联邦学习训练可能会增加通信开销。

还有一种方案的思路是安全多方计算，即如何在没有可靠第三方的情况下为各参与方安全地计算功能。Bonawitz K 等人[107]提出了第一个利用安全多方计算的安全聚合协议，在此协议中，只有在足够的设备更新其模型之后，服务器才能接收聚合的模型。

为了增强框架的隐私性，许多方法也试图混合上述两种思路。Hybrid-One 方案[108]在不影响准确率的前提下将差分隐私与同态加密结合在一起，从而保护了同态加密方案中的通信消息，并且与传统的本地差分隐私相比，引入的噪声更少。

10.3 联邦学习的应用领域研究

目前，联邦学习得到了广泛的研究与关注，它可以在多个领域得到有效应用。

一般来说，为证明联邦学习机制的可行性，研究人员通常会选取经典数据集加以实验验证。在 CV 领域通常选取的是 CNN 模型和 MNIST 数据集，即收集整理的大型手写黑白数字数据库，有数字 0 ~ 9 共 10 类数字，包含 55,000 个示例的训练集、5000 个示例的验证集以及 10,000 个示例的测试集。NLP 领域较为著名的应用是 Google keyboard 键盘预测，Hard A 等人[109]使用 RNN 模型在智能手机的虚拟键盘中预测下一单词，使用联邦学习的方式可以比传统集中服务器训练的基线模型 n-gram 表现出更好的性能。在 ASR 领域，Lerey D 等人[110]试图基于联邦学习技术，在智能家居语音助手的场景下学习一种唤醒词检测器，其机器学习模型是基于 CNN 建立的，同时也对 FedAvg 算法作出了一定的调整和改进，根据实验，在达到 95% 召回率目标时每个参与方的通信成本约为 8MB，这样的成本在该场景下是可以被接受的。Dimitrios D 等人[111]提出了一个联邦学习仿真平台，其中包含一种新颖的分层优化方案和基于数据权重的动态梯度聚合算法。同时，他们基于该平台实现了一种面向语音识别任务的声学模型训练的方案，与基线方案相比，该方案不仅速度更快，而且可以降低 6% 的误码率（WERR）。Rahman 等人[112]提出了一个面向健康管理的轻量级联邦学习框架，并添加了区块链智能合约对联邦学习参与节点进行信任管理和身份验证。他们在该框架中部署了多个医学领域的机器学习应用程序：用于光学字符识别（OCR）的 PyTesseract、用于识别实时摄像头画面中药丸的 Raspberry Pi、用于检测病人跌倒的 YoloV5 和计算机视觉相关模型等。在他们的实验中，所有测试应用程序的平均精度都超过了 89% 。

可以预见的是，联邦学习已经逐渐向各应用领域渗透，并不断涌现出新的研究成果，这将是联邦学习得以持续发展的关键，也是未来深入场景、构建生态的机会。

10.4　本章小结

日趋严重的数据孤岛问题和隐私泄露问题，给人工智能的进一步发展带来严峻挑战，而联邦学习的诞生为人工智能打破数据壁垒、加强隐私安全提供了新思路。可以看到的是，自联邦学习诞生以来，人们就没有停止过对它的探索。本章围绕联邦学习技术在通信开销、数据异质性等方面的优化，隐私安全保护，以及实际应用等方面的研究成果进行了归纳与分析，同时对联邦学习领域的研究趋势进行了系统性的总结，希望能对读者更好地了解和展望联邦学习研究领域的主流方向有所帮助。

附　录

附录 A　Cholesky 分解

A.1　原理

若 $\boldsymbol{A} \in \mathbf{R}^{n \times n}$对称正定，则存在一个对角元为正数的下三角矩阵 $\boldsymbol{L} \in \mathbf{R}^{n \times n}$，使得 $\boldsymbol{A} = \boldsymbol{L}\boldsymbol{L}^{\mathrm{T}}$ 成立。

A.2　算法流程

线性回归算法的关键在于求解线性方程组 $\boldsymbol{A}\boldsymbol{\omega} = \boldsymbol{b}$，$\boldsymbol{\omega}$ 可通过下面步骤求解，其中 $\boldsymbol{A}$ 为对称正定矩阵。

算法流程 A-1　Cholesky 分解方法求解 $\boldsymbol{A}\boldsymbol{\omega} = \boldsymbol{b}$

设 $\boldsymbol{A} \in \mathbf{R}^{n \times n}$，$\boldsymbol{\omega} \in \mathbf{R}^{n \times 1}$。

1. 求 $\boldsymbol{A}$ 的 Cholesky 分解，得到 $\boldsymbol{A} = \boldsymbol{L}\boldsymbol{L}^{\mathrm{T}}$。
2. 利用 $\boldsymbol{L}\boldsymbol{Y} = \boldsymbol{b}$，得到 $\boldsymbol{Y}$。

   利用 $\boldsymbol{L}$ 的下三角结构，采用前向置换法可以有效地求解第一个 $\boldsymbol{L}\boldsymbol{Y} = \boldsymbol{b}$，$\boldsymbol{Y} \in \mathbf{R}^{n \times 1}$，则：

$$\boldsymbol{Y}_1 = \frac{\boldsymbol{b}_1}{L_{11}}$$

$$\boldsymbol{Y}_i = (\boldsymbol{b}_i - \textstyle\sum_{j<i} L_{ij}\boldsymbol{Y}_j)/L_{ii},\ i = 2, \cdots, n$$

3. 求解 $\boldsymbol{L}^{\mathrm{T}}\boldsymbol{\omega} = \boldsymbol{Y}$，得到 $\boldsymbol{\omega}$。

   类似地，第二个方程组通过逆向代换求解，则 $\boldsymbol{\omega}_n = \dfrac{\boldsymbol{Y}_n}{L_{nn}}$，$\boldsymbol{\omega}_i = (\boldsymbol{Y}_i - \sum_{j>i} L_{ji}\boldsymbol{\omega}_j)/L_{ii}$ $(i = n-1, \cdots, 1)$。

A.3 优缺点

Cholesky 分解不涉及任何旋转策略，因此产生了与数据无关的算法，并且它是稳健的算法，受矩阵系数的条件数影响不大，且有着精确的解。

但用上述方法时，需要得到全部结果计算后才能得到解，当维度很高时，时间效率较低；而且需要进行开方，这有可能损失精度和增加运算量。为了避免开方，Cholesky 分解有个改进的版本，即 LDLT 分解。

附录 B　LDLT 分解

B.1 原理

将对称正定矩阵 $\boldsymbol{A}$ 进行分解，即 $\boldsymbol{A}=\boldsymbol{LDL}^{\mathrm{T}}$，其中 $\boldsymbol{L}$ 是单位下三角矩阵，$\boldsymbol{D}$ 是对角元素均为正数的对角矩阵，该分解就是 LDLT 分解，它是楚列斯基分解的变形。对应等式两边的元素，很容易得到 LDLT 分解的流程如下。

算法流程 B－1　LDLT 分解

输入： $\boldsymbol{A} = [a_{ij}]_{n\times n}$。

输出： $(\boldsymbol{L},\boldsymbol{D})$ s. t. $\boldsymbol{A}=\boldsymbol{LDL}^{\mathrm{T}}$。

1. $\boldsymbol{L}=[l_{ij}]_{n\times n}\leftarrow \boldsymbol{I}$；$\boldsymbol{D}=[\boldsymbol{d}_{ij}]_{n\times n}\leftarrow 0$；

2. 遍历 $k\leftarrow 1$ to n；

　　$d_{kk}\leftarrow a_{kk}$；

　遍历 $i\leftarrow k+1$ to n；

　　$a_{ik}\leftarrow \dfrac{a_{ik}}{a_{kk}}$；$l_{ik}\leftarrow a_{ik}$；

　遍历 $j\leftarrow k+1$ to n；

　遍历 $i\leftarrow j$ to n；

　　$a_{ij}\leftarrow a_{ij}-a_{ik}a_{kk}a_{jk}$；

3. 返回 $(\boldsymbol{L},\boldsymbol{D})$：$\boldsymbol{L}=[l_{ij}]_{n\times n}$；$\boldsymbol{D}=[d_{ij}]_{n\times n}$。

B.2 算法流程

采用 LDLT 分解方法求解 $\boldsymbol{A\omega}=\boldsymbol{b}$ 的算法流程与 Cholesky 分解类似。

算法流程 B-2 采用 LDLT 分解方法求解 $\boldsymbol{A\omega}=\boldsymbol{b}$

1. 求 $\boldsymbol{A}$ 的 LDLT 分解，得到 $\boldsymbol{A}=\boldsymbol{LDL}^{\mathrm{T}}$；
2. 求解 $\boldsymbol{LY}=\boldsymbol{b}$，得到 $\boldsymbol{Y}$；
3. 求解 $\boldsymbol{DL}^{\mathrm{T}}\boldsymbol{\omega}=\boldsymbol{Y}$，得到 $\boldsymbol{\omega}$。

B.3 优缺点

LDLT 分解与 Cholesky 分解享有相同的属性解，并且有着与 Cholesky 分解相似的优缺点。不同之处在于，LDLT 分解不是求解平方根，而是增加了一个求解因式分解方程组时的替换阶段，因此提高了精度和效率。

附录 C 共轭梯度法

当矩阵 $\boldsymbol{A}$ 很大难以分解时，可以采用梯度下降的方法得到近似解 $\arg\min_{\boldsymbol{\omega}}\|\boldsymbol{A\omega}-\boldsymbol{b}\|^2$，当系数矩阵 $\boldsymbol{A}$ 为正定时，默认的迭代求解方法是共轭梯度（Conjugate Gradient，CG）法。

共轭梯度法是介于梯度下降法（又称最速下降法）与牛顿法之间的一个方法，是一个一阶方法。它克服了梯度下降法收敛慢的缺点，又避免了存储和计算牛顿法所需要的二阶导数信息。

共轭梯度法的思想就是当 $\boldsymbol{A}$ 为 $n\times n$ 维对称正定矩阵时，找到 n 个两两共轭的共轭方向，每次沿着一个方向优化，得到该方向上的极小值，后面再沿其他方向求极小值时，不会影响前面已经得到的极小值，所以理论上对 n 个方向都求出极小值就得到了 n 维问题的极小值。

对本书来说，共轭梯度法的重要性有两个方面：第一，由于在安全多方计算框架内进行密集计算的成本可能很高，迭代算法提供了一种自然的方式来花费固定的计算预算来找到理想的解决方案的近似值；第二，对于有噪声数据的线性回归问题，通常只需要找到一个近似解，其精度与数据中存在的噪声的阶数相同。

C.1 原理

方程组 $\boldsymbol{A\omega}=\boldsymbol{b}$ 实际上是当 $\boldsymbol{A}$ 为实对称矩阵时，二次型 $f(\boldsymbol{\omega})=\frac{1}{2}\boldsymbol{\omega}^{\mathrm{T}}\boldsymbol{A\omega}-\boldsymbol{b}^{\mathrm{T}}\boldsymbol{\omega}+c$ 对 $\boldsymbol{\omega}$ 的导数为 0 时的表达式。因此，求解 $\boldsymbol{A\omega}=\boldsymbol{b}$ 即可转化为求解 $\min\frac{1}{2}\boldsymbol{\omega}^{\mathrm{T}}\boldsymbol{A\omega}-\boldsymbol{b}^{\mathrm{T}}\boldsymbol{\omega}$，当 $\boldsymbol{A}$ 为对称正定矩阵时，则可通过共轭梯度法进行求解。

C.2 算法流程

共轭梯度法的关键步骤为构建共轭矢量，首先根据残差构造一组线性无关矢量 $\boldsymbol{r}_i$，进而通过格拉姆-施密特（Gram-Schmidt）正交化构造满足共轭条件的矢量 $\boldsymbol{p}_i$，从而从 n 个方向不断进行极小值的计算。

算法流程 C-1　共轭梯度法求解 $\boldsymbol{A\omega}=\boldsymbol{b}$

输入： $\boldsymbol{A}$、$\boldsymbol{b}$ 并进行初始化：$\omega_0=0$，$\boldsymbol{r}_0=\boldsymbol{b}$，$\boldsymbol{p}_0=\boldsymbol{r}_0$。

输出： $\boldsymbol{\omega}$：ω_n。

循环 $i \leftarrow 0$ to $n-1$：

$$a_i=\frac{\boldsymbol{r}_i^{\mathrm{T}}\boldsymbol{r}_i}{\boldsymbol{p}_i^{\mathrm{T}}\boldsymbol{A}\boldsymbol{p}_i};$$

$$\omega_{i+1}=\omega_i+a_i\boldsymbol{p}_i;$$

$$\boldsymbol{r}_{i+1}=\boldsymbol{r}_i-a_i\boldsymbol{A}\boldsymbol{p}_i;$$

$$\boldsymbol{p}_{i+1}=\boldsymbol{r}_i+\frac{\boldsymbol{r}_{i+1}^{\mathrm{T}}\boldsymbol{r}_{i+1}}{\boldsymbol{r}_i^{\mathrm{T}}\boldsymbol{r}_i}\boldsymbol{p}_i;$$

返回 ω_n。

C.3 优缺点

共轭梯度法的每一次迭代都要做一次矩阵矢量乘法和一些矢量内积的计算，复杂度为 n^2，当做完 n 次迭代后，复杂度变为 n^3。当矩阵不是稀疏矩阵的时候，共轭梯度法没有优势，而当矩阵变得稀疏时，n 大得惊人，矩阵分解法如果要得到解，就必须做完所有的运算，这样需要消耗大量的资源。而共轭梯度法的每一次迭代都能在某个分量上得到解，并且可以通过残差来度量解的精确情况，不需要将算法进行到底，只需要解达到精度要求就可以退出。同样，与其他迭代法相比，共轭梯度法又能在确定的步数内收敛，这就是共轭梯度法的优势。

但是，当矩阵变成病态矩阵时，由于每一步误差的累积，方向矢量很有可能出现偏差，从而导致很糟糕的结果，这是共轭梯度法的一个缺陷。我们可以通过预条件处理来减小病态矩阵带来的误差。

预条件处理的思想是降低方差系数矩阵的条件数，方法是左乘一个矩阵，即

$$\boldsymbol{M}^{-1}\boldsymbol{A}\boldsymbol{x}=\boldsymbol{M}^{-1}\boldsymbol{b}$$

其中，$\boldsymbol{M}$ 是可逆的 n 阶矩阵，称为预条件子。常用的预条件子有雅可比预条件子和高斯-塞尔德预条件子。

参考文献

[1] Mcculloch W S, Pitts W. A Logical Calculus of the Ideas Immanent in Nervous Activity [J]. The Bulletin of Mathematical Biophysics, 1943, 5 (4): 115-133.

[2] Karp R M. Reducibility among Combinatorial Problems [J]. Complexity of Computer Computations, 1972: 85-103.

[3] Rojas R. The Hopfield Model [M]. Springer Berlin Heidelberg, 1996.

[4] Rumelhart D E, Hinton G E, Williams R J. Learning Representations by Back Propagating Errors [J]. Nature, 1986, 323 (6088): 533-536.

[5] Pearl J. Probabilistic Reasoning in Intelligent Systems: Networks of Plausible Inference [M]. Elsevier, 2014.

[6] Mohri M, Rostamizadeh A, Talwalkar A. Foundations of Machine Learning [M]. MIT Press, 2018.

[7] Ng A. Machine Learning Yearning [M]. Technical Strategy for AI Engineers in the Era of Deep Learning, 2019.

[8] Cavoukian A. Evolving FIPPs: Proactive Approaches to Privacy, not Privacy Paternalism, in Reforming European Data Protection Law [M]. Springer Netherlands, 2015: 293-309.

[9] Shokri R, Stronati M, Song C, et al. Membership Inference Attacks Against Machine Learning Models [C]//IEEE Symposium on Security and Privacy (SP). IEEE, 2017.

[10] Davril, JM, et al. Feature Model Extraction from Large Collections of Informal Product Descriptions [C]//Proceedings of the 2013 9th Joint Meeting on Foundations of Software Engineering. 2013: 290-300.

[11] Yao A C. Protocols for Secure Computations [C]//Proceedings of 23rd IEEE Symposium on Foundations of Computer Science (FOCS1982), Chicago, Illinois, 1982, 160-164.

[12] Cynthia, Dwork, Aaron, et al. The Algorithmic Foundations of Differential Privacy [J]. Founda-

tions and Trends in Theoretical Computer Science, 2014. 9 (3-4): 211-407.

[13] Li L, Yf A, Mt C, et al. A Review of Applications in Federated Learning [J]. Computers & Industrial Engineering, 2020: 149.

[14] Mcmahan B, Moore E, Ramage D, et al. Communication-Efficient Learning of Deep Networks from Decentralized Data [C]//Artificial Intelligence and Statistics. PMLR, 2017: 1273-1282.

[15] Mcmahan H B, Ramage D, Talwar K, et al. Learning Differentially Private Recurrent Language Models [A/OL]. (2018-02-24). arXiv. org/abs/1710. 06963.

[16] Mcmahan H B, Ramage D, Talwar K, et al. Learning Differentially Private Recurrent Language Models [J]. 2017.

[17] Dwork C. Differential Privacy: A Survey of Results [C]//Springer, Berlin, Heidelberg, 2008.

[18] Botvinick M M, Plaut D C. Short-term Memory for Serial Order: A Recurrent Neural Network Model [J]. Psychological Review, 2006, 113 (2): 201-33.

[19] Mcmahan H B, Ramage D, Talwar K, et al. Learning Differentially Private Recurrent Language Models [J]. 2017.

[20] Huang L, Yin Y, Fu Z, et al. LoAdaBoost: Loss-Based AdaBoost Federated Machine Learning on Medical Data [A/OL]. (2020-08-12). arXiv. org/abs/1811. 12629.

[21] Canessa E, Fonda C, Radicella S M. Virtual Laboratory Strategies for Data Sharing, Communications and Development [J]. Data Science Journal, 2002, 1 (2): 117-125.

[22] Duan M, Liu D, Chen X, et al. Astraea: Self-Balancing Federated Learning for Improving Classification Accuracy of Mobile Deep Learning Applications [C]//2019 IEEE 37th International Conference on Computer Design (ICCD). IEEE, 2020.

[23] Li T, Sahu A K, Zaheer M, et al. Federated Optimization in Heterogeneous Networks [A/OL]. (2020-04-21). arXiv. org/abs/1812. 06127v5.

[24] Mohri M, Sivek G, Suresh A T. Agnostic Federated Learning [A/OL]. (2019-02-01). arXiv. org/abs/1902. 00146v1.

[25] Mikhail Y, Mayank A, et al. Bayesian Nonparametric Federated Learning of Neural Networks [A/OL]. (2019-03-28). arXiv. org/abs/1905. 12022v1.

[26] Laredo D, Ma S F, Leylaz G, et al. Automatic Model Selection for Fully Connected Neural Networks [J]. International Journal of Dynamics and Control, 2020, 8 (4): 1-17.

[27] Wang H, Yurochkin M, Sun Y, et al. Federated Learning with Matched Averaging [A/OL]. (2020-02-15). https://arXiv. org/abs/2002. 06440.

[28] Zhou J, Liu Z, Chen G. Global Synchronization of Coupled Delayed Neural Networks and Applications to Chaotic CNN Models [J]. International Journal of Bifurcation and Chaos, 2004, 7 (14): 266.

[29] Guo T, Lin T, Antulov-Fantulin N. Exploring Interpretable LSTM Neural Networks over Multi-Variable Data [A/OL]. (2019-05-28) . arXiv. org/abs/1905. 12034v1.

[30] Phillips P, Moon H R. Linear Regression Limit Theory for Nonstationary Panel Data [J]. Econometrica, 1999, 67 (5): 1057-1111.

[31] Fernández-Duque D, Goranko V. Secure Aggregation of Distributed Information [A/OL]. (2015-04-28). arXiv. org/abs/1407. 7582v3.

[32] Gascón A, Schoppmann P, Balle B, et al. Secure Linear Regression on Vertically Partitioned Datasets [C]//IACR Cryptology ePrint Archive, 2016: 892.

[33] Sanil A P, Karr A F, Lin X, et al. Privacy Preserving Regression Modelling via Distributed Computation [C]//Tenth Acm Sigkdd International Conference on Knowledge Discovery & Data Mining. ACM, 2004.

[34] Kim M, Lee J, Ohno-Machado L, et al. Secure and Differentially Private Logistic Regression for Horizontally Distributed Data [J]. IEEE Transactions on Information Forensics and Security, 2020, 15: 695-710.

[35] Hardy S, Henecka W, Ivey-Law H, et al. Private Federated Learning on Vertically Partitioned Data via Entity Resolution and Additively Homomorphic Encryption [A/OL]. (2017-11-29). arXiv. org/abs/1711. 10677.

[36] Gong Y, Fang Y, Guo Y. Private Data Analytics on Biomedical Sensing Data via Distributed Computation [J]. IEEE/ACM Transactions on Computational Biology & Bioinformatics, 2016, 13 (3): 431-444.

[37] Kantarcıoglu M, Vaidya J, Clifton C. Privacy Preserving Naive Bayes Classifier for Horizontally Partitioned Data [C]//IEEE ICDM Workshop on Privacy Preserving Data Mining, 2003: 3-9.

[38] Vaidya J, Clifton C. Privacy Preserving Naive Bayes Classifier for Vertically Partitioned Data [C]//Proceedings of the 2004 SIAM International Conference on Data Mining. Society for Industrial and Applied Mathematics, 2004: 522-526.

[39] Cortes C, Vapmik V. Support-vector Networks [J]. Machine Learning, 1995, 20 (3): 273-297.

[40] Mangasarian O L, Wild E W. Privacy-Preserving Classification of Horizontally Partitioned Data via Random Kernels [C]//Proceedings of the 2008 International Conference on Data Mining, DMIN 2008, Las Vegas, USA, 2008 (2) .

[41] Xu K, Yue H, Guo L, et al. Privacy-Preserving Machine Learning Algorithms for Big Data Systems [A/OL]. IEEE. (2015-07-02) .

[42] Mangasarian O L, Wild E W, Fung G M. Privacy-preserving Classification of Vertically Partitioned Data via Random Kernels [J]. Acm Transactions on Knowledge Discovery from Data, 2008, 2

(3)：1-16.

[43] Lindell Y，Pinkas B. Privacy Preserving Data Mining [J]. Journal of Cryptology，2008.

[44] Vaidya J，Clifton C，Kantarcioglu M，et al. Privacy-preserving Decision Trees over Vertically Partitioned Data [J]. Acm Transactions on Knowledge Discovery from Data，2008，2 (3)：1-27.

[45] Chen T，Guestrin C. XGBoost：A Scalable Tree Boosting System [C]//Proceedings of the 22nd ACM Sigkdd International Conference on KKnowledge Discovery and Data Mining. 2016：785-794.

[46] Agrawal R，Srikant R. Privacy-preserving Data Mining [C]//Proceedings of the 2000 ACM SIGMOD International Conference on Management of data. ACM，2000.

[47] Harligan J A，Wong M A. Algorithm AS 136：A K-Means Clustering Algorithm [J]. Journal of the Royal Statistical Society，1979，28 (1)：100-108.

[48] Jha S，Kruger L，Mcdaniel P. Privacy Preserving Clustering [C]//European Symposium on Research in Computer Security. Springer，Berlin，Heidelberg，2005.

[49] Jaideep Vaidya，Chris Clifton. Privacy-Preserving K-Means Clustering over Vertically Partitioned Data [C]//Ninth ACM SIGKDD International Conference on Knowledge Discovery and Data Mining (KDD-2003) Aug 24-27，2003 Washington，DC，USA. 2003.

[50] Yi X，Zhang Y. Equally Contributory Privacy-preserving k-means Clustering over Vertically Partitioned Data [J]. Information Systems，2013，38 (1)：97-107.

[51] Jagannathan G，Wright R N. Research Track Poster Privacy-Preserving Distributed k-Means Clustering over Arbitrarily Partitioned Data. 2013.

[52] Bunn P，Ostrovsky R. Secure Two-party k-means Clustering [C]//Proceedings of the 2007 ACM Conference on Computer and Communications Security，CCS 2007，Alexandria，Virginia，USA，2007.

[53] Freudenthaler C，Schmidtthieme L，Rendle S. Factorization Machines Factorized Polynomial Regression Models [A/OL]. 2010. arXiv. org/abs/1607. 08710.

[54] Jeckmans A，Tang Q，Hartel P. Privacy-preserving Collaborative Filtering based on Horizontally Partitioned Dataset [C]//2012 International Conference on Collaboration Technologies and Systems (CTS)，USA：Denver，CO，2012：439-446.

[55] Canny J. Collaborative Filtering with Privacy [C]//Proceedings 2002 IEEE Symposium onSecurity and Privacy，Berkeley，CA，USA，2002：45-47.

[56] Ammad-Ud-Din M，Ivannikova E，Khan S A，et al. Federated Collaborative Filtering for Privacy-Preserving Personalized Recommendation System [A/OL]. (2019-01-29). arXiv. org/abs/1901. 09888.

[57] Chai D，Wang L，Chen K，et al. Secure Federated Matrix Factorization [A/OL]. (2019-06-12). arXiv. org/abs/1906. 05108.

[58] Flanagan A, Oyomno W, Grigorievskiy A, et al. Federated Multi-view Matrix Factorization for Personalized Recommendations [A/OL]. (2020-04-08) . arXiv. org/abs/2004. 04256.

[59] Chen C, Liu Z, Zhao P, et al. Privacy Preserving Point-of-interest Recommendation Using Decentralized Matrix Factorization [A/OL]. (2020-03-12) . arXiv. org/abs/2003. 05610.

[60] Hua J, Xia C, Zhong S. Differentially Private Matrix Factorization [C] // Proceedings of the 24th International Conference on Artificial Intelligence. AAAI Press, 201. 5: 1763-1770.

[61] Nikolaenko V, Ioannidis S, Weinsberg U, et al. Privacy-preserving Matrix Factorization [C] // Acm Sigsac Conference on Computer & Communications Security. ACM, 2013: 801-812.

[62] Canny J. Collaborative Filtering with Privacy Via Factor Analysis [C] // the 25th Annual International ACM SIGIR Conference. ACM, 2002: 238-245.

[63] Qi T, Wu F, Wu C, et al. FedRec: Privacy-Preserving News Recommendation Model Learning [A/OL]. (2020-10-08) . arXiv. org/abs/2003. 09592.

[64] Bonawitz K, Ivanov V, Kreuter B, et al. Practical Secure Aggregation for Privacy-preserving Machine Learning [C] // Proceedings of the 2017 ACM SIGSAC Conference on Computer and Communications Security. 2017: 1175-1191.

[65] Rabin M O. How to Exchange Secrets by Oblivious Transfer [J]. Technical Memo TR-81, 1981.

[66] Even S, Goldreich O, Shamir A. On the Security of Ping-Pong Protocols when Implemented Using the RSA [C] // Conference on the Theory & Application of Cryptographic Techniques. Springer, Berlin, Heidelberg, 1985.

[67] Mohassel P, Zhang Y. Secureml: A System for Scalable Privacy-preserving Machine Learning [C] //2017 IEEE Symposium on Security and Privacy (SP) . IEEE, 2017: 19-38.

[68] Yao C A. How to Generate and Exchange Secrets [J]. IEEE 27th Annual Symposium on Foundations of Computer Science (sfcs 1986)-Toronto, ON, Canada (1986. 10. 27-1986. 10. 29), 1986: 162-167.

[69] Rouhani B D, Riazi M S, Koushanfar F. Deepsecure: Scalable Provably-secure Deep Learning [C] // Proceedings of the 55th Annual Design Automation Conference. 2018: 1-6.

[70] Zhang C, Li S, Xia J, et al. Batchcrypt: Efficient Homomorphic Encryption for Cross-silo Federated Learning [C] // 2020 {USENIX} Annual Technical Conference ({USENIX} {ATC} 20), 2020: 493-506.

[71] Dwork C, McSherry F, Nissim K, et al. Calibrating Noise to Sensitivity in Private Data Analysis [C] // Theory of Cryptography Conference. Springer, Berlin, Heidelberg, 2006: 265-284.

[72] Wei K, Li J, Ding M, et al. Federated Learning with Differential Privacy: Algorithms and Performance Analysis [J]. IEEE Transactions on Information Forensics and Security, 2020, 15: 3454-3469.

[73] Arm Developer. Arm TrustZone Technology [EB/OL]. Intel. (2021-03-11).

[74] Intel Software Guard Extensions (Intel SGX). Take Control of Protecting Your Data [EB/OL]. ARM. (2021-04-07).

[75] Konen J, Mcmahan H B, Ramage D, et al. Federated Optimization: Distributed Machine Learning for On-device Intelligence [A/OL]. (2016-10-08). arXiv. org/abs/1610. 02527v1.

[76] Li S, Cheng Y, Liu Y, et al. Abnormal Client Behavior Detection in Federated Learning [A/OL]. (2019-12-06). arXiv. org/abs/1910. 09933.

[77] Sattler F, Wiedemann S, Müller K R, et al. Robust and Communication-efficient Federated Learning from Non-IID Data [A/OL]. (2019-03-07). arXiv. org/abs/1903. 02891.

[78] Nishio T, Yonetani R. Client Selection for Federated Learning with Heterogeneous Resources in Mobile Edge [C]//2019 IEEE International Conference on Communications (ICC 2019). IEEE, 2019: 1-7.

[79] Yoshida N, Nishio T, Morikura M, et al. Hybrid-FL for Wireless Networks: Cooperative Learning Mechanism Using Non-IID Data [A/OL]. (2019-12-13). arXiv. org/abs/1905. 07210v2.

[80] Sprague M R, Jalalirad A, Scavuzzo M, et al. Asynchronous Federated Learning for Geospatial Applications [C]//Joint European Conference on Machine Learning and Knowledge Discovery in Databases. Springer, Cham, 2018: 21-28.

[81] Xie C, Koyejo S, Gupta I. Asynchronous Federated Optimization [A/OL]. (2020-12-05). arXiv. org/abs/1903. 03934.

[82] Wang J, Sahu A K, Yang Z, et al. MATCHA: Speeding Up Decentralized SGD via Matching Decomposition Sampling [A/OL]. IEEE. (2019-12-20).

[83] Khaled A, Mishchenko K, Richtárik P. Better Communication Complexity for Local SGD [A/OL]. (2020-03-01). arXiv. org/abs/1909. 04746v1.

[84] Sahu A K, Li T, Sanjabi M, et al. Federated Optimization for Heterogeneous Networks [J]. arXiv Preprint, 2018, 1 (2): 3. arXiv: 1812. 06127.

[85] Lin Y, Han S, Mao H, et al. Deep Gradient Compression: Reducing the Communication Bandwidth for Distributed Training [A/OL]. (2020-06-23). arXiv. org/abs/1712. 01887.

[86] Chen Y, Sun X, Jin Y. Communication-Efficient Federated Deep Learning with Asynchronous Model Update and Temporally Weighted Aggregation [A/OL]. (2019-03-18). arXiv. org/abs/1903. 07424.

[87] Khaled, Ahmed, Richtárik P. Gradient descent with compressed iterates [A/OL]. (2020-03-18). arXiv. org/abs/1909. 04716.

[88] Konen J, McMahan H B, Yu F X, et al. Federated learning: Strategies for Improving Communication Efficiency [A/OL]. (2017-10-30). arXiv. org/abs/1610. 05492.

[89] Caldas S, Konečny J, McMahan H B, et al. Expanding the Reach of Federated Learning by Reducing Client Resource Requirements [A/OL]. (2019-01-08). arXiv. org/abs/1812. 07210v2.

[90] Castro M, Barbara L. Practical Byzantine Fault Tolerance [A/OL]. ACM. (2002-11).

[91] Yang L, Muppala J K, Veeraraghavan M, et al. Data Center Networks: Topologies, Architectures and Fault-tolerance Characteristics [M]. Springer Science & Business Media, 2013.

[92] McMahan H B, Moore E, Ramage D, et al. Communication-efficient Learning of Deep Networks from Decentralized Data [A/OL]. (2017-02-28). arXiv. org/abs/1602. 05629.

[93] Jiang P, Ying L. An Optimal Stopping Approach for Iterative Training in Federated Learning [C]// 54th Annual Conference on Information Sciences and Systems (CISS). 2020: 1-6, 10. 1109/ CISS48834. 2020. 1570616094.

[94] Wang X, Han Y, Wang C, et al. ChenIn-edge AI: Intelligentizing Mobile Edge Computing, Caching and Communication by Federated Learning [J]. IEEE Network, 2019, 33 (5): 156-165.

[95] Li X, Huang K, Yang W, et al. On the Convergence of FedAvg on Non-IID Data [A/OL]. (2020-06-25). arXiv. org/abs/1907. 02189v3.

[96] Smith V, Chiang C K, Sanjabi M, et al. Federated Multi-task Learning [A/OL]. (2019-02-27). arXiv. org/abs/1705. 10467.

[97] Zhao Y, Li M, Lai L, et al. Federated Learning with Non-IID Data [A/OL]. (2018-06-02). arXiv. org/abs/1806. 00582.

[98] Huang L, Liu D. Patient Clustering Improves Efficiency of Federated Machine Learning to Predict Mortality and Hospital Stay Time Using Distributed Electronic Medical Records [A/OL]. (2019-03-22). arXiv. org/abs/1903. 09296.

[99] Chai Z, Fayyaz, et al. Towards Taming the Resource and Data Heterogeneity in Federated Learning [A/OL]. USENIX. (2019-19-21) .

[100] Li T, Sanjabi M, Beirami A, et al. Fair Resource Allocation in Federated Learning [A/OL]. (2020-02-14). arXiv. org/abs/1905. 10497.

[101] Hao M, Li H, Luo X, et al. Efficient and Privacy-enhanced Federated Learning for Industrial Artificial Intelligence [J]. IEEE Transactions on Industrial Informatics, 2019, 16 (10): 6532-6542.

[102] Wu W, He L, Lin W, et al. SAFA: A Semi-asynchronous Protocol for Fast Federated Learning with Low Overhead [A/OL]. (2020-05-01). arXiv. org/abs/1910. 01355.

[103] Hagoji N, Chakraborty S, Mittal P, et al. Analyzing Federated Learning through an Adversarial Lens [C]//International Conference on Machine Learning. PMLR, 2020: 634-643.

[104] Wang Z, Song M, Zhang Z, et al. Beyond Inferring Class Representatives: User-Level Privacy Leakage From Federated Learning [C]//IEEE Conference on Computer Communications (IEEE

INFOCOM 2019)，2019：2512-2520.

[105] Geyer R，Klein T，Nabi M. Differentially Private Federated Learning：A Client Level Perspective [A/OL]. (2018-03-01). arXiv. org/abs/1712. 07557.

[106] Liu Y，Chen T，Yang Q. Secure Federated Transfer Learning [A/OL]. (2020-06-24). arXiv. org/abs/1812. 03337v1.

[107] Bonawitz K. Practical Secure Aggregation for Privacy Preserving Machine Learning [C] // Acm Sigsac Conference on Computer & Communications Security，2017：1175-1191.

[108] Truex S，Baracaldo N，Anwar A，et al. A Hybrid Approach to Privacy-Preserving Federated Learning [J]. Proceedings of the 12th ACM Workshop on Artificial Intelligence and Security，2019：1-11.

[109] Hard A，Rao K，Mathews R，et al. Federated Learning for Mobile Keyboard Prediction [A/OL]. (2019-02-08). arXiv. org/abs/1811. 03604.

[110] Leroy D，Coucke A，Lavril T，et al. Federated Learning for Keyword Spotting [C] //2019 IEEE International Conference on Acoustics，Speech and Signal Processing (ICASSP 2019)，Brighton，United Kingdom，2019：6341-6345.

[111] Dimitrios D，Kenichi K，Gmyr R，et al. Federated Transfer Learning with Dynamic Gradient Aggregation [A/OL]. (2020-08-06). arXiv. org/abs/2008. 02452.

[112] Rahman M A，Hossain M A，Islam M S，et al. Secure and Provenance Enhanced Internet of Health Things Framework：A Blockchain Managed Federated Learning Approach [J]. IEEE Access，2020 (8)：205071-205087.